Sammlung Schubert LX

Einführung in die Theorie der partiellen Differentialgleichungen

Von

Dr. J. Horn
Professor an der Technischen Hochschule
zu Darmstadt

Leipzig
G. J. Göschen'sche Verlagshandlung
1910

Druck der Spamerschen Buchdruckerei in Leipzig

Vorwort.

An die beiden Bände der Sammlung Schubert, welche von den gewöhnlichen Differentialgleichungen handeln (Bd. XIII von Schlesinger, Bd. L vom Verfasser), schließt sich der vorliegende Band an, welcher zur Einführung in verschiedene Zweige der Theorie der partiellen Differentialgleichungen dienen soll. Er will mehr bieten als die Lehrbücher der Differential- und Integralrechnung, aber nicht so viel wie die auf einzelne Teile der Theorie der partiellen Differentialgleichungen bezüglichen Spezialwerke, soweit solche vorhanden sind. Um auf mäßigem Raume verschiedene Untersuchungsrichtungen darstellen zu können, habe ich mich auf partielle Differentialgleichungen erster und zweiter Ordnung mit zwei unabhängigen Veränderlichen (abgesehen vom ersten Abschnitt) beschränkt. Wegen der Bedeutung, welche in der neuesten Zeit die Theorie der Integralgleichungen für einzelne Zweige der Theorie der Differentialgleichungen gewonnen hat, ist ein Abschnitt über die Fredholmsche Integralgleichung eingefügt worden, woran sich Anwendungen auf gewöhnliche und partielle Differentialgleichungen anschließen.

Aus dem Inhaltsverzeichnis ersieht man, wie die Auswahl aus dem reichen Stoff ohne Rücksicht auf Vollständigkeit getroffen wurde. Im Hinblick auf die in der Enzyklopädie der mathematischen Wissenschaften enthaltenen Literaturangaben wurde nur hier und da auf benutzte neuere Quellen sowie auf Untersuchungen hingewiesen, welche sich an die behandelten Gegenstände anschließen.

Außer der Differential- und Integralrechnung werden die Elemente der Funktionentheorie und der Determinantentheorie sowie einige (etwa aus Bd. L zu entnehmende) Kenntnisse aus der Theorie der gewöhnlichen Differentialgleichungen vorausgesetzt.

Darmstadt, im Dezember 1909.

J. Horn.

Inhaltsverzeichnis.

I. Abschnitt.

Lineare partielle Differentialgleichungen erster Ordnung mit n unabhängigen Veränderlichen.

II. Abschnitt.

Partielle Differentialgleichungen erster Ordnung mit zwei unabhängigen Veränderlichen.

III. Abschnitt.

Partielle Differentialgleichungen zweiter Ordnung mit zwei unabhängigen Veränderlichen.

IV. Abschnitt.

Lineare partielle Differentialgleichungen zweiter Ordnung, insbesondere hyperbolische Differentialgleichungen.

V. Abschnitt.

Die Fredholmsche Integralgleichung. Reihenentwicklungen nach den Eigenfunktionen eines symmetrischen Kerns.

VI. Abschnitt.

Randwertaufgaben bei gewöhnlichen linearen Differentialgleichungen zweiter Ordnung.

VII. Abschnitt.

Randwertaufgaben bei elliptischen Differentialgleichungen.

VIII. Abschnitt.

Partielle Differentialgleichungen der Physik.

I. Abschnitt.

Lineare partielle Differentialgleichungen erster Ordnung mit n unabhängigen Veränderlichen.

§ 1. Beweis der Existenz der Integrale einer partiellen Differentialgleichung erster Ordnung.

Eine Gleichung von der Form

$$(A) \qquad F(x_1, \ldots, x_n, z, p_1, \ldots, p_n) = 0,$$

worin z als Funktion der n unabhängigen Veränderlichen $x_1, \ldots, x_n$ aufgefaßt wird und die Bezeichnung

$$p_1 = \frac{\partial z}{\partial x_1}, \quad \ldots, \quad p_n = \frac{\partial z}{\partial x_n}$$

benutzt ist, wird eine partielle Differentialgleichung erster Ordnung genannt. Unter einem Integral oder einer Lösung der Differentialgleichung (A) versteht man eine Funktion z von $x_1, \ldots, x_n$, welche der Differentialgleichung identisch (d. h. für beliebige Werte von $x_1, \ldots, x_n$) genügt.

Bis auf weiteres*) lassen wir nicht nur reelle, sondern auch komplexe Werte der Veränderlichen $x_1, \ldots, x_n, z$ zu und setzen sowohl die gegebenen als auch die gesuchten Funktionen als analytisch voraus.

---

*) In den Abschnitten I—III. — Literaturangaben zu den drei ersten Abschnitten finden sich in der Enzyklopädie der mathematischen Wissenschaften, Bd. II A, 5 (E. v. Weber).

Wir verstehen unter

$$F(x_1, \ldots, x_n, z, p_1, \ldots, p_n)$$

eine analytische Funktion der $2n+1$ Argumente

$$x_1, \ldots, x_n, z, p_1, \ldots, p_n,$$

welche sich in der Umgebung der Stelle

$$x_1 = x_1^0, \quad \ldots, \quad x_n = x_n^0, \quad z = z^0, \quad p_1 = p_1^0, \quad \ldots, \quad p_n = p_n^0$$

regulär verhält, an dieser Stelle verschwindet und eine von Null verschiedene Ableitung

$$\frac{\partial F}{\partial p_1}$$

besitzt. Dann läßt sich die Differentialgleichung (A) auf die Form

(1) $$p_1 = f(x_1, \ldots, x_n, z, p_2, \ldots, p_n)$$

bringen, wo f eine analytische Funktion der beigefügten $2n$ Argumente ist, welche sich in der Umgebung der Stelle

$$x_1 = x_1^0, \quad \ldots, \quad x_n = x_n^0, \quad z = z^0, \quad p_2 = p_2^0, \quad \ldots, \quad p_n = p_n^0$$

regulär verhält und an dieser Stelle den Wert $p_1 = p_1^0$ annimmt. Es sei eine analytische Funktion $\varphi(x_2, \ldots, x_n)$ der $n-1$ Veränderlichen $x_2, \ldots, x_n$ gegeben, welche in der Umgebung der Stelle $x_2 = x_2^0, \ldots, x_n = x_n^0$ regulär ist, und zwar sei für $x_2 = x_2^0, \ldots, x_n = x_n^0$

$$\varphi = z^0, \quad \frac{\partial \varphi}{\partial x_2} = p_2^0, \quad \ldots, \quad \frac{\partial \varphi}{\partial x_n} = p_n^0.$$

Wir suchen die Differentialgleichung (1) durch eine analytische Funktion z der n unabhängigen Veränderlichen $x_1, \ldots, x_n$ zu befriedigen, welche sich in der Umgebung der Stelle $x_1 = x_1^0, \ldots, x_n = x_n^0$ regulär verhält und sich für $x_1 = x_1^0$ auf die gegebene Funktion $\varphi(x_2, \ldots, x_n)$ reduziert.

Wir nehmen, was keine Beschränkung der Allgemeinheit darstellt, $x_1^0 = 0, \ldots, x_n^0 = 0$ an und führen die Gleichung (1) durch die Substitution

$$z = z' + \varphi(x_2, \ldots, x_n) + A x_1,$$

$$A = f\left(0, \ldots, 0, [\varphi]_0, \left[\frac{\partial \varphi}{\partial x_2}\right]_0, \ldots, \left[\frac{\partial \varphi}{\partial x_n}\right]_0\right) \text{*)}$$

über in die Gleichung

$$\frac{\partial z'}{\partial x_1} = f\left(x_1, \ldots, x_n, A x_1 + \varphi + z', \frac{\partial \varphi}{\partial x_2} + \frac{\partial z'}{\partial x_2}, \ldots, \frac{\partial \varphi}{\partial x_n} + \frac{\partial z'}{\partial x_n}\right)$$
$$- f\left(0, \ldots, 0, [\varphi]_0, \left[\frac{\partial \varphi}{\partial x_2}\right]_0, \ldots, \left[\frac{\partial \varphi}{\partial x_n}\right]_0\right),$$

deren rechte Seite an der Stelle

$$x_1 = 0, \quad \ldots, \quad x_n = 0, \quad z' = 0, \quad \frac{\partial z'}{\partial x_2} = 0, \quad \ldots, \quad \frac{\partial z'}{\partial x_n} = 0$$

verschwindet und in der Umgebung dieser Stelle regulär ist; es handelt sich um eine Lösung z' dieser Gleichung, welche sich in der Umgebung der Stelle $x_1 = 0, \ldots, x_n = 0$ regulär verhält und für $x_1 = 0$ (identisch in $x_2, \ldots, x_n$) verschwindet. Indem wir statt z' wieder z schreiben, haben wir eine Differentialgleichung von der Form

$$p_1 = f(x_1, \ldots, x_n, z, p_2, \ldots, p_n), \tag{2}$$

wo f in eine Potenzreihe der beigefügten $2n$ Argumente entwickelbar ist, welche für

$$x_1 = 0, \quad \ldots, \quad x_n = 0, \quad z = 0, \quad p_2 = 0, \quad \ldots, \quad p_n = 0$$

verschwindet; wir suchen eine der Differentialgleichung (2) genügende Funktion z von $x_1, \ldots, x_n$, welche in der Umgebung der Stelle $x_1 = 0, \ldots, x_n = 0$ regulär ist und für $x_1 = 0$ (identisch in $x_2, \ldots, x_n$) verschwindet.

Für diese Funktion ist**)

$$\left(\frac{\partial^{\alpha_2 + \cdots + \alpha_n} z}{\partial x_2^{\alpha_2} \ldots \partial x_n^{\alpha_n}}\right)_0 = 0,$$

---

*) Unter $[\psi]_0$ ist der Wert verstanden, welchen die Funktion ψ von $x_2, \ldots, x_n$ für $x_2 = 0, \ldots, x_n = 0$ annimmt.

**) Der Wert, welchen eine Funktion ψ von $x_1, \ldots, x_n$ für $x_1 = 0, \ldots, x_n = 0$ annimmt, wird mit $(\psi)_0$ bezeichnet.

wo $\alpha_2, \ldots, \alpha_n$ irgendwelche positive ganze Zahlen einschließlich Null sind. Aus der Gleichung (2) folgt

$$\left(\frac{\partial z}{\partial x_1}\right)_0 = 0 .$$

Indem man die Gleichung (2) α_2-mal partiell nach $x_2, \ldots, \alpha_n$-mal partiell nach x_n differentiiert und sodann $x_1 = \ldots = x_n = 0$ setzt, erhält man

$$\left(\frac{\partial^{1+\alpha_2+\ldots+\alpha_n} z}{\partial x_1 \, \partial x_2^{\alpha_2} \ldots \partial x_n^{\alpha_n}}\right)_0 .$$

Indem man die partiell nach x_1 differentiierte Gleichung (2) ebenso behandelt wie die Gleichung (2) selbst, ergibt sich

$$\left(\frac{\partial^{2+\alpha_2+\ldots+\alpha_n} z}{\partial x_1^2 \, \partial x_2^{\alpha_2} \ldots \partial x_n^{\alpha_n}}\right)_0 .$$

Fährt man so fort, so erhält man sämtliche Differentialquotienten

$$\left(\frac{\partial^{\alpha_1+\alpha_2+\ldots+\alpha_n} z}{\partial x_1^{\alpha_1} \, \partial x_2^{\alpha_2} \ldots \partial x_n^{\alpha_n}}\right)_0$$

$$(\alpha_1, \alpha_2, \ldots, \alpha_n = 0, 1, 2, \ldots)$$

aus den Koeffizienten der Potenzreihe

$$f(x_1, \ldots, x_n, z, p_2, \ldots, p_n)$$

durch die Operationen der Addition und Multiplikation.

Wir müssen nachweisen, daß die Reihe

$$(3) \qquad z = \sum \frac{1}{\alpha_1! \ldots \alpha_n!} \left(\frac{\partial^{\alpha_1+\ldots+\alpha_n} z}{\partial x_1^{\alpha_1} \ldots \partial x_n^{\alpha_n}}\right)_0 x_1^{\alpha_1} \ldots x_n^{\alpha_n} ,$$

welche wir mit S bezeichnen, konvergent ist, solange die absoluten Beträge von $x_1, \ldots, x_n$ hinreichend klein sind.

Da die Koeffizienten der Potenzreihe S eindeutig bestimmt sind, so kann nicht mehr als ein reguläres Integral z von (2) vorhanden sein, welches für $x_1 = 0$ verschwindet.

§ 2. Existenzbeweis; Fortsetzung.

Wir nehmen an, die Potenzreihe für die Funktion $f(x_1, \ldots, x_n, z, p_2, \ldots, p_n)$ sei für

$$|x_1| \leqq \varrho, \quad \ldots, \quad |x_n| \leqq \varrho, \quad |z| \leqq \varrho, \quad |p_2| \leqq R, \quad \ldots, \quad |p_n| \leqq R$$

konvergent und der absolute Betrag von f in dem angegebenen Gebiet sei höchstens gleich M. Die Funktion

$$(4) \quad \begin{cases} \Phi(x_1, \ldots, x_n, z, p_2, \ldots, p_n) \\ = \dfrac{M}{\left(1-\dfrac{x_1}{\varrho}\right) \ldots \left(1-\dfrac{x_n}{\varrho}\right)\left(1-\dfrac{z}{\varrho}\right)\left(1-\dfrac{p_2}{R}\right) \ldots \left(1-\dfrac{p_n}{R}\right)} - M \end{cases}$$

läßt sich, solange

$$|x_1| < \varrho, \quad \ldots, \quad |x_n| < \varrho, \quad |z| < \varrho, \quad |p_2| < R, \quad \ldots, \quad |p_n| < R$$

ist, in eine Potenzreihe von $x_1, \ldots, x_n, z, p_2, \ldots, p_n$ entwickeln, in welcher das konstante Glied verschwindet, während die übrigen Koeffizienten positiv und nicht kleiner sind als die absoluten Beträge der entsprechenden Koeffizienten in der Reihenentwicklung der Funktion $f(x_1, \ldots, x_n, z, p_2, \ldots, p_n)$ *). Die Funktion Φ kann durch die Funktion

$$(5) \quad \begin{cases} \Psi(x_1, \ldots, x_n, z, p_2, \ldots, p_n) \\ = \dfrac{M}{\left(1 - \dfrac{x_1 + \ldots + x_n + z}{\varrho}\right)\left(1 - \dfrac{p_2 + \ldots + p_n}{R}\right)} - M \end{cases}$$

ersetzt werden; denn der Bruch

$$\frac{1}{\left(1 - \dfrac{x_1 + \ldots + x_n + z}{\varrho}\right)\left(1 - \dfrac{p_2 + \ldots + p_n}{R}\right)}$$

läßt sich, wenn die absoluten Beträge von $x_1, \ldots, x_n, z$ kleiner als ϱ und die absoluten Beträge von $p_2, \ldots, p_n$

*) Vgl. etwa „Gewöhnliche Differentialgleichungen" (Sammlung Schubert L), S. 9.

kleiner als R sind, in eine Potenzreihe von $x_1, \ldots, x_n$, $z, p_2, \ldots, p_n$ entwickeln, deren Koeffizienten positiv und nicht kleiner sind als die entsprechenden Koeffizienten der Potenzreihenentwicklung des Bruches

$$\frac{1}{\left(1-\frac{x_1}{\varrho}\right)\cdots\left(1-\frac{x_n}{\varrho}\right)\left(1-\frac{z}{\varrho}\right)\left(1-\frac{p_2}{R}\right)\cdots\left(1-\frac{p_n}{R}\right)}.$$

Wir können weiterhin, indem wir $0<\alpha<1$ annehmen, $\Psi(x_1, \ldots, x_n, z, p_2, \ldots, p_n)$ durch die Funktion

$$(6)\quad \begin{cases} V(x_1, \ldots, x_n, z, p_2, \ldots, p_n) \\ = \dfrac{M}{\left(1-\dfrac{\frac{x_1}{\alpha}+x_2+\cdots+x_n+z}{\varrho}\right)\left(1-\dfrac{p_2+\cdots+p_n}{R}\right)} - M \end{cases}$$

ersetzen, deren Koeffizienten positiv und nicht kleiner sind als die entsprechenden Koeffizienten von Ψ.

Für ein Integral z der Gleichung

$$(7)\qquad p_1 = V(x_1, \ldots, x_n, z, p_2, \ldots, p_n),$$

welches in der Umgebung von $x_1=0, \ldots, x_n=0$ regulär ist und für $x_1=0$ verschwindet, erhält man durch das in § 1 beschriebene Verfahren eine Reihe S', deren Koeffizienten positiv und größer sind als die absoluten Beträge der entsprechenden Koeffizienten der aus der Gleichung (2) erhaltenen Reihe S.

Wir zeigen zunächst, daß die Differentialgleichung (7) durch eine (für $x_1=0$ nicht verschwindende) in der Umgebung von $x_1=0, \ldots, x_n=0$ konvergente Potenzreihe S'' mit lauter positiven Koeffizienten befriedigt wird.

Läßt sich die Gleichung (7) durch eine Potenzreihe z von

$$u = x_1 + \alpha(x_2 + \cdots + x_n)$$

befriedigen, so muß

$$\frac{\partial z}{\partial x_1} = \frac{dz}{du}, \quad \frac{\partial z}{\partial x_2} = \alpha\frac{dz}{du}, \quad \ldots, \quad \frac{\partial z}{\partial x_n} = \alpha\frac{dz}{du}$$

sein, also

$$\frac{dz}{du} = \frac{M}{\left(1 - \frac{\frac{u}{\alpha} + z}{\varrho}\right)\left(1 - \frac{(n-1)\alpha}{R}\frac{dz}{du}\right)} - M$$

oder

$$(8) \quad \begin{cases} \left(1 - \frac{(n-1)M\alpha}{R}\right)\frac{dz}{du} - \frac{(n-1)\alpha}{R}\left(\frac{dz}{du}\right)^2 \\ \qquad = \frac{M}{1 - \frac{\frac{u}{\alpha} + z}{\varrho}} - M, \end{cases}$$

wo die rechte Seite in eine Potenzreihe von u und z mit lauter positiven Koeffizienten entwickelt werden kann; α werde so klein gewählt, daß

$$1 - \frac{(n-1)M\alpha}{R}$$

positiv ausfällt; nimmt man an, daß für $u = 0$

$$z = 0, \quad \frac{dz}{du} = 0$$

sei, so kann man der letzten Gleichung durch Auflösung nach $\frac{dz}{du}$ die Form geben:

$$(9) \qquad \frac{dz}{du} = \varphi(u, z),$$

wo φ eine für $u = 0$, $z = 0$ verschwindende Potenzreihe darstellt. Daß die Koeffizienten dieser Potenzreihe positiv sind, erkennt man, wenn man dieselben nach der Methode der unbestimmten Koeffizienten berechnet. Die gewöhnliche Differentialgleichung (9) wird durch eine in der Umgebung von $u = 0$ reguläre Funktion z von u befriedigt, welche für $u = 0$ verschwindet*); setzt man in (9) $u = 0$,

*) Vgl. etwa „Gewöhnl. Differentialgl.“, S. 13 und 14.

$z = 0$, so wird $\left(\frac{dz}{du}\right)_0 = 0$; wenn man nach u differentiiert und $u = 0$ setzt, erhält man für $\left(\frac{d^2z}{du^2}\right)_0$ einen positiven Wert usw.; die fragliche Lösung von (9) läßt also eine Reihenentwicklung

$$(10) \qquad z = \frac{1}{2!}\left(\frac{d^2z}{du^2}\right)_0 u^2 + \dots$$

mit lauter positiven Koeffizienten zu. Setzt man darin $u = x_1 + \alpha(x_2 + \dots + x_n)$, so hat man eine Potenzreihe S'' mit lauter positiven Koeffizienten, welche der Differentialgleichung (7) genügt. Die Eigenschaft, für $x_1 = 0$ zu verschwinden, kommt der Reihe S'' nicht zu.

Die Koeffizienten der Reihe S'' sind größer als die entsprechenden Koeffizienten der Reihe S', denn die Koeffizienten von $x_2^{\alpha_2} \dots x_n^{\alpha_n} (\alpha_2 + \dots + \alpha_n \geqq 2)$ in S'' sind positiv, während die entsprechenden Koeffizienten in S' gleich Null sind, und die übrigen Koeffizienten leiten sich aus den Koeffizienten von $x_2^{\alpha_2} \dots x_n^{\alpha_n}$ bei S' und S'' in gleicher Weise durch Addition und Multiplikation ab.

Die positiven Koeffizienten der konvergenten Reihe S'' sind also größer als die absoluten Beträge der Koeffizienten der Reihe S; folglich ist auch die Reihe S konvergent, wenn die absoluten Beträge von $x_1, \dots, x_n$ hinreichend klein sind*).

Hiermit ist der folgende Satz bewiesen:

In der partiellen Differentialgleichung erster Ordnung

$$(\text{A}) \qquad F(x_1, \dots, x_n, z, p_1, \dots, p_n) = 0$$

sei F eine analytische Funktion von $x_1, \dots, x_n, z, p_1, \dots, p_n$, welche an der Stelle

$$x_1 = x_1^0, \quad \dots, \quad x_n = x_n^0, \quad z = z^0, \quad p_1 = p_1^0, \quad \dots, \quad p_n = p_n^0,$$

---

*) Der hier gegebene Konvergenzbeweis rührt wie der in § 18 und § 21 für eine partielle Differentialgleichung zweiter Ordnung benutzte von Goursat her (Bull. de la Soc. math. de France, 1898; Cours d'Analyse, Bd. II, S. 360 ff.).

Einen anderen Beweis für die Existenz der Integrale partieller Differentialgleichungen hat Frau v. Kowalevsky (Journ. für Math., Bd. 80) gegeben. Die ersten hierher gehörigen Untersuchungen stammen von Cauchy (Oeuvres, 1re série, t. VII).

in deren Umgebung sie sich regulär verhält, verschwindet, während die Ableitung $\frac{\partial F}{\partial p_1}$ an dieser Stelle von Null verschieden ist. Es sei eine analytische Funktion $\varphi(x_2, \ldots, x_n)$ gegeben, welche in der Umgebung von $x_2 = x_2^0, \ldots, x_n = x_n^0$ regulär ist; an dieser Stelle sei

$$\varphi = z^0, \quad \frac{\partial \varphi}{\partial x_2} = p_2^0, \quad \ldots, \quad \frac{\partial \varphi}{\partial x_n} = p_n^0.$$

Die Differentialgleichung (A) wird durch eine einzige analytische Funktion $z = \Phi(x_1, \ldots, x_n)$ befriedigt, welche sich in der Umgebung der Stelle $x_1 = x_1^0, \ldots, x_n = x_n^0$ regulär verhält und für $x_1 = x_1^0$ in die gegebene Funktion $\varphi(x_2, \ldots, x_n)$ übergeht.

Wir beschäftigen uns zunächst mit linearen partiellen Differentialgleichungen erster Ordnung, d. h. wir setzen die Funktion $F(x_1, \ldots, x_n, z, p_1, \ldots, p_n)$ als linear in bezug auf $p_1, \ldots, p_n$ voraus.

Im zweiten Abschnitt kehren wir zu nicht linearen partiellen Differentialgleichungen erster Ordnung zurück, wobei wir uns wie später bei der Behandlung der partiellen Differentialgleichungen zweiter Ordnung in der Regel auf zwei unabhängige Veränderliche beschränken.

§ 3. Die homogene lineare partielle Differentialgleichung erster Ordnung*).

Die lineare partielle Differentialgleichung

$$\text{(B)} \quad \xi_1(x_1, \ldots, x_n)\frac{\partial f}{\partial x_1} + \ldots + \xi_n(x_1, \ldots, x_n)\frac{\partial f}{\partial x_n} = 0$$

habe als Koeffizienten analytische Funktionen $\xi_1, \ldots, \xi_n$ von $x_1, \ldots, x_n$, welche sich in der Umgebung der Stelle $x_1 = x_1^0, \ldots, x_n = x_n^0$ regulär verhalten. Ist $\xi_1(x_1^0, \ldots, x_n^0)$ von Null verschieden, so

*) Die Sätze dieses Paragraphen lassen sich auch aus der Theorie der Systeme gewöhnlicher Differentialgleichungen ableiten. Vgl. „Gewöhnl. Differentialgl.“, § 7.

besitzt die Differentialgleichung (B) eine und nur eine Lösung

(11) $$f = f_k = f_k(x_1, \ldots, x_n) \qquad (k = 2, \ldots, n),$$

welche sich in der Umgebung der Stelle $x_1 = x_1^0, \ldots, x_n = x_n^0$ regulär verhält und sich für $x_1 = x_1^0$ auf x_k reduziert.

Denn die Differentialgleichung (B) läßt sich auf die Form bringen:

$$\frac{\partial f}{\partial x_1} = -\sum_{k=2}^{n} \frac{\xi_k(x_1, \ldots, x_n)}{\xi_1(x_1, \ldots, x_n)} \frac{\partial f}{\partial x_k};$$

da die Funktionen $\frac{\xi_k}{\xi_1}$ in der Umgebung der Stelle

$$x_1 = x_1^0, \quad \ldots, \quad x_n = x_n^0$$

regulär sind, so gilt der in § 2 ausgesprochene Satz.

Eine beliebige Lösung $f = f(x_1, \ldots, x_n)$ der partiellen Differentialgleichung (B) läßt sich als Funktion von $f_2, \ldots, f_n$ darstellen.

Denn durch die Gleichungen

$$\begin{aligned} f_2 &= f_2(x_1, x_2, \ldots, x_n), \\ &\cdots\cdots\cdots \\ f_n &= f_n(x_1, x_2, \ldots, x_n) \end{aligned}$$

werden $x_2, \ldots, x_n$ als Funktionen von $x_1, f_2, \ldots, f_n$ definiert, so daß

$$f(x_1, x_2, \ldots, x_n) = \varphi(x_1, f_2, \ldots, f_n)$$

als Funktion von $x_1, f_2, \ldots, f_n$ betrachtet werden kann. Wir haben nur zu zeigen, daß die Funktion φ von x_1 unabhängig ist.

Es ist

$$\begin{aligned} \frac{\partial f}{\partial x_1} &= \frac{\partial \varphi}{\partial x_1} + \frac{\partial \varphi}{\partial f_2}\frac{\partial f_2}{\partial x_1} + \cdots + \frac{\partial \varphi}{\partial f_n}\frac{\partial f_n}{\partial x_1}, \\ \frac{\partial f}{\partial x_2} &= \frac{\partial \varphi}{\partial f_2}\frac{\partial f_2}{\partial x_2} + \cdots + \frac{\partial \varphi}{\partial f_n}\frac{\partial f_n}{\partial x_2}, \\ &\cdots\cdots\cdots \\ \frac{\partial f}{\partial x_n} &= \frac{\partial \varphi}{\partial f_2}\frac{\partial f_2}{\partial x_n} + \cdots + \frac{\partial \varphi}{\partial f_n}\frac{\partial f_n}{\partial x_n}, \end{aligned}$$

so daß die Gleichung

$$\xi_1 \frac{\partial f}{\partial x_1} + \xi_2 \frac{\partial f}{\partial x_2} + \ldots + \xi_n \frac{\partial f}{\partial x_n} = 0$$

in

$$\frac{\partial \varphi}{\partial x_1} + \sum_{i=2}^{n} \frac{\partial \varphi}{\partial f_i}\left(\xi_1 \frac{\partial f_i}{\partial x_1} + \ldots + \xi_n \frac{\partial f_i}{\partial x_n}\right) = 0$$

übergeht. Da die Klammerausdrücke verschwinden, so ist

$$\frac{\partial \varphi}{\partial x_1} = 0\,,$$

w. z. b. w.

Der Ausdruck

(12) $$f = \varphi(f_2, \ldots, f_n)\,,$$

wo φ eine willkürliche Funktion bezeichnet, stellt eine Lösung der Differentialgleichung (B) dar.

Denn es ist

$$\frac{\partial f}{\partial x_1} = \sum_{k=2}^{n} \frac{\partial \varphi}{\partial f_k} \frac{\partial f_k}{\partial x_1}\,,$$

$$\cdots\cdots\cdots\cdots$$

$$\frac{\partial f}{\partial x_n} = \sum_{k=2}^{n} \frac{\partial \varphi}{\partial f_k} \frac{\partial f_k}{\partial x_n}\,,$$

also

$$\xi_1 \frac{\partial f}{\partial x_1} + \ldots + \xi_n \frac{\partial f}{\partial x_n}$$

$$= \sum_{k=2}^{n} \frac{\partial \varphi}{\partial f_k}\left(\xi_1 \frac{\partial f_k}{\partial x_1} + \ldots + \xi_n \frac{\partial f_k}{\partial x_n}\right)$$

gleich Null, da die Klammerausdrücke auf der rechten Seite verschwinden.

Der Ausdruck (12) mit der willkürlichen Funktion φ wird als die allgemeine Lösung oder das allgemeine Integral der linearen partiellen Differentialgleichung (B) bezeichnet.

Ist $\varphi(x_2, \ldots, x_n)$ eine an der Stelle $x_2 = x_2^0, \ldots, x_n = x_n^0$ reguläre Funktion von $x_2, \ldots, x_n$, so ist

$$f = \varphi(f_2, \ldots, f_n)$$

eine Funktion von $x_1, \ldots, x_n$, welche sich an der Stelle $x_1 = x_1^0, \ldots, x_n = x_n^0$ regulär verhält, sich für $x_1 = x_1^0$ auf $\varphi(x_2, \ldots, x_n)$ reduziert und der partiellen Differentialgleichung (B) genügt.

Denn für $x_1 = x_1^0$ ist $f_2 = x_2, \ldots, f_n = x_n$; für $x_1 = x_1^0$, $x_2 = x_2^0, \ldots, x_n = x_n^0$ ist also $f_2 = x_2^0, \ldots, f_n = x_n^0$.

Die $n-1$ Gleichungen

$$(13) \qquad \begin{cases} f_2(x_1, x_2, \ldots, x_n) = x_2^0, \\ \cdot \quad \cdot \quad \cdot \quad \cdot \quad \cdot \quad \cdot \quad \cdot \quad \cdot \quad \cdot \quad \cdot \\ f_n(x_1, x_2, \ldots, x_n) = x_n^0 \end{cases}$$

bestimmen $x_2, \ldots, x_n$ als Funktionen von x_1, welche sich in der Umgebung von $x_1 = x_1^0$ regulär verhalten und für $x_1 = x_1^0$ die Werte $x_2 = x_2^0, \ldots, x_n = x_n^0$ annehmen. Diese Funktionen

$$(14) \qquad x_2 = \varphi_2(x_1), \quad \ldots, \quad x_n = \varphi_n(x_1)$$

genügen dem System gewöhnlicher Differentialgleichungen

$$(15) \qquad \frac{dx_1}{\xi_1} = \frac{dx_2}{\xi_2} = \ldots = \frac{dx_n}{\xi_n}.$$

Daß sich die Gleichungen (13) in der angegebenen Weise nach $x_2, \ldots, x_n$ auflösen lassen, folgt daraus, daß die Funktionaldeterminante

$$\frac{\partial(f_2, \ldots, f_n)}{\partial(x_2, \ldots, x_n)}$$

für $x_1 = x_1^0, \ldots, x_n = x_n^0$ von Null verschieden ist. Wenn man die Gleichungen (13) differentiiert, indem man $x_2, \ldots, x_n$ als Funktionen von x_1 auffaßt, erhält man die $n-1$ Gleichungen

$$\begin{gathered} \frac{\partial f_2}{\partial x_1} + \frac{\partial f_2}{\partial x_2}\frac{dx_2}{dx_1} + \ldots + \frac{\partial f_2}{\partial x_n}\frac{dx_n}{dx_1} = 0, \\ \cdot \quad \cdot \quad \cdot \quad \cdot \quad \cdot \quad \cdot \quad \cdot \quad \cdot \quad \cdot \quad \cdot \quad \cdot \quad \cdot \quad \cdot \\ \frac{\partial f_n}{\partial x_1} + \frac{\partial f_n}{\partial x_2}\frac{dx_2}{dx_1} + \ldots + \frac{\partial f_n}{\partial x_n}\frac{dx_n}{dx_1} = 0, \end{gathered}$$

durch welche

$$\frac{dx_2}{dx_1}, \quad \ldots, \quad \frac{dx_n}{dx_1}$$

als Funktionen von $x_1, \ldots, x_n$ eindeutig bestimmt sind. Aus den $n-1$ Gleichungen

$$\xi_1 \frac{\partial f_2}{\partial x_1} + \xi_2 \frac{\partial f_2}{\partial x_2} + \ldots + \xi_n \frac{\partial f_2}{\partial x_n} = 0\,,$$
$$\cdots\cdots\cdots\cdots\cdots\cdots$$
$$\xi_1 \frac{\partial f_n}{\partial x_1} + \xi_2 \frac{\partial f_n}{\partial x_2} + \ldots + \xi_n \frac{\partial f_n}{\partial x_n} = 0$$

erhält man für

$$\frac{\xi_2}{\xi_1}\,, \quad \ldots, \quad \frac{\xi_n}{\xi_1}$$

dieselben Werte wie vorhin für

$$\frac{dx_2}{dx_1}\,, \quad \ldots, \quad \frac{dx_n}{dx_1}\,.$$

Also ist

$$\frac{dx_2}{dx_1} = \frac{\xi_2}{\xi_1}\,, \quad \ldots, \quad \frac{dx_n}{dx_1} = \frac{\xi_n}{\xi_1}\,,$$

w. z. b. w.

Eine Funktion $f(x_1, \ldots, x_n)$ der Veränderlichen $x_1, \ldots, x_n$, welche einen konstanten (von x_1 unabhängigen) Wert annimmt, wenn man für $x_2, \ldots, x_n$ eine beliebige Lösung $x_2 = \varphi_2(x_1), \ldots, x_n = \varphi_n(x_1)$ des Systems (15) einsetzt, stellt eine Lösung der linearen partiellen Differentialgleichung (B) dar.

Der Voraussetzung gemäß ist nämlich, wenn man $x_2 = \varphi_2(x_1), \ldots, x_n = \varphi_n(x_1)$ setzt,

$$\frac{df(x_1, x_2, \ldots, x_n)}{dx_1} = \frac{\partial f}{\partial x_1} + \frac{\partial f}{\partial x_2}\frac{dx_2}{dx_1} + \ldots + \frac{\partial f}{\partial x_n}\frac{dx_n}{dx_1}$$
$$= \frac{\partial f}{\partial x_1} + \frac{\xi_2}{\xi_1}\frac{\partial f}{\partial x_2} + \ldots + \frac{\xi_n}{\xi_1}\frac{\partial f}{\partial x_n} = 0\,.$$

Diese Gleichung ist erfüllt, wenn man x_1 beliebig annimmt, aber $x_2, \ldots, x_n$ aus irgendeiner Lösung des Systems (15) berechnet. Ist $x_1 = x_1^0, x_2 = x_2^0, \ldots, x_n = x_n^0$ eine **beliebige** Stelle, an welcher sich die Funktionen $\xi_1, \ldots, \xi_n$ regulär verhalten und ξ_1 nicht verschwindet, so sind Funktionen $x_2, \ldots, x_n$ von x_1 vorhanden, welche dem System (15) genügen und für $x_1 = x_1^0$ die Werte $x_2 = x_2^0, \ldots, x_n = x_n^0$ annehmen. Die letzte Gleichung, welche für die beliebigen Werte $x_1 = x_1^0, x_2 = x_2^0, \ldots, x_n = x_n^0$ erfüllt ist, ist also identisch erfüllt.

§ 4. Die nicht homogene lineare partielle Differentialgleichung erster Ordnung.

Wir wenden uns zu der Differentialgleichung

$$\xi_1 \frac{\partial z}{\partial x_1} + \ldots + \xi_n \frac{\partial z}{\partial x_n} = \zeta, \tag{C}$$

wo $\xi_1, \ldots, \xi_n, \zeta$ Funktionen von $x_1, \ldots, x_n, z$ sind, welche sich in der Umgebung der Stelle $x_1 = x_1^0, \ldots, x_n = x_n^0, z = z^0$ regulär verhalten; ξ_1 sei an dieser Stelle von Null verschieden.

Wir nehmen die homogene lineare partielle Differentialgleichung

$$\xi_1 \frac{\partial f}{\partial x_1} + \ldots + \xi_n \frac{\partial f}{\partial x_n} + \zeta \frac{\partial f}{\partial z} = 0 \tag{16}$$

mit der abhängigen Veränderlichen f und den unabhängigen Veränderlichen $x_1, \ldots, x_n, z$ zu Hilfe. Die Differentialgleichung (16) besitzt nach § 3 die Lösungen $f_2, \ldots, f_n, f_{n+1}$, welche in der Umgebung der Stelle $x_1 = x_1^0, \ldots, x_n = x_n^0, z = z^0$ regulär sind und für $x_1 = x_1^0$ die Werte $f_2 = x_2, \ldots, f_n = x_n, f_{n+1} = z$ annehmen. Die allgemeinste Lösung der Gleichung (16) ist von der Form

$$\psi(f_2, \ldots, f_n, f_{n+1}),$$

wo ψ eine willkürliche Funktion der beigefügten n Argumente darstellt.

Die Gleichung

$$\psi(f_2, \ldots, f_n, f_{n+1}) = 0 \tag{17}$$

definiert, wenn ihre linke Seite nicht von z unabhängig ist, eine Funktion

$$z = \Phi(x_1, \ldots, x_n) \tag{18}$$

von $x_1, \ldots, x_n$, welche der Differentialgleichung (C) genügt.

Die Gleichung (17), welche, nachdem man z durch die Funktion Φ ersetzt hat, identisch in $x_1, \ldots, x_n$ erfüllt ist, möge nach diesen n Veränderlichen differentiiert werden. Man erhält so die n Gleichungen

$$\sum_{k=2}^{n+1} \frac{\partial \psi}{\partial f_k}\left(\frac{\partial f_k}{\partial x_1} + \frac{\partial f_k}{\partial z}\frac{\partial z}{\partial x_1}\right) = 0\,,$$

$$\cdots\cdots\cdots\cdots\cdots$$

$$\sum_{k=2}^{n+1} \frac{\partial \psi}{\partial f_k}\left(\frac{\partial f_k}{\partial x_n} + \frac{\partial f_k}{\partial z}\frac{\partial z}{\partial x_n}\right) = 0\,.$$

Wenn man dieselben mit $\xi_1, \ldots, \xi_n$ multipliziert und addiert und dabei beachtet, daß

$$\xi_1 \frac{\partial f_i}{\partial x_1} + \ldots + \xi_n \frac{\partial f_i}{\partial x_n} = -\zeta \frac{\partial f_i}{\partial z} \qquad (i = 2, \ldots, n+1)$$

ist, so erhält man die Gleichung

$$\sum_{k=2}^{n+1} \frac{\partial \psi}{\partial f_k}\frac{\partial f_k}{\partial z} \cdot \left(\xi_1 \frac{\partial z}{\partial x_1} + \ldots + \xi_n \frac{\partial z}{\partial x_n} - \zeta\right) = 0$$

oder

$$\frac{\partial \psi}{\partial z}\left(\xi_1 \frac{\partial z}{\partial x_1} + \ldots + \xi_n \frac{\partial z}{\partial x_n} - \zeta\right) = 0\,.$$

Da die Funktion ψ nicht von z unabhängig sein, ihr partieller Differentialquotient nach z also nicht verschwinden soll, so ist

$$\xi_1 \frac{\partial z}{\partial x_1} + \ldots + \xi_n \frac{\partial z}{\partial x_n} - \zeta = 0\,,$$

d. h. $z = \Phi(x_1, \ldots, x_n)$ genügt der partiellen Differentialgleichung (C).

Ist eine Funktion z von $x_1, \ldots, x_n$ vorhanden, welche den $n+1$ Gleichungen

$$\xi_1 = 0\,, \ldots, \quad \xi_n = 0\,, \quad \zeta = 0$$

genügt, so ist auch die Differentialgleichung (C) erfüllt. Eine derartige Lösung der Differentialgleichung (C) wird als singuläre Lösung bezeichnet. Eine Lösung von (C), für welche $\xi_1 = 0, \ldots, \xi_n = 0$ ist, erfüllt auch die Gleichung $\zeta = 0$, ist also singulär. Ist $z = \Phi(x_1, \ldots, x_n)$

eine nicht singuläre Lösung von (C), so sind Wertsysteme $x_1^0, \ldots, x_n^0, z^0$ vorhanden, welche der Gleichung $z^0 = \Phi(x_1^0, \ldots, x_n^0)$ genügen und für welche eine der Funktionen $\xi_1, \ldots, \xi_n$, z. B. ξ_1, von Null verschieden ist. In der Umgebung von $x_1 = x_1^0, \ldots, x_n = x_n^0, z = z^0$ sollen $\xi_1, \ldots, \xi_n, \zeta$ regulär sein*).

Jede nicht singuläre Lösung $z = \Phi(x_1, \ldots, x_n)$ der Differentialgleichung (C) genügt einer Gleichung von der Form (17)

$$\psi(f_2, \ldots, f_n, f_{n+1}) = 0 .$$

Denn führt man vermittels der Gleichungen

$$\begin{gathered} f_2(x_1, \ldots, x_n, z) = f_2 , \\ \cdots\cdots\cdots\cdots \\ f_n(x_1, \ldots, x_n, z) = f_n , \\ f_{n+1}(x_1, \ldots, x_n, z) = f_{n+1} \end{gathered}$$

an Stelle von $x_2, \ldots, x_n, z$ die neuen Veränderlichen $f_2, \ldots, f_n, f_{n+1}$ ein, so geht die Gleichung

$$z = \Phi(x_1, \ldots, x_n)$$

in

$$\psi(x_1, f_2, \ldots, f_n, f_{n+1}) = 0$$

über.

Die letzte Gleichung ist, wenn $z = \Phi(x_1, \ldots, x_n)$ gesetzt wird, identisch in $x_1, \ldots, x_n$ erfüllt. Durch Differentiation nach $x_1, \ldots, x_n$ ergeben sich die Gleichungen

$$\begin{gathered} \frac{\partial \psi}{\partial x_1} + \sum_{k=2}^{n+1} \frac{\partial \psi}{\partial f_k} \left(\frac{\partial f_k}{\partial x_1} + \frac{\partial f_k}{\partial z} \frac{\partial z}{\partial x_1} \right) = 0 , \\ \sum_{k=2}^{n+1} \frac{\partial \psi}{\partial f_k} \left(\frac{\partial f_k}{\partial x_2} + \frac{\partial f_k}{\partial z} \frac{\partial z}{\partial x_2} \right) = 0 , \\ \cdots\cdots\cdots\cdots\cdots\cdots \\ \sum_{k=2}^{n+1} \frac{\partial \psi}{\partial f_k} \left(\frac{\partial f_k}{\partial x_n} + \frac{\partial f_k}{\partial z} \frac{\partial z}{\partial x_n} \right) = 0 . \end{gathered}$$

*) Den Fall, daß für alle der Gleichung $z = \Phi(x_1, \ldots, x_n)$ genügenden Wertsysteme $x_1, \ldots, x_n, z$ eine der Funktionen $\xi_1, \ldots, \xi_n, \zeta$ sich nicht regulär verhält, schließen wir aus.

Wenn man dieselben mit $\xi_1, \xi_2, \ldots, \xi_n$ multipliziert und addiert, ergibt sich, da f_k der Gleichung (16) und z der Gleichung (C) genügt, die Gleichung

$$\xi_1 \frac{\partial \psi}{\partial x_1} + \sum_{k=2}^{n+1} \frac{\partial \psi}{\partial f_k}\left(-\zeta \frac{\partial f_k}{\partial z} + \frac{\partial f_k}{\partial z} \cdot \zeta\right) = 0$$

oder

$$\xi_1 \frac{\partial \psi}{\partial x_1} = 0 .$$

Da ξ_1 nicht identisch verschwinden soll, ist

$$\frac{\partial \psi}{\partial x_1} = 0 ,$$

so daß ψ nur von $f_2, \ldots, f_n, f_{n+1}$ abhängt.

Da die Integration der partiellen Differentialgleichung (16) und die Integration des Systems gewöhnlicher Differentialgleichungen

$$(19) \qquad \frac{dx_1}{\xi_1} = \ldots = \frac{dx_n}{\xi_n} = \frac{dz}{\zeta}$$

identische Aufgaben sind, so ist durch die vorangehenden Sätze die Integration der nicht homogenen linearen partiellen Differentialgleichung (C) auf die Integration des Systems gewöhnlicher Differentialgleichungen (19) zurückgeführt, welches die Integralgleichungen

$$f_2(x_1, \ldots, x_n, z) = C_2, \quad \ldots, \quad f_{n+1}(x_1, \ldots, x_n, z) = C_{n+1}$$

besitzt.

Ist $\varphi(x_2, \ldots, x_n)$ eine beliebige in der Umgebung der Stelle $x_2 = x_2^0, \ldots, x_n = x_n^0$ reguläre Funktion von $x_2, \ldots, x_n$, welche die Bedingung

$$\varphi(x_2^0, \ldots, x_n^0) = z^0$$

erfüllt*), so besitzt die Differentialgleichung (C) nach dem Fundamentalsatze in § 2 eine und nur eine Lösung

$$z = \Phi(x_1, \ldots, x_n) ,$$

*) Wie oben soll ξ_1 an der Stelle $x_1 = x_1^0, \ldots, x_n = x_n^0, z = z^0$ von Null verschieden sein.

welche sich in der Umgebung der Stelle $x_1 = x_1^0, \ldots, x_n = x_n^0$ regulär verhält und sich für $x_1 = x_1^0$ auf $\varphi(x_2, \ldots, x_n)$ reduziert. Diese Lösung erhält man dadurch, daß man die Gleichung

$$f_{n+1} = \varphi(f_2, \ldots, f_n) \tag{20}$$

nach z auflöst.

Der nach z genommene partielle Differentialquotient des Ausdrucks

$$f_{n+1} - \varphi(f_2, \ldots, f_n)$$

reduziert sich für $x_1 = x_1^0, \ldots, x_n = x_n^0$ auf 1, da sich die Funktionen $f_2, \ldots, f_n, f_{n+1}$ für $x_1 = x_1^0$ bzw. auf $x_2, \ldots, x_n, z$ reduzieren. Folglich wird die Gleichung (20) durch eine Funktion $z = \Phi(x_1, \ldots, x_n)$ befriedigt, welche sich an der Stelle $x_1 = x_1^0, \ldots, x_n = x_n^0$ regulär verhält und für $x_1 = x_1^0$ in $\varphi(x_2, \ldots, x_n)$ übergeht. Daß die Funktion $z = \Phi(x_1, \ldots, x_n)$ der Differentialgleichung (C) genügt, ist oben gezeigt worden*).

§ 5. Systeme linearer partieller Differentialgleichungen.

Wir betrachten ein System von p linearen partiellen Differentialgleichungen mit der abhängigen Veränderlichen f und den n unabhängigen Veränderlichen $x_1, \ldots, x_n$:

$$\tag{21} \left\{ \begin{array}{l} \xi_{11} \dfrac{\partial f}{\partial x_1} + \xi_{12} \dfrac{\partial f}{\partial x_2} + \ldots + \xi_{1n} \dfrac{\partial f}{\partial x_n} = 0, \\ \xi_{21} \dfrac{\partial f}{\partial x_1} + \xi_{22} \dfrac{\partial f}{\partial x_2} + \ldots + \xi_{2n} \dfrac{\partial f}{\partial x_n} = 0, \\ \ldots\ldots\ldots\ldots\ldots\ldots\ldots\ldots \\ \xi_{p1} \dfrac{\partial f}{\partial x_1} + \xi_{p2} \dfrac{\partial f}{\partial x_2} + \ldots + \xi_{pn} \dfrac{\partial f}{\partial x_n} = 0; \end{array} \right.$$

die Koeffizienten $\xi_{i1}, \xi_{i2}, \ldots, \xi_{in}$ $(i = 1, 2, \ldots, p)$ sind gegebene Funktionen von $x_1, \ldots, x_n$, welche sich an der Stelle $x_1 = x_1^0, \ldots, x_n = x_n^0$ regulär verhalten sollen.

Es fragt sich, ob die p Gleichungen (21) gemeinsame Lösungen f besitzen.

---

*) Vgl. auch § 12.

Wir setzen

$$(22)\qquad X_i(f) = \xi_{i1}\frac{\partial f}{\partial x_1} + \xi_{i2}\frac{\partial f}{\partial x_2} + \cdots + \xi_{in}\frac{\partial f}{\partial x_n}$$

$$(i = 1, \ldots, p),$$

so daß die Gleichungen (21) lauten:

$$(23)\qquad X_1(f) = 0,\; X_2(f) = 0,\; \ldots,\; X_p(f) = 0.$$

Wir setzen voraus, daß diese p Gleichungen voneinander unabhängig sind, d. h. daß keine Relation von der Form

$$\lambda_1 X_1(f) + \lambda_2 X_2(f) + \cdots + \lambda_p X_p(f) = 0,$$

wo $\lambda_1, \lambda_2, \ldots, \lambda_p$ Funktionen von $x_1, \ldots, x_n$ darstellen, für alle Funktionen f besteht.

Sind φ_1 und φ_2 zwei Funktionen von $x_1, \ldots, x_n$, so ist

$$X_i(\varphi_1 + \varphi_2) = X_i(\varphi_1) + X_i(\varphi_2),$$

$$X_i(\varphi_1\varphi_2) = \varphi_1 X_i(\varphi_2) + \varphi_2 X_i(\varphi_1).$$

Ersetzt man in $X_i(\varphi)$ die Funktion φ durch $X_k(f)$, so erhält man

$$X_i(X_k(f)) = \sum_{\nu=1}^{n} X_i(\xi_{k\nu})\frac{\partial f}{\partial x_\nu} + \sum_{\nu=1}^{n} \xi_{k\nu} X_i\left(\frac{\partial f}{\partial x_\nu}\right);$$

durch Vertauschung der Indizes i und k ergibt sich

$$X_k(X_i(f)) = \sum_{\nu=1}^{n} X_k(\xi_{i\nu})\frac{\partial f}{\partial x_\nu} + \sum_{\nu=1}^{n} \xi_{i\nu} X_k\left(\frac{\partial f}{\partial x_\nu}\right).$$

Es ist aber

$$\sum_{\nu=1}^{n} \xi_{k\nu} X_i\left(\frac{\partial f}{\partial x_\nu}\right) = \sum_{\nu=1}^{n} \xi_{k\nu} \sum_{\mu=1}^{n} \xi_{i\mu}\frac{\partial^2 f}{\partial x_\mu\, \partial x_\nu}$$

$$= \sum_{\mu=1}^{n}\sum_{\nu=1}^{n} \xi_{i\mu}\xi_{k\nu}\frac{\partial^2 f}{\partial x_\mu\, \partial x_\nu};$$

derselbe Ausdruck ergibt sich für

$$\sum_{\nu=1}^{n} \xi_{i\nu} X_k\left(\frac{\partial f}{\partial x_\nu}\right).$$

Demnach ist

$$(24)\quad X_i(X_k(f)) - X_k(X_i(f)) = \sum_{\nu=1}^{n} \{X_i(\xi_{k\nu}) - X_k(\xi_{i\nu})\} \frac{\partial f}{\partial x_\nu} \text{ *)}.$$

Genügt die Funktion f den p partiellen Differentialgleichungen (23), so ist

$$X_i(f) = 0\,,\ X_k(f) = 0\,,$$

also auch

$$X_i(X_k(f)) = X_i(0) = 0\,,$$

$$X_k(X_i(f)) = X_k(0) = 0\,;$$

mithin ist auch die Gleichung

$$X_i(X_k(f)) - X_k(X_i(f)) = 0$$

erfüllt, welche ebenfalls eine lineare partielle Differentialgleichung erster Ordnung darstellt.

Das System (23) wird ein vollständiges System genannt, wenn jeder der Ausdrücke

$$X_i(X_k(f)) - X_k(X_i(f)) \qquad (i\,,\, k = 1\,, \ldots, n)$$

eine lineare homogene Funktion der p Ausdrücke $X_1(f)\,, \ldots, X_p(f)$ ist, wenn also solche Funktionen $\varrho_{ik1}\,, \ldots, \varrho_{ikp}$ von $x_1\,, \ldots, x_n$ vorhanden sind, daß die Gleichung

$$X_i(X_k(f)) - X_k(X_i(f)) = \varrho_{ik1} X_1(f) + \ldots + \varrho_{ikp} X_p(f)$$

für alle Funktionen f erfüllt ist; hierzu ist erforderlich, daß $\frac{\partial f}{\partial x_\nu}$ $(\nu = 1\,, \ldots, n)$ auf der linken Seite dieser Gleichung denselben Koeffizienten besitzt wie auf der rechten Seite.

Bilden die Gleichungen (23) kein vollständiges System, so fügen wir diejenigen unter den Gleichungen

$$X_i(X_k(f)) - X_k(X_i(f)) = 0$$

---

*) Gebräuchlich ist die Bezeichnung

$$X_i(X_k(f)) - X_k(X_i(f)) = (X_i\, X_k)$$

(Klammerausdruck).

hinzu, welche voneinander und von den p ursprünglichen Gleichungen unabhängig sind. Wir erhalten so ein System von $p' > p$ Gleichungen

$$X_1(f) = 0\,, \quad \ldots, \quad X_{p'}(f) = 0\,,$$

auf welches, wenn es nicht vollständig ist, das beschriebene Verfahren wiederum angewandt wird. So erhält man schließlich entweder $q < n$ Gleichungen

$$X_1(f) = 0\,, \quad \ldots, \quad X_q(f) = 0\,,$$

welche ein vollständiges System bilden, oder n unabhängige Gleichungen

$$X_1(f) = 0\,, \quad \ldots, \quad X_n(f) = 0\,,$$

welche nur erfüllt sind, wenn

$$\frac{\partial f}{\partial x_1} = 0\,, \quad \ldots, \quad \frac{\partial f}{\partial x_n} = 0\,,$$

also f konstant ist.

Wir beschäftigen uns demgemäß mit einem System von q voneinander unabhängigen linearen Differentialgleichungen

(25) $$X_1(f) = 0\,, \quad \ldots, \quad X_q(f) = 0\,,$$

worin

$$X_i(f) = \sum_{\nu=1}^{n} \xi_{i\nu}(x_1, \ldots, x_n) \frac{\partial f}{\partial x_\nu} \qquad (i = 1, \ldots, q)$$

und, wenn unter i und k zwei beliebige der Zahlen $1, \ldots, q$ verstanden werden,

$$X_i(X_k(f)) - X_k(X_i(f))$$
$$= \varrho_{ik1}(x_1, \ldots, x_n)\, X_1(f) + \ldots + \varrho_{ikq}(x_1, \ldots, x_n)\, X_q(f)$$

ist. Dann bilden die Gleichungen (25) ein q-gliedriges vollständiges System.

Wir führen an Stelle von $x_1, \ldots, x_n$ vermittels der Gleichungen

$$y_1 = \varphi_1(x_1, \ldots, x_n)\,,$$
$$\cdots\cdots\cdots$$
$$y_n = \varphi_n(x_1, \ldots, x_n)$$

neue unabhängige Veränderliche $y_1, \ldots, y_n$ ein; die Substitutionsgleichungen sollen nach $x_1, \ldots, x_n$ auflösbar sein, so daß

$$x_1 = \psi_1(y_1, \ldots, y_n),$$
$$\cdots\cdots\cdots\cdots$$
$$x_n = \psi_n(y_1, \ldots, y_n)$$

ist.

Dann ist

$$\frac{\partial f}{\partial x_\nu} = \frac{\partial f}{\partial y_1}\frac{\partial y_1}{\partial x_\nu} + \ldots + \frac{\partial f}{\partial y_n}\frac{\partial y_n}{\partial x_\nu}, \qquad (\nu = 1, \ldots, n)$$

also

$$\begin{aligned} X_i(f) &= \sum_{\nu=1}^{n} \xi_{i\nu}(x_1, \ldots, x_n)\frac{\partial f}{\partial x_\nu} \\ &= \frac{\partial f}{\partial y_1}\sum_{\nu=1}^{n}\xi_{i\nu}\frac{\partial y_1}{\partial x_\nu} + \ldots + \frac{\partial f}{\partial y_n}\sum_{\nu=1}^{n}\xi_{i\nu}\frac{\partial y_n}{\partial x_\nu} \\ &= X_i(y_1)\frac{\partial f}{\partial y_1} + \ldots + X_i(y_n)\frac{\partial f}{\partial y_n}. \end{aligned}$$

Wir bezeichnen den Ausdruck $X_i(y_\nu)$ nach Einführung der Veränderlichen $y_1, \ldots, y_n$ mit $\eta_{i\nu}(y_1, \ldots, y_n)$ und setzen

$$Y_i(f) = \sum_{\nu=1}^{n} \eta_{i\nu}(y_1, \ldots, y_n)\frac{\partial f}{\partial y_\nu}.$$

Dann ist für jede Funktion f

$$X_i(f) = Y_i(f);$$

auf der linken Seite wird f als Funktion von $x_1, \ldots, x_n$, auf der rechten Seite als Funktion von $y_1, \ldots, y_n$ aufgefaßt. Ersetzt man f durch $X_k(f) = Y_k(f)$, so hat man

$$X_i(X_k(f)) = Y_i(Y_k(f)),$$

ebenso erhält man

$$X_k(X_i(f)) = Y_k(Y_i(f)),$$

also ist

$$Y_i(Y_k(f)) - Y_k(Y_i(f)) = X_i(X_k(f)) - X_k(X_i(f)).$$

Die rechte Seite dieser Gleichung ist gleich

$$\varrho_{ik1}(x_1, \ldots, x_n) X_1(f) + \ldots + \varrho_{ikq}(x_1, \ldots, x_n) X_q(f) .$$

Setzt man

$$\varrho_{ik\nu}(x_1, \ldots, x_n) = \sigma_{ik\nu}(y_1, \ldots, y_n) ,$$

so ist

$$Y_i(Y_k(f)) - Y_k(Y_i(f))$$
$$= \sigma_{ik1}(y_1, \ldots, y_n) Y_1(f) + \ldots + \sigma_{ikq}(y_1, \ldots, y_n) Y_q(f) .$$

Damit ist gezeigt, daß auch die Gleichungen

$$Y_1(f) = 0 , \quad \ldots , \quad Y_q(f) = 0$$

ein vollständiges System bilden.

Wir verstehen unter

$$\begin{matrix} A_{11}, \ldots, A_{1q} , \\ \cdot\;\cdot\;\cdot\;\cdot\;\cdot\;\cdot \\ A_{q1}, \ldots, A_{qq} \end{matrix}$$

Funktionen von $x_1, \ldots, x_n$, deren Determinante nicht identisch verschwindet, und setzen

$$\begin{matrix} Z_1(f) = A_{11} X_1(f) + \ldots + A_{1q} X_q(f) , \\ \cdot\;\cdot\;\cdot\;\cdot\;\cdot\;\cdot\;\cdot\;\cdot\;\cdot\;\cdot\;\cdot\;\cdot\;\cdot\;\cdot\;\cdot \\ Z_q(f) = A_{q1} X_1(f) + \ldots + A_{qq} X_q(f) ; \end{matrix}$$

dann lassen sich auch $X_1(f), \ldots, X_q(f)$ linear durch $Z_1(f), \ldots, Z_q(f)$ ausdrücken.

Wir nennen das System

$$Z_1(f) = 0 , \quad \ldots , \quad Z_q(f) = 0$$

dem System (25) äquivalent und zeigen, daß auch das neue System vollständig ist.

Da $Z_i(f)$ eine Summe von Gliedern $A_{ii'} X_{i'}(f)$ $(i' = 1, \ldots, q)$ und $Z_k(f)$ eine Summe von Gliedern $A_{kk'} X_{k'}(f)$ $(k' = 1, \ldots, q)$ ist, so ist der Ausdruck

$$Z_i(Z_k(f)) - Z_k(Z_i(f))$$

eine Summe von Gliedern von der Form

$$\begin{aligned} & A_{ii'} X_{i'}(A_{kk'} X_{k'}(f)) - A_{kk'} X_{k'}(A_{ii'} X_{i'}(f)) \\ &= A_{ii'} [X_{i'}(A_{kk'}) X_{k'}(f) + A_{kk'} X_{i'}(X_{k'}(f))] \\ &- A_{kk'} [X_{k'}(A_{ii'}) X_{i'}(f) + A_{ii'} X_{k'}(X_{i'}(f))] \\ &= A_{ii'} X_{i'}(A_{kk'}) X_{k'}(f) - A_{kk'} X_{k'}(A_{ii'}) X_{i'}(f) \\ &+ A_{ii'} A_{kk'} [X_{i'}(X_{k'}(f)) - X_{k'}(X_{i'}(f))] . \end{aligned}$$

Da sämtliche Ausdrücke

$$X_{i'}(X_{k'}(f)) - X_{k'}(X_{i'}(f))$$

lineare Funktionen von $X_1(f), \ldots, X_q(f)$ sind, so ist auch

$$Z_i(Z_k(f)) - Z_k(Z_i(f))$$

eine lineare Funktion von $X_1(f), \ldots, X_q(f)$ und folglich auch eine lineare Funktion von $Z_1(f), \ldots, Z_q(f)$, w. z. b. w.

Wir denken uns die Funktionen A_{ik} so gewählt, daß die Gleichungen

$$Z_1(f) = 0\,, \quad \ldots, \quad Z_q(f) = 0$$

bzw. nach

$$\frac{\partial f}{\partial x_1}, \ldots, \frac{\partial f}{\partial x_q}$$

aufgelöst erscheinen. Wir können daher den weiteren Betrachtungen ein vollständiges System von folgender Gestalt zugrunde legen:

$$\text{(D)} \quad \begin{cases} X_1(f) = \dfrac{\partial f}{\partial x_1} + \xi_{1,q+1}\dfrac{\partial f}{\partial x_{q+1}} + \ldots + \xi_{1n}\dfrac{\partial f}{\partial x_n} = 0\,, \\ \dots\dots\dots\dots\dots\dots\dots\dots \\ X_q(f) = \dfrac{\partial f}{\partial x_q} + \xi_{q,q+1}\dfrac{\partial f}{\partial x_{q+1}} + \ldots + \xi_{qn}\dfrac{\partial f}{\partial x_n} = 0\,. \end{cases}$$

Ein vollständiges System von der besonderen Form (D) bezeichnen wir als Jacobisches System.

Es muß

$$X_i(X_k(f)) - X_k(X_i(f)) = \varrho_{ik1}\,X_1(f) + \ldots + \varrho_{ikq}\,X_q(f)$$

sein. Auf der linken Seite dieser Gleichung hat $\dfrac{\partial f}{\partial x_h}$ $(h = 1, \ldots, q)$ den Koeffizienten

$$X_i(\xi_{kh}) - X_k(\xi_{ih})\,,$$

welcher verschwindet, da ξ_{ih} und ξ_{kh} konstant (1 oder 0) sind; der Koeffizient von $\dfrac{\partial f}{\partial x_h}$ auf der rechten Seite ist gleich ϱ_{ikh}. Folglich ist

$$\varrho_{ikh} = 0\,. \qquad (h = 1, \ldots, q)$$

Für ein Jacobisches System ist also

$$\text{(26)} \qquad X_i(X_k(f)) - X_k(X_i(f)) = 0\,. \quad (i, k = 1, \ldots, q)$$

Setzt man den Koeffizienten von $\frac{\partial f}{\partial x_\nu}$ $(\nu = q+1, \ldots, n)$ auf der linken Seite dieser Gleichung gleich Null, so erhält man die Gleichungen

$$X_i(\xi_{k\nu}) - X_k(\xi_{i\nu}) = 0 \tag{27}$$

$$(i, k = 1, \ldots, q; \quad \nu = q+1, \ldots, n).$$

§ 6. Integration eines vollständigen Systems linearer partieller Differentialgleichungen.

Wir betrachten jetzt ein Jacobisches System (D), dessen Koeffizienten

$$\xi_{i\nu} \ (i = 1, \ldots, q; \ \nu = q+1, \ldots, n)$$

sich in der Umgebung der Stelle

$$x_1 = x_1^0, \quad \ldots, \quad x_n = x_n^0$$

regulär verhalten. Wir zeigen, daß das System (D) eine Lösung $f = f_\nu(x_1, \ldots, x_n)$ besitzt, welche sich in der Umgebung der Stelle $x_1 = x_1^0, \ldots, x_n = x_n^0$ regulär verhält und sich für $x_1 = x_1^0, \ldots, x_q = x_q^0$ auf x_ν reduziert, wo ν eine der Zahlen $q+1, \ldots, n$ darstellt.

Im Falle $q = 1$, also für eine einzige lineare partielle Differentialgleichung, ist nach § 3 dieser Satz richtig; wir zeigen, daß er für ein q-gliedriges Jacobisches System gilt, wenn er für ein $(q-1)$-gliedriges Jacobisches System als bewiesen vorausgesetzt wird.

Die lineare Differentialgleichung

$$X_1(f) = \frac{\partial f}{\partial x_1} + \xi_{1,q+1}\frac{\partial f}{\partial x_{q+1}} + \cdots + \xi_{1n}\frac{\partial f}{\partial x_n} = 0$$

besitzt $n-1$ Lösungen $y_2, \ldots, y_n$, welche sich in der Umgebung der Stelle $x_1 = x_1^0, \ldots, x_n = x_n^0$ regulär verhalten und für $x_1 = x_1^0$ die Werte $y_2 = x_2, \ldots, y_n = x_n$ annehmen. Diese Lösungen sind

$$\begin{aligned} y_2 &= x_2, \\ &\cdots\cdots \\ y_q &= x_q, \\ y_{q+1} &= x_{q+1} + (x_1 - x_1^0)\mathfrak{P}_{q+1}(x_1 - x_1^0, \ldots, x_n - x_n^0), \\ &\cdots\cdots\cdots\cdots\cdots\cdots \\ y_n &= x_n + (x_1 - x_1^0)\mathfrak{P}_n(x_1 - x_1^0, \ldots, x_n - x_n^0), \end{aligned}$$

wo $\mathfrak{P}_{q+1}, \ldots, \mathfrak{P}_n$ Potenzreihen von $x_1 - x_1^0, \ldots, x_n - x_n^0$ darstellen.

Wir setzen noch $y_1 = x_1$ und führen $y_1, y_2, \ldots, y_n$ an Stelle von $x_1, x_2, \ldots, x_n$ als Veränderliche ein. Dadurch geht $X_1(f)$ in

$$Y_1(f) = \frac{\partial f}{\partial y_1} + X_1(y_{q+1}) \frac{\partial f}{\partial y_{q+1}} + \ldots + X_1(y_n) \frac{\partial f}{\partial y_n}$$

über; da aber $y_{q+1}, \ldots, y_n$ Lösungen der Gleichung $X_1(f) = 0$ sind, so ist

$$X_1(y_{q+1}) = 0, \quad \ldots, \quad X_1(y_n) = 0,$$

also

$$Y_1(f) = \frac{\partial f}{\partial y_1}.$$

Ferner geht $X_i(f)$ $(i = 2, \ldots, q)$ über in

$$Y_i(f) = \frac{\partial f}{\partial y_i} + X_i(y_{q+1}) \frac{\partial f}{\partial y_{q+1}} + \ldots + X_i(y_n) \frac{\partial f}{\partial y_n};$$

wir setzen

$$\eta_{i,q+1} = X_i(y_{q+1}), \quad \ldots, \quad \eta_{in} = X_i(y_n),$$

indem wir diese Ausdrücke als Funktionen von $y_1, \ldots, y_n$ auffassen, welche sich an der Stelle $y_1 = x_1^0, \ldots, y_n = x_n^0$ regulär verhalten.

Das Jacobische System (D) geht also in das System

$$Y_1(f) = \frac{\partial f}{\partial y_1} = 0,$$

$$Y_2(f) = \frac{\partial f}{\partial y_2} + \eta_{2,q+1} \frac{\partial f}{\partial y_{q+1}} + \ldots + \eta_{2n} \frac{\partial f}{\partial y_n} = 0,$$

$$\ldots\ldots\ldots\ldots\ldots\ldots\ldots\ldots$$

$$Y_q(f) = \frac{\partial f}{\partial y_q} + \eta_{q,q+1} \frac{\partial f}{\partial y_{q+1}} + \ldots + \eta_{qn} \frac{\partial f}{\partial y_n} = 0$$

über, welches wieder ein vollständiges und, da es nach $\frac{\partial f}{\partial y_1}, \ldots, \frac{\partial f}{\partial y_q}$ aufgelöst ist, ein Jacobisches System sein muß. Es ist daher

$$Y_1(\eta_{i\nu}) - Y_i(0) = 0 \qquad (i = 2, \ldots, q; \ \nu = q+1, \ldots, n)$$

oder

$$Y_1(\eta_{i\nu}) = \frac{\partial \eta_{i\nu}}{\partial y_1} = 0\,;$$

d. h. die Koeffizienten

$$\eta_{i,q+1}\,, \ldots, \eta_{in} \qquad (i = 2\,, \ldots, q)$$

hängen nur von $y_2\,, \ldots, y_n$ ab; sie sind in der Umgebung der Stelle $y_2 = x_2^0\,, \ldots, y_n = x_n^0$ regulär.

Das ursprüngliche Jacobische System (D) und das $(q-1)$-gliedrige Jacobische System mit den $n-1$ unabhängigen Veränderlichen $y_2\,, \ldots, y_n$

$$(28)\quad \begin{cases} Y_2(f) = \dfrac{\partial f}{\partial y_2} + \eta_{2,q+1}\dfrac{\partial f}{\partial y_{q+1}} + \ldots + \eta_{2n}\dfrac{\partial f}{\partial y_n} = 0\,, \\ \ldots\ldots\ldots\ldots\ldots\ldots\ldots\ldots \\ Y_q(f) = \dfrac{\partial f}{\partial y_q} + \eta_{q,q+1}\dfrac{\partial f}{\partial y_{q+1}} + \ldots + \eta_{qn}\dfrac{\partial f}{\partial y_n} = 0 \end{cases}$$

besitzen dieselben Lösungen.

Nach dem ausgesprochenen Satze, welcher für ein Jacobisches System von $q-1$ Differentialgleichungen als bewiesen vorausgesetzt wird, wird das System (28) durch eine Funktion f von $y_2\,, \ldots, y_n$ befriedigt, welche sich in der Umgebung der Stelle $y_2 = x_2^0\,, \ldots, y_n = x_n^0$ regulär verhält und sich, wenn man $y_2 = x_2^0\,, \ldots, y_q = x_q^0$ setzt, auf $y_\nu (\nu = q+1\,, \ldots, n)$ reduziert. Die Funktion f geht, wenn man

$$y_2 = x_2\,, \quad \ldots, \quad y_q = x_q\,,$$

$$y_\nu = x_\nu + (x_1 - x_1^0)\,\mathfrak{P}_\nu(x_1 - x_1^0\,, \ldots, x_n - x_n^0)$$

$$(\nu = q+1\,, \ldots, n)$$

setzt, in eine dem System (D) genügende, an der Stelle $x_1 = x_1^0\,, \ldots, x_n = x_n^0$ reguläre Funktion von $x_1\,, \ldots, x_n$ über; setzt man darin $x_1 = x_1^0\,, x_2 = x_2^0\,, \ldots, x_q = x_q^0$, so wird auch $y_2 = x_2^0, \ldots, y_q = x_q^0$ und $y_{q+1} = x_{q+1}, \ldots, y_n = x_n$; die Funktion f reduziert sich demnach auf x_ν, wenn man $x_1 = x_1^0\,, \ldots, x_q = x_q^0$ setzt.

Damit ist die oben ausgesprochene Behauptung bewiesen.

Ist $\varphi(x_{q+1}, \ldots, x_n)$ eine Funktion der beigefügten $n-q$ Argumente, welche sich in der Umgebung der Stelle $x_{q+1}^0, \ldots, x_n^0$ regulär verhält, so ist

$$f = \varphi(f_{q+1}, \ldots, f_n)$$

eine dem System (D) genügende Funktion von $x_1, \ldots, x_n$, welche sich in der Umgebung der Stelle $x_1^0, \ldots, x_n^0$ regulär verhält und sich für $x_1 = x_1^0, \ldots, x_q = x_q^0$ auf die gegebene Funktion $\varphi(x_{q+1}, \ldots, x_n)$ reduziert.

Wir können also den folgenden Satz aussprechen:

In dem Jacobischen System linearer partieller Differentialgleichungen

$$\text{(D)} \quad \begin{cases} X_1(f) = \dfrac{\partial f}{\partial x_1} + \xi_{1,q+1}\dfrac{\partial f}{\partial x_{q+1}} + \ldots + \xi_{1n}\dfrac{\partial f}{\partial x_n} = 0\,, \\ \dots\dots\dots\dots\dots\dots \\ X_q(f) = \dfrac{\partial f}{\partial x_q} + \xi_{q,q+1}\dfrac{\partial f}{\partial x_{q+1}} + \ldots + \xi_{qn}\dfrac{\partial f}{\partial x_n} = 0 \end{cases}$$

seien $\xi_{1,q+1}, \ldots, \xi_{qn}$ analytische Funktionen von $x_1, \ldots, x_n$, welche sich in der Umgebung der Stelle $x_1^0, \ldots, x_n^0$ regulär verhalten und die Bedingungen (27)

$$X_i(\xi_{k\nu}) = X_k(\xi_{i\nu}) \qquad \begin{pmatrix} i, k = 1, \ldots, q\,, \\ \nu = q+1, \ldots, n \end{pmatrix}$$

erfüllen. Es sei eine Funktion $\varphi(x_{q+1}, \ldots, x_n)$ gegeben, welche sich in der Umgebung von $x_{q+1} = x_{q+1}^0, \ldots, x_n = x_n^0$ regulär verhält. Dann wird das System (D) durch eine Funktion $f = f(x_1, \ldots, x_n)$ befriedigt, welche in der Umgebung der Stelle $x_1^0, \ldots, x_n^0$ regulär ist und für $x_1 = x_1^0, \ldots, x_q = x_q^0$ in die gegebene Funktion $\varphi(x_{q+1}, \ldots, x_n)$ übergeht.

Nach Mayer*) läßt sich die Integration eines Jacobischen Systems auf die Integration einer einzigen linearen partiellen Differentialgleichung zurückführen.

Wir formen das Jacobische System (D) dadurch um, daß wir an Stelle von $x_1, \ldots, x_q$ vermittels der Substitution

$$\text{(29)} \quad x_1 = x_1^0 + y_1\,, \quad x_2 = x_2^0 + y_1 y_2\,, \quad \ldots, \quad x_q = x_q^0 + y_1 y_q$$

---

*) Math. Annalen, Bd. 5.

die neuen Veränderlichen $y_1, \ldots, y_q$ einführen, während $x_{q+1}, \ldots, x_n$ beibehalten werden. Dann ist

$$\frac{\partial f}{\partial y_1} = \frac{\partial f}{\partial x_1} + y_2 \frac{\partial f}{\partial x_2} + \ldots + y_q \frac{\partial f}{\partial x_q},$$

$$\frac{\partial f}{\partial y_2} = y_1 \frac{\partial f}{\partial x_2},$$

$$\cdots\cdots$$

$$\frac{\partial f}{\partial y_q} = y_1 \frac{\partial f}{\partial x_q},$$

und die Differentialgleichungen

$$\frac{\partial f}{\partial x_1} + \xi_{1,q+1} \frac{\partial f}{\partial x_{q+1}} + \ldots + \xi_{1n} \frac{\partial f}{\partial x_n} = 0,$$

$$\frac{\partial f}{\partial x_2} + \xi_{2,q+1} \frac{\partial f}{\partial x_{q+1}} + \ldots + \xi_{2n} \frac{\partial f}{\partial x_n} = 0,$$

$$\cdots\cdots\cdots\cdots\cdots\cdots$$

$$\frac{\partial f}{\partial x_q} + \xi_{q,q+1} \frac{\partial f}{\partial x_{q+1}} + \ldots + \xi_{qn} \frac{\partial f}{\partial x_n} = 0$$

gehen über in

$$(30) \quad \begin{cases} Y_1(f) = \dfrac{\partial f}{\partial y_1} + \eta_{1,q+1} \dfrac{\partial f}{\partial x_{q+1}} + \ldots + \eta_{1n} \dfrac{\partial f}{\partial x_n} = 0, \\ Y_2(f) = \dfrac{\partial f}{\partial y_2} + \eta_{2,q+1} \dfrac{\partial f}{\partial x_{q+1}} + \ldots + \eta_{2n} \dfrac{\partial f}{\partial x_n} = 0, \\ \cdots\cdots\cdots\cdots\cdots\cdots \\ Y_q(f) = \dfrac{\partial f}{\partial y_q} + \eta_{q,q+1} \dfrac{\partial f}{\partial x_{q+1}} + \ldots + \eta_{qn} \dfrac{\partial f}{\partial x_n} = 0; \end{cases}$$

dabei sind

$$(31) \quad \begin{cases} \eta_{1,q+1} = \xi_{1,q+1} + y_2 \xi_{2,q+1} + \ldots + y_q \xi_{q,q+1}, \\ \cdots\cdots\cdots\cdots\cdots\cdots \\ \eta_{1n} = \xi_{1n} + y_2 \xi_{2n} + \ldots + y_q \xi_{qn}; \\ \eta_{2,q+1} = y_1 \xi_{2,q+1}, \quad \ldots, \quad \eta_{2n} = y_1 \xi_{2n}, \\ \cdots\cdots\cdots\cdots\cdots\cdots \\ \eta_{q,q+1} = y_1 \xi_{q,q+1}, \quad \ldots, \quad \eta_{qn} = y_1 \xi_{qn} \end{cases}$$

als Funktionen von $y_1, y_2, \ldots, y_q, x_{q+1}, \ldots, x_n$ darzustellen. Diese Funktionen sind in der Umgebung der Stelle

$$y_1 = 0, \; y_2 = \beta_2, \; \ldots, \; y_q = \beta_q, \; x_{q+1} = x^0_{q+1}, \; \ldots, \; x_n = x^0_n$$

(wo $\beta_2, \ldots, \beta_q$ beliebig sind) regulär; denn dieser Stelle entspricht nach der Rückkehr zu den ursprünglichen Veränderlichen die Stelle

$$x_1 = x^0_1, \; x_2 = x^0_2, \; \ldots, \; x_q = x^0_q, \; x_{q+1} = x^0_{q+1}, \; \ldots, \; x_n = x^0_n.$$

Die dem System (D) genügenden Funktionen $f_{q+1}, \ldots, f_n$, welche sich für $x_1 = x^0_1, \ldots, x_q = x^0_q$ bzw. auf $x_{q+1}, \ldots, x_n$ reduzieren, gehen durch die Substitution (29) in Lösungen des Systems (30) über, welche sich für $y_1 = 0$ auf bzw. $x_{q+1}, \ldots, x_n$ reduzieren. Es sei ν eine der Zahlen $q+1, \ldots, n$. Die dem System (30) genügende Funktion f_ν von $y_1, \ldots, y_q, x_{q+1}, \ldots, x_n$, welche sich für $y_1 = 0$ auf x_ν reduziert, genügt insbesondere auch der Differentialgleichung $Y_1(f) = 0$. Diese Differentialgleichung besitzt aber nur eine einzige an der Stelle $y_1 = 0, y_2 = \beta_2, \ldots, y_q = \beta_q, x_{q+1} = x^0_{q+1}, \ldots, x_n = x^0_n$ reguläre Lösung, welche für $y_1 = 0$ den Wert x_ν annimmt; also muß diese Lösung mit f_ν übereinstimmen.

Die Differentialgleichung $Y_1(f) = 0$ besitzt $n-1$ unabhängige Lösungen $y_2, \ldots, y_q, f_{q+1}, \ldots, f_n$. Die Integration des Jacobischen Systems (D) ist nach Mayer durch die Substitution (29) auf die Integration der linearen partiellen Differentialgleichung

$$(32) \qquad Y_1(f) = \frac{\partial f}{\partial y_1} + \eta_{1,q+1} \frac{\partial f}{\partial x_{q+1}} + \cdots + \eta_{1n} \frac{\partial f}{\partial x_n} = 0$$

zurückgeführt und damit auf die Integration des Systems gewöhnlicher Differentialgleichungen

$$(33) \qquad dy_1 = \frac{dx_{q+1}}{\eta_{1,q+1}} = \cdots = \frac{dx_n}{\eta_{1n}}$$

zwischen den Veränderlichen $y_1, x_{q+1}, \ldots, x_n$, wobei $y_2, \ldots, y_q$ als Parameter betrachtet werden.

§ 7. Vollständig integrierbare Systeme totaler Differentialgleichungen.

Wir haben in § 3 den Zusammenhang untersucht, welcher zwischen einer einzigen linearen partiellen Differentialgleichung und einem System gewöhnlicher Differentialgleichungen stattfindet.

Ein ähnlicher Zusammenhang besteht zwischen einem System von q linearen partiellen Differentialgleichungen mit n unabhängigen Veränderlichen und einem System von $n-q$ totalen Differentialgleichungen mit q unabhängigen und $n-q$ abhängigen Veränderlichen.

Wir denken uns unser System von q linearen partiellen Differentialgleichungen (das zunächst nicht vollständig zu sein braucht) nach q partiellen Ableitungen aufgelöst:

$$(\mathrm{D})\qquad \left\{\begin{array}{l} \dfrac{\partial f}{\partial x_1} + \xi_{1,q+1}\dfrac{\partial f}{\partial x_{q+1}} + \ldots + \xi_{1n}\dfrac{\partial f}{\partial x_n} = 0\,, \\ \cdots\cdots\cdots\cdots\cdots\cdots \\ \dfrac{\partial f}{\partial x_q} + \xi_{q,q+1}\dfrac{\partial f}{\partial x_{q+1}} + \ldots + \xi_{qn}\dfrac{\partial f}{\partial x_n} = 0\,; \end{array}\right.$$

die ξ sind wie früher Funktionen von $x_1, \ldots, x_n$. Wir schreiben das folgende System totaler Differentialgleichungen an:

$$(\mathrm{E})\qquad \left\{\begin{array}{l} dx_{q+1} = \xi_{1,q+1}\,dx_1 + \ldots + \xi_{q,q+1}\,dx_q\,, \\ \cdots\cdots\cdots\cdots\cdots\cdots \\ dx_n = \xi_{1n}\,dx_1 + \ldots + \xi_{qn}\,dx_q\,. \end{array}\right.$$

Wir beweisen den Satz:

Ist $f(x_1, \ldots, x_n)$ eine Lösung des Systems (D), so verschwindet df infolge des Systems totaler Differentialgleichungen (E).

Der Voraussetzung nach ist

$$\frac{\partial f}{\partial x_i} = -\xi_{i,q+1}\frac{\partial f}{\partial x_{q+1}} - \ldots - \xi_{in}\frac{\partial f}{\partial x_n}\,. \qquad (i = 1, \ldots, q)$$

Also ist

$$df = \frac{\partial f}{\partial x_1} dx_1 + \ldots + \frac{\partial f}{\partial x_q} dx_q$$
$$+ \frac{\partial f}{\partial x_{q+1}} dx_{q+1} + \ldots + \frac{\partial f}{\partial x_n} dx_n$$
$$= \frac{\partial f}{\partial x_{q+1}} [dx_{q+1} - \xi_{1,q+1} dx_1 - \ldots - \xi_{q,q+1} dx_q]$$
$$+ \ldots\ldots\ldots\ldots\ldots\ldots$$
$$+ \frac{\partial f}{\partial x_n} [dx_n - \xi_{1n} dx_1 - \ldots - \xi_{qn} dx_q] \,;$$

bestehen die Gleichungen (E), so ist $df = 0$.

Der Satz läßt sich umkehren:

Jede Funktion $f(x_1, \ldots, x_n)$, deren Differential df infolge der Gleichungen (E) verschwindet, ist eine Lösung des Systems (D).

Denn vermöge der Gleichungen (E) wird

$$df = \frac{\partial f}{\partial x_1} dx_1 + \ldots + \frac{\partial f}{\partial x_q} dx_q$$
$$+ \frac{\partial f}{\partial x_{q+1}} dx_{q+1} + \ldots + \frac{\partial f}{\partial x_n} dx_n$$
$$= \left[\frac{\partial f}{\partial x_1} + \xi_{1,q+1} \frac{\partial f}{\partial x_{q+1}} + \ldots + \xi_{1n} \frac{\partial f}{\partial x_n}\right] dx_1$$
$$+ \ldots\ldots\ldots\ldots\ldots\ldots$$
$$+ \left[\frac{\partial f}{\partial x_q} + \xi_{q,q+1} \frac{\partial f}{\partial x_{q+1}} + \ldots + \xi_{qn} \frac{\partial f}{\partial x_n}\right] dx_q \,.$$

Soll dieser Ausdruck für beliebige Werte von $dx_1, \ldots, dx_q$ verschwinden, so müssen die Koeffizienten von $dx_1, \ldots, dx_q$ verschwinden, d. h. f muß dem System (D) genügen.

Eine Funktion $f(x_1, \ldots, x_n)$, deren Differential infolge der totalen Differentialgleichungen (E) verschwindet, heißt ein **Integral des Systems** (E). Wir können also sagen:

Jede Lösung des Systems (D) ist ein Integral des Systems (E); jedes Integral des Systems (E) ist eine Lösung des Systems (D).

Wir setzen jetzt voraus, daß die q partiellen Differentialgleichungen (D) ein vollständiges (Jacobisches) System bilden; die Funktionen $\xi_{1,q+1}, \ldots, \xi_{qn}$ seien an der Stelle $x_1 = x_1^0, \ldots, x_n = x_n^0$ regulär. Dann besitzt das System (D) die an dieser Stelle regulären Lösungen $f_{q+1}, \ldots, f_n$, welche sich für $x_1 = x_1^0, \ldots, x_q = x_q^0$ bzw. auf $x_{q+1}, \ldots, x_n$ reduzieren. Auf Grund der Gleichungen (E) verschwinden die Differentiale von $f_{q+1}, \ldots, f_n$, so daß die Funktionen $f_{q+1}, \ldots, f_n$ konstante Werte annehmen:

$$f_{q+1}(x_1, \ldots, x_n) = C_{q+1},$$
$$\cdots\cdots\cdots\cdots$$
$$f_n(x_1, \ldots, x_n) = C_n.$$

Da für $x_1 = x_1^0, \ldots, x_q = x_q^0$ $f_{q+1} = x_{q+1}, \ldots, f_n = x_n$ ist, so nehmen die Funktionen $f_{q+1}, \ldots, f_n$ für $x_1 = x_1^0, \ldots, x_n = x_n^0$ bzw. die Werte $x_{q+1}^0, \ldots, x_n^0$ an. Also ist $C_{q+1} = x_{q+1}^0, \ldots, C_n = x_n^0$, und die totalen Differentialgleichungen (E) werden durch die Gleichungen

$$(34) \qquad \begin{cases} f_{q+1}(x_1, \ldots, x_n) = x_{q+1}^0, \\ \cdots\cdots\cdots\cdots \\ f_n(x_1, \ldots, x_n) = x_n^0 \end{cases}$$

befriedigt. Da die Funktionaldeterminante

$$\frac{\partial(f_{q+1}, \ldots, f_n)}{\partial(x_{q+1}, \ldots, x_n)}$$

für $x_1 = x_1^0, \ldots, x_n = x_n^0$ den Wert 1 annimmt, so lassen sich die Gleichungen (34) nach $x_{q+1}, \ldots, x_n$ auflösen; man erhält

$$(35) \qquad \begin{cases} x_{q+1} = x_{q+1}^0 + \varphi_{q+1}(x_1 - x_1^0, \ldots, x_q - x_q^0), \\ \cdots\cdots\cdots\cdots \\ x_n = x_n^0 + \varphi_n(x_1 - x_1^0, \ldots, x_q - x_q^0), \end{cases}$$

wo $\varphi_{q+1}, \ldots, \varphi_n$ Potenzreihen der beigefügten Argumente sind, welche für $x_1 = x_1^0, \ldots, x_q = x_q^0$ verschwinden. Das System totaler Differentialgleichungen (E) wird also durch Funktionen $x_{q+1}, \ldots, x_n$ von $x_1, \ldots, x_q$ befriedigt, welche für $x_1 = x_1^0, \ldots, x_q = x_q^0$ die beliebig vorgeschriebenen Werte $x_{q+1} = x_{q+1}^0, \ldots, x_n = x_n^0$ annehmen; dabei ist nur vorausgesetzt, daß die Funktionen $\xi_{1,q+1}, \ldots, \xi_{qn}$ an der Stelle $x_1 = x_1^0, \ldots, x_n = x_n^0$ regulär sind. Das System (E) heißt dann **vollständig integrierbar** (unbeschränkt integrabel).

Wir nehmen umgekehrt an, das System (E) sei vollständig integrierbar, d. h. es werde durch Gleichungen von der Form (35) befriedigt, in welchen $x_{q+1}^0, \ldots, x_n^0$ als Integrationskonstante anzusehen sind. Dann wird das System partieller Differentialgleichungen (D) durch die Funktionen

$$f_{q+1} = x_{q+1} - \varphi_{q+1}(x_1 - x_1^0, \ldots, x_q - x_q^0),$$
$$\ldots\ldots\ldots\ldots\ldots\ldots$$
$$f_n = x_n - \varphi_n(x_1 - x_1^0, \ldots, x_q - x_q^0)$$

befriedigt, welche für $x_1 = x_1^0, \ldots, x_q = x_q^0$ die Werte $f_{q+1} = x_{q+1}, \ldots, f_n = x_n$ annehmen und daher voneinander unabhängig sind. Dann bilden aber die partiellen Differentialgleichungen (D) ein q-gliedriges vollständiges System.

Wir können also den Satz aussprechen:

Das System totaler Differentialgleichungen (E) ist dann und nur dann vollständig integrierbar, wenn die partiellen Differentialgleichungen (D) ein q-gliedriges vollständiges System bilden, d. h. wenn (27)

$$X_i(\xi_{k\nu}) = X_k(\xi_{i\nu}) \qquad \begin{pmatrix} i, k = 1, \ldots, q, \\ \nu = q+1, \ldots, n \end{pmatrix}$$

ist. Sind

$$f_{q+1}(x_1, \ldots, x_n), \quad \ldots, \quad f_n(x_1, \ldots, x_n)$$

die dem System (D) genügenden, in der Umgebung von $x_1 = x_1^0, \ldots, x_n = x_n^0$ regulären Funktionen, welche sich für $x_1 = x_1^0, \ldots, x_q = x_q^0$ bzw. auf $x_{q+1}, \ldots, x_n$ reduzieren, so ergeben sich aus den Gleichungen (34)

$$f_{q+1}(x_1, \ldots, x_n) = x_{q+1}^0,$$
$$\ldots\ldots\ldots\ldots$$
$$f_n(x_1, \ldots, x_n) = x_n^0$$

$x_{q+1}, \ldots, x_n$ als Funktionen von $x_1, \ldots, x_q$, welche sich in der Umgebung von $x_1^0, \ldots, x_q^0$ regulär verhalten, für $x_1 = x_1^0, \ldots, x_q = x_q^0$ die Werte $x_{q+1} = x_{q+1}^0$,

..., $x_n = x_n^0$ annehmen und dem System totaler Differentialgleichungen (E) genügen.

Die Integration eines vollständig integrierbaren Systems totaler Differentialgleichungen und die Integration eines vollständigen Systems linearer partieller Differentialgleichungen (eines Jacobischen Systems) sind äquivalente Aufgaben. Demnach führt die in § 6 dargestellte Mayersche Methode auch zur Integration eines vollständig integrierbaren Systems (E).

II. Abschnitt.

Partielle Differentialgleichungen erster Ordnung mit zwei unabhängigen Veränderlichen*).

§ 8. Existenz der Integrale.

Wir betrachten jetzt eine nicht lineare partielle Differentialgleichung erster Ordnung mit der abhängigen Veränderlichen z und zwei unabhängigen Veränderlichen x, y, d. h. eine Gleichung

$$\text{(A)} \qquad F(x, y, z, p, q) = 0,$$

wo

$$p = \frac{\partial z}{\partial x}, \quad q = \frac{\partial z}{\partial y}$$

ist.

Den in § 1 und § 2 bewiesenen Fundamentalsatz sprechen wir für den Fall zweier unabhängigen Veränderlichen noch einmal aus:

---

*) Zum eingehenderen Studium der Theorie der partiellen Differentialgleichungen erster Ordnung mit beliebig vielen unabhängigen Veränderlichen sei auf die folgenden Werke verwiesen:

Goursat, Vorlesungen über die partiellen Differentialgleichungen erster Ordnung. Deutsch von Maser. Leipzig 1893.

Forsyth, Theory of differential equations. Vol. V. Cambridge 1906.

Mansion, Theorie der partiellen Differentialgleichungen erster Ordnung. Deutsch von Maser. Berlin 1892.

E. v. Weber, Vorlesungen über das Pfaffsche Problem und die Theorie der partiellen Differentialgleichungen erster Ordnung. Leipzig 1900.

Die analytische Funktion $F(x, y, z, p, q)$ sei in der Umgebung der Stelle

$$x = x_0, \quad y = y_0, \quad z = z_0, \quad p = p_0, \quad q = q_0$$

regulär; an dieser Stelle sei $F = 0$, aber $\frac{\partial F}{\partial p}$ von Null verschieden. Es sei eine in der Umgebung von $y = y_0$ reguläre Funktion $\varphi(y)$ gegeben, welche die Bedingungen

$$\varphi(y_0) = z_0, \quad \varphi'(y_0) = q_0$$

erfüllt. Dann wird die partielle Differentialgleichung (A) durch eine einzige analytische Funktion $z = \Phi(x, y)$ befriedigt, welche sich in der Umgebung der Stelle $x = x_0$, $y = y_0$ regulär verhält und für $x = x_0$ in die gegebene Funktion $\varphi(y)$ übergeht.

Wir bringen die Gleichung (A) auf die Form

$$p = f(x, y, z, q), \tag{1}$$

wo f eine analytische Funktion der beigefügten vier Argumente ist, welche an der Stelle $x = x_0$, $y = y_0$, $z = z_0$, $q = q_0$ den Wert $p = p_0$ annimmt und in der Umgebung dieser Stelle regulär ist. Indem man die Gleichung (1) wiederholt nach y differentiiert, erhält man die Ableitungen $\frac{\partial^{1+\nu} z}{\partial x \, \partial y^\nu}$ durch die Ableitungen von z nach y ausgedrückt. Differentiiert man die Gleichung (1) einmal nach x und beliebig oft nach y, so werden die Ableitungen $\frac{\partial^{2+\nu} z}{\partial x^2 \, \partial y^\nu}$ durch die Ableitungen von z nach y ausgedrückt, nachdem für die Ableitungen $\frac{\partial^{1+\nu} z}{\partial x \, \partial y^\nu}$ die bereits gefundenen Ausdrücke eingesetzt sind, usw. Da z für $x = x_0$ in $\varphi(y)$ übergehen soll, muß

$$\left(\frac{\partial^\nu z}{\partial y^\nu}\right)_{x_0, y_0} = \left(\frac{d^\nu \varphi(y)}{d y^\nu}\right)_{y = y_0}$$

sein; man kann schrittweise sämtliche Ableitungen

$$\left(\frac{\partial^{\mu+\nu} z}{\partial x^\mu \, \partial y^\nu}\right)_{x_0, y_0}$$

berechnen und die in der Umgebung der Stelle $x = x_0$, $y = y_0$ konvergente Potenzreihe

$$z = \Phi(x, y) = \sum_{\mu, \nu} \frac{1}{\mu!\,\nu!} \left(\frac{\partial^{\mu+\nu} z}{\partial x^\mu \, \partial y^\nu} \right)_{x_0, y_0} (x - x_0)^\mu \, (y - y_0)^\nu$$

aufstellen.

Wir werfen die Frage auf, ob sich jede der Differentialgleichung (A) genügende analytische Funktion $z = \Phi(x, y)$ durch das soeben dargestellte Verfahren herleiten läßt.

Es werde die Bezeichnung benutzt:

$$(2) \quad X = \frac{\partial F}{\partial x}, \quad Y = \frac{\partial F}{\partial y}, \quad Z = \frac{\partial F}{\partial z}, \quad P = \frac{\partial F}{\partial p}, \quad Q = \frac{\partial F}{\partial q}.$$

Wir nehmen an, die Funktion $z = \Phi(x, y)$ erfülle die Gleichung $P = 0$ nicht identisch; $\Phi(x, y)$ sei in der Umgebung der Stelle $x = x_0$, $y = y_0$ regulär; wenn z_0, p_0, q_0 die Werte sind, welche die Funktionen

$$z = \Phi(x, y), \quad p = \frac{\partial \Phi}{\partial x}, \quad q = \frac{\partial \Phi}{\partial y}$$

für $x = x_0$, $y = y_0$ annehmen, sei P für das Wertsystem

$$x = x_0, \quad y = y_0, \quad z = z_0, \quad p = p_0, \quad q = q_0$$

von Null verschieden. Dann ist eine und nur eine analytische Funktion z von x, y vorhanden, welche sich in der Umgebung der Stelle $x = x_0$, $y = y_0$ regulär verhält und sich für $x = x_0$ auf die Funktion

$$\varphi(y) = \Phi(x_0, y)$$

reduziert. Diese Funktion z muß mit $\Phi(x, y)$ übereinstimmen.

Wenn die Funktion $z = \Phi(x, y)$ zwar der Gleichung $P = 0$ genügt, aber die Gleichung $Q = 0$ nicht identisch erfüllt, so bleibt die bisherige Betrachtung anwendbar, wenn man nur der Veränderlichen x diejenige Rolle zuweist, welche bisher y spielte.

Die Lösung $z = \Phi(x, y)$ kann nur dann auf dem oben beschriebenen Wege nicht erhalten werden, wenn sie den beiden Gleichungen

$$P = 0, \quad Q = 0$$

gleichzeitig genügt. Eine Lösung der Gleichung (A) genügt auch den Gleichungen, welche man erhält, wenn man die Gleichung (A) partiell nach x bzw. y differentiiert und dabei beachtet, daß z, p, q von x und y abhängen:

$$X + Zp + P\frac{\partial p}{\partial x} + Q\frac{\partial q}{\partial x} = 0,$$

$$Y + Zq + P\frac{\partial p}{\partial y} + Q\frac{\partial q}{\partial y} = 0.$$

Für eine Lösung, welche die Gleichungen $P = 0$, $Q = 0$ befriedigt, reduzieren sich die beiden letzten Gleichungen auf

$$X + Zp = 0,$$

$$Y + Zq = 0.$$

Eine Lösung der partiellen Differentialgleichung (A), welche zugleich den Gleichungen

(3) $$P = 0, \quad Q = 0, \quad X + pZ = 0, \quad Y + qZ = 0$$

genügt, wird eine singuläre Lösung genannt. Jede analytische Lösung von (A), welche nicht in diesem Sinne singulär ist, kann durch das oben entwickelte Verfahren erhalten werden.

Im allgemeinen ist keine Funktion z von x, y vorhanden, welche außer der Gleichung (A) auch den vier Gleichungen (3) genügt. Eine partielle Differentialgleichung erster Ordnung besitzt im allgemeinen keine singuläre Lösung.

§ 9. Integralfläche, welche durch eine gegebene Kurve geht.

Wir benutzen eine geometrische Ausdrucksweise, indem wir x, y, z als rechtwinklige Koordinaten eines Punktes im Raume auffassen, wodurch komplexe Werte von x, y, z nicht ausgeschlossen sind. Ist

(4) $$z = \Phi(x, y)$$

eine der Differentialgleichung (A) genügende Funktion, so stellt die Gleichung (4) eine Integralfläche der partiellen Differentialgleichung (A) dar.

Unter einem Flächenelement im Raume verstehen wir den Inbegriff eines Punktes und einer durch den Punkt gehenden Ebene. Da es im Raume ∞^3 Punkte gibt und durch jeden Punkt ∞^2 Ebenen gehen, so sind ∞^5 Flächenelemente im Raume vorhanden. Die Gleichung einer Ebene, welche durch den Punkt (x, y, z) geht, schreiben wir, indem wir die laufenden Koordinaten ξ, η, ζ benutzen, in der Form

$$\zeta - z = p(\xi - x) + q(\eta - y),$$

so daß die Stellungskosinus der Ebene den Größen $p, q, -1$ proportional sind. Die Stellung der Ebene ist also durch die Größen p, q bestimmt. Die fünf Größen x, y, z, p, q werden die Koordinaten des Flächenelementes genannt, welches aus dem Punkt (x, y, z) und der angegebenen Ebene besteht.

Die Fläche $z = \Phi(x, y)$ enthält ∞^2 Punkte (x, y, z); jedem dieser Punkte ordnen wir die Tangentialebene zu, so daß

$$p = \frac{\partial \Phi}{\partial x}, \quad q = \frac{\partial \Phi}{\partial y}$$

ist. Einer Fläche gehören demnach ∞^2 Flächenelemente an. Die Fläche $z = \Phi(x, y)$ ist eine Integralfläche der partiellen Differentialgleichung (A), wenn ihre sämtlichen Elemente (x, y, z, p, q) der Gleichung (A) genügen.

Erfüllt die Funktion $z = \Phi(x, y)$ die Anfangsbedingung

$$x = x_0, \quad z = \varphi(y), \tag{5}$$

so geht die Integralfläche (4) durch die Kurve (5). Die analytische Funktion $\varphi(y)$ sei wie in § 8 an der Stelle $y = y_0$ regulär und es sei $z_0 = \varphi(y_0)$, $q_0 = \varphi'(y_0)$, während p_0 der Gleichung $F(x_0, y_0, z_0, p_0, q_0) = 0$ genüge; an der Stelle $x = x_0$, $y = y_0$, $z = z_0$, $p = p_0$, $q = q_0$ sei die Funktion $F(x, y, z, p, q)$ regulär und P von Null verschieden. Dann geht nach dem in § 8 ausgesprochenen Satze durch die Kurve (5) eine und nur eine Integralfläche $z = \Phi(x, y)$, wo $\Phi(x, y)$ eine in der Umgebung der Stelle $x = x_0$, $y = y_0$ reguläre analytische Funktion ist.

Bisher lag die gegebene Kurve (5) in einer zur yz-Ebene parallelen Ebene. Es bleibt noch zu untersuchen, ob durch eine beliebige analytische Kurve eine und nur eine analytische Integralfläche hindurchgeht.

Es sei eine Kurve C dargestellt durch die Gleichungen

$$x = f_1(u), \quad y = f_2(u), \quad z = f_3(u), \tag{6}$$

wo f_1, f_2, f_3 analytische Funktionen von u sind, welche sich in der Umgebung von $u = u_0$ regulär verhalten und für $u = u_0$ die Werte x_0, y_0, z_0 annehmen, während $f_1'(u_0)$, $f_2'(u_0)$, $f_3'(u_0)$ nicht sämtlich verschwinden. Ist $f_1'(u_0)$ von Null verschieden, so lassen sich die Gleichungen (6) durch Elimination von u auf die Form

$$y = f(x), \quad z = g(x) \tag{7}$$

bringen, wo sich $f(x)$, $g(x)$ in der Umgebung von $x = x_0$ regulär verhalten und für $x = x_0$ die Werte $y = y_0$, $z = z_0$ annehmen.

Für eine durch die Kurve C gehende Integralfläche

$$z = \Phi(x, y)$$

sei

$$p = \frac{\partial \Phi}{\partial x}, \quad q = \frac{\partial \Phi}{\partial y},$$

$$r = \frac{\partial^2 \Phi}{\partial x^2}, \quad s = \frac{\partial^2 \Phi}{\partial x \partial y}, \quad t = \frac{\partial^2 \Phi}{\partial y^2}.$$

Um die Werte von p, q in einem beliebigen Punkt der Kurve C zu berechnen, haben wir die Gleichungen

$$\begin{cases} F(x, y, z, p, q) = 0, \\ p\,dx + q\,dy - dz = 0, \end{cases} \tag{8}$$

wo für x, y, z die Funktionen (6) von u zu setzen sind. Die in bezug auf p, q gebildete Funktionaldeterminante der linken Seiten dieser beiden Gleichungen ist

$$\Delta = \begin{vmatrix} P, & Q \\ dx, & dy \end{vmatrix} = P\,dy - Q\,dx. \tag{9}$$

Wir nehmen an, für ein den Gleichungen (8) genügendes Wertsystem p, q verschwinde Δ nicht identisch in u. Die Werte von r, s, t in einem Punkt der Kurve C genügen den Gleichungen

$$dp = r\,dx + s\,dy, \quad dq = s\,dx + t\,dy$$

und den Gleichungen

$$X + Zp + Pr + Qs = 0\,,$$
$$Y + Zq + Ps + Qt = 0\,,$$

welche man erhält, indem man die Gleichung (A) partiell nach x bzw. nach y differentiiert. Wenn man die beiden letzten Gleichungen mit dx bzw. dy multipliziert und addiert, erhält man die Gleichung

$$X\,dx + Y\,dy + Z(p\,dx + q\,dy) + P(r\,dx + s\,dy) + Q(s\,dx + t\,dy) = 0$$

oder

$$X\,dx + Y\,dy + Z\,dz + P\,dp + Q\,dq = 0\,,$$

d. h.

$$dF(x\,, y\,, z\,, p\,, q) = 0\,.$$

Unter den obigen vier Gleichungen finden sich also nur die drei unabhängigen

$$(10)\qquad \begin{cases} r\,dx + s\,dy = dp\,, \\ s\,dx + t\,dy = dq\,, \\ rP + sQ = -X - pZ\,, \end{cases}$$

aus welchen sich bestimmte Werte von r, s, t ergeben, da die Determinante

$$\begin{vmatrix} dx, & dy, & 0 \\ 0, & dx, & dy \\ P, & Q, & 0 \end{vmatrix} = \Delta\,dy$$

von Null verschieden ist*). Fährt man so fort, so findet man für alle partiellen Ableitungen von z nach x und y bestimmte endliche Werte.

Es fragt sich, ob die Reihe

$$z = z_0 + p_0(x - x_0) + q_0(y - y_0) + \tfrac{1}{2}\,r_0(x - x_0)^2 + \dots$$

in der Umgebung der Stelle $x = x_0$, $y = y_0$ konvergiert; dabei ist $(x_0\,, y_0\,, z_0)$ ein Punkt der Kurve C, und p_0, q_0, r_0, ... sind die zugehörigen Werte der partiellen Ableitungen der Funktion z von x und y.

*) Ist längs der gegebenen Kurve y konstant, so kommt man durch Vertauschung von x und y auf den bereits erledigten Fall; wir können also dy von Null verschieden voraussetzen.

Die Gleichungen der Kurve C seien auf die Form (7) gebracht; Δ sei für $x = x_0$ von Null verschieden. Wir wenden die Substitution

$$\mathfrak{x} = x\,, \quad \mathfrak{y} = y - f(x)\,, \quad \mathfrak{z} = z - g(x)$$

an und setzen

$$\mathfrak{p} = \frac{\partial \mathfrak{z}}{\partial \mathfrak{x}}\,, \qquad \mathfrak{q} = \frac{\partial \mathfrak{z}}{\partial \mathfrak{y}}\,.$$

Die Gleichung

$$d\mathfrak{z} = \mathfrak{p}\,d\mathfrak{x} + \mathfrak{q}\,d\mathfrak{y}$$

geht, wenn man $\mathfrak{x}$, $\mathfrak{y}$, $\mathfrak{z}$ durch x, y, z ausdrückt, über in

$$dz - g'(x)\,dx = \mathfrak{p}\,dx + \mathfrak{q}\,(dy - f'(x)\,dx)$$

oder

$$dz = (\mathfrak{p} - \mathfrak{q}\,f'(x) + g'(x))\,dx + \mathfrak{q}\,dy\,;$$

daraus folgt

$$p = \mathfrak{p} - \mathfrak{q}\,f'(x) + g'(x)\,,$$
$$q = \mathfrak{q}$$

oder

$$\mathfrak{p} = p + q\,f'(x) - g'(x)\,,$$
$$\mathfrak{q} = q\,.$$

Die Differentialgleichung (A) geht durch Einführung von $\mathfrak{x}$, $\mathfrak{y}$, $\mathfrak{z}$ über in

$$\mathfrak{F}(\mathfrak{x}, \mathfrak{y}, \mathfrak{z}, \mathfrak{p}, \mathfrak{q}) = 0\,,$$

während die Kurve C die Gleichungen $\mathfrak{y} = 0$, $\mathfrak{z} = 0$ erhält. Wir haben eine Funktion $\mathfrak{z}$ von $\mathfrak{x}$, $\mathfrak{y}$ zu suchen, welche der Differentialgleichung $\mathfrak{F} = 0$ genügt und für $\mathfrak{y} = 0$ den Wert $\mathfrak{z} = 0$ annimmt.

Aus den obigen Ausdrücken von p, q durch $\mathfrak{p}$, $\mathfrak{q}$ folgt

$$\frac{\partial \mathfrak{F}}{\partial \mathfrak{p}} = \frac{\partial F}{\partial p}\,,$$
$$\frac{\partial \mathfrak{F}}{\partial \mathfrak{q}} = \frac{\partial F}{\partial q} - \frac{\partial F}{\partial p}\,f'(x)\,;$$

da

$$d\mathfrak{x} = dx\,, \quad d\mathfrak{y} = dy - f'(x)\,dx$$

ist, so ist

$$\frac{\partial \mathfrak{F}}{\partial \mathfrak{p}} d\mathfrak{y} - \frac{\partial \mathfrak{F}}{\partial \mathfrak{q}} d\mathfrak{x} = \frac{\partial F}{\partial p} dy - \frac{\partial F}{\partial q} dx = \Delta\,.$$

Längs der Kurve C, der $\mathfrak{x}$-Achse, ist $\mathfrak{y} = 0$, also $d\mathfrak{y} = 0$ und

$$\Delta = -\frac{\partial \mathfrak{F}}{\partial \mathfrak{q}} d\mathfrak{x}\,.$$

Nun ist aber Δ, also auch $\frac{\partial \mathfrak{F}}{\partial \mathfrak{q}}$, von Null verschieden, so daß sich die Gleichung $\mathfrak{F} = 0$ nach $\mathfrak{q}$ auflösen läßt. Nach dem in § 8 ausgesprochenen Satze besitzt die Gleichung $\mathfrak{F} = 0$ eine in der Umgebung der Stelle $\mathfrak{x} = x_0$, $\mathfrak{y} = 0$ reguläre Lösung $\mathfrak{z}$, welche für $\mathfrak{y} = 0$ den Wert $\mathfrak{z} = 0$ annimmt.

§ 10. Die Charakteristiken einer partiellen Differentialgleichung erster Ordnung.

Die durch die Gleichungen

(11) $x = f_1(u)$, $y = f_2(u)$, $z = f_3(u)$, $p = f_4(u)$, $q = f_5(u)$

mit dem veränderlichen Parameter u dargestellte einfache Mannigfaltigkeit von Flächenelementen (x, y, z, p, q) wird als Streifen bezeichnet, wenn sie der Gleichung

(12) $$dz = p\,dx + q\,dy$$

genügt. Wenn x, y, z nicht sämtlich von u unabhängig sind, stellen die drei Gleichungen

$$x = f_1(u)\,,\quad y = f_2(u)\,,\quad z = f_3(u)$$

eine Kurve dar, deren Tangente im Punkt (x, y, z) in der Ebene

$$\zeta - z = p(\xi - x) + q(\eta - y)$$

liegt*).

Gehört der Streifen (11) einer Integralfläche der partiellen Differentialgleichung (A) an, so ist infolge von (11) außer der Gleichung (12) auch die Gleichung (A) erfüllt.

*) Sind $x = x_0$, $y = y_0$, $z = z_0$ von u unabhängig, so stellen die Gleichungen (11) ∞^1 Flächenelemente dar, welche durch den Punkt (x_0, y_0, z_0) gehen und einen „Elementarkegel" bestimmen.

Wir haben gesehen, daß durch einen solchen Streifen eine Integralfläche vollständig bestimmt ist, falls

$$P\,dy - Q\,dx$$

von Null verschieden ist. Wenn es also eine Kurve gibt, längs welcher sich mehrere Integralflächen berühren, oder mit anderen Worten, wenn es einen Streifen gibt, welcher mehreren Integralflächen gemein ist, so muß dieser Streifen außer den Gleichungen (A) und (12) der Gleichung

$$P\,dy - Q\,dx = 0 \tag{13}$$

genügen.

Ein Streifen, welcher die Gleichung (13) befriedigt und einer Integralfläche von (A) angehört (die sich in der Nähe der Punkte des Streifens regulär verhält) *), wird **charakteristischer Streifen** oder **Charakteristik** genannt.

Längs einer Charakteristik gelten die Gleichungen (12) und (13), sowie die Gleichungen, welche man erhält, indem man die Gleichung $F = 0$ partiell nach x bzw. y differentiiert. Die letzteren Gleichungen lauten, wenn man

$$r = \frac{\partial^2 z}{\partial x^2}, \quad s = \frac{\partial^2 z}{\partial x\,\partial y}, \quad t = \frac{\partial^2 z}{\partial y^2}$$

setzt,

$$X + pZ + rP + sQ = 0,$$
$$Y + qZ + sP + tQ = 0.$$

Ferner ist

$$dp = r\,dx + s\,dy,$$
$$dq = s\,dx + t\,dy$$

oder, wenn man die Gleichung (13) unter Einführung einer Hilfsveränderlichen u durch die beiden Gleichungen

$$dx = P\,du, \quad dy = Q\,du$$

ersetzt,

$$dp = (rP + sQ)\,du,$$
$$dq = (sP + tQ)\,du$$

---

*) Ein Punkt (x_0, y_0, z_0) der Fläche $f(x, y, z) = 0$ heißt regulär, wenn sich für die benachbarten Flächenpunkte (x, y, z) eine der drei Differenzen $x - x_0$, $y - y_0$, $z - z_0$ (wir nehmen an, die dritte) als Potenzreihe der beiden anderen darstellen läßt.

oder

$$(14)\qquad \begin{cases} dp = -(X + pZ)\,du\,, \\ dq = -(Y + qZ)\,du\,. \end{cases}$$

Längs einer Charakteristik gelten also die Gleichungen

$$(15)\qquad \begin{cases} \dfrac{dx}{du} = P\,, \\[2mm] \dfrac{dy}{du} = Q\,, \\[2mm] \dfrac{dz}{du} = pP + qQ\,, \\[2mm] \dfrac{dp}{du} = -(X + pZ)\,, \\[2mm] \dfrac{dq}{du} = -(Y + qZ) \end{cases}$$

oder

$$(16)\qquad \frac{dx}{P} = \frac{dy}{Q} = \frac{dz}{pP + qQ} = -\frac{dp}{X + pZ} = -\frac{dq}{Y + qZ}\,.$$

Ein Wertsystem

$$x = x_0\,,\quad y = y_0\,,\quad z = z_0\,,\quad p = p_0\,,\quad q = q_0\,,$$

welches nicht nur der Gleichung $F = 0$, sondern auch den Gleichungen (3)

$$P = 0\,,\quad Q = 0\,,\quad X + pZ = 0\,,\quad Y + qZ = 0$$

genügt, für welches also die rechten Seiten der Gleichungen (15) sämtlich verschwinden, stellt in bezug auf die Differentialgleichungen (15) oder (16) ein singuläres Wertsystem dar; demgemäß wird das Flächenelement $(x_0, y_0, z_0, p_0, q_0)$ als singuläres Flächenelement bezeichnet. Ein singuläres Integral der Differentialgleichung (A) besteht demnach aus lauter singulären Flächenelementen.

Ist $(x_0, y_0, z_0, p_0, q_0)$ ein nicht singuläres Flächenelement, welches der Gleichung $F = 0$ genügt, so besitzen die Differentialgleichungen (15) eine und nur eine Lösung

$$(17)\quad \begin{cases} x = \varphi_1(u, x_0, y_0, z_0, p_0, q_0), \\ y = \varphi_2(u, x_0, y_0, z_0, p_0, q_0), \\ z = \varphi_3(u, x_0, y_0, z_0, p_0, q_0), \\ p = \varphi_4(u, x_0, y_0, z_0, p_0, q_0), \\ q = \varphi_5(u, x_0, y_0, z_0, p_0, q_0), \end{cases}$$

welche die Anfangsbedingungen

$$x = x_0, \quad y = y_0, \quad z = z_0, \quad p = p_0, \quad q = q_0$$

für $u = 0$ erfüllt*). Die Funktionen $\varphi_1, \ldots, \varphi_5$ sind in der Umgebung von $u = 0$ regulär und reduzieren sich für $u = 0$ bzw. auf $x_0, \ldots, q_0$; sie sind analytische Funktionen von $u, x_0, y_0, z_0, p_0, q_0$, welche in der Umgebung der Werte $u = 0$, $x_0 = \mathfrak{x}_0$, $y_0 = \mathfrak{y}_0$, $z_0 = \mathfrak{z}_0$, $p_0 = \mathfrak{p}_0$, $q_0 = \mathfrak{q}_0$ regulär sind, wenn unter $(\mathfrak{x}_0, \mathfrak{y}_0, \mathfrak{z}_0, \mathfrak{p}_0, \mathfrak{q}_0)$ ein der Gleichung $F = 0$ genügendes nicht singuläres Flächenelement verstanden wird**).

Versteht man unter $x_0, \ldots, q_0$ feste Werte, so stellen die drei ersten Gleichungen (17) im allgemeinen eine Kurve dar; durch die beiden letzten Gleichungen (17) wird jedem Punkt (x, y, z) dieser charakteristischen Kurve ein Flächenelement (x, y, z, p, q) zugeordnet; die ∞^1 Flächenelemente, welche durch die Gleichungen (17) dargestellt werden, bilden einen charakteristischen Streifen.

Von jedem nicht singulären Flächenelement $(x_0, y_0, z_0, p_0, q_0)$, welches der Gleichung $F = 0$ genügt, geht eine und nur eine Charakteristik aus.

Die Differentialgleichungen (15) besitzen das Integral

$$F(x, y, z, p, q) = \text{konst.},$$

denn es ist

$$\begin{aligned} \frac{dF}{du} &= X\frac{dx}{du} + Y\frac{dy}{du} + Z\frac{dz}{du} + P\frac{dp}{du} + Q\frac{dq}{du} \\ &= XP + YQ + Z(pP + qQ) \\ &\qquad - P(X + pZ) - Q(Y + qZ) = 0\,. \end{aligned}$$

*) Wäre das Flächenelement $(x_0, \ldots, q_0)$ singulär, so würden sämtliche Ableitungen von $x, \ldots, q$ nach u zufolge (15) für $u = 0$ verschwinden; demnach wären die Ausdrücke (17) von u unabhängig.

**) Vgl. „Gewöhnl. Differentialgl.“, § 5.

Genügen also die zu $u = 0$ gehörigen Werte $x = x_0$, $y = y_0$, $z = z_0$, $p = p_0$, $q = q_0$ der Bedingung

$$F(x_0, y_0, z_0, p_0, q_0) = 0,$$

so ist längs des ganzen von dem Flächenelement $(x_0, y_0, z_0, p_0, q_0)$ ausgehenden charakteristischen Streifens

$$F(x, y, z, p, q) = 0.$$

In den Gleichungen eines charakteristischen Streifens sind die zum Wert $x = x_0$ gehörigen Werte y_0, z_0, p_0, q_0, zwischen welchen die Gleichung $F(x_0, y_0, z_0, p_0, q_0) = 0$ besteht, als willkürliche Konstante anzusehen. Demnach sind drei willkürliche Konstante vorhanden, so daß die Gleichungen (17) ∞^3 charakteristische Streifen darstellen. Im allgemeinen hängen auch die Funktionen $\varphi_1, \varphi_2, \varphi_3$ von drei willkürlichen Konstanten ab, so daß durch die drei ersten Gleichungen (17) ∞^3 charakteristische Kurven dargestellt werden und jeder charakteristischen Kurve ein einziger charakteristischer Streifen entspricht.

§ 11. Integration der partiellen Differentialgleichung erster Ordnung vermittels der Charakteristiken*).

Die Gleichungen

$$(18) \qquad \begin{cases} x_0 = f_1(v), \quad y_0 = f_2(v), \quad z_0 = f_3(v), \\ p_0 = f_4(v), \quad q_0 = f_5(v) \end{cases}$$

mit dem veränderlichen Parameter v stellen einen Streifen von Flächenelementen $(x_0, y_0, z_0, p_0, q_0)$ dar, wenn vermöge (18)

$$dz_0 = p_0\, dx_0 + q_0\, dy_0$$

ist. Der Streifen möge überdies der Gleichung

$$F(x_0, y_0, z_0, p_0, q_0) = 0$$

genügen. Jedes Flächenelement (x, y, z, p, q) der von dem Element $(x_0, y_0, z_0, p_0, q_0)$ ausgehenden Charakteristik (17) genügt dann der Gleichung

$$F(x, y, z, p, q) = 0.$$

*) Integrationsmethode von Cauchy.

Die Gleichungen

$$(19) \qquad \begin{cases} x = \varphi_1(u, f_1(v), \ldots, f_5(v)), \\ \ldots\ldots\ldots\ldots\ldots \\ q = \varphi_5(u, f_1(v), \ldots, f_5(v)) \end{cases}$$

stellen eine Mannigfaltigkeit von Flächenelementen (x, y, z, p, q) dar, welche sämtlich der Gleichung

$$F(x, y, z, p, q) = 0$$

genügen. Die Mannigfaltigkeit (19) ist dann und nur dann zweifach, wenn von den aus dem Schema

$$\begin{Vmatrix} \frac{\partial x}{\partial u}, & \frac{\partial y}{\partial u}, & \frac{\partial z}{\partial u}, & \frac{\partial p}{\partial u}, & \frac{\partial q}{\partial u} \\ \frac{\partial x}{\partial v}, & \frac{\partial y}{\partial v}, & \frac{\partial z}{\partial v}, & \frac{\partial p}{\partial v}, & \frac{\partial q}{\partial v} \end{Vmatrix}$$

gebildeten Determinanten zweiten Grades mindestens eine nicht identisch in u und v verschwindet. Auf Grund der Differentialgleichungen (15) ist

$$\frac{\partial x}{\partial u} = P, \quad \frac{\partial y}{\partial u} = Q, \quad \frac{\partial z}{\partial u} = pP + qQ,$$

$$\frac{\partial p}{\partial u} = -(X + pZ), \quad \frac{\partial q}{\partial u} = -(Y + qZ);$$

also hat man für $u = 0$

$$\frac{\partial x}{\partial u} = P_0, \quad \frac{\partial y}{\partial u} = Q_0, \quad \frac{\partial z}{\partial u} = p_0 P_0 + q_0 Q_0,$$

$$\frac{\partial p}{\partial u} = -(X_0 + p_0 Z_0), \quad \frac{\partial q}{\partial u} = -(Y_0 + q_0 Z_0),$$

wo unter X_0, Y_0, Z_0, P_0, Q_0 die Werte von X, Y, Z, P, Q für $x = x_0$, $y = y_0$, $z = z_0$, $p = p_0$, $q = q_0$ verstanden sind. Für $u = 0$ reduzieren sich x, y, z, p, q auf x_0, y_0, z_0, p_0, q_0, so daß man hat:

$$\frac{\partial x}{\partial v} = \frac{dx_0}{dv}, \quad \ldots, \quad \frac{\partial q}{\partial v} = \frac{dq_0}{dv}.$$

Die Gleichungen (19) stellen also sicher dann ∞^2 Flächenelemente dar, wenn von den aus dem Schema

$$\left\| \begin{matrix} \frac{dx_0}{dv}, & \frac{dy_0}{dv}, & \frac{dz_0}{dv}, & \frac{dp_0}{dv}, & \frac{dq_0}{dv}, \\ P_0, & Q_0, & p_0 P_0 + q_0 Q_0, & -(X_0 + p_0 Z_0), & -(Y_0 + q_0 Z_0) \end{matrix} \right\|$$

gebildeten Determinanten zweiten Grades mindestens eine nicht identisch in v verschwindet, mit anderen Worten, wenn nicht sämtliche Gleichungen

$$\frac{dx_0}{P_0} = \frac{dy_0}{Q_0} = \frac{dz_0}{p_0 P_0 + q_0 Q_0} = -\frac{dp_0}{X_0 + p_0 Z_0} = -\frac{dq_0}{Y_0 + q_0 Z_0}$$

bestehen, d. h. wenn die Gleichungen (18) keine Charakteristik der partiellen Differentialgleichung (A) darstellen.

Sind (18) die Gleichungen eines charakteristischen Streifens, so fällt die von einem Element $(x_0, y_0, z_0, p_0, q_0)$ dieses Streifens ausgehende Charakteristik mit dem Streifen (18) zusammen, so daß die Gleichungen (19) nur ∞^1 Flächenelemente darstellen.

Machen wir die Voraussetzung, daß der Ausdruck

$$P_0 \frac{dy_0}{dv} - Q_0 \frac{dx_0}{dv}$$

für die Werte (18) nicht identisch verschwindet*), so stellen die drei ersten Gleichungen (19) eine Fläche dar. Ist der Ausdruck

$$P_0 \frac{dy_0}{dv} - Q_0 \frac{dx_0}{dv} = \left| \begin{matrix} P_0, & Q_0 \\ \frac{dx_0}{dv}, & \frac{dy_0}{dv} \end{matrix} \right|,$$

welcher den Wert der Funktionaldeterminante

$$\left| \begin{matrix} \frac{\partial x}{\partial u}, & \frac{\partial y}{\partial u} \\ \frac{\partial x}{\partial v}, & \frac{\partial y}{\partial v} \end{matrix} \right|$$

---

*) Unter dieser Voraussetzung ist die Existenz einer durch die Kurve $x_0 = f_1(v)$, $y_0 = f_2(v)$, $z_0 = f_3(v)$ gehenden Integralfläche in § 9 bewiesen. Vgl. die unten behandelten Fälle, in welchen diese Voraussetzung nicht erfüllt ist (Integralfläche, welche durch eine Integralkurve geht; Integralkonoid).

für $u = 0$ darstellt, für $v = \alpha$ von Null verschieden, so lassen sich vermittels der beiden ersten Gleichungen (19) u und v als Funktionen von x, y darstellen, welche in der Umgebung von $x = \xi_0 = f_1(\alpha)$, $y = \eta_0 = f_2(\alpha)$ regulär sind*). Setzt man diese Funktionen in die dritte Gleichung (19) ein, so erhält man die Gleichung

$$z = \Phi(x, y),$$

wo $\Phi(x, y)$ eine in der Umgebung von $x = \xi_0$, $y = \eta_0$ reguläre Funktion darstellt.

Daß alle durch die Gleichungen (19) dargestellten Flächenelemente (x, y, z, p, q) die Gleichung (A) erfüllen, steht bereits fest; wir zeigen, daß auf Grund der Gleichungen (19) die Gleichung

$$dz = p\,dx + q\,dy$$

besteht, welche in die beiden Gleichungen

$$\frac{\partial z}{\partial u} = p\frac{\partial x}{\partial u} + q\frac{\partial y}{\partial u},$$

$$\frac{\partial z}{\partial v} = p\frac{\partial x}{\partial v} + q\frac{\partial y}{\partial v}$$

zerfällt.

Nehmen wir diesen Nachweis einstweilen als geführt an, so liegen folgende Möglichkeiten vor.

Wenn die durch die Gleichungen (19) dargestellten Flächenelemente (x, y, z, p, q) einer Fläche $z = \Phi(x, y)$ angehören, so ist

$$p = \frac{\partial z}{\partial x}, \quad q = \frac{\partial z}{\partial y},$$

und es besteht die Gleichung

$$F\left(x, y, z, \frac{\partial z}{\partial x}, \frac{\partial z}{\partial y}\right) = 0,$$

d. h. die Fläche $z = \Phi(x, y)$ ist eine Integralfläche von (A).

Entstehen durch Elimination von u, v aus den drei ersten Gleichungen (19) zwei Gleichungen zwischen x, y, z,

---

*) Die Funktionen x, y von u, v nehmen für $u = 0$ die Werte $f_1(v)$, $f_2(v)$, also für $u = 0$, $v = \alpha$ die Werte $f_1(\alpha)$, $f_2(\alpha)$ an.

welche eine Kurve C darstellen, so werden durch die sämtlichen Gleichungen (19) immer noch ∞^2 Flächenelemente (x, y, z, p, q) dargestellt; die Gleichung

$$dz = p\,dx + q\,dy$$

sagt aus, daß die Ebene

$$\zeta - z = p(\xi - x) + q(\eta - y)$$

die Tangente der Kurve C enthält, so daß jedes durch (19) dargestellte Element aus einem Punkt der Kurve C und einer durch die Tangente der Kurve in diesem Punkt gehenden Ebene besteht.

Ergeben sich aus den drei ersten Gleichungen (19) drei Relationen zwischen x, y, z, so haben wir konstante Werte

$$x = x_0, \quad y = y_0, \quad z = z_0,$$

so daß die Relation

$$dz = p\,dx + q\,dy$$

durch alle Werte von p, q erfüllt ist. Die durch die Gleichungen (19) dargestellten ∞^2 Elemente bestehen aus dem Punkt (x_0, y_0, z_0) und einer beliebigen durch ihn gehenden Ebene.

Wir verstehen mit Lie unter einem Integral der partiellen Differentialgleichung (A) jede zweifache Mannigfaltigkeit von Flächenelementen (x, y, z, p, q), welche der Gleichung (A) und der Relation

$$dz = p\,dx + q\,dy$$

genügen. Durch diese Verallgemeinerung des Integralbegriffs werden die zuletzt erwähnten Ausnahmefälle in die Theorie einbezogen*).

Der versprochene Nachweis kann folgendermaßen geführt werden. Da die Gleichungen (19), wenn man v als

*) Wir werden uns allerdings künftig wieder auf Integralflächen beschränken, indem wir in betreff der Lieschen Auffassung der Integration der partiellen Differentialgleichungen erster Ordnung mit zwei unabhängigen Veränderlichen auf den dritten Abschnitt des Werkes verweisen: Lie-Scheffers, Geometrie der Berührungstransformationen, Leipzig 1896.

konstant ansieht, eine Charakteristik darstellen, so ist nach (15)

$$\frac{\partial x}{\partial u} = P, \quad \frac{\partial y}{\partial u} = Q, \quad \frac{\partial z}{\partial u} = pP + qQ,$$

also

$$\frac{\partial z}{\partial u} = p\frac{\partial x}{\partial u} + q\frac{\partial y}{\partial u}. \tag{20}$$

Um nachzuweisen, daß die Gleichungen (19) ein Integral der partiellen Differentialgleichung (A) darstellen, haben wir nur noch zu zeigen, daß

$$\frac{\partial z}{\partial v} = p\frac{\partial x}{\partial v} + q\frac{\partial y}{\partial v} \tag{21}$$

ist oder daß der Ausdruck

$$V = \frac{\partial z}{\partial v} - p\frac{\partial x}{\partial v} - q\frac{\partial y}{\partial v}$$

verschwindet.

Es ist

$$\frac{\partial V}{\partial u} = \frac{\partial^2 z}{\partial u\,\partial v} - p\frac{\partial^2 x}{\partial u\,\partial v} - q\frac{\partial^2 y}{\partial u\,\partial v} - \frac{\partial p}{\partial u}\frac{\partial x}{\partial v} - \frac{\partial q}{\partial u}\frac{\partial y}{\partial v}$$

oder, weil

$$\frac{\partial^2 z}{\partial u\,\partial v} = \frac{\partial p}{\partial v}\frac{\partial x}{\partial u} + \frac{\partial q}{\partial v}\frac{\partial y}{\partial u} + p\frac{\partial^2 x}{\partial u\,\partial v} + q\frac{\partial^2 y}{\partial u\,\partial v}$$

ist,

$$\frac{\partial V}{\partial u} = \frac{\partial p}{\partial v}\frac{\partial x}{\partial u} + \frac{\partial q}{\partial v}\frac{\partial y}{\partial u} - \frac{\partial p}{\partial u}\frac{\partial x}{\partial v} - \frac{\partial q}{\partial u}\frac{\partial y}{\partial v};$$

mit Rücksicht auf die Differentialgleichungen (15) hat man

$$\begin{aligned}\frac{\partial V}{\partial u} &= P\frac{\partial p}{\partial v} + Q\frac{\partial q}{\partial v} + (X + pZ)\frac{\partial x}{\partial v} + (Y + qZ)\frac{\partial y}{\partial v}\\ &= X\frac{\partial x}{\partial v} + Y\frac{\partial y}{\partial v} + P\frac{\partial p}{\partial v} + Q\frac{\partial q}{\partial v}\\ &\qquad + Z\left(p\frac{\partial x}{\partial v} + q\frac{\partial y}{\partial v}\right).\end{aligned}$$

Die Differentiation der Gleichung $F(x, y, z, p, q) = 0$ nach v ergibt

$$X \frac{\partial x}{\partial v} + Y \frac{\partial y}{\partial v} + P \frac{\partial p}{\partial v} + Q \frac{\partial q}{\partial v} = -Z \frac{\partial z}{\partial v};$$

also ist

$$\frac{\partial V}{\partial u} = -Z\left(\frac{\partial z}{\partial v} - p \frac{\partial x}{\partial v} - q \frac{\partial y}{\partial v}\right)$$

oder

$$\frac{\partial V}{\partial u} = -ZV.$$

Integriert man bei konstantem v nach u, so erhält man

$$V = V_0 e^{-\int_0^u Z\,du},$$

wenn

$$V_0 = \frac{dz_0}{dv} - p_0 \frac{dx_0}{dv} - q_0 \frac{dy_0}{dv}$$

den zu $u = 0$ gehörigen Wert von V darstellt. Da der Streifen (18) die Bedingung $V_0 = 0$ erfüllt, so ist auch $V = 0$, w. z. b. w.

Wir haben demnach den Satz:

Es sei ein Streifen

$$x_0 = f_1(v), \quad y_0 = f_2(v), \quad z_0 = f_3(v), \quad p_0 = f_4(v), \quad q_0 = f_5(v)$$

gegeben, welcher nicht nur die Bedingung

$$dz_0 = p_0\, dx_0 + q_0\, dy_0$$

erfüllt, sondern auch der Gleichung

$$F(x_0, y_0, z_0, p_0, q_0) = 0$$

genügt, aber kein charakteristischer Streifen von (A) ist. Dann bilden die von den Flächenelementen $(x_0, \ldots, q_0)$ des Streifens ausgehenden Charakteristiken ein Integral der partiellen Differentialgleichung (A) mit den Gleichungen

$$\begin{aligned}
x &= \varphi_1(u, f_1(v), \ldots, f_5(v)), \\
y &= \varphi_2(u, f_1(v), \ldots, f_5(v)), \\
z &= \varphi_3(u, f_1(v), \ldots, f_5(v)), \\
p &= \varphi_4(u, f_1(v), \ldots, f_5(v)), \\
q &= \varphi_5(u, f_1(v), \ldots, f_5(v)).
\end{aligned}$$

Demnach ist die Integration der partiellen Differentialgleichung erster Ordnung (A) auf die Integration des Systems gewöhnlicher Differentialgleichungen (15) oder (16) zurückgeführt.

Wir können nun auch die Integralfläche bestimmen, welche durch eine gegebene Kurve geht.

Die Gleichungen der Kurve seien

$$(22) \qquad x_0 = f_1(v)\,, \quad y_0 = f_2(v)\,, \quad z_0 = f_3(v)\,;$$

unter f_1, f_2, f_3 sind analytische Funktionen von v verstanden, welche sich in der Umgebung von $v = \alpha$ regulär verhalten. Aus den Gleichungen

$$(23) \qquad \begin{cases} F(x_0\,, y_0\,, z_0\,, p_0\,, q_0) = 0\,, \\ \dfrac{dz_0}{dv} = p_0 \dfrac{dx_0}{dv} + q_0 \dfrac{dy_0}{dv} \end{cases}$$

berechnen sich die in der Umgebung von $v = \alpha$ regulären Funktionen

$$p_0 = f_4(v)\,, \quad q_0 = f_5(v)\,,$$

vorausgesetzt, daß sich für $v = \alpha$ aus den Gleichungen (23) Werte $p_0 = f_4(\alpha)$, $q_0 = f_5(\alpha)$ ergeben, für welche die Determinante

$$P_0 \frac{dy_0}{dv} - Q_0 \frac{dx_0}{dv}$$

von Null verschieden ist*). Wir haben so längs der Kurve (22) den der Gleichung

$$F(x_0\,, y_0\,, z_0\,, p_0\,, q_0) = 0$$

genügenden Streifen

$$x_0 = f_1(v)\,, \quad y_0 = f_2(v)\,, \quad z_0 = f_3(v)\,, \quad p_0 = f_4(v)\,, \quad q_0 - f_5(v)\,.$$

Die von den Elementen dieses Streifens ausgehenden charakteristischen Kurven bilden die gesuchte Integralfläche, deren Gleichung wie oben aufgestellt wird.

Liegt die gegebene Kurve

$$(24) \qquad x_0 = \xi_0\,, \quad z_0 = \varphi(y_0)\,,$$

wo ξ_0 eine Konstante und $\varphi(y_0)$ eine in der Umgebung von $y_0 = \eta_0$ reguläre Funktion darstellt, in einer zur yz-

*) Vgl. die Fußnote auf S. 50.

Ebene parallelen Ebene, so ist v durch y_0 zu ersetzen; die zweite Gleichung (23) ergibt

$$q_0 = \varphi'(y_0), \tag{25}$$

und p_0 wird, wenn P_0 von Null verschieden ist, durch die Gleichung

$$F(\xi_0, y_0, \varphi(y_0), p_0, \varphi'(y_0)) = 0 \tag{26}$$

als Funktion von y_0 bestimmt. Die Gleichungen

$$\left\{\begin{aligned} x &= \varphi_1(u, \xi_0, y_0, \varphi(y_0), p_0, \varphi'(y_0)), \\ y &= \varphi_2(u, \ldots\ldots\ldots, \varphi'(y_0)), \\ z &= \varphi_3(u, \ldots\ldots\ldots, \varphi'(y_0)) \end{aligned}\right. \tag{27}$$

mit den unabhängigen Veränderlichen u und y_0 stellen die durch die Kurve (24) gehende Integralfläche dar. Für $u = 0$, $y_0 = \eta_0$ ist

$$\begin{vmatrix} \frac{\partial x}{\partial u}, & \frac{\partial y}{\partial u} \\ \frac{\partial x}{\partial y_0}, & \frac{\partial y}{\partial y_0} \end{vmatrix} = \begin{vmatrix} P_0, & Q_0 \\ 0, & 1 \end{vmatrix} = P_0$$

der Voraussetzung nach von Null verschieden. Die beiden ersten Gleichungen (27) ergeben also u und y_0 als Funktionen von x und y, welche in der Umgebung von $x = \xi_0$, $y = \eta_0$ regulär sind, und durch Einsetzen dieser Ausdrücke in die dritte Gleichung (27) erhält man z als Funktion von x, y, welche sich bei $x = \xi_0$, $y = \eta_0$ regulär verhält*).

Sind in den Gleichungen (18) x_0, y_0, z_0 von v unabhängig, so ist die Gleichung

$$dz_0 = p_0\, dx_0 + q_0\, dy_0$$

von selbst erfüllt. Wir haben in dem gegebenen Punkt (x_0, y_0, z_0) ∞^1 Flächenelemente $(x_0, y_0, z_0, p_0, q_0)$, welche der Gleichung

$$F(x_0, y_0, z_0, p_0, q_0) = 0$$

---

*) Die Existenz einer durch eine gegebene Kurve gehenden Integralfläche der partiellen Differentialgleichung (A) ist im gegenwärtigen Paragraphen unabhängig von § 8 und § 9 von neuem bewiesen.

genügen und einen Elementarkegel bestimmen. Die bisherigen Betrachtungen bleiben im wesentlichen bestehen. Die von den genannten ∞^1 Flächenelementen ausgehenden Charakteristiken bilden ein Integral der partiellen Differentialgleichung (A) und zwar im allgemeinen eine Integralfläche, das „Integralkonoid" mit der Spitze (x_0, y_0, z_0).

Wir heben noch folgende Eigenschaften der Charakteristiken der partiellen Differentialgleichung (A) hervor.

Jede Integralfläche mit dem nicht singulären Flächenelement $(x_0, y_0, z_0, p_0, q_0)$ enthält die von diesem Flächenelement ausgehende Charakteristik.

Die Integralfläche

$$z = \Phi(x, y)$$

wird von der Ebene $x = x_0$ in der Kurve

$$x = x_0, \quad z = \Phi(x_0, y)$$

geschnitten. Von denjenigen ∞^1 Elementen der Fläche $z = \Phi(x, y)$, welche den Punkten dieser Kurve zugehören [und worunter sich auch das Flächenelement $(x_0, \ldots, q_0)$ befindet], gehen ∞^1 Charakteristiken aus, welche eine Integralfläche bilden und zwar, da durch die Kurve nur eine Integralfläche geht, genau die Fläche $z = \Phi(x, y)$. Diese Fläche enthält die von dem Element $(x_0, \ldots, q_0)$ ausgehende Charakteristik.

Die Kurve

$$x = x_0, \quad z = \varphi(y) \tag{28}$$

berührt das Flächenelement $(x_0, y_0, z_0, p_0, q_0)$, wenn $\varphi(y)$ eine beliebige analytische Funktion von y ist, welche die Bedingungen

$$\varphi(y_0) = z_0, \quad \varphi'(y_0) = q_0$$

erfüllt. Die durch die Kurve (28) bestimmte Integralfläche $z = \Phi(x, y)$ enthält die Charakteristik, welche von dem Element $(x_0, \ldots, q_0)$ ausgeht. Die Koeffizienten der Potenzreihe $\varphi(y)$ können willkürlich gewählt werden, wenn nur die Bedingungen für die Konvergenz erfüllt sind. Es gilt also der Satz:

Längs einer gegebenen Charakteristik berühren sich unendlich viele Integralflächen, welche von unendlich vielen willkürlichen Konstanten abhängen.

Ein charakteristischer Streifen war in § 10 eingeführt als ein Streifen, welcher die Gleichung

$$\frac{dx}{P} = \frac{dy}{Q}$$

befriedigt und einer Integralfläche angehört, die sich in der Nähe der Punkte des Streifens regulär verhält. Läßt man die letzte Bedingung fallen, so bleiben nur die Gleichungen

$$(29) \quad \begin{cases} \dfrac{dx}{P} = \dfrac{dy}{Q}\,, \\ dz = p\,dx + q\,dy\,, \\ F(x\,, y\,, z\,, p\,, q) = 0 \end{cases}$$

bestehen. Im allgemeinen erhält man durch Elimination von p und q aus diesen drei Gleichungen eine Differentialgleichung von der Form

$$(30) \qquad M\left(x\,, y\,, z\,;\ \frac{dy}{dx}\,, \frac{dz}{dx}\right) = 0\,.$$

Jede dieser Gleichung genügende Kurve, welche keine charakteristische Kurve ist, wird eine Integralkurve der Differentialgleichung (A) genannt. Nachdem für y eine beliebige Funktion von x gesetzt ist, hat man zur Bestimmung von z als Funktion von x eine Differentialgleichung erster Ordnung.

Jedem Punkt $(x\,, y\,, z)$ einer (nicht charakteristischen) Integralkurve wird ein den Gleichungen (8) genügendes Wertepaar $p\,, q$ zugeordnet. Von jedem Element $(x\,, y\,, z\,, p\,, q)$ des so erhaltenen Streifens geht eine charakteristische Kurve aus; diese charakteristischen Kurven bilden eine Integralfläche der partiellen Differentialgleichung. Für die Integralkurve und für die charakteristische Kurve, welche das Flächenelement (x, y, z, p, q) gemeinsam haben, gelten die Gleichungen

$$\frac{dx}{P} = \frac{dy}{Q}\,, \qquad dz = p\,dx + q\,dy\,;$$

für die beiden Kurven stimmen also im Punkt (x, y, z) die Werte $dx : dy : dz$ überein. Die Integralkurve wird also von sämtlichen charakteristischen Kurven, welche die durch sie hindurchgehende Integralfläche bilden, berührt. Die Integralkurve, welche hiernach als Rückkehrkante einer Integralfläche erscheint, ist eine singuläre Linie dieser Fläche.

Als Beispiel für die Cauchysche Integrationsmethode diene die Differentialgleichung

$$(\alpha) \qquad pq - xy = 0 .$$

Die Differentialgleichungen der Charakteristiken sind nach (16)

$$\frac{dx}{q} = \frac{dy}{p} = \frac{dz}{2pq} = \frac{dp}{y} = \frac{dq}{x}$$

oder mit Rücksicht auf (α)

$$p\,dx = q\,dy = \tfrac{1}{2}\,dz = x\,dp = y\,dq .$$

Aus

$$\frac{dp}{p} = \frac{dx}{x}, \qquad \frac{dq}{q} = \frac{dy}{y}$$

folgt

$$(\beta) \qquad \frac{p}{p_0} = \frac{x}{x_0}, \qquad \frac{q}{q_0} = \frac{y}{y_0},$$

wo die Integrationskonstanten die Bedingung

$$p_0 q_0 = x_0 y_0$$

erfüllen. Weiter ist

$$dz = 2p\,dx = 2q\,dy$$

oder

$$dz = \frac{2p_0}{x_0} x\,dx = \frac{2q_0}{y_0} y\,dy$$

oder

$$(\gamma) \qquad z - z_0 = \frac{p_0}{x_0}(x^2 - x_0^2) = \frac{q_0}{y_0}(y^2 - y_0^2) .$$

Die Gleichungen (β) und (γ) stellen die Charakteristiken dar.

Um die Integralfläche zu bestimmen, welche durch die gegebene Kurve

$$x_0 = \xi_0 = \text{konst.}, \quad z_0 = \varphi(y_0)$$

geht, setzen wir in den Charakteristikengleichungen (γ) nach (25) und (26)

$$q_0 = \varphi'(y_0)\,, \qquad p_0 = \frac{x_0\, y_0}{q_0} = \frac{\xi_0\, y_0}{\varphi'(y_0)}\,;$$

wir erhalten so die Gleichungen

$$z - \varphi(y_0) = \frac{y_0}{\varphi'(y_0)}(x^2 - \xi_0^2) = \frac{\varphi'(y_0)}{y_0}(y^2 - y_0^2)\,,$$

aus welchen y_0 zu eliminieren ist*).

§ 12. Die lineare partielle Differentialgleichung erster Ordnung.

Wir wenden die bisherigen Betrachtungen auf die lineare partielle Differentialgleichung erster Ordnung

(31) $$\xi(x, y, z)\,p + \eta(x, y, z)\,q = \zeta(x, y, z)$$

an, wo ξ, η, ζ analytische Funktionen von x, y, z sind**).

Setzt man

$$F(x, y, z, p, q) = \xi p + \eta q - \zeta\,,$$

so ist

$$P = \frac{\partial F}{\partial p} = \xi\,, \qquad Q = \frac{\partial F}{\partial q} = \eta\,.$$

Die in § 10 aufgestellten Differentialgleichungen der Charakteristiken vereinfachen sich hier. Für die Elemente einer Charakteristik, welche der Differentialgleichung genügen, ist

$$pP + qQ = p\xi + q\eta = \zeta\,.$$

Die drei ersten Differentialgleichungen (15) schreiben sich jetzt

(32) $$\begin{cases} \dfrac{dx}{du} = \xi(x, y, z)\,, \\[2mm] \dfrac{dy}{du} = \eta(x, y, z)\,, \\[2mm] \dfrac{dz}{du} = \zeta(x, y, z) \end{cases}$$

---

*) Die Cauchysche Integrationsmethode läßt sich ohne neue Schwierigkeiten für eine partielle Differentialgleichung erster Ordnung mit beliebig vielen unabhängigen Veränderlichen darstellen.

**) Vgl. die Behandlung der linearen partiellen Differentialgleichung erster Ordnung mit n unabhängigen Veränderlichen in § 4.

oder

$$\frac{dx}{\xi(x,y,z)} = \frac{dy}{\eta(x,y,z)} = \frac{dz}{\zeta(x,y,z)}; \tag{33}$$

sie können, da sie von p, q unabhängig sind, ohne Rücksicht auf die beiden letzten Differentialgleichungen (15) integriert werden. Ist $x = x_0$, $y = y_0$, $z = z_0$ ein Wertsystem, für welches die drei Funktionen ξ, η, ζ nicht sämtlich verschwinden und in dessen Umgebung sie sich regulär verhalten, so ist eine und nur eine analytische Lösung

$$\left\{\begin{aligned} x &= \varphi_1(u, x_0, y_0, z_0), \\ y &= \varphi_2(u, x_0, y_0, z_0), \\ z &= \varphi_3(u, x_0, y_0, z_0) \end{aligned}\right. \tag{34}$$

der Differentialgleichungen (32) vorhanden, welche die Bedingung erfüllt:

$$x = x_0, \quad y = y_0, \quad z = z_0 \quad \text{für} \quad u = 0.$$

Mit anderen Worten, durch den nicht singulären Punkt (x_0, y_0, z_0) geht eine und nur eine charakteristische Kurve (34) der Differentialgleichung (31). Da man die zu $x = x_0$ gehörigen Werte y_0 und z_0 als willkürliche Konstante ansehen kann, so sind ∞^2 charakteristische Kurven vorhanden.

Jeder charakteristischen Kurve entsprechen jetzt ∞^1 charakteristische Streifen, denn die beiden letzten Differentialgleichungen (15) nehmen, wenn man für x, y, z die Ausdrücke (34) mit festen Werten von x_0, y_0, z_0 einsetzt, die Form an:

$$\frac{dp}{du} = g_1(u, p, q), \qquad \frac{dq}{du} = g_2(u, p, q);$$

integriert man sie mit der Maßgabe, daß für $u = 0$ $p = p_0$, $q = q_0$ sein soll, während zwischen p_0 und q_0 die Beziehung

$$\xi(x_0, y_0, z_0)p_0 + \eta(x_0, y_0, z_0)q_0 = \zeta(x_0, y_0, z_0)$$

besteht, so erhält man p, q als Funktionen von u mit einer willkürlichen Konstanten.

Durch eine Kurve, welche nicht zu den charakteristischen gehört, ist wie in § 11 ein der Differentialgleichung genügender Streifen von Flächenelementen bestimmt. Die Integralfläche, welche die von den Elementen des Streifens ausgehenden Charakteristiken bilden, ist hier nichts anderes als die Fläche, welche aus den von den Punkten der gegebenen Kurve ausgehenden charakteristischen Kurven besteht. Es gilt also der Satz:

Die charakteristischen Kurven, welche von den Punkten einer beliebigen nicht charakteristischen Kurve ausgehen, bilden eine Integralfläche der linearen partiellen Differentialgleichung (31).

Die durch die Kurve

$$x_0 = f_1(v)\,, \quad y_0 = f_2(v)\,, \quad z_0 = f_3(v)$$

bestimmte Integralfläche wird, nachdem die Differentialgleichungen (32) der Charakteristiken in der Form (34) integriert sind, durch die Gleichungen dargestellt:

$$\begin{aligned} x &= \varphi_1(u\,, f_1(v)\,, f_2(v)\,, f_3(v))\,, \\ y &= \varphi_2(u\,, f_1(v)\,, f_2(v)\,, f_3(v))\,, \\ z &= \varphi_3(u\,, f_1(v)\,, f_2(v)\,, f_3(v))\,. \end{aligned}$$

Sind die charakteristischen Kurven durch die Gleichungen

$$F_1(x\,, y\,, z) = C_1\,, \quad F_2(x\,, y\,, z) = C_2$$

mit den willkürlichen Konstanten C_1, C_2 dargestellt, so stellt die Gleichung

$$\Phi(F_1(x\,, y\,, z)\,, F_2(x\,, y\,, z)) = 0$$

mit der willkürlichen Funktion Φ eine aus ∞^1 charakteristischen Kurven bestehende Fläche, d. h. eine Integralfläche der Differentialgleichung (31) dar. Diese Fläche geht durch die gegebene Kurve

$$x = f_1(v)\,, \quad y = f_2(v)\,, \quad z = f_3(v)\,,$$

wenn man die Funktion Φ so bestimmt, daß die Gleichung

$$\Phi(F_1[f_1(v)\,, \ldots]\,, F_2[f_1(v)\,, \ldots]) = 0$$

identisch in v erfüllt ist.

An die Stelle des Integralkonoids mit der Spitze $(x_0\,, y_0\,, z_0)$ tritt hier die zweifache Mannigfaltigkeit von Flächenelementen, welche aus den ∞^1 Punkten der von

(x_0, y_0, z_0) ausgehenden charakteristischen Kurve und den ∞^2 Ebenen besteht, welche diese Kurve berühren.

Beispiel 1. Die Differentialgleichung der Zylinderflächen.

Die Charakteristiken der linearen partiellen Differentialgleichung

$$a p + b q = 1$$

ergeben sich durch Integration der Differentialgleichungen

$$\frac{dx}{a} = \frac{dy}{b} = \frac{dz}{1}$$

in der Form

$$x - a z = C_1 , \quad y - b z = C_2 ;$$

es sind parallele gerade Linien, deren Richtungskosinus sich wie $a : b : 1$ verhalten. Jede aus ∞^1 solchen Geraden bestehende Zylinderfläche stellt eine Integralfläche dar; ihre Gleichung ist

$$\Phi(x - a z, y - b z) = 0 ,$$

wo Φ eine willkürliche Funktion darstellt.

Beispiel 2. Die Differentialgleichung der Kegelflächen

$$p(x - a) + q(y - b) = z - c$$

hat die aus den Differentialgleichungen

$$\frac{dx}{x - a} = \frac{dy}{y - b} = \frac{dz}{z - c}$$

zu bestimmenden Charakteristiken

$$\frac{x - a}{z - c} = C_1 , \quad \frac{y - b}{z - c} = C_2 ,$$

das sind gerade Linien durch den Punkt (a, b, c). Das allgemeine Integral

$$\Phi\left(\frac{x - a}{z - c}, \frac{y - b}{z - c}\right) = 0$$

stellt eine Kegelfläche mit dem Scheitel (a, b, c) dar.

Beispiel 3. Die Differentialgleichung der Rotationsflächen.

Die Differentialgleichung

$$py - qx = 0$$

hat als charakteristische Kurven die aus den Differentialgleichungen

$$\frac{dx}{y} = -\frac{dy}{x} = \frac{dz}{0}$$

sich ergebenden ∞^2 Kreise

$$x^2 + y^2 = C_1\,, \quad z = C_2\,,$$

deren Ebenen der xy-Ebene parallel sind und deren Mittelpunkte auf der z-Achse liegen. Das allgemeine Integral

$$\Phi(x^2 + y^2\,, z) = 0$$

stellt die Rotationsflächen dar, deren Rotationsachse die z-Achse ist.

§ 13. Der Ort der Rückkehrpunkte der charakteristischen Kurven *).

Bisher waren die (nur ausnahmsweise vorhandenen) singulären Integrale der partiellen Differentialgleichung

(A) $$F(x\,, y\,, z\,, p\,, q) = 0$$

ausgeschlossen, d. h. diejenigen Integrale, welche die Gleichungen

$$F = 0\,, \quad P = 0\,, \quad Q = 0\,, \quad X + pZ = 0\,, \quad Y + qZ = 0$$

befriedigen.

Indem man p und q aus den Gleichungen

(35) $$F = 0\,, \quad P = 0\,, \quad Q = 0$$

eliminiert, erhält man die Gleichung

(36) $$R(x\,, y\,, z) = 0\,,$$

welche nur ausnahmsweise eine Integralfläche von (A) darstellt; im allgemeinen bildet die Fläche (36), wie wir zeigen werden, den Ort der Rückkehrpunkte der charakteristischen Kurven.

---

*) Zu § 13 und § 14 vgl. Darboux, Mémoire sur les solutions singulières des équations aux dérivées partielles du premier ordre (Mém. des savants étrangers, Bd. 27).

Es sei

$$x = x_0\,, \quad y = y_0\,, \quad z = z_0\,, \quad p = p_0\,, \quad q = q_0$$

ein den drei Gleichungen (35) genügendes Flächenelement, also

$$x = x_0\,, \quad y = y_0\,, \quad z = z_0$$

ein Punkt der Fläche (36). Durch eine Koordinatentransformation sei dieser Punkt in den Anfangspunkt und jenes Flächenelement in die xy-Ebene verlegt; wir können also voraussetzen, daß die drei Gleichungen (35) das Flächenelement

$$x = 0\,, \quad y = 0\,, \quad z = 0\,, \quad p = 0\,, \quad q = 0$$

gemein haben. Die Funktion F sei in der Umgebung dieser Werte regulär, so daß sie sich in eine Potenzreihe von x, y, z, p, q entwickeln läßt, in welcher das konstante Glied und, da für die Nullwerte der Argumente $P = 0$, $Q = 0$ ist, auch die Koeffizienten von p und q verschwinden. Man hat also

$$(37)\quad \begin{cases} F = ax + by + cz + p(a'x + b'y + c'z) + q(a''x + b''y + c''z) \\ \qquad + \tfrac{1}{2}Ap^2 + Bpq + \tfrac{1}{2}Cq^2 + \varphi(x, y, z) + \cdots, \end{cases}$$

wo $\varphi(x, y, z)$ eine ganze homogene Funktion zweiten Grades von x, y, z ist und die weggelassenen Glieder mindestens von der dritten Dimension in bezug auf x, y, z, p, q sind. Dann ist

$$P = a'x + b'y + c'z + Ap + Bq + \cdots,$$

$$Q = a''x + b''y + c''z + Bp + Cq + \cdots,$$

$$X = a + a'p + a''q + \frac{\partial \varphi}{\partial x} + \cdots,$$

$$Y = b + b'p + b''q + \frac{\partial \varphi}{\partial y} + \cdots,$$

$$Z = c + c'p + c''q + \frac{\partial \varphi}{\partial z} + \cdots.$$

Die Differentialgleichungen (15) der Charakteristiken sind, wenn wir rechts jedesmal die Glieder niedrigster Dimension anschreiben:

$$
(38)\quad \begin{cases}
\dfrac{dx}{du} = a'x + b'y + c'z + Ap + Bq + \dots, \\[2ex]
\dfrac{dy}{du} = a''x + b''y + c''z + Bp + Cq + \dots, \\[2ex]
\dfrac{dz}{du} = p(a'x + b'y + c'z) + q(a''x + b''y + c''z) \\
\qquad\quad + Ap^2 + 2Bpq + Cq^2 + \dots, \\[2ex]
\dfrac{dp}{du} = -a + \dots, \\[2ex]
\dfrac{dq}{du} = -b + \dots .
\end{cases}
$$

Um die von dem Flächenelement $x = 0$, $y = 0$, $z = 0$, $p = 0$, $q = 0$ ausgehende Charakteristik zu finden, integrieren wir die Differentialgleichungen (38) unter der Voraussetzung, daß x, y, z, p, q für $u = 0$ verschwinden. Dann ergeben sich x, y, z, p, q als Potenzreihen von u, die wir nach dem Maclaurinschen Satze berechnen. Zunächst ist*)

$$
\left(\frac{dx}{du}\right)_0 = 0, \quad \left(\frac{dy}{du}\right)_0 = 0, \quad \left(\frac{dz}{du}\right)_0 = 0,
$$

$$
\left(\frac{dp}{du}\right)_0 = -a, \quad \left(\frac{dq}{du}\right)_0 = -b,
$$

ferner

$$
\left(\frac{d^2x}{du^2}\right)_0 = A\left(\frac{dp}{du}\right)_0 + B\left(\frac{dq}{du}\right)_0 = -(Aa + Bb),
$$

$$
\left(\frac{d^2y}{du^2}\right)_0 = B\left(\frac{dp}{du}\right)_0 + C\left(\frac{dq}{du}\right)_0 = -(Ba + Cb),
$$

$$
\left(\frac{d^2z}{du^2}\right)_0 = 0;
$$

*) Unter $(\varphi)_0$ wird der Wert der Funktion $\varphi(u)$ für $u = 0$ verstanden.

also hat man

$$(39') \qquad \begin{cases} p = -a\,u + \dots, \\ q = -b\,u + \dots \end{cases}$$

und

$$(39'') \qquad \begin{cases} x = -\tfrac{1}{2}(A\,a + B\,b)\,u^2 + \dots, \\ y = -\tfrac{1}{2}(B\,a + C\,b)\,u^2 + \dots; \end{cases}$$

die Einsetzung dieser Reihen in die dritte Differentialgleichung (38) oder

$$\frac{dz}{du} = p\,\frac{dx}{du} + q\,\frac{dy}{du}$$

ergibt

$$\frac{dz}{du} = (A\,a^2 + 2\,B\,a\,b + C\,b^2)\,u^2 + \dots,$$

und daraus folgt

$$(39''') \qquad z = \tfrac{1}{3}(A\,a^2 + 2\,B\,a\,b + C\,b^2)\,u^3 + \dots.$$

Ist $A\,a + B\,b$ von Null verschieden, so erhält man durch Elimination von u zwei Gleichungen von der Form

$$(40) \qquad y = \alpha\,x + \dots, \quad z = \beta\,x^{\frac{3}{2}} + \dots$$

als Gleichungen derjenigen charakteristischen Kurve, welche die xy-Ebene im Anfangspunkt $x = y = z = 0$ berührt. Die Form der Gleichungen (40) zeigt aber, daß der Anfangspunkt ein Rückkehrpunkt dieser Kurve ist.

Hiermit ist der Satz bewiesen:

Die durch Elimination von p und q aus den drei Gleichungen $F = 0$, $P = 0$, $Q = 0$ entstehende Gleichung $R(x, y, z) = 0$ stellt im allgemeinen den Ort der Rückkehrpunkte der charakteristischen Kurven der partiellen Differentialgleichung (A) dar.

§ 14. Eigenschaften des singulären Integrals.

Wir nehmen jetzt an, die partielle Differentialgleichung (A) habe eine singuläre Lösung

$$(41) \qquad z = \Phi(x, y),$$

welche **nicht** auch der Gleichung

$$Z = \frac{\partial F}{\partial z} = 0$$

genügt. Wir suchen diejenigen charakteristischen Kurven, welche die Fläche $z = \Phi(x, y)$ in einem gegebenen Punkte berühren.

Durch die Transformation

$$z = \Phi(x, y) + z'$$

wird das singuläre Integral $z = \Phi(x, y)$ in ein singuläres Integral $z' = 0$ der transformierten Differentialgleichung übergeführt. Wir können demnach annehmen, die Differentialgleichung (A) besitze die singuläre Lösung

$$z = 0;$$

wir fragen nach den charakteristischen Kurven, welche die Ebene $z = 0$ im Punkte $x = x_0$, $y = y_0$, $z = 0$ berühren, oder nach den Charakteristiken, welche von dem Element

$$x = x_0, \quad y = y_0, \quad z = 0, \quad p = 0, \quad q = 0$$

ausgehen. Wenn für dieses Element Z von Null verschieden ist, läßt sich die Gleichung (A) auf die Form

$$z = \varphi(x, y, p, q) \tag{42}$$

bringen, wo φ in der Umgebung von $x = x_0$, $y = y_0$, $p = 0$, $q = 0$ regulär ist. Für jedes Element der singulären Integralfläche, d. h. für

$$z = 0, \quad p = 0, \quad q = 0$$

sind die drei Gleichungen

$$F = 0, \quad P = 0, \quad Q = 0$$

oder

$$z = \varphi(x, y, p, q), \quad \frac{\partial \varphi}{\partial p} = 0, \quad \frac{\partial \varphi}{\partial q} = 0$$

gleichzeitig erfüllt; daher fehlen in φ, $\frac{\partial \varphi}{\partial p}$, $\frac{\partial \varphi}{\partial q}$ die von p und q freien Glieder, so daß in φ Glieder, welche in p

und q von geringerem als dem zweiten Grad sind, nicht vorkommen können. Wir schreiben

(43) $$\varphi = \tfrac{1}{2} A p^2 + B p q + \tfrac{1}{2} C q^2 + \ldots,$$

wo die weggelassenen Glieder in bezug auf $x - x_0$, $y - y_0$, p, q mindestens vom dritten Grad, in bezug auf p, q mindestens vom zweiten Grad sind. Die Differentialgleichungen der Charakteristiken schreiben sich hier, wenn man in den Formeln (15)

$$du = \frac{dt}{t}$$

setzt:

(44) $$\begin{cases} t\dfrac{dx}{dt} = \dfrac{\partial\varphi}{\partial p} = A p + B q + \ldots, \\ t\dfrac{dy}{dt} = \dfrac{\partial\varphi}{\partial q} = B p + C q + \ldots, \\ t\dfrac{dp}{dt} = p - \dfrac{\partial\varphi}{\partial x} = p + \ldots, \\ t\dfrac{dq}{dt} = q - \dfrac{\partial\varphi}{\partial y} = q + \ldots; \end{cases}$$

rechts sind die weggelassenen Glieder in bezug auf die vier Veränderlichen x, y, p, q mindestens vom zweiten Grad, in bezug auf p, q allein in den beiden ersten Gleichungen mindestens vom ersten Grad, in den beiden letzten mindestens vom zweiten Grad.

Setzt man

$$p = t p', \quad q = t q',$$

so gehen diese Differentialgleichungen über in

(45) $$\begin{cases} \dfrac{dx}{dt} = A p' + B q' + \ldots, \\ \dfrac{dy}{dt} = B p' + C q' + \ldots, \\ \dfrac{dp'}{dt} = \ldots, \\ \dfrac{dq'}{dt} = \ldots, \end{cases}$$

wo die rechten Seiten Potenzreihen von t, x, y, p', q' sind. Sind die Werte α, β, welche p', q' für $t = 0$ annehmen, beliebig vorgeschrieben, so ergeben sich x, y, p', q' als Potenzreihen von t. Insbesondere ist

$$(46') \qquad \begin{cases} x = x_0 + (A\alpha + B\beta)t + \ldots, \\ y = y_0 + (B\alpha + C\beta)t + \ldots; \end{cases}$$

ferner ist

$$(46'') \qquad \begin{cases} p = \alpha t + \ldots, \\ q = \beta t + \ldots. \end{cases}$$

Aus

$$\frac{dz}{dt} = p\frac{dx}{dt} + q\frac{dy}{dt} = (A\alpha^2 + 2B\alpha\beta + C\beta^2)t + \ldots$$

folgt

$$(46''') \qquad z = (\tfrac{1}{2}A\alpha^2 + B\alpha\beta + \tfrac{1}{2}C\beta^2)t^2 + \ldots.$$

Da die Differentialgleichungen (45) ungeändert bleiben, wenn man t durch ht und gleichzeitig p', q' durch $\frac{p'}{h}, \frac{q'}{h}$. ersetzt, so können auch die Konstanten α, β durch $\frac{\alpha}{h}, \frac{\beta}{h}$ ersetzt werden, ohne daß die Gleichungen (46) eine andere Charakteristik darstellen. Wir haben demnach ∞^1 (von der Konstanten $\frac{\alpha}{\beta}$ abhängige) charakteristische Kurven, welche die singuläre Integralfläche $z = 0$ im Punkt $x = x_0$, $y = y_0$, $z = 0$ berühren.

Sind x_0, y_0 die Koordinaten eines beliebigen Punktes der Fläche $z = 0$, so stellen die Gleichungen (46) ∞^3 Charakteristiken dar; es fragt sich, wie wir dieselben zusammenfassen müssen, um eine Integralfläche der partiellen Differentialgleichung zu erhalten.

Setzt man

$$V = \frac{\partial z}{\partial v} - p\frac{\partial x}{\partial v} - q\frac{\partial y}{\partial v},$$

wo v einen Parameter darstellt, von welchem die Größen $x_0, y_0, \alpha:\beta$ abhängen, so ergibt sich wie in § 11 (S. 53)

$$\frac{\partial V}{\partial u} = t\frac{\partial V}{\partial t} = V,$$

da, wenn die partielle Differentialgleichung auf die Form

$$F = \varphi(x, y, p, q) - z = 0$$

gebracht wird, $Z = -1$ ist. Man hat also

$$V = Ct,$$

wo C den Wert von

$$\frac{\partial V}{\partial t} = \frac{\partial p}{\partial v}\frac{\partial x}{\partial t} + \frac{\partial q}{\partial v}\frac{\partial y}{\partial t} - \frac{\partial x}{\partial v}\frac{\partial p}{\partial t} - \frac{\partial y}{\partial v}\frac{\partial q}{\partial t}$$

für $t = 0$ darstellt. V verschwindet dann und nur dann, wenn $C = 0$ ist. Das Verschwinden von V ist aber die Bedingung dafür, daß die Charakteristiken (46), in welchen $x_0, y_0, \alpha : \beta$ gegebene Funktionen von v sind, eine Integralfläche darstellen.

Nun ist für $t = 0$

$$\frac{\partial x}{\partial t} = A\alpha + B\beta, \quad \frac{\partial y}{\partial t} = B\alpha + C\beta, \quad \frac{\partial p}{\partial t} = \alpha, \quad \frac{\partial q}{\partial t} = \beta,$$

$$\frac{\partial x}{\partial v} = \frac{dx_0}{dv}, \quad \frac{\partial y}{\partial v} = \frac{dy_0}{dv}, \quad \frac{\partial p}{\partial v} = 0, \quad \frac{\partial q}{\partial v} = 0,$$

also

$$C = -\left(\alpha\frac{dx_0}{dv} + \beta\frac{dy_0}{dv}\right).$$

Die Gleichungen (46′) und (46‴) stellen also eine Integralfläche dar, wenn $x_0, y_0, \alpha : \beta$ Funktionen von v sind, welche die Bedingung

$$\alpha\frac{dx_0}{dv} + \beta\frac{dy_0}{dv} = 0 \tag{47}$$

erfüllen.

Sind x_0, y_0 konstant, so ist die Bedingung (47) erfüllt; die Charakteristiken, welche die singuläre Integralfläche $z = 0$ im Punkt $x = x_0$, $y = y_0$, $z = 0$ berühren, bilden eine Integralfläche.

Ist in der singulären Integralfläche $z = 0$ eine analytische Kurve

$$x_0 = f_1(v), \quad y_0 = f_2(v) \tag{48}$$

gegeben, so stellen die Gleichungen (46) mit den Parametern v und $\alpha : \beta$ ∞^2 Charakteristiken dar. Ordnen wir jedem Wert von v den durch die Gleichung

$$\alpha \frac{dx_0}{dv} + \beta \frac{dy_0}{dv} = 0$$

definierten Wert $\alpha : \beta$ zu, so haben wir ∞^1 Charakteristiken, welche eine Integralfläche bilden, die die singuläre Integralfläche $z = 0$ längs der gegebenen Kurve berührt. Durch die Kurve (48) gehen demnach zwei Integralflächen, welche sich längs dieser Kurve berühren, nämlich die singuläre Integralfläche und die auf die beschriebene Weise von den Charakteristiken gebildete Fläche.

Das Ergebnis dieses Paragraphen läßt sich in den folgenden Satz zusammenfassen:

Besitzt die partielle Differentialgleichung (A)

$$F(x, y, z, p, q) = 0$$

ein singuläres Integral

$$z = \Phi(x, y),$$

so gehen von jedem Element $(x_0, y_0, z_0, p_0, q_0)$ der Fläche $z = \Phi$, in welchem

$$Z = \frac{\partial F}{\partial z}$$

nicht verschwindet, ∞^1 Charakteristiken aus*).

Die Differentialgleichung (A) besitzt eine Integralfläche, welche die singuläre Integralfläche $z = \Phi$ in dem Punkt (x_0, y_0, z_0) berührt, sowie auch eine Integralfläche, welche die Fläche $z = \Phi$ längs einer in derselben beliebig gegebenen analytischen Kurve berührt.

---

*) Dabei ist vorausgesetzt, daß die Funktion Φ in der Umgebung von $x = x_0$, $y = y_0$ und die Funktion F in der Umgebung $x = x_0$, $y = y_0$, $z = z_0$, $p = p_0$, $q = q_0$ regulär ist.

§ 15. Vollständiges Integral*).

Unter einem vollständigen Integral der partiellen Differentialgleichung (A)

$$F(x, y, z, p, q) = 0$$

versteht man ein von zwei willkürlichen Konstanten a, b abhängiges Integral

$$z = \Phi(x, y, a, b), \tag{49}$$

welches so beschaffen ist, daß durch Elimination der Konstanten a, b aus der Gleichung (49) und den beiden Gleichungen

$$p = \frac{\partial \Phi}{\partial x}, \quad q = \frac{\partial \Phi}{\partial y} \tag{50}$$

die Gleichung (A) und nur diese entsteht. Legt man den Größen a, b feste Werte bei, so stellen die Gleichungen (49) und (50) zwischen den fünf Größen x, y, z, p, q ∞^2 Flächenelemente (x, y, z, p, q) dar; läßt man dagegen a, b variieren, so werden durch die Gleichungen (49) und (50) ∞^4 Flächenelemente dargestellt, die mit den ∞^4 Flächenelementen (x, y, z, p, q), welche der Gleichung

$$F(x, y, z, p, q) = 0$$

genügen, identisch sind.

Ist ein vollständiges Integral (49) gegeben, so ist die zugehörige partielle Differentialgleichung (A) bestimmt. Man erhält sie durch Elimination von a, b aus der Gleichung (49) und den beiden Gleichungen (50). Wir fassen p, q als Funktionen von a, b auf und betrachten die Funktionaldeterminante

$$\varDelta = \begin{vmatrix} \frac{\partial p}{\partial a}, & \frac{\partial p}{\partial b} \\ \frac{\partial q}{\partial a}, & \frac{\partial q}{\partial b} \end{vmatrix} = \begin{vmatrix} \frac{\partial^2 \Phi}{\partial x \, \partial a}, & \frac{\partial^2 \Phi}{\partial x \, \partial b} \\ \frac{\partial^2 \Phi}{\partial y \, \partial a}, & \frac{\partial^2 \Phi}{\partial y \, \partial b} \end{vmatrix}.$$

---

*) Die Paragraphen 15—17 enthalten die von Lagrange und Monge begründete Theorie der partiellen Differentialgleichungen erster Ordnung.

Wären die Elemente dieser Determinante, d. h. die partiellen Ableitungen von p und q nach a und b, sämtlich Null, so wären p und q von a und b unabhängig, also nur von x und y abhängig; es würden also zwei Gleichungen zwischen p, q, x, y bestehen und nicht nur, wie vorausgesetzt wurde, die eine Gleichung (A). Wir haben zwei Fälle zu betrachten.

1. Die Determinante Δ ist von Null verschieden. Dann ergeben sich aus den Gleichungen (50) a, b als Funktionen von x, y, p, q; durch Einsetzung dieser Werte in die Gleichung (49) erhält man eine Gleichung zwischen x, y, z, p, q, in der z nicht fehlt, d. h. eine partielle Differentialgleichung erster Ordnung.

2. Die Determinante Δ verschwindet, aber nicht sämtliche Elemente dieser Determinante. Dann besteht zwischen p und q eine Relation, die zwar x, y enthalten kann, aber von a, b unabhängig ist; denn Δ ist die Funktionaldeterminante von p, q, wenn diese Größen als Funktionen von a, b betrachtet werden. Ist z. B.

$$\frac{\partial q}{\partial b} = \frac{\partial^2 \Phi}{\partial y \, \partial b}$$

von Null verschieden, so ergibt sich aus der zweiten Gleichung (50) b als Funktion von q, x, y, a, und durch Einsetzung dieses Ausdrucks in die erste Gleichung (50) erhält man p als Funktion von q, x, y, welche von a unabhängig ist. Man hat also eine Gleichung zwischen x, y, p, q, d. h. eine partielle Differentialgleichung, in welcher z nicht vorkommt.

Kennt man von einer partiellen Differentialgleichung

$$F(x, y, p, q) = 0, \tag{51}$$

in welcher z nicht explizit vorkommt, ein Integral

$$z = \Phi(x, y, a),$$

welches nur eine willkürliche Konstante a, aber diese nicht additiv*) enthält und so beschaffen ist, daß sich aus den Gleichungen

$$p = \frac{\partial \Phi}{\partial x}, \quad q = \frac{\partial \Phi}{\partial y}$$

---

*) Die Konstante a wäre in $\Phi(x, y, a)$ additiv enthalten, wenn $\Phi(x, y, a) - a$ von a unabhängig wäre.

durch Elimination von a die Gleichung (51) ergibt, so stellt der Ausdruck

$$z = \Phi(x, y, a) + b \tag{52}$$

mit den willkürlichen Konstanten a, b ein vollständiges Integral dar.

Die Existenz eines vollständigen Integrals von (A) ergibt sich aus dem folgenden Satze (vgl. § 8).

Die Funktion $F(x, y, z, p, q)$ sei in der Umgebung der Stelle $x = x_0$, $y = y_0$, $z = z_0$, $p = p_0$, $q = q_0$ regulär; an dieser Stelle sei $F = 0$, aber $\frac{\partial F}{\partial p}$ von Null verschieden. Es sei eine in der Umgebung von $y = y_0$, $a = a_0$, $b = b_0$ reguläre Funktion $\varphi(y, a, b)$ gegeben; für $y = y_0$, $a = a_0$, $b = b_0$ sei

$$\varphi = z_0, \quad \frac{\partial \varphi}{\partial y} = q_0, \quad \frac{\partial^2 \varphi}{\partial y\, \partial b} \neq 0.$$

Dann wird die partielle Differentialgleichung (A) durch eine analytische Funktion $z = \Phi(x, y, a, b)$ befriedigt, welche sich in der Umgebung von $x = x_0$, $y = y_0$, $a = a_0$, $b = b_0$ regulär verhält und für $x = x_0$ in die gegebene Funktion $\varphi(y, a, b)$ übergeht.

Dieser Satz folgt aus dem in § 2 ausgesprochenen Existenztheorem für eine partielle Differentialgleichung mit n unabhängigen Veränderlichen, indem man außer x, y auch a, b als unabhängige Veränderliche betrachtet, während F weder a, b noch die partiellen Ableitungen von z nach a, b enthält. Nach der über die Funktion φ gemachten Annahme kann $\frac{\partial^2 \Phi}{\partial y\, \partial b}$ nicht identisch verschwinden; da somit nicht alle Elemente der oben mit Δ bezeichneten Determinante verschwinden, so ist das Integral $z = \Phi$ vollständig.

Auch das Integralkonoid mit der Spitze (x_0, y_0, z_0) stellt, wenn x_0 fest ist, $y_0 = a$, $z_0 = b$ als willkürliche Konstante aufgefaßt werden, ein vollständiges Integral dar*).

*) Für die lineare Differentialgleichung artet das Integralkonoid aus (§ 12); vollständige Integrale im erweiterten Lieschen Sinne, welche keine Flächen sind, wollen wir jedoch hier nicht betrachten.

§ 16. Ableitung des allgemeinen Integrals und der Charakteristiken, sowie des singulären Integrals aus einem vollständigen Integral.

Aus einem vollständigen Integral (49)

$$z = \Phi(x, y, a, b)$$

einer partiellen Differentialgleichung lassen sich alle anderen Integrale herleiten. Die Gleichung (A) ist das Resultat der Elimination der Größen a, b aus der Gleichung (49) und den Gleichungen (50)

$$p = \frac{\partial \Phi}{\partial x}, \quad q = \frac{\partial \Phi}{\partial y}.$$

Wir suchen jetzt a und b auf die allgemeinste Weise als Funktionen von x und y so zu bestimmen, daß der Ausdruck (49) der partiellen Differentialgleichung (A) genügt oder, was auf dasselbe hinauskommt, daß die drei Gleichungen (49) und (50) zusammen bestehen. Durch partielle Differentiation des Ausdrucks (49) erhält man, wenn man auf die Veränderlichkeit von a und b Rücksicht nimmt:

$$p = \frac{\partial \Phi}{\partial x} + \frac{\partial \Phi}{\partial a}\frac{\partial a}{\partial x} + \frac{\partial \Phi}{\partial b}\frac{\partial b}{\partial x},$$

$$q = \frac{\partial \Phi}{\partial y} + \frac{\partial \Phi}{\partial a}\frac{\partial a}{\partial y} + \frac{\partial \Phi}{\partial b}\frac{\partial b}{\partial y}.$$

Damit die Gleichungen (50) erfüllt sind, muß sein:

$$(53) \qquad \begin{cases} \dfrac{\partial \Phi}{\partial a}\dfrac{\partial a}{\partial x} + \dfrac{\partial \Phi}{\partial b}\dfrac{\partial b}{\partial x} = 0, \\[2ex] \dfrac{\partial \Phi}{\partial a}\dfrac{\partial a}{\partial y} + \dfrac{\partial \Phi}{\partial b}\dfrac{\partial b}{\partial y} = 0. \end{cases}$$

Sieht man von dem Fall ab, daß a und b beide konstant sind, so können die Gleichungen (53) auf zwei Arten befriedigt werden:

1. Sind $\frac{\partial \Phi}{\partial a}$ und $\frac{\partial \Phi}{\partial b}$ nicht beide Null, so ist

$$\begin{vmatrix} \frac{\partial a}{\partial x}, & \frac{\partial b}{\partial x} \\ \frac{\partial a}{\partial y}, & \frac{\partial b}{\partial y} \end{vmatrix} = 0 .$$

Es besteht also zwischen den Funktionen a, b von x, y eine Relation, welche b enthalten möge und welche wir auf die Form bringen:

$$b = \varphi(a) . \tag{54}$$

Ist die Funktion φ willkürlich angenommen, so reduzieren sich die beiden Gleichungen (53) auf die eine Gleichung

$$\frac{\partial \Phi}{\partial a} + \frac{\partial \Phi}{\partial b} \varphi'(a) = 0 . \tag{55}$$

Der Ausdruck (49), in welchem a und b die durch die beiden Gleichungen (54) und (55) bestimmten Funktionen von x, y darstellen, ist ein Integral der partiellen Differentialgleichung (A), welches von einer willkürlichen Funktion φ abhängt und als allgemeines Integral bezeichnet wird.

2. Genügen die Funktionen a, b von x, y den Gleichungen

$$\frac{\partial \Phi}{\partial a} = 0 , \quad \frac{\partial \Phi}{\partial b} = 0 , \tag{56}$$

so stellt der Ausdruck (49) ebenfalls ein Integral der Differentialgleichung (A) dar; wir werden zeigen, daß es ein singuläres Integral im früheren Sinne ist.

Das allgemeine Integral, welches erhalten wird, indem man

$$b = \varphi(a)$$

setzt und a aus den Gleichungen

$$\begin{cases} z = \Phi(x, y, a, b) , \\ \frac{\partial \Phi}{\partial a} + \frac{\partial \Phi}{\partial b} \frac{db}{da} = 0 \end{cases} \tag{57}$$

eliminiert, stellt geometrisch die Einhüllende der von dem Parameter a abhängigen Flächenschar

$$z = \Phi(x, y, a, \varphi(a)) \tag{58}$$

dar. Die Gleichungen (57), worin, nachdem $b = \varphi(a)$ gesetzt ist, dem Parameter a ein bestimmter Wert beigelegt wird, stellen die Schnittkurve der Fläche

$$z = \Phi(x, y, a, \varphi(a))$$

mit einer unendlich benachbarten Fläche der Schar und zugleich die Berührungskurve der Fläche mit der Einhüllenden der Flächenschar dar.

Durch die Kurve (57) gehen also zwei Integralflächen von (A), welche sich längs dieser Kurve berühren; daraus folgt, daß die Gleichungen (57) eine charakteristische Kurve darstellen. Die allgemeine Integralfläche, deren Gleichung durch Elimination von a aus (57) entsteht, setzt sich aus ∞^1 charakteristischen Kurven (57) mit dem Parameter a zusammen.

Sind a, b, c beliebig vorgeschriebene konstante Größen, so läßt sich eine Funktion φ so wählen, daß

$$b = \varphi(a), \qquad c = \varphi'(a)$$

wird. Die Gesamtheit der charakteristischen Kurven (57) kann demnach durch die Gleichungen

$$\left\{\begin{aligned} &z = \Phi(x, y, a, b), \\ &\frac{\partial \Phi}{\partial a} + c\frac{\partial \Phi}{\partial b} = 0 \end{aligned}\right. \tag{59}$$

mit den willkürlichen Konstanten a, b, c dargestellt werden.

Diejenigen charakteristischen Kurven, welche durch die Gleichungen (57) mit $b = \varphi(a)$ dargestellt werden, besitzen eine einhüllende Kurve, deren Gleichungen durch Elimination des Parameters a aus den drei Gleichungen

$$\left\{\begin{aligned} &z = \Phi(x, y, a, b), \\ &\frac{\partial \Phi}{\partial a} + \frac{\partial \Phi}{\partial b}\frac{db}{da} = 0, \\ &\frac{\partial^2 \Phi}{\partial a^2} + 2\frac{\partial^2 \Phi}{\partial a\,\partial b}\frac{db}{da} + \frac{\partial^2 \Phi}{\partial b^2}\left(\frac{db}{da}\right)^2 + \frac{\partial \Phi}{\partial b}\frac{d^2 b}{da^2} = 0 \end{aligned}\right. \tag{60}$$

mit $b = \varphi(a)$ erhalten werden. Diese einhüllende Kurve wird von sämtlichen charakteristischen Kurven (57) berührt; sie ist eine Rückkehrkante der von den charakteristischen Kurven (57) gebildeten Integralfläche oder eine Integralkurve der Differentialgleichung (A).

Ist

$$z = \Phi(x, y, a, b)$$

ein vollständiges Integral der partiellen Differentialgleichung (A) und $\varphi(a)$ eine willkürliche Funktion, so stellt die Einhüllende der Flächenschar $z = \Phi(x, y, a, \varphi(a))$ ein allgemeines Integral dar.

Die charakteristischen Kurven von (A) werden durch die Gleichungen

$$z = \Phi(x, y, a, b),$$

$$\frac{\partial \Phi}{\partial a} + c \frac{\partial \Phi}{\partial b} = 0$$

mit den drei willkürlichen Konstanten a, b, c dargestellt.

Diejenigen charakteristischen Kurven, für welche

$$b = \varphi(a), \quad c = \varphi'(a)$$

ist, bilden die obige allgemeine Integralfläche; sie haben als einhüllende Kurve eine Rückkehrkante dieser Fläche, d. h. eine Integralkurve von (A).

Besitzen die ∞^2 Flächen (49)

$$z = \Phi(x, y, a, b)$$

mit den Parametern a, b eine Einhüllende

$$z = \Phi(x, y), \tag{61}$$

so erhält man diese durch Elimination von a und b aus der Gleichung (49) und den beiden Gleichungen (56). Jedem Punkt M der Einhüllenden mit den Koordinaten x, y, z entspricht ein Wertepaar a, b, welches den drei Gleichungen (49) und (56) genügt; im Punkte M berühren sich die Einhüllende $z = \Phi(x, y)$ und die Integralfläche $z = \Phi(x, y, a, b)$. Die Gleichung (61) ergibt daher im Punkte M dieselben Werte von p, q, wie die Gleichung (49); demnach stellt auch die Gleichung (61) eine Lösung der partiellen

Differentialgleichung (A) dar. Durch den Punkt M gehen ∞^1 charakteristische Kurven

$$z = \Phi(x, y, a, b), \quad \frac{\partial \Phi}{\partial a} + c\frac{\partial \Phi}{\partial b} = 0,$$

welche den angenommenen festen Werten von a, b, aber einem willkürlichen Wert von c entsprechen; jede dieser Kurven berührt die Einhüllende im Punkte M.

Von einem Element (x, y, z, p, q) der Fläche $z = \Phi(x, y)$ gehen also unendlich viele Charakteristiken aus; daraus schließen wir, daß die Elemente (x, y, z, p, q) der Fläche (61) nicht nur der Gleichung

$$F(x, y, z, p, q) = 0,$$

sondern auch den Gleichungen

$$P = 0, \quad Q = 0$$

genügen.

Denn ist $(x_0, y_0, z_0, p_0, q_0)$ ein Element, für welches $F = 0$, aber P von Null verschieden ist, so gibt man den Differentialgleichungen der Charakteristik die Form

$$\frac{dy}{dx} = \frac{Q}{P},$$

$$\frac{dz}{dx} = \frac{pP + qQ}{P},$$

$$\frac{dp}{dx} = -\frac{X + pZ}{P},$$

$$\frac{dq}{dx} = -\frac{Y + qZ}{P};$$

da die rechten Seiten dieser Gleichungen in der Umgebung von $x = x_0$, $y = y_0$, $z = z_0$, $p = p_0$, $q = q_0$ regulär sind, so geht von dem angegebenen Flächenelement eine und nur eine Charakteristik aus. Wenn für das gegebene Flächenelement $P = 0$, aber Q von Null verschieden ist, so kommt man zu demselben Ergebnis, indem man x und y vertauscht.

Wenn eine Lösung $z = \Phi(x, y)$ der partiellen Differentialgleichung (A) den Gleichungen

$$P = 0, \quad Q = 0$$

genügt, so erfüllt sie auch die Gleichungen

$$X + pZ = 0\,, \quad Y + qZ = 0\,;$$

sie ist also eine singuläre Lösung im früheren Sinne.

Ist

$$z = \Phi(x\,,\, y\,,\, a\,,\, b)$$

ein vollständiges Integral der partiellen Differentialgleichung (A) und besitzt die Flächenschar $z = \Phi(x, y, a, b)$ mit den Parametern a, b eine Einhüllende, so stellt diese ein singuläres Integral dar.

In § 14 wurde gezeigt, daß eine singuläre Integralfläche $z = \Phi(x, y)$ in einem beliebigen Punkt

$$x = x_0\,, \quad y = y_0\,, \quad z_0 = \Phi(x_0\,,\, y_0)$$

von einer anderen Integralfläche berührt wird; es kann demnach jede singuläre Integralfläche als Einhüllende einer Schar von Integralflächen mit zwei Parametern aufgefaßt werden.

Beispiel. Die Differentialgleichung

$$q = f(p)$$

hat das allgemeine Integral

$$z = ax + f(a)\,y + b\,;$$

denn durch Elimination von a, b aus dieser Gleichung und

$$p = a\,, \quad q = f(a)$$

ergibt sich die Differentialgleichung. Das allgemeine Integral wird erhalten, indem man $b = \varphi(a)$ setzt und die Einhüllende der Ebenenschar

$$z = ax + f(a)\,y + \varphi(a)$$

durch Elimination von a aus der letzten Gleichung und der Gleichung

$$0 = x + f'(a)\,y + \varphi'(a)$$

bestimmt. Die durch das allgemeine Integral dargestellten Flächen sind abwickelbar.

Beispiel. Diejenigen Flächen, für welche die Länge der Normale zwischen der Fläche und der xy-Ebene den konstanten Wert R hat, genügen der Differentialgleichung

$$(\alpha) \qquad p^2 + q^2 = \frac{R^2}{z^2} - 1\,.$$

Sie hat das vollständige Integral

$$(\beta) \qquad (x-a)^2 + (y-b)^2 + z^2 = R^2\,,$$

denn durch Elimination von a und b aus dieser Gleichung und den Gleichungen

$$p = -\frac{x-a}{z}\,, \qquad q = -\frac{y-b}{z}$$

entsteht die Differentialgleichung. Die Gleichung (β) stellt eine Kugel vom Radius R dar, deren Mittelpunkt $(a, b, 0)$ ein beliebiger Punkt der xy-Ebene ist. Führt man die willkürliche Funktion $b = \varphi(a)$ ein und eliminiert man a aus den Gleichungen

$$(\gamma) \qquad \begin{cases} (x-a)^2 + (y-\varphi(a))^2 + z^2 = R^2\,, \\ x - a + (y - \varphi(a))\,\varphi'(a) = 0\,, \end{cases}$$

so hat man das allgemeine Integral; es erscheint als die Einhüllende derjenigen Kugeln, deren Mittelpunkte eine in der xy-Ebene willkürlich angenommene Kurve bilden. Durch Elimination von a und b aus (β) und $x - a = 0$, $y - b = 0$ erhält man das singuläre Integral $z^2 = R^2$, welches in die beiden Ebenen $z = R$ und $z = -R$ zerfällt, die sämtliche Kugeln berühren.

Die Charakteristiken werden durch die Gleichungen

$$(\delta) \qquad \begin{cases} (x-a)^2 + (y-b)^2 + z^2 = R^2\,, \\ x - a + c(y-b) = 0 \end{cases}$$

mit den drei willkürlichen Konstanten a, b, c dargestellt; es sind die Kreise vom Radius R, deren Mittelpunkte in der xy-Ebene liegen und deren Ebenen auf der xy-Ebene senkrecht stehen.

Die Einhüllende derjenigen charakteristischen Kurven, welche auf der Integralfläche (γ) liegen, wird durch Elimination von a aus den Gleichungen

$$(\varepsilon) \quad \begin{cases} (x-a)^2 + (y-\varphi(a))^2 + z^2 = R^2, \\ x - a + (y-\varphi(a))\,\varphi'(a) = 0\,, \\ 1 + \varphi'^2(a) + \varphi(a)\,\varphi''(a) - y\,\varphi''(a) = 0 \end{cases}$$

gefunden.

§ 17. Aufsuchung eines vollständigen Integrals.

Wir betrachten jetzt ein System von zwei partiellen Differentialgleichungen erster Ordnung

$$(62) \quad \begin{cases} F(x, y, z, p, q) = 0\,, \\ G(x, y, z, p, q) = 0\,; \end{cases}$$

die Funktionaldeterminante

$$\frac{\partial(F, G)}{\partial(p, q)}$$

sei von Null verschieden, so daß die Gleichungen (62) durch Auflösung nach p und q auf die Form

$$\frac{\partial z}{\partial x} = \varphi(x, y, z)\,,$$

$$\frac{\partial z}{\partial y} = \psi(x, y, z)$$

gebracht werden können. Jede den Gleichungen (62) genügende Funktion z von x, y erfüllt die Gleichungen

$$\frac{\partial}{\partial y}\frac{\partial z}{\partial x} = \frac{\partial \varphi}{\partial y} + \frac{\partial \varphi}{\partial z}\psi = \frac{d\varphi}{dy}\,,$$

$$\frac{\partial}{\partial x}\frac{\partial z}{\partial y} = \frac{\partial \psi}{\partial x} + \frac{\partial \psi}{\partial z}\varphi = \frac{d\psi}{dx}\,,$$

woraus die Integrabilitätsbedingung

$$\frac{\partial \varphi}{\partial y} + \frac{\partial \varphi}{\partial z}\psi = \frac{\partial \psi}{\partial x} + \frac{\partial \psi}{\partial z}\varphi$$

oder

(63)
$$\frac{d\varphi}{dy} = \frac{d\psi}{dx}$$

folgt. Sollen die Gleichungen (62) eine gemeinsame Integralfläche besitzen, welche durch einen willkürlich gegebenen Punkt $x = x_0$, $y = y_0$, $z = z_0$ geht, so muß die Bedingung (63) identisch erfüllt sein. Dann ist aber die mit dem System (62) gleichbedeutende totale Differentialgleichung

(64)
$$dz = \varphi(x, y, z)\,dx + \psi(x, y, z)\,dy$$

vollständig integrierbar; sie wird, wenn sich die Funktionen $\varphi(x, y, z)$, $\psi(x, y, z)$ in der Umgebung der Stelle $x = x_0$, $y = y_0$, $z = z_0$ regulär verhalten, durch eine Funktion z von x, y befriedigt, welche für $x = x_0$, $y = y_0$ den Wert $z = z_0$ annimmt und in der Umgebung von $x = x_0$, $y = y_0$ regulär ist; dabei spielt z_0 die Rolle der Integrationskonstanten.

Um die Gleichung (64) nach der Mayerschen Methode zu integrieren, führt man sie durch die Substitution

(65)
$$x = x_0 + u\,, \quad y = y_0 + u\,v$$

über in

$$dz = (\varphi + v\,\psi)\,du + u\,\psi\,dv\,.$$

Die Lösung z der Differentialgleichung

$$\frac{dz}{du} = \varphi(x_0 + u\,,\ y_0 + u\,v\,,\ z) + v\,\psi(x_0 + u\,,\ y_0 + u\,v\,,\ z)\,,$$

welche für $u = 0$ den Wert $z = z_0$ annimmt, geht durch die Substitution (65) in diejenige der Gleichung (64) genügende Funktion z von x, y über, welche für $x = x_0$, $y = y_0$ den Wert $z = z_0$ annimmt.

Man kann die Integrabilitätsbedingung aus den ursprünglichen Gleichungen (62) bilden, ohne dieselben zuvor nach p, q aufzulösen. Zu diesem Zweck differentiieren wir die Gleichungen $F = 0$, $G = 0$ nach x und y, nachdem für p und q die Funktionen $\varphi(x, y, z)$, $\psi(x, y, z)$

gesetzt sind, wobei z als Funktion von x, y betrachtet wird. Wir erhalten so die Gleichungen

$$(66)\quad \begin{cases} \dfrac{dF}{dx} + \dfrac{\partial F}{\partial p}\dfrac{d\varphi}{dx} + \dfrac{\partial F}{\partial q}\dfrac{d\psi}{dx} = 0\,, \\[2ex] \dfrac{dG}{dx} + \dfrac{\partial G}{\partial p}\dfrac{d\varphi}{dx} + \dfrac{\partial G}{\partial q}\dfrac{d\psi}{dx} = 0 \end{cases}$$

und

$$(67)\quad \begin{cases} \dfrac{dF}{dy} + \dfrac{\partial F}{\partial p}\dfrac{d\varphi}{dy} + \dfrac{\partial F}{\partial q}\dfrac{d\psi}{dy} = 0\,, \\[2ex] \dfrac{dG}{dy} + \dfrac{\partial G}{\partial p}\dfrac{d\varphi}{dy} + \dfrac{dG}{\partial q}\dfrac{d\psi}{dy} = 0\,; \end{cases}$$

dabei ist die Bezeichnung benutzt:

$$\frac{d}{dx} = \frac{\partial}{\partial x} + p\frac{\partial}{\partial z}\,, \qquad \frac{d}{dy} = \frac{\partial}{\partial y} + q\frac{\partial}{\partial z}\,.$$

Die Elimination von $\dfrac{d\varphi}{dx}$ aus (66) ergibt

$$(68)\quad \frac{\partial F}{\partial p}\frac{dG}{dx} - \frac{\partial G}{\partial p}\frac{dF}{dx} + \left(\frac{\partial F}{\partial p}\frac{\partial G}{\partial q} - \frac{\partial G}{\partial p}\frac{\partial F}{\partial q}\right)\frac{d\psi}{dx} = 0$$

und die Elimination von $\dfrac{d\psi}{dy}$ aus (67)

$$(69)\quad \frac{\partial F}{\partial q}\frac{dG}{dy} - \frac{\partial G}{\partial q}\frac{dF}{\partial y} - \left(\frac{\partial F}{\partial p}\frac{\partial G}{\partial q} - \frac{\partial G}{\partial p}\frac{\partial F}{\partial q}\right)\frac{d\varphi}{dy} = 0\,.$$

Wenn man die beiden Gleichungen (68) und (69) addiert und die Bezeichnung

$$(70)\quad [F, G] = \frac{\partial F}{\partial p}\frac{dG}{dx} - \frac{\partial G}{\partial p}\frac{dF}{dx} + \frac{\partial F}{\partial q}\frac{dG}{dy} - \frac{\partial G}{\partial q}\frac{dF}{dy}$$

einführt, erhält man die Identität

$$(71)\quad [F, G] + \frac{\partial(F, G)}{\partial(p, q)}\left(\frac{d\psi}{dx} - \frac{d\varphi}{dy}\right) = 0\,.$$

Ist die Integrabilitätsbedingung (63) erfüllt, so verschwindet der Ausdruck $[F, G]$, wenn man darin $p = \varphi$, $q = \psi$ setzt, d. h. die Gleichung $[F, G] = 0$ ist eine Folge der Gleichungen $F = 0$, $G = 0$. Ist umgekehrt $[F, G] = 0$

infolge der Gleichungen $F = 0$, $G = 0$, so folgt aus der Identität (71) die Bedingung (63).

Soll der aus den Gleichungen $p - \varphi = 0$, $q - \psi = 0$ gebildete Klammerausdruck

$$[p - \varphi, q - \psi] = \frac{d\varphi}{dy} - \frac{d\psi}{dx}$$

infolge dieser Gleichungen verschwinden, so muß er, da er von p und q nicht abhängt, identisch in x, y, z verschwinden. Es ist also zulässig, ein System $F = 0$, $G = 0$ zu betrachten, für welches der Klammerausdruck $[F, G]$ identisch verschwindet. Ein solches System wird als zweigliedriges Involutionssystem bezeichnet.

Sind die Funktionen F, G von z unabhängig, so geht der Klammerausdruck $[F, G]$, da jetzt

$$\frac{dF}{dx} = \frac{\partial F}{\partial x}, \quad \frac{dF}{dy} = \frac{\partial F}{\partial y},$$

$$\frac{dG}{dx} = \frac{\partial G}{\partial x}, \quad \frac{dG}{dy} = \frac{\partial G}{\partial y}$$

ist, in

(72) $$(F, G) = \frac{\partial F}{\partial p}\frac{\partial G}{\partial x} - \frac{\partial G}{\partial p}\frac{\partial F}{\partial x} + \frac{\partial F}{\partial q}\frac{\partial G}{\partial y} - \frac{\partial G}{\partial q}\frac{\partial F}{\partial y}$$

über. Die Gleichungen

(73) $$\begin{cases} F(x, y, p, q) = 0, \\ G(x, y, p, q) = 0 \end{cases}$$

lassen sich, wenn die Funktionaldeterminante

$$\frac{\partial(F, G)}{\partial(p, q)}$$

nicht verschwindet, auf die Form

$$p = \varphi(x, y), \quad q = \psi(x, y)$$

bringen; ist $(F, G) = 0$ infolge von $F = 0$, $G = 0$, so ist

$$\frac{\partial\varphi}{\partial y} = \frac{\partial\psi}{\partial x};$$

das System (73) ist auf die Differentialgleichung

(74) $$dz = \varphi(x, y)\,dx + \psi(x, y)\,dy$$

zurückgeführt, welche durch eine Quadratur integriert wird.

Ein vollständiges Integral der partiellen Differentialgleichung erster Ordnung (A)

$$F(x, y, z, p, q) = 0$$

läßt sich nach der Methode von Lagrange folgendermaßen bestimmen*).

Wir suchen eine Differentialgleichung erster Ordnung

$$G(x, y, z, p, q) = a, \tag{75}$$

welche eine willkürliche Konstante a enthält und mit der gegebenen Differentialgleichung ein Involutionssystem bildet. Wir verstehen also unter $u = G(x, y, z, p, q)$ eine Lösung der linearen Differentialgleichung

$$\tag{76} \left\{ \begin{aligned} 0 &= [F, u] \\ &= \frac{\partial F}{\partial p}\frac{\partial u}{\partial x} + \frac{\partial F}{\partial q}\frac{\partial u}{\partial y} + \left(p\frac{\partial F}{\partial p} + q\frac{\partial F}{\partial q}\right)\frac{\partial u}{\partial z} \\ &\quad - \left(\frac{\partial F}{\partial x} + p\frac{\partial F}{\partial z}\right)\frac{\partial u}{\partial p} - \left(\frac{\partial F}{\partial y} + q\frac{\partial F}{\partial z}\right)\frac{\partial u}{\partial q} \end{aligned} \right.$$

oder, was auf dasselbe hinauskommt**), unter

$$G(x, y, z, p, q) = a$$

ein Integral des Systems gewöhnlicher Differentialgleichungen

$$\tag{77} \left\{ \begin{aligned} \frac{dx}{\frac{\partial F}{\partial p}} &= \frac{dy}{\frac{\partial F}{\partial q}} = \frac{dz}{p\frac{\partial F}{\partial p} + q\frac{\partial F}{\partial q}} \\ &= -\frac{dp}{\frac{\partial F}{\partial x} + p\frac{\partial F}{\partial z}} = -\frac{dq}{\frac{\partial F}{\partial y} + q\frac{\partial F}{\partial z}}. \end{aligned} \right.$$

---

*) Als Verallgemeinerung der Methode von Lagrange erscheint die (zweite) Methode von Jacobi zur Integration der partiellen Differentialgleichungen erster Ordnung mit beliebig vielen unabhängigen Veränderlichen.

**) Vgl. den I. Abschnitt oder „Gewöhnliche Differentialgleichungen", § 7.

Man sieht, daß die Gleichungen (77) nichts anderes sind als die Differentialgleichungen der Charakteristiken der partiellen Differentialgleichung (A).

Wir denken uns die Funktion G so gewählt, daß die Funktionaldeterminante

$$\frac{\partial F}{\partial p}\frac{\partial G}{\partial q} - \frac{\partial F}{\partial q}\frac{\partial G}{\partial p}$$

nicht identisch verschwindet. Dann lassen sich die Gleichungen

$$F(x, y, z, p, q) = 0, \quad G(x, y, z, p, q) = a$$

in der Form

(78) $$p = \varphi(x, y, z, a), \quad q = \psi(x, y, z, a)$$

auflösen, und die Differentialgleichung

(79) $$dz = \varphi(x, y, z, a)\,dx + \psi(x, y, z, a)\,dy$$

ist vollständig integrierbar. Indem man diese Gleichung unter Einführung einer neuen willkürlichen Konstanten b integriert, erhält man ein vollständiges Integral

(80) $$z = \Phi(x, y, a, b)$$

der partiellen Differentialgleichung (A).

Beispiel. Wir wenden die Methode von Lagrange auf die Differentialgleichung

$$q = f(p)$$

an. Die Differentialgleichungen der Charakteristiken

$$\frac{dx}{-f'(p)} = \frac{dy}{1} = \frac{dz}{-p f'(p) + q} = \frac{dp}{0} = \frac{dq}{0}$$

besitzen u. a. das Integral

$$p = a.$$

Die Gleichung

$$dz = p\,dx + q\,dy$$

geht, wenn man $p = a$, $q = f(p) = f(a)$ setzt, in

$$dz = a\,dx + f(a)\,dy$$

über; die Integration ergibt das vollständige Integral

$$z = ax + f(a)\,y + b$$

der vorgelegten Differentialgleichung. Das allgemeine Integral wird aus dem vollständigen Integral wie in § 16 abgeleitet.

Es sei jetzt ein **System von drei linearen partiellen Differentialgleichungen erster Ordnung**

$$(81)\qquad \begin{cases} F(x, y, z, p, q) = 0, \\ G(x, y, z, p, q) = 0, \\ H(x, y, z, p, q) = 0 \end{cases}$$

gegeben. Die Funktionaldeterminante

$$\frac{\partial(F, G, H)}{\partial(z, p, q)}$$

sei von Null verschieden, so daß die drei Gleichungen (81) in der Form

$$(82)\qquad z = \Phi(x, y), \quad p = \Phi_1(x, y), \quad q = \Phi_2(x, y)$$

auflösbar sind. Ein gemeinsames Integral der drei Gleichungen ist dann und nur dann vorhanden, wenn

$$(83)\qquad \frac{\partial \Phi}{\partial x} = \Phi_1, \quad \frac{\partial \Phi}{\partial y} = \Phi_2, \quad \frac{\partial \Phi_1}{\partial x} = \frac{\partial \Phi_2}{\partial y}$$

ist.

Wir zeigen, daß die drei Bedingungen (83) mit den Bedingungen

$$(84)\qquad [F, G] = 0, \quad [F, H] = 0, \quad [G, H] = 0$$

identisch sind.

Differentiiert man die Gleichung $F = 0$, worin unter z, p, q die Ausdrücke (82) verstanden werden, nach x, so erhält man

$$\frac{\partial F}{\partial x} + \frac{\partial F}{\partial z}\Phi_1 + \frac{\partial F}{\partial z}\left(\frac{\partial \Phi}{\partial x} - \Phi_1\right) + \frac{\partial F}{\partial p}\frac{\partial \Phi_1}{\partial x} + \frac{\partial F}{\partial q}\frac{\partial \Phi_2}{\partial x} = 0$$

oder

$$\frac{dF}{dx} + \frac{\partial F}{\partial z}\left(\frac{\partial \Phi}{\partial x} - \Phi_1\right) + \frac{\partial F}{\partial p}\frac{\partial \Phi_1}{\partial x} + \frac{\partial F}{\partial q}\frac{\partial \Phi_2}{\partial x} = 0.$$

Entsprechend hat man

$$\frac{dG}{dx} + \frac{\partial G}{\partial z}\left(\frac{\partial \Phi}{\partial x} - \Phi_1\right) + \frac{\partial G}{\partial p}\frac{\partial \Phi_1}{\partial x} + \frac{\partial G}{\partial q}\frac{\partial \Phi_2}{\partial x} = 0.$$

Durch Elimination von $\frac{\partial \Phi_1}{\partial x}$ aus den beiden letzten Gleichungen ergibt sich

$$\frac{\partial F}{\partial p}\frac{dG}{dx} - \frac{\partial G}{\partial p}\frac{dF}{dx} + \frac{\partial(F, G)}{\partial(p, z)}\left(\frac{\partial \Phi}{\partial x} - \Phi_1\right) + \frac{\partial(F, G)}{\partial(p, q)}\frac{\partial \Phi_2}{\partial x} = 0$$

und hieraus durch Vertauschung von x und y

$$\frac{\partial F}{\partial q}\frac{dG}{dy} - \frac{\partial G}{\partial q}\frac{dF}{dy} + \frac{\partial(F, G)}{\partial(q, z)}\left(\frac{\partial \Phi}{\partial y} - \Phi_2\right) - \frac{\partial(F, G)}{\partial(p, q)}\frac{\partial \Phi_1}{\partial y} = 0.$$

Durch Addition erhält man die identische Gleichung

$$(85')\begin{cases} [F, G] + \frac{\partial(F, G)}{\partial(p, z)}\left(\frac{\partial \Phi}{\partial x} - \Phi_1\right) + \frac{\partial(F, G)}{\partial(q, z)}\left(\frac{\partial \Phi}{\partial y} - \Phi_2\right) \\ \qquad + \frac{\partial(F, G)}{\partial(p, q)}\left(\frac{\partial \Phi_2}{\partial x} - \frac{\partial \Phi_1}{\partial y}\right) = 0 . \end{cases}$$

Hierzu kommen zwei weitere Gleichungen (85″) und (85‴), welche aus (85′) dadurch hervorgehen, daß man F, G durch F, H oder durch G, H ersetzt.

Hiernach haben die drei Gleichungen (83) die drei Gleichungen (84) zur Folge.

Sind umgekehrt die drei Bedingungen (84) erfüllt, so ist nach (85′)

$$\frac{\partial(F, G)}{\partial(p, z)}\left(\frac{\partial \Phi}{\partial x} - \Phi_1\right) + \frac{\partial(F, G)}{\partial(q, z)}\left(\frac{\partial \Phi}{\partial y} - \Phi_2\right)$$
$$+ \frac{\partial(F, G)}{\partial(p, q)}\left(\frac{\partial \Phi_2}{\partial x} - \frac{\partial \Phi_1}{\partial y}\right) = 0 ;$$

hierzu kommen die beiden aus (85″) und (85‴) folgenden analogen Gleichungen. Wir haben somit drei lineare homogene Gleichungen mit den Unbekannten

$$\frac{\partial \Phi}{\partial x} - \Phi_1 , \qquad \frac{\partial \Phi}{\partial y} - \Phi_2 , \qquad \frac{\partial \Phi_2}{\partial x} - \frac{\partial \Phi_1}{\partial y} .$$

Diese drei Größen verschwinden, da die Determinante dritten Grades aus ihren Koeffizienten von Null verschieden ist. Als Koeffizienten treten nämlich die Unterdeterminanten der Determinante

$$\Delta = \frac{\partial(F, G, H)}{\partial(z, p, q)}$$

auf; die aus den Unterdeterminanten von Δ gebildete Determinante dritten Grades ist gleich Δ^2, also von Null verschieden, da Δ nicht verschwinden soll.

Man kann demnach die Differentialgleichung (A)

$$F(x, y, z, p, q) = 0$$

integrieren, indem man zwei Funktionen G und H von x, y, z, p, q bestimmt, welche die Bedingungen (84)

$$[F, G] = 0, \quad [F, H] = 0, \quad [G, H] = 0$$

erfüllen und überdies so beschaffen sind, daß die Determinante

$$\frac{\partial(F, G, H)}{\partial(z, p, q)}$$

nicht verschwindet. Durch Elimination von p, q aus den drei Gleichungen

(86) $$F = 0, \quad G = a, \quad H = b,$$

worin a und b willkürliche Konstante sind, erhält man ein vollständiges Integral

(87) $$z = \Phi(x, y, a, b)$$

der Gleichung (A).

Zunächst ergibt sich $f = G$ als Integral der linearen partiellen Differentialgleichung

(88) $$[F, f] = 0$$

und hieraus $f = H$ als Integral des Systems linearer partieller Differentialgleichungen

(89) $$[F, f] = 0, \quad [G, f] = 0,$$

welches als vollständig nachgewiesen werden kann.

III. Abschnitt.

Partielle Differentialgleichungen zweiter Ordnung mit zwei unabhängigen Veränderlichen*).

§ 18. Beweis der Existenz der Integrale einer partiellen Differentialgleichung zweiter Ordnung.

Es liege die partielle Differentialgleichung zweiter Ordnung mit der abhängigen Veränderlichen z und den beiden unabhängigen Veränderlichen x, y vor:

(A) $$F(x, y, z, p, q, r, s, t) = 0\,;$$

dabei ist gesetzt:

$$p = \frac{\partial z}{\partial x}, \qquad q = \frac{\partial z}{\partial y},$$

$$r = \frac{\partial^2 z}{\partial x^2}, \qquad s = \frac{\partial^2 z}{\partial x\, \partial y}, \qquad t = \frac{\partial^2 z}{\partial y^2}.$$

F sei eine analytische Funktion der beigefügten Argumente, welche an der Stelle $x = x_0$, $y = y_0$, $z = z_0$, $p = p_0$, $q = q_0$, $r = r_0$, $s = s_0$, $t = t_0$ verschwindet und sich in der Umgebung dieser Stelle regulär verhält. Wenn

$$\frac{\partial F}{\partial r}$$

---

*) Eingehender sind die partiellen Differentialgleichungen zweiter Ordnung in den folgenden Werken behandelt:

Goursat, Leçons sur l'intégration des équations aux dérivées partielles du second ordre. 2 Bände. Paris 1896, 1898.

Forsyth, Theory of differential equations. Vol. VI. Cambridge 1906.

In betreff der in den Abschnitten I—III behandelten Gegenstände vgl. Enzyklopädie der mathematischen Wissenschaften II A, 5 (E. v. Weber).

an der bezeichneten Stelle von Null verschieden ist, läßt sich die Gleichung (A) auf die Form

$$(1) \qquad r = f(x, y, z, p, q, s, t)$$

bringen, wo f eine in der Umgebung der Stelle $x = x_0, \ldots, t = t_0$ reguläre Funktion der angegebenen sieben Argumente ist, welche an dieser Stelle den Wert r_0 annimmt.

Es seien zwei analytische Funktionen $\varphi(y)$, $\psi(y)$ von y gegeben, welche in der Umgebung von $y = y_0$ regulär sind, und zwar sei

$$\varphi(y_0) = z_0, \quad \varphi'(y_0) = q_0, \quad \varphi''(y_0) = t_0,$$
$$\psi(y_0) = p_0, \quad \psi'(y_0) = s_0.$$

Wir zeigen, daß die Differentialgleichung (A) oder (1) durch eine analytische Funktion z von x, y befriedigt wird, welche sich an der Stelle $x = x_0$, $y = y_0$ regulär verhält und so beschaffen ist, daß für $x = x_0$

$$z = \varphi(y), \quad \frac{\partial z}{\partial x} = \psi(y)$$

wird*).

Wir nehmen $x_0 = 0$, $y_0 = 0$ an und setzen

$$z = z' + \varphi(y) + x\psi(y) + \tfrac{1}{2} A x^2,$$
$$A = f(0, 0, \varphi(0), \psi(0), \varphi'(0), \psi'(0), \varphi''(0)),$$

so daß

$$p = \frac{\partial z'}{\partial x} + \psi(y) + Ax,$$

$$q = \frac{\partial z'}{\partial y} + \varphi'(y) + x\psi'(y),$$

$$r = \frac{\partial^2 z'}{\partial x^2} + A,$$

$$s = \frac{\partial^2 z'}{\partial x \, \partial y} + \psi'(y),$$

$$t = \frac{\partial^2 z'}{\partial y^2} + \varphi''(y) + x\psi''(y)$$

---

*) Der folgende Goursatsche Beweis entspricht dem in § 1 und § 2 geführten Beweis des entsprechenden Satzes für eine partielle Differentialgleichung erster Ordnung.

wird; dadurch geht die Gleichung (1) über in die Gleichung

$$\frac{\partial^2 z'}{\partial x^2} = f(x, y, z, p, q, s, t) - A,$$

deren rechte Seite, wenn für z, p, q, s, t die obigen Ausdrücke eingesetzt werden, sich in eine Potenzreihe von

$$x, \; y, \; z', \quad \frac{\partial z'}{\partial x}, \quad \frac{\partial z'}{\partial y}, \quad \frac{\partial^2 z'}{\partial x \, \partial y}, \quad \frac{\partial^2 z'}{\partial y^2}$$

ohne konstantes Glied entwickeln läßt; für $x = 0$ sollen z' und $\frac{\partial z'}{\partial x}$ verschwinden. Wir schreiben statt z' wieder z und betrachten die Differentialgleichung

$$r = f(x, y, z, p, q, s, t), \tag{2}$$

wo f eine Potenzreihe von $x, y, \ldots, t$ ist, welche für $x = y = \ldots = t = 0$ verschwindet; wir suchen der Differentialgleichung (2) durch eine in der Umgebung von $x = y = 0$ reguläre Funktion z von x, y zu genügen, welche die Bedingungen

$$z = 0, \qquad \frac{\partial z}{\partial x} = 0 \quad \text{für} \quad x = 0$$

erfüllt.

Für diese Funktion ist*)

$$\left(\frac{\partial^\nu z}{\partial y^\nu}\right)_0 = 0, \qquad \left(\frac{\partial^{1+\nu} z}{\partial x \, \partial y^\nu}\right)_0 = 0.$$

Aus der Gleichung (2) folgt

$$\left(\frac{\partial^2 z}{\partial x^2}\right)_0 = 0;$$

indem man (2) wiederholt nach y differentiiert, erhält man

$$\left(\frac{\partial^{2+\nu} z}{\partial x^2 \, \partial y^\nu}\right)_0$$

---

*) Der Wert einer Funktion φ für $x = 0, y = 0$ wird mit $(\varphi)_0$ bezeichnet.

usw. So ergeben sich sämtliche Größen

$$\left(\frac{\partial^{\mu+\nu} z}{\partial x^\mu \partial y^\nu}\right)_0 \quad (\mu, \nu = 0, 1, 2, \ldots)$$

aus den Koeffizienten der Potenzreihe f, und es bleibt noch die Konvergenz der Potenzreihe S

$$z = \sum_{\mu\nu} \frac{1}{\mu!\,\nu!} \left(\frac{\partial^{\mu+\nu} z}{\partial x^\mu \partial y^\nu}\right)_0 x^\mu y^\nu \tag{3}$$

für hinreichend kleine Werte von $|x|$ und $|y|$ nachzuweisen.

Die Reihe f sei für

$$|x| \leqq \varrho, \quad |y| \leqq \varrho, \quad |z| \leqq \varrho, \quad |p| \leqq \varrho, \quad |q| \leqq \varrho,$$
$$|s| \leqq R, \quad |t| \leqq R$$

konvergent, und es sei in diesem Gebiete

$$|f| \leqq M.$$

Die Funktion

$$\left\{\begin{aligned} &V(x, y, z, p, q, s, t) \\ &= \frac{M}{\left(1 - \dfrac{\dfrac{x}{\alpha} + y + z + p + q}{\varrho}\right)\left(1 - \dfrac{s+t}{R}\right)} - M, \end{aligned}\right. \tag{4}$$

worin $0 < \alpha < 1$ ist, läßt sich in eine Potenzreihe der angegebenen sieben Argumente entwickeln, deren Koeffizienten positiv und nicht kleiner sind als die entsprechenden Koeffizienten der Potenzreihe f *). Die Differentialgleichung

$$r = V(x, y, z, p, q, s, t) \tag{5}$$

wird formell befriedigt, indem man für z eine Potenzreihe S' von x, y setzt, welche nebst der Ableitung $\frac{\partial z}{\partial x}$ für $x = 0$ verschwindet und deren Koeffizienten positiv und nicht kleiner sind als die absoluten Beträge der entsprechenden Koeffizienten der Reihe S.

---

*) Vgl. § 2.

Wird die Differentialgleichung (5) durch eine Funktion z von $u = x + \alpha y$ befriedigt, so ist

$$(6)\quad \begin{cases} \left(1 - \dfrac{M(\alpha + \alpha^2)}{R}\right)\dfrac{d^2 z}{du^2} - \dfrac{\alpha + \alpha^2}{R}\left(\dfrac{d^2 z}{du^2}\right)^2 \\ \qquad = \dfrac{M}{1 - \dfrac{\dfrac{u}{\alpha} + z + (1+\alpha)\cdot\dfrac{dz}{du}}{\varrho}} - M\,. \end{cases}$$

Die rechte Seite läßt sich in eine Potenzreihe von z, u, $\dfrac{dz}{du}$ mit positiven Koeffizienten ohne konstantes Glied entwickeln; der Koeffizient von $\dfrac{d^2 z}{du^2}$ auf der linken Seite ist positiv, wenn α so klein angenommen wird, daß $M(\alpha + \alpha^2) < R$ ist. Handelt es sich um das Integral z, für welches

$$z = 0\,, \qquad \frac{dz}{du} = 0\,, \qquad \frac{d^2 z}{du^2} = 0 \quad \text{für} \quad u = 0$$

ist, so bringt man die Gleichung (6) durch Auflösung nach $\dfrac{d^2 z}{du^2}$ auf die Form

$$\frac{d^2 z}{du^2} = \varphi\left(u\,,\, z\,,\, \frac{dz}{du}\right),$$

wo φ eine Potenzreihe der drei beigefügten Argumente mit positiven Koeffizienten*) ohne konstantes Glied ist. Dieser Differentialgleichung wird durch eine konvergente Potenzreihe

$$(7)\qquad z = \left(\frac{d^3 z}{du^3}\right)_0 u^3 + \dots$$

mit lauter positiven Koeffizienten genügt**).

Setzt man darin $u = x + \alpha y$, so hat man eine Potenzreihe S'' von x, y mit lauter positiven Koeffizienten,

---

*) Wie man durch Berechnung von φ nach der Methode der unbestimmten Koeffizienten erkennt.

**) Vgl. „Gewöhnl. Differentialgl.“, S. 13 und 14.

welche der Differentialgleichung (2) genügt und für hinreichend kleine Werte von $|x|$ und $|y|$ konvergiert. Die Koeffizienten von $y^3, y^4, \ldots$ und $xy^2, xy^3, \ldots$ in der Reihe S'' sind positiv, während die entsprechenden Koeffizienten in der Reihe S' verschwinden; daraus folgt, daß der Koeffizient von $x^\mu y^\nu$ in der Reihe S' nicht größer ist als der entsprechende Koeffizient der Reihe S''. Demnach ist auch die Reihe S' für hinreichend kleine Werte von $|x|$ und $|y|$ konvergent, und das gleiche gilt von der Reihe S.

Es gilt also der Satz:

In der partiellen Differentialgleichung zweiter Ordnung

$$F(x, y, z, p, q, r, s, t) = 0 \tag{A}$$

sei F eine analytische Funktion von x, y, z, p, q, r, s, t, welche sich in der Umgebung der Stelle $x = x_0, y = y_0, z = z_0, p = p_0, q = q_0, r = r_0, s = s_0, t = t_0$ regulär verhält und an dieser Stelle verschwindet, während $\frac{\partial F}{\partial r}$ von Null verschieden ist. Es seien zwei analytische Funktionen $\varphi(y)$, $\psi(y)$ gegeben, welche sich in der Umgebung des Wertes $y = y_0$ regulär verhalten und die Bedingungen erfüllen:

$$\varphi(y_0) = z_0, \quad \varphi'(y_0) = q_0, \quad \varphi''(y_0) = t_0,$$
$$\psi(y_0) = p_0, \quad \psi'(y_0) = s_0.$$

Die Differentialgleichung (A) wird durch eine einzige analytische Funktion $z = \Phi(x, y)$ befriedigt, welche sich in der Umgebung der Stelle $x = x_0$, $y = y_0$ regulär verhält und für $x = x_0$ in die gegebene Funktion $\varphi(y)$ übergeht, während $\frac{\partial z}{\partial x}$ für $x = x_0$ gleich der gegebenen Funktion $\psi(y)$ wird.

§ 19. Integralfläche, welche einen gegebenen Streifen enthält.

Fassen wir wieder x, y, z als rechtwinklige Koordinaten eines Punktes im Raume auf, so stellt die Gleichung

$$z = \Phi(x, y)$$

eine Integralfläche der partiellen Differentialgleichung zweiter Ordnung (A) dar, welche durch die vorgeschriebene Kurve

$$x = x_0\,, \quad z = \varphi(y)$$

geht; in jedem Punkte dieser Kurve ist auch die Tangentialebene der Integralfläche durch Angabe der Werte

$$p = \psi(y)\,, \quad q = \varphi'(y)$$

vorgeschrieben. Mit anderen Worten, die Differentialgleichung (A) besitzt eine und nur eine analytische Integralfläche $z = \Phi(x, y)$, welche den Streifen $x = x_0$, $y = y$, $z = \varphi(y)$, $p = \psi(y)$, $q = \varphi'(y)$ enthält, dessen Kurve $x = x_0$, $z = \varphi(y)$ in einer zur yz-Ebene parallelen Ebene liegt.

Es seien jetzt

$$(8) \quad x = f_1(u)\,,\ y = f_2(u)\,,\ z = f_3(u)\,,\ p = f_4(u)\,,\ q = f_5(u)$$

als analytische Funktionen einer Veränderlichen u gegeben, welche die Bedingung

$$dz = p\,dx + q\,dy$$

erfüllen; wir fragen nach einer Integralfläche der Differentialgleichung (A), welche den durch die Gleichungen (8) dargestellten Streifen von Flächenelementen (x, y, z, p, q) enthält.

In jedem Punkt der Kurve C

$$x = f_1(u)\,, \quad y = f_2(u)\,, \quad z = f_3(u)$$

sind die Werte

$$p = f_4(u)\,, \quad q = f_5(u)$$

für die gesuchte Integralfläche vorgeschrieben. Die zugehörigen Werte r, s, t genügen den Gleichungen

$$(9) \quad \begin{cases} r\,dx + s\,dy - dp = 0\,, \\ s\,dx + t\,dy - dq = 0\,, \\ F(x, y, z, p, q, r, s, t) = 0\,. \end{cases}$$

Setzt man

$$(10) \qquad R = \frac{\partial F}{\partial r}\,, \quad S = \frac{\partial F}{\partial s}\,, \quad T = \frac{\partial F}{\partial t}\,,$$

so ist die Funktionaldeterminante der linken Seiten jener drei Gleichungen in bezug auf r, s, t:

$$(11) \qquad \Delta = \begin{vmatrix} dx, & dy, & 0 \\ 0, & dx, & dy \\ R, & S, & T \end{vmatrix} = R\,dy^2 - S\,dx\,dy + T\,dx^2.$$

Wir nehmen an, daß einem Element (x, y, z, p, q) des gegebenen Streifens ein den Gleichungen (9) genügendes Wertsystem r, s, t entspricht, für welches Δ von Null verschieden ist.

Wenn man die beiden ersten Gleichungen (9) nach der in (8) enthaltenen unabhängigen Veränderlichen u und die dritte Gleichung (9) zuerst partiell nach x und dann partiell nach y differentiiert, erhält man zur Berechnung der vier partiellen Ableitungen dritter Ordnung von z die vier linearen Gleichungen

$$\begin{aligned}
&dx^2 \frac{\partial^3 z}{\partial x^3} + 2\,dx\,dy \frac{\partial^3 z}{\partial x^2 \partial y} + dy^2 \frac{\partial^3 z}{\partial x \partial y^2} = \dots \\
&dx^2 \frac{\partial^3 z}{\partial x^2 \partial y} + 2\,dx\,dy \frac{\partial^3 z}{\partial x \partial y^2} + dy^2 \frac{\partial^3 z}{\partial y^3} = \dots \\
&R \frac{\partial^3 z}{\partial x^3} + S \frac{\partial^3 z}{\partial x^2 \partial y} + T \frac{\partial^3 z}{\partial x \partial y^2} = \dots \\
&R \frac{\partial^3 z}{\partial x^2 \partial y} + S \frac{\partial^3 z}{\partial x \partial y^2} + T \frac{\partial^3 z}{\partial y^3} = \dots;
\end{aligned}$$

die Determinante der Koeffizienten der Unbekannten,

$$\Delta' = \begin{vmatrix} dx^2, & 2\,dx\,dy, & dy^2, & 0 \\ 0, & dx^2, & 2\,dx\,dy, & dy^2 \\ R, & S, & T, & 0 \\ 0, & R, & S, & T \end{vmatrix},$$

ist, wie wir zeigen werden, gleich Δ^2, also von Null verschieden, so daß die partiellen Ableitungen dritter Ordnung von z eindeutig bestimmt sind. Unter der Voraussetzung, daß μ der Gleichung

$$R + S\mu + T\mu^2 = 0$$

genügt, vermehren wir die erste Kolonne der Determinante Δ' um die mit μ multiplizierte zweite, die mit μ^2 multiplizierte dritte und die mit μ^3 multiplizierte vierte Kolonne; dann enthält die erste Kolonne die Elemente

$$(dx + \mu\, dy)^2, \quad \mu(dx + \mu\, dy)^2, \quad 0, \quad 0,$$

so daß die Determinante Δ' durch $(dx + \mu\, dy)^2$ teilbar ist. Sind μ_1 und μ_2 die beiden Wurzeln der obigen quadratischen Gleichung, so ist

$$\begin{aligned} \Delta' &= T^2(dx + \mu_1\, dy)^2 (dx + \mu_2\, dy)^2 \\ &= (T\, dx^2 - S\, dx\, dy + R\, dy^2)^2 = \Delta^2, \end{aligned}$$

w. z. b. w. Fährt man so fort, so erhält man auch für die partiellen Ableitungen höherer Ordnung von z bestimmte Werte. Die Differentialgleichung kann also, wenn Δ von Null verschieden ist, nur ein Integral besitzen, welches sich in der Umgebung eines Punktes der gegebenen Kurve regulär verhält.

Es ist noch zu zeigen, daß die Reihe

$$z = z_0 + p_0(x - x_0) + q_0(y - y_0) + \tfrac{1}{2} r_0 (x - x_0)^2 + \ldots$$

in der Umgebung der Stelle $x = x_0$, $y = y_0$ konvergiert; dabei ist $(x_0, y_0, z_0, p_0, q_0)$ ein Element des gegebenen Streifens, während $r_0, \ldots$ die zugehörigen Werte der partiellen Ableitungen zweiter und höherer Ordnung von z nach x und y darstellen.

Wir stellen die Kurve C durch die Gleichungen

$$y = f(x), \qquad z = g(x)$$

dar, wo $f(x)$, $g(x)$ für $x = x_0$ regulär sein mögen. An Stelle von x, y, z führen wir die neuen Veränderlichen

$$\mathfrak{x} = x, \qquad \mathfrak{y} = y - f(x), \qquad \mathfrak{z} = z - g(x)$$

ein und setzen

$$\mathfrak{p} = \frac{\partial \mathfrak{z}}{\partial \mathfrak{x}}, \qquad \mathfrak{q} = \frac{\partial \mathfrak{z}}{\partial \mathfrak{y}},$$

$$\mathfrak{r} = \frac{\partial^2 \mathfrak{z}}{\partial \mathfrak{x}^2}, \qquad \mathfrak{s} = \frac{\partial^2 \mathfrak{z}}{\partial \mathfrak{x}\, \partial \mathfrak{y}}, \qquad \mathfrak{t} = \frac{\partial^2 \mathfrak{z}}{\partial \mathfrak{y}^2}.$$

Die Gleichung

$$d\mathfrak{z} = \mathfrak{p}\, d\mathfrak{x} + \mathfrak{q}\, d\mathfrak{y}$$

geht durch Einführung von x, y, z über in

$$dz - g'(x)\,dx = \mathfrak{p}\,dx + \mathfrak{q}\,(dy - f'(x)\,dx)$$

oder

$$dz = (\mathfrak{p} - \mathfrak{q}\,f'(x) + g'(x))\,dx + \mathfrak{q}\,dy\,;$$

es ist also

$$p = \mathfrak{p} - \mathfrak{q}\,f'(x) + g'(x)\,,$$
$$q = \mathfrak{q}$$

oder

$$\mathfrak{p} = p + q\,f'(x) - g'(x)\,,$$
$$\mathfrak{q} = q\,.$$

Die Gleichung

$$d\mathfrak{q} = \mathfrak{s}\,d\mathfrak{x} + \mathfrak{t}\,d\mathfrak{y}$$

geht über in

$$\begin{aligned} dq &= \mathfrak{s}\,dx + \mathfrak{t}(dy - f'(x)\,dx) \\ &= (\mathfrak{s} - \mathfrak{t}\,f'(x))\,dx + \mathfrak{t}\,dy \end{aligned}$$

und die Gleichung

$$d\mathfrak{p} = \mathfrak{r}\,d\mathfrak{x} + \mathfrak{s}\,d\mathfrak{y}$$

in

$$\begin{aligned} dp + f'(x)\,dq + q\,f''(x)\,dx - g''(x)\,dx \\ = \mathfrak{r}\,dx + \mathfrak{s}(dy - f'(x)\,dx) \end{aligned}$$

oder, wenn für dq der vorhin gefundene Ausdruck eingesetzt wird,

$$\begin{aligned} dp = (\mathfrak{r} - 2\,\mathfrak{s}\,f'(x) + \mathfrak{t}[f'(x)]^2 - \mathfrak{q}\,f''(x) + g''(x))\,dx \\ + (\mathfrak{s} - \mathfrak{t}\,f'(x))\,dy\,; \end{aligned}$$

folglich ist

$$r = \mathfrak{r} - 2\,\mathfrak{s}\,f'(x) + \mathfrak{t}[f'(x)]^2 - \mathfrak{q}\,f''(x) + g''(x)\,,$$
$$s = \mathfrak{s} - \mathfrak{t}\,f'(x)\,,$$
$$t = \mathfrak{t}\,.$$

Die vorgelegte Differentialgleichung geht in eine Gleichung von der Form

$$\mathfrak{F}(\mathfrak{x}\,,\,\mathfrak{y}\,,\,\mathfrak{z}\,,\,\mathfrak{p}\,,\,\mathfrak{q}\,,\,\mathfrak{r}\,,\,\mathfrak{s}\,,\,\mathfrak{t}) = 0$$

über. Die gegebene Kurve C hat in den neuen Veränderlichen die Gleichungen $\mathfrak{y} = 0$, $\mathfrak{z} = 0$; längs dieser Kurve ist q eine gegebene Funktion von x, also $\mathfrak{q}$ eine gegebene

Funktion von $\mathfrak{x}$. Wir haben also eine Funktion $\mathfrak{z}$ von $\mathfrak{x}, \mathfrak{y}$ zu bestimmen, welche für $\mathfrak{y} = 0$ verschwindet, während die Ableitung $\frac{\partial \mathfrak{z}}{\partial \mathfrak{y}}$ für $\mathfrak{y} = 0$ in eine gegebene Funktion von $\mathfrak{x}$ übergeht.

Auf Grund der Gleichungen zwischen r, s, t und $\mathfrak{r}, \mathfrak{s}, \mathfrak{t}$ ist

$$\frac{\partial \mathfrak{F}}{\partial \mathfrak{r}} = \frac{\partial F}{\partial r},$$

$$\frac{\partial \mathfrak{F}}{\partial \mathfrak{s}} = -2 \frac{\partial F}{\partial r} f'(x) + \frac{\partial F}{\partial s},$$

$$\frac{\partial \mathfrak{F}}{\partial \mathfrak{t}} = \frac{\partial F}{\partial r} [f'(x)]^2 - \frac{\partial F}{\partial s} f'(x) + \frac{\partial F}{\partial t};$$

da

$$d\mathfrak{x} = dx, \quad d\mathfrak{y} = dy - f'(x)\, dx$$

ist, hat man

$$\frac{\partial \mathfrak{F}}{\partial \mathfrak{r}} d\mathfrak{y}^2 - \frac{\partial \mathfrak{F}}{\partial \mathfrak{s}} d\mathfrak{x}\, d\mathfrak{y} + \frac{\partial \mathfrak{F}}{\partial \mathfrak{t}} d\mathfrak{x}^2$$

$$= \frac{\partial F}{\partial r} dy^2 - \frac{\partial F}{\partial s} dx\, dy + \frac{\partial F}{\partial t} dx^2 = \Delta.$$

Längs der Kurve C, welche in die $\mathfrak{x}$-Achse übergeführt ist, ist $\mathfrak{y} = 0$, also $d\mathfrak{y} = 0$, so daß

$$\Delta = \frac{\partial \mathfrak{F}}{\partial \mathfrak{t}} d\mathfrak{x}^2$$

ist. Da Δ auf C von Null verschieden ist, so kann

$$\frac{\partial \mathfrak{F}}{\partial \mathfrak{t}}$$

nicht verschwinden; die transformierte Gleichung $\mathfrak{F} = 0$ läßt sich also nach $\mathfrak{t}$ auflösen. Nach dem in § 18 ausgesprochenen Satze besitzt diese Gleichung eine in der Umgebung von $\mathfrak{x} = x_0$, $\mathfrak{y} = 0$ reguläre Lösung $\mathfrak{z}$, welche so beschaffen ist, daß man für $\mathfrak{y} = 0$ $\mathfrak{z} = 0$, $\frac{\partial \mathfrak{z}}{\partial \mathfrak{y}} = 0$ hat.

Eine Funktion $z = \Phi(x, y)$, welche nicht nur der Differentialgleichung (A), sondern auch den Gleichungen

$$R = 0, \quad S = 0, \quad T = 0$$

genügt, heißt ein singuläres Integral der partiellen Differentialgleichung zweiter Ordnung (A).

Jede nicht singuläre analytische Integralfläche

$$z = \Phi(x, y)$$

kann durch das oben dargestellte Verfahren erhalten werden. Wir nehmen auf der Fläche $z = \Phi(x, y)$ eine analytische Kurve an und erhalten, indem wir jedem Punkt der Kurve die Tangentialebene der Fläche zuordnen, einen Streifen von Flächenelementen (x, y, z, p, q), durch welchen eine Integralfläche eindeutig bestimmt ist, wenn

$$\Delta = R\,dy^2 - S\,dx\,dy + T\,dx^2$$

von Null verschieden ist.

§ 20. Die Charakteristiken einer partiellen Differentialgleichung zweiter Ordnung.

Wir haben gesehen, daß durch einen Streifen von Flächenelementen (x, y, z, p, q), welche die Bedingung

$$dz = p\,dx + q\,dy$$

erfüllen, im allgemeinen eine Integralfläche der partiellen Differentialgleichung zweiter Ordnung (A) bestimmt ist, nachdem für r, s, t ein den Gleichungen (9) genügendes Wertsystem festgelegt ist. Eine Unbestimmtheit kann nur dann eintreten, wenn die Elemente (x, y, z, p, q) des gegebenen Streifens und die aus (9) ermittelten zugehörigen Werte von r, s, t die Gleichung

$$\Delta = R\,dy^2 - S\,dx\,dy + T\,dx^2 = 0 \tag{12}$$

erfüllen.

Ein System von Werten der Größen

$$x, y, z, p, q, r, s, t$$

bezeichnen wir als Flächenelement zweiter Ordnung. Eine einfache Mannigfaltigkeit von Flächenelementen zweiter Ordnung, welche der Gleichung

$$R\,dy^2 - S\,dx\,dy + T\,dx^2 = 0$$

genügt und auf einer Integralfläche von (A) liegt, heißt eine **Charakteristik (zweiter Ordnung)** der partiellen Differentialgleichung. Für die Charakteristik gelten also auch die Gleichungen

$$F(x, y, z, p, q, r, s, t) = 0,$$
$$dz = p\,dx + q\,dy,$$
$$dp = r\,dx + s\,dy,$$
$$dq = s\,dx + t\,dy,$$

sowie die Gleichungen, welche man erhält, wenn man die Gleichung (A) partiell nach x bzw. y differentiiert. Die letzteren Gleichungen lauten, wenn man

$$X = \frac{\partial F}{\partial x} + p\frac{\partial F}{\partial z} + r\frac{\partial F}{\partial p} + s\frac{\partial F}{\partial q},$$
$$Y = \frac{\partial F}{\partial y} + q\frac{\partial F}{\partial z} + s\frac{\partial F}{\partial p} + t\frac{\partial F}{\partial q}$$

setzt und für die partiellen Ableitungen dritter Ordnung die Bezeichnung

$$\alpha = \frac{\partial^3 z}{\partial x^3}, \quad \beta = \frac{\partial^3 z}{\partial x^2 \partial y}, \quad \gamma = \frac{\partial^3 z}{\partial x \partial y^2}, \quad \delta = \frac{\partial^3 z}{\partial y^3}$$

benutzt,

$$X + R\alpha + S\beta + T\gamma = 0,$$
$$Y + R\beta + S\gamma + T\delta = 0.$$

Ferner ist, da die Charakteristik einer Integralfläche angehört,

$$dr = \alpha\,dx + \beta\,dy,$$
$$ds = \beta\,dx + \gamma\,dy,$$
$$dt = \gamma\,dx + \delta\,dy.$$

Die Auflösung der drei linearen Gleichungen

$$\begin{aligned} R\alpha + S\beta + T\gamma &= -X, \\ \alpha\,dx + \beta\,dy \qquad &= dr, \\ \beta\,dx + \gamma\,dy &= ds \end{aligned}$$

mit den Unbekannten α, β, γ ergibt

$$\begin{vmatrix} R, & S, & T \\ dx, & dy, & 0 \\ 0, & dx, & dy \end{vmatrix} \alpha = \begin{vmatrix} -X, & S, & T \\ dr, & dy, & 0 \\ ds, & dx, & dy \end{vmatrix}$$

oder

$$\Delta\alpha = -X\,dy^2 - S\,dr\,dy + T(dr\,dx - ds\,dy)\,.$$

Wegen $\Delta = 0$ muß auch

$$X\,dy^2 + S\,dr\,dy + T(ds\,dy - dr\,dx) = 0$$

sein; hieraus ergibt sich, wenn man den aus $\Delta = 0$ berechneten Wert

$$S = \frac{R\,dy^2 + T\,dx^2}{dx\,dy}$$

einsetzt,

$$X\,dx\,dy + R\,dr\,dy + T\,ds\,dx = 0\,.$$

Ähnlich erhält man die Gleichung

$$Y\,dx\,dy + R\,ds\,dy + T\,dt\,dx = 0\,.$$

Längs der Charakteristik sind also die folgenden Gleichungen erfüllt:

$$(13)\quad \left\{\begin{aligned} &F(x, y, z, p, q, r, s, t) = 0\,, \\ &dz = p\,dx + q\,dy\,, \\ &dp = r\,dx + s\,dy\,, \\ &dq = s\,dx + t\,dy\,, \\ &R\,dy^2 - S\,dx\,dy + T\,dx^2 = 0\,, \\ &X\,dx\,dy + R\,dr\,dy + T\,ds\,dx = 0\,, \\ &Y\,dx\,dy + R\,ds\,dy + T\,dt\,dx = 0\,. \end{aligned}\right.$$

Wir zeigen, daß diese Gleichungen nicht unabhängig voneinander sind. Wenn man die beiden letzten Gleichungen (13) durch dy bzw. dx dividiert und addiert, erhält man

$$X\,dx + Y\,dy + R\,dr + \left(T\frac{dx}{dy} + R\frac{dy}{dx}\right)ds + T\,dt = 0$$

oder mit Rücksicht auf $\Delta = 0$

$$X\,dx + Y\,dy + R\,dr + S\,ds + T\,dt = dF = 0\,.$$

Wir nehmen an, die Diskriminante $S^2 - 4RT$ der quadratischen Gleichung

$$(14) \qquad Rm^2 - Sm + T = 0$$

sei von Null verschieden. Sind überdies R und T von Null verschieden, so sind die voneinander verschiedenen Wurzeln m_1 und m_2 der Gleichung (14) weder gleich Null noch unendlich groß, und es ist

$$R(m_1 + m_2) = S\,, \qquad Rm_1 m_2 = T\,.$$

Die Gleichung $\Delta = 0$ zerfällt in die beiden Gleichungen

$$dy = m_1\,dx\,, \qquad dy = m_2\,dx\,.$$

Wir erhalten zwei Systeme von Charakteristiken, je nachdem wir die Gleichung $\Delta = 0$ durch die eine oder die andere dieser beiden Gleichungen ersetzen. Das erste Charakteristikensystem genügt den Differentialgleichungen

$$(15) \qquad \begin{cases} \dfrac{dy}{dx} = m_1\,, \\[2mm] \dfrac{dz}{dx} = p + m_1 q\,, \\[2mm] \dfrac{dp}{dx} = r + m_1 s\,, \\[2mm] \dfrac{dq}{dx} = s + m_1 t\,, \\[2mm] \dfrac{dr}{dx} + m_2 \dfrac{ds}{dx} = -\dfrac{X}{R}\,, \\[2mm] \dfrac{ds}{dx} + m_2 \dfrac{dt}{dx} = -\dfrac{Y}{R} \text{ *)}. \end{cases}$$

Durch Vertauschung von m_1 und m_2 erhält man die Differentialgleichungen des zweiten Systems von Charakteristiken. Da die sechs Differentialgleichungen (15) die unabhängige Veränderliche x und die sieben abhängigen Veränderlichen y, z, p, q, r, s, t ent-

*) Hierbei ist $\dfrac{T}{Rm_1} = m_2$ gesetzt.

halten, so kann man für eine der abhängigen Veränderlichen eine willkürliche Funktion von x setzen und dann noch die Werte vorschreiben, welche die übrigen abhängigen Veränderlichen für einen gegebenen Wert von x annehmen.

Wir behalten die Annahme bei, daß $S^2 - 4RT$ von Null verschieden ist; die Voraussetzung, daß weder R noch T verschwindet, lassen wir jedoch fallen.

Ist $T = 0$, R aber von Null verschieden, so zerfällt die Gleichung (12) in die beiden Gleichungen

$$R\,dy - S\,dx = 0$$

und

$$dy = 0\,.$$

Man erhält ein erstes System von Charakteristiken, dessen Gleichungen aus den Gleichungen (13) dadurch hervorgehen, daß man die dortige fünfte Gleichung durch

$$R\,dy - S\,dx = 0$$

ersetzt. Für ein zweites System erhält man die Gleichungen

$$(13^0)\quad \begin{cases} F(x, y, z, p, q, r, s, t) = 0\,, \\ dy = 0\,, \quad dz = p\,dx\,, \quad dp = r\,dx\,, \quad dq = s\,dx\,, \\ X + R\dfrac{dr}{dx} + S\dfrac{ds}{dx} = 0\,, \\ Y + R\dfrac{ds}{dx} + S\dfrac{dt}{dx} = 0\,. \end{cases}$$

Die vorletzte Gleichung erhält man durch Elimination von α und β aus den Gleichungen

$$X + R\alpha + S\beta = 0\,,$$
$$dr = \alpha\,dx\,, \quad ds = \beta\,dx\,;$$

ähnlich ergibt sich die letzte Gleichung.

Hat man gleichzeitig $R = 0$, $T = 0$, so hat das erste System von Charakteristiken die Gleichungen

$$(13')\quad \begin{cases} F = 0\,, \quad dy = 0\,, \quad dz = p\,dx\,, \quad dp = r\,dx\,, \quad dq = s\,dx\,, \\ X + S\dfrac{ds}{dx} = 0\,, \qquad Y + S\dfrac{dt}{dx} = 0\,. \end{cases}$$

Die Gleichungen des zweiten Charakteristikensystems sind

$$(13'')\quad \begin{cases} F=0\,, \quad dx=0\,, \quad dz=q\,dy\,, \quad dp=s\,dy\,, \quad dq=t\,dy\,, \\ X+S\dfrac{dr}{dy}=0\,, \qquad Y+S\dfrac{ds}{dy}=0\,. \end{cases}$$

Eine nicht singuläre Integralfläche

$$z=\Phi(x\,,\,y)$$

der partiellen Differentialgleichung (A) enthält unendlich viele Charakteristiken, und zwar, wenn S^2-4RT von Null verschieden ist, unendlich viele Charakteristiken eines jeden der beiden Systeme.

Die Gleichung (12)

$$R\,dy^2 - S\,dx\,dy + T\,dx^2 = 0\,,$$

worin

$$p=\frac{\partial\Phi}{\partial x}\,, \qquad q=\frac{\partial\Phi}{\partial y}\,,$$

$$r=\frac{\partial^2\Phi}{\partial x^2}\,, \qquad s=\frac{\partial^2\Phi}{\partial x\,\partial y}\,, \qquad t=\frac{\partial^2\Phi}{\partial y^2}$$

gesetzt wird, stellt eine Differentialgleichung erster Ordnung zwischen x und y dar, welche in zwei Gleichungen

$$dy=m_1(x\,,\,y)\,dx\,, \qquad dy=m_2(x\,,\,y)\,dx$$

zerfällt (die im Falle $S^2-4RT=0$ identisch sind). Indem man eine dieser beiden Differentialgleichungen integriert und damit die Gleichung $z=\Phi(x\,,\,y)$ verbindet, erhält man unendlich viele (von einer willkürlichen Konstanten abhängende) Charakteristiken auf der Fläche $z=\Phi(x\,,\,y)$.

§ 21. Ein weiteres Existenztheorem.

An das in § 18 ausgesprochene Existenztheorem schließt sich der folgende Satz von Goursat an, den wir in § 22 zur Weiterführung der Theorie der Charakteristiken benutzen.

In der partiellen Differentialgleichung zweiter Ordnung

$$\text{(B)} \qquad s=f(x\,,\,y\,,\,z\,,\,p\,,\,q\,,\,r\,,\,t)$$

sei f eine analytische Funktion, welche sich in der Umgebung der Werte $x=x_0\,,\ y=y_0\,,\ z=z_0\,,\ p=p_0\,,$

$q = q_0$, $r = r_0$, $t = t_0$ regulär verhält, während die partielle Ableitung

$$\frac{\partial f}{\partial r}$$

für diese Werte verschwindet; ferner seien zwei analytische Funktionen $\varphi(x)$ und $\psi(y)$ gegeben, welche bei $x = x_0$ bzw. $y = y_0$ regulär sind und den Gleichungen

$$\varphi(x_0) = \psi(y_0) = z_0 ,$$

$$\varphi'(x_0) = p_0 , \qquad \psi'(y_0) = q_0 ,$$

$$\varphi''(x_0) = r_0 , \qquad \psi''(y_0) = t_0$$

genügen. Dann wird die Differentialgleichung (B) durch eine in der Umgebung von $x = x_0$, $y = y_0$ reguläre Funktion z von x, y befriedigt, welche sich für $y = y_0$ auf $\varphi(x)$ und für $x = x_0$ auf $\psi(y)$ reduziert*).

Zum Beweise nehmen wir $x_0 = 0$, $y_0 = 0$ an und setzen

$$z = z' + \varphi(x) + \psi(y) - z_0 + A\,x\,y ,$$

$$A = f(0, 0, z_0, p_0, q_0, r_0, t_0) ,$$

so daß

$$p = \frac{\partial z'}{\partial x} + \varphi'(x) + A\,y ,$$

$$q = \frac{\partial z'}{\partial y} + \psi'(y) + A\,x ,$$

$$r = \frac{\partial^2 z'}{\partial x^2} + \varphi''(x) ,$$

$$s = \frac{\partial^2 z'}{\partial x\,\partial y} + A ,$$

$$t = \frac{\partial^2 z'}{\partial y^2} + \psi''(y)$$

---

*) Die Differentialgleichung (B) besitzt eine Integralfläche, welche durch die beiden sich schneidenden Kurven $y = y_0$, $z = \varphi(x)$ und $x = x_0$, $z = \psi(y)$ geht.

ist. Die Gleichung (B) geht in

$$\frac{\partial^2 z'}{\partial x\, \partial y} = f(x, y, z, p, q, r, t) - A$$

über, wo die rechte Seite nach Einsetzung der obigen Ausdrücke für z, p, q, r, t eine Potenzreihe von

$$x, \quad y, \quad z', \quad \frac{\partial z'}{\partial x}, \quad \frac{\partial z'}{\partial y}, \quad \frac{\partial^2 z'}{\partial x^2}, \quad \frac{\partial^2 z'}{\partial y^2}$$

ist, welche für die Nullwerte dieser Größen verschwindet; dasselbe gilt für die Ableitung der rechten Seite nach

$$\frac{\partial^2 z'}{\partial x^2}.$$

Wir betrachten demgemäß, indem wir statt z' wieder z schreiben, eine Differentialgleichung

(16) $$s = f(x, y, z, p, q, r, t),$$

wo f in der Umgebung der Werte $x = 0$, $y = 0$, $z = 0$, $p = 0$, $q = 0$, $r = 0$, $t = 0$ regulär ist und für diese Werte nebst der Ableitung $\frac{\partial f}{\partial r}$ verschwindet. Wir suchen der Gleichung (16) durch eine Funktion z von x, y zu genügen, welche in der Umgebung von $x = 0$, $y = 0$ regulär ist und sowohl für $x = 0$, als auch für $y = 0$ verschwindet.

Für diese Funktion ist*)

$$\left(\frac{\partial^\nu z}{\partial x^\nu}\right)_0 = 0, \qquad \left(\frac{\partial^\nu z}{\partial y^\nu}\right)_0 = 0, \qquad (\nu = 1, 2, \ldots)$$

und nach (16)

$$\left(\frac{\partial^2 z}{\partial x\, \partial y}\right)_0 = 0.$$

Indem man die Gleichung (16) nach x oder nach y partiell differentiiert, erhält man

$$\frac{\partial^3 z}{\partial x^2\, \partial y}, \qquad \frac{\partial^3 z}{\partial x\, \partial y^2}$$

*) Der Wert, welchen eine Funktion Φ von x, y für $x = 0$, $y = 0$ annimmt, wird mit $(\Phi)_0$ bezeichnet.

durch

$$\frac{\partial^3 z}{\partial x^3}, \qquad \frac{\partial^3 z}{\partial y^3}$$

und die Ableitungen geringerer als dritter Ordnung ausgedrückt; man kennt also auch

$$\left(\frac{\partial^3 z}{\partial x^2\,\partial y}\right)_0, \qquad \left(\frac{\partial^3 z}{\partial x\,\partial y^2}\right)_0.$$

Durch Fortsetzung dieses Verfahrens erhält man sämtliche Ableitungen

$$\left(\frac{\partial^{\mu+\nu} z}{\partial x^\mu\,\partial y^\nu}\right)_0$$

durch die Operationen der Addition und Multiplikation. Es ist zu zeigen, daß die Reihe S

$$z = \sum \frac{1}{\mu!\,\nu!}\left(\frac{\partial^{\mu+\nu} z}{\partial x^\mu\,\partial y^\nu}\right)_0 x^\mu y^\nu \tag{17}$$

konvergiert, wenn $|x|$ und $|y|$ hinreichend klein sind.

Wir nehmen an, die Reihe für die Funktion f sei für

$$|x| \leqq \varrho\,, \quad |y| \leqq \varrho\,, \quad |z| \leqq \varrho\,, \quad |p| \leqq \varrho\,, \quad |q| \leqq \varrho\,,$$
$$|r| \leqq R\,, \quad |t| \leqq R$$

konvergent und der absolute Betrag von f sei in dem angegebenen Gebiet höchstens gleich M. Die Funktion

$$\left\{\begin{aligned} &V(x, y, z, p, q, r, t) \\ &= \frac{M}{\left(1 - \dfrac{\dfrac{x}{\alpha} + y + z + p + q}{\varrho}\right)\left(1 - \dfrac{r+t}{R}\right)} - M\left(1 + \frac{r}{R}\right), \end{aligned}\right. \tag{18}$$

wo $0 < \alpha < 1$ ist, läßt sich in eine Potenzreihe von x, y, z, p, q, r, t entwickeln, in welcher das konstante Glied und der Koeffizient von r gleich Null sind, während die übrigen Koeffizienten positiv und nicht kleiner sind als die entsprechenden Koeffizienten in der Reihenentwicklung der Funktion f. Aus der Differentialgleichung

$$s = V(x, y, z, p, q, r, t) \tag{19}$$

erhält man für z eine Potenzreihe S' von x, y, welche für $x = 0$ und für $y = 0$ verschwindet und deren Koeffizienten positiv und nicht kleiner sind als die absoluten Beträge der Koeffizienten der aus (16) erhaltenen Reihe S.

Die Differentialgleichung (19) geht, wenn man für z eine Funktion von $u = x + \alpha y$ setzt, in

$$(20)\quad \left\{\begin{aligned} &\left(\alpha - \frac{M\alpha^2}{R}\right)\frac{d^2z}{du^2} - \left(\frac{\alpha + \alpha^3}{R} + \frac{M(1+\alpha^2)}{R^2}\right)\left(\frac{d^2z}{du^2}\right)^2 \\ &\qquad = \frac{M}{1 - \dfrac{\dfrac{u}{\alpha} + z + (1+\alpha)\dfrac{dz}{du}}{\varrho}} - M \end{aligned}\right.$$

über. Wir nehmen α so klein an, daß der Koeffizient von $\frac{d^2z}{du^2}$ positiv ausfällt. Die rechte Seite der Gleichung läßt sich in eine Potenzreihe von $u, z, \frac{dz}{du}$ mit lauter positiven Koeffizienten (ohne konstantes Glied) entwickeln; die Gleichung kann auf die Form

$$\frac{d^2z}{du^2} = \varphi\left(u, z, \frac{dz}{du}\right)$$

gebracht werden, wo φ eine Potenzreihe mit positiven Koeffizienten und mit verschwindendem konstanten Glied ist. Die Gleichung (20) wird durch eine Potenzreihe

$$(21)\qquad z = \left(\frac{d^3z}{du^3}\right)_0 u^3 + \dots$$

mit positiven Koeffizienten befriedigt, welche für hinreichend kleine Werte von $|u|$ konvergiert.

Die Reihe (21) geht, wenn man $u = x + \alpha y$ setzt, in eine Potenzreihe S'' von x, y mit lauter positiven Koeffizienten über, welche in der Umgebung von $x = 0, y = 0$ konvergiert und der Differentialgleichung (19) genügt. Die Koeffizienten der Reihe S' sind nicht größer als die entsprechenden Koeffizienten der Reihe S''; denn die Koeffizienten von $x^3, x^4, \dots, y^3, y^4, \dots$ in S'' sind positiv, während die entsprechenden Koeffizienten in S' verschwinden, und die übrigen Koeffizienten leiten sich aus den angegebenen durch Addition und Multiplikation ab. Demnach ist auch die Reihe S' und weiterhin die Reihe S konvergent, wenn die absoluten Beträge von x und y hinreichend klein sind.

§ 22. Integralflächen, welche eine gegebene Charakteristik enthalten.

Es sei jetzt eine Charakteristik der partiellen Differentialgleichung zweiter Ordnung (A) gegeben, d. h. eine einfache Mannigfaltigkeit von Flächenelementen zweiter Ordnung (x, y, z, p, q, r, s, t), welche den Gleichungen (13) genügen. Wir fragen nach den Integralflächen, welche die gegebene Charakteristik enthalten.

Wenn sich die Charakteristik an die Kurve

$$y = f(x), \qquad z = g(x)$$

anschließt, bringen wir diese Kurve durch Anwendung der Substitution

$$\mathfrak{x} = x, \qquad \mathfrak{y} = y - f(x), \qquad \mathfrak{z} = z - g(x)$$

auf die Form

$$y = 0, \qquad z = 0;$$

längs der Charakteristik ist dann $dy = 0$, $dz = 0$, also auf Grund der zweiten, dritten und vierten Gleichung (13)

$$0 = p\,dx, \qquad dp = r\,dx, \qquad dq = s\,dx,$$

so daß die Gleichungen der Charakteristik die Form erhalten:

$$y = 0, \qquad z = 0, \qquad p = 0, \qquad q = \varphi(x),$$
$$r = 0, \qquad s = \varphi'(x), \qquad t = \psi(x).$$

Diese Gleichungen gehen durch Anwendung der Substitution

$$z' = z - y\,\varphi(x) - \tfrac{1}{2} y^2 \psi(x)$$

in die Form

$$(22) \quad y = 0, \quad z = 0, \quad p = 0, \quad q = 0, \quad r = 0, \quad s = 0, \quad t = 0$$

über, welche wir der weiteren Untersuchung zugrunde legen.

Wir suchen die Bedingungen auf, welche die linke Seite F der Differentialgleichung (A) erfüllen muß, damit die Gleichungen (22) eine Charakteristik darstellen. Dabei nehmen wir an, daß sich die Funktion F in der Umgebung der Werte $x = y = z = \ldots = t = 0$ regulär verhält.

Da längs der Charakteristik $dy = 0$ und nach (12)

$$R\,dy^2 - S\,dx\,dy + T\,dx^2 = 0$$

ist, so muß $T = 0$ sein. Wenn wir annehmen, daß $S^2 - 4RT$ an der Stelle $x = y = \ldots = t = 0$ nicht verschwindet, so ist S an dieser Stelle von Null verschieden, und die Gleichung $F = 0$ läßt sich durch Auflösung nach s auf die Form bringen:

$$s = ax + by + cz + dp + eq + hr + \ldots,$$

wo die weggelassenen Glieder von höherem als dem ersten Grad sind; ein Glied ersten Grades in t kommt nicht vor, da T für $x = y = \ldots = t = 0$ verschwindet. Wenn man x durch $x + hy$ ersetzt, wodurch sich die Gleichungen (22) nicht ändern, fällt das Glied hr fort, und die Differentialgleichung erhält die Form

$$(23)\qquad \begin{cases} s = f(x, y, z, p, q, r, t) \\ \quad = ax + by + cz + dp + eq + \ldots. \end{cases}$$

Sollen die Differentialgleichungen der Charakteristiken, die wir jetzt in der Form (13^0)

$$F = 0, \quad dy = 0, \quad dz = p\,dx, \quad dp = r\,dx, \quad dq = s\,dx,$$

$$\frac{\partial F}{\partial x} + p\frac{\partial F}{\partial z} + r\frac{\partial F}{\partial p} + s\frac{\partial F}{\partial q} + R\frac{dr}{dx} + S\frac{ds}{dx} = 0,$$

$$\frac{\partial F}{\partial y} + q\frac{\partial F}{\partial z} + s\frac{\partial F}{\partial p} + t\frac{\partial F}{\partial q} + R\frac{ds}{dx} + S\frac{dt}{dx} = 0$$

einführen müssen, durch die Gleichungen (22) befriedigt werden, so muß

$$\frac{\partial F}{\partial x} = 0, \qquad \frac{\partial F}{\partial y} = 0$$

oder wegen $F = s - f$

$$\frac{\partial f}{\partial x} = 0, \qquad \frac{\partial f}{\partial y} = 0$$

sein. Die Gleichung

$$T = \frac{\partial F}{\partial t} = 0$$

wird

$$\frac{\partial f}{\partial t} = 0 .$$

Die Potenzreihe $f(x, y, z, p, q, r, t)$ darf, da die Gleichung (23) für $y = z = p = q = r = t = 0$ den Wert $s = 0$ ergeben muß, kein Glied von der Form

$$\text{Konst. } x^n \qquad (n = 0, 1, 2, \ldots)$$

enthalten; dasselbe gilt dann für $\frac{\partial f}{\partial x}$. Damit in den Ableitungen $\frac{\partial f}{\partial y}$ und $\frac{\partial f}{\partial t}$, welche für $y = z = \ldots = t = 0$ verschwinden müssen, kein Glied mit x^n vorkommt, darf f kein Glied mit $y x^n$ und mit $t x^n$ enthalten. Wenn in f die Glieder mit x^n, $y x^n$ und $t x^n$ $(n = 0, 1, 2, \ldots)$ fehlen, stellen die Gleichungen (22) wirklich eine Charakteristik der Differentialgleichung (23) dar.

Die Funktion $\psi(y)$ verhalte sich in der Umgebung von $y = 0$ regulär und verschwinde für $y = 0$ nebst ihren beiden ersten Ableitungen. Nach dem in § 21 bewiesenen Satze besitzt die Differentialgleichung (23) ein in der Umgebung von $x = 0$, $y = 0$ reguläres Integral z, welches sich für $y = 0$ auf 0 und für $x = 0$ auf $\psi(y)$ reduziert. Wir zeigen, daß in der Potenzreihenentwicklung dieses Integrals die Glieder mit $x^n y$ und $x^n y^2$ $(n = 0, 1, 2, \ldots)$ fehlen.

Zunächst ist*)

$$\left(\frac{\partial^n z}{\partial x^n}\right)_0 = 0 , \qquad (n = 0, 1, 2, \ldots)$$

$$\left(\frac{\partial z}{\partial y}\right)_0 = \psi'(0) = 0 , \qquad \left(\frac{\partial^2 z}{\partial y^2}\right)_0 = \psi''(0) = 0 .$$

Durch Differentiation der Gleichung (23)

$$s = f(x, y, z, p, q, r, t)$$

---

*) Unter $(\varphi)_0$ wird der Wert der Funktion φ von x, y für $x = y = 0$ verstanden.

nach y erhält man

$$(24)\quad \begin{cases} \dfrac{\partial^3 z}{\partial x\, \partial y^2} = \dfrac{\partial f}{\partial y} + \dfrac{\partial f}{\partial z} q + \dfrac{\partial f}{\partial p} f + \dfrac{\partial f}{\partial q} t \\ \qquad + \dfrac{\partial f}{\partial r} \dfrac{\partial^3 z}{\partial x^2\, \partial y} + \dfrac{\partial f}{\partial t} \dfrac{\partial^3 z}{\partial y^3} . \end{cases}$$

Da für $x = y = 0$ z, p, q, r, t sowie f, $\dfrac{\partial f}{\partial y}$, $\dfrac{\partial f}{\partial r}$, $\dfrac{\partial f}{\partial t}$ verschwinden, so ist auch

$$\left(\frac{\partial^2 z}{\partial x\, \partial y}\right)_0 = 0 , \qquad \left(\frac{\partial^3 z}{\partial x\, \partial y^2}\right)_0 = 0 .$$

Wir nehmen an, es sei

$$\left(\frac{\partial^{i+1} z}{\partial x^i\, \partial y}\right)_0 = 0 , \qquad \left(\frac{\partial^{i+2} z}{\partial x^i\, \partial y^2}\right)_0 = 0 , \qquad (i < n)$$

und zeigen, daß dann auch

$$\left(\frac{\partial^{n+1} z}{\partial x^n\, \partial y}\right)_0 = 0 , \qquad \left(\frac{\partial^{n+2} z}{\partial x^n\, \partial y^2}\right)_0 = 0$$

ist.

Alle Glieder der Entwicklung der Funktion f enthalten eine der Größen y, z, p, q, r, t als Faktor. Wenn man zur Berechnung von

$$\frac{\partial^{n+1} z}{\partial x^n\, \partial y}$$

die Gleichung $s = f$ $(n-1)$-mal nach x differentiiert, enthält jedes Glied des Ergebnisses eine der Größen

$$z , \quad \frac{\partial z}{\partial x} , \quad \ldots , \quad \frac{\partial^{n+1} z}{\partial x^{n+1}} ;$$

$$\frac{\partial z}{\partial y} , \quad \ldots , \quad \frac{\partial^n z}{\partial x^{n-1}\, \partial y} ; \qquad \frac{\partial^2 z}{\partial y^2} , \quad \ldots , \quad \frac{\partial^{n+1} z}{\partial x^{n-1}\, \partial y^2} ;$$

folglich ist

$$\left(\frac{\partial^{n+1} z}{\partial x^n\, \partial y}\right)_0 = 0 .$$

Auch alle Glieder des Ausdrucks (24) für $\frac{\partial^3 z}{\partial x \partial y^2}$, abgesehen von

$$\frac{\partial f}{\partial r} \frac{\partial^3 z}{\partial x^2 \partial y} + \frac{\partial f}{\partial t} \frac{\partial^3 z}{\partial y^3}, \tag{25}$$

enthalten eine der Größen y, z, p, q, r, t als Faktor, und wenn man zur Berechnung von

$$\frac{\partial^{n+2} z}{\partial x^n \partial y^2}$$

die Gleichung (24) $n-1$-mal nach x differentiiert, verschwinden die Glieder wie vorhin für $x = y = 0$. Einer besonderen Prüfung bedarf der Ausdruck (25). Wenn man das Produkt

$$\frac{\partial f}{\partial r} \frac{\partial^3 z}{\partial x^2 \partial y}$$

$(n-1)$-mal nach x differentiiert, enthalten alle Glieder eine der Ableitungen

$$\frac{\partial^3 z}{\partial x^2 \partial y}, \quad \ldots, \quad \frac{\partial^{n+1} z}{\partial x^n \partial y}, \quad \frac{\partial^{n+2} z}{\partial x^{n+1} \partial y},$$

und zwar erscheint die zuletzt erwähnte Ableitung mit dem Faktor $\frac{\partial f}{\partial r}$. Die Größen

$$\left(\frac{\partial^3 z}{\partial x^2 \partial y}\right)_0, \quad \ldots, \quad \left(\frac{\partial^n z}{\partial x^{n-1} \partial y}\right)_0$$

sind der Voraussetzung nach Null, wir haben gesehen, daß auch

$$\left(\frac{\partial^{n+1} z}{\partial x^n \partial y}\right)_0 = 0$$

ist, und wissen, daß $\frac{\partial f}{\partial r}$ für die Nullwerte der Argumente verschwindet. Die $(n-1)$-te Ableitung des Produktes

$$\frac{\partial f}{\partial t} \frac{\partial^3 z}{\partial y^3}$$

nach x setzt sich aus Gliedern von der Form

$$\frac{\partial^{n-\nu} f}{\partial t\, \partial x^{n-\nu-1}} \frac{\partial^{3+\nu} z}{\partial y^{3+\nu}} \quad (\nu = 0, 1, \ldots, n-1)$$

zusammen. Da $\frac{\partial f}{\partial t}$ ebenso wie f nur Glieder mit einem der Faktoren y, z, p, q, r, t enthält, verschwinden für $x = y = 0$ alle Glieder von

$$\frac{\partial^{n-\nu-1}}{\partial x^{n-\nu-1}} \left(\frac{\partial f}{\partial t}\right).$$

Damit ist nachgewiesen, daß

$$(26) \quad \left(\frac{\partial^n z}{\partial x^n}\right)_0 = 0, \quad \left(\frac{\partial^{n+1} z}{\partial x^n\, \partial y}\right)_0 = 0, \quad \left(\frac{\partial^{n+2} z}{\partial x^n\, \partial y^2}\right)_0 = 0$$
$$(n = 0, 1, 2, \ldots)$$

ist. Das Integral, welches die gegebenen Anfangsbedingungen erfüllt, gestattet eine Reihenentwicklung von der Form

$$(27) \qquad z = \varphi_3(x)\, y^3 + \varphi_4(x)\, y^4 + \ldots,$$

wo $\varphi_3, \varphi_4, \ldots$ Potenzreihen von x sind. Demnach ist für $y = 0$

$$z = 0, \quad p = 0, \quad q = 0, \quad r = 0, \quad s = 0, \quad t = 0.$$

Die Gleichung (27) stellt also eine Integralfläche der partiellen Differentialgleichung (23) dar, welche die Charakteristik (22) enthält. Die Koeffizienten der Potenzreihe $\psi(y)$ können willkürlich gewählt werden, sofern nur die Bedingungen für die Konvergenz erfüllt sind. Es gilt also der Satz:

Eine gegebene Charakteristik der partiellen Differentialgleichung zweiter Ordnung

$$F(x, y, z, p, q, r, s, t) = 0$$

gehört unendlich vielen Integralflächen an, welche von unendlich vielen willkürlichen Konstanten abhängen.

Diese Integralflächen haben längs der gegebenen Charakteristik eine Berührung zweiter Ordnung*).

*) Auf Existenztheoreme und Charakteristiken beziehen sich weitere Arbeiten von Goursat (Bull. de la Soc. math. de France, 1906; Ann. de la Fac. de Toulouse, 1903, 1904, 1906).

§ 23. Charakteristiken der Monge-Ampèreschen Differentialgleichung.

Wir beschäftigen uns eingehender mit einer partiellen Differentialgleichung zweiter Ordnung, welche in bezug auf

$$r\,,\quad s\,,\quad t\,,\quad rt - s^2$$

linear ist, d. h. mit einer Gleichung von der Form

$$Hr + 2Ks + Lt + M + N(rt - s^2) = 0\,, \tag{C}$$

worin H, K, L, M, N von x, y, z, p, q abhängen (Differentialgleichung von Monge und Ampère).

Wir suchen eine Integralfläche zu bestimmen, welche durch einen gegebenen Streifen von Flächenelementen erster Ordnung geht; es seien also x, y, z, p, q gegebene Funktionen eines Parameters u, welche die Bedingung

$$dz = p\,dx + q\,dy$$

erfüllen. Um die Werte von r, s, t zu berechnen, welche einem Element des gegebenen Streifens entsprechen, haben wir die Gleichung (C) mit den Gleichungen

$$dp = r\,dx + s\,dy\,,$$
$$dq = s\,dx + t\,dy$$

zu verbinden. Durch Elimination von r und t erhält man für s die Gleichung

$$Ps - Q = 0\,,$$

wobei gesetzt ist:

$$\left\{\begin{aligned} P &= H\,dy^2 - 2K\,dx\,dy + L\,dx^2 + N(dx\,dp + dy\,dq)\,,\\ Q &= H\,dp\,dy + L\,dq\,dx + M\,dx\,dy + N\,dp\,dq\,. \end{aligned}\right. \tag{28}$$

Ist P von Null verschieden, so sind r, s, t eindeutig bestimmt; dasselbe gilt nach § 19 auch von den partiellen Ableitungen höherer Ordnung, so daß durch den gegebenen Streifen eine Integralfläche eindeutig bestimmt ist. Ist $P = 0$, aber Q von Null verschieden, so sind für r, s, t keine endlichen Werte vorhanden. Hat man gleichzeitig

$$P = 0\,,\quad Q = 0\,,$$

so sind die partiellen Ableitungen zweiter Ordnung r, s, t nicht bestimmt; der gegebene Streifen wird dann ein charakteristischer Streifen oder eine Charakteristik erster Ordnung genannt.

Ein charakteristischer Streifen genügt den Gleichungen

$$P = 0\,, \quad Q = 0 \tag{29}$$

in Verbindung mit der Gleichung

$$dz = p\,dx + q\,dy\,.$$

Aus den Gleichungen (29) folgt bei beliebigem λ

$$\begin{aligned}\lambda P + NQ = (N\,dp + L\,dx + \lambda\,dy)(N\,dq + H\,dy + \lambda\,dx)\\ -(\lambda^2 + 2K\lambda + HL - MN)\,dx\,dy = 0\end{aligned}$$

oder, wenn λ eine Wurzel der Gleichung

$$\lambda^2 + 2K\lambda + HL - MN = 0 \tag{30}$$

ist,

$$\lambda P + NQ = (N\,dp + L\,dx + \lambda\,dy)(N\,dq + H\,dy + \lambda\,dx) = 0\,.$$

Hat die quadratische Gleichung (30) die beiden Wurzeln λ_1 und λ_2, so gilt die letzte Gleichung sowohl für $\lambda = \lambda_1$ als auch für $\lambda = \lambda_2$; wenn N nicht verschwindet und λ_1, λ_2 voneinander verschieden sind, sind die Gleichungen $P = 0$, $Q = 0$ und $\lambda_1 P + NQ = 0$, $\lambda_2 P + NQ = 0$ äquivalent; es ist also entweder

$$\left\{\begin{aligned} N\,dp + L\,dx + \lambda_1\,dy = 0\,,\\ N\,dq + H\,dy + \lambda_2\,dx = 0\,,\\ dz = p\,dx + q\,dy\end{aligned}\right. \tag{31}$$

oder

$$\left\{\begin{aligned} N\,dp + L\,dx + \lambda_2\,dy = 0\,,\\ N\,dq + H\,dy + \lambda_1\,dx = 0\,,\\ dz = p\,dx + q\,dy\,.\end{aligned}\right. \tag{32}$$

Ist $N = 0$, liegt also die in r, s, t lineare Gleichung

$$Hr + 2Ks + Lt + M = 0 \tag{C'}$$

vor, so ist

$$\begin{aligned}P &= H\,dy^2 - 2K\,dx\,dy + L\,dx^2\,,\\ Q &= H\,dp\,dy + L\,dq\,dx + M\,dx\,dy\,.\end{aligned}$$

Ist H von Null verschieden, so seien λ_1 und λ_2 die beiden Wurzeln der quadratischen Gleichung

$$H\lambda^2 - 2K\lambda + L = 0\,, \tag{33}$$

so daß

$$P = H(dy - \lambda_1\, dx)(dy - \lambda_2\, dx)$$

ist. Dann zerfallen die Gleichungen $P = 0$, $Q = 0$ in

$$\begin{cases} dy - \lambda_1\, dx = 0\,, \\ H\lambda_1\, dp + L\, dq + M\lambda_1\, dx = 0 \end{cases} \tag{34}$$

und

$$\begin{cases} dy - \lambda_2\, dx = 0\,, \\ H\lambda_2\, dp + L\, dq + M\lambda_2\, dx = 0\,. \end{cases} \tag{35}$$

Die Gleichungen (34) und (35), zu welchen jedesmal noch die Gleichung

$$dz = p\, dx + q\, dy$$

hinzuzufügen ist, stellen die beiden Systeme von Charakteristiken dar.

Ist $H = 0$, $L \neq 0$, so hat man

$$P = -dx(2K\, dy - L\, dx)\,,$$

$$Q = dx(L\, dq + M\, dy)\,.$$

Man hat zwei Systeme von Charakteristiken mit den Gleichungen

$$\begin{cases} 2K\, dy - L\, dx = 0\,, \\ L\, dq + M\, dy = 0 \end{cases} \tag{36}$$

und

$$\begin{cases} dx = 0\,, \\ 2K\, dp + L\, dq + M\, dy = 0\,. \end{cases} \tag{37}$$

Die letzte Gleichung ergibt sich durch Elimination von s und t aus den drei Gleichungen

$$2Ks + Lt + M = 0\,,$$

$$dp = s\, dy\,, \qquad dq = t\, dy\,.$$

Zu (36) kommt die Gleichung

$$dz = p\, dx + q\, dy\,,$$

zu (37) die Gleichung

$$dz = q\, dy\,.$$

Ist $H = 0$, $L = 0$, so nimmt jede der beiden Gleichungen $P = 0$, $Q = 0$ die Form $dx\,dy = 0$ an, so daß entweder $dx = 0$ oder $dy = 0$ ist. Durch Elimination von s aus den Gleichungen

$$2Ks + M = 0\,, \quad dp = s\,dy$$

bzw.

$$2Ks + M = 0\,, \quad dq = s\,dx$$

erhält man die beiden Systeme von Charakteristiken

(38)
$$\begin{cases} dx = 0\,, \\ 2K\,dp + M\,dy = 0 \end{cases}$$

und

(39)
$$\begin{cases} dy = 0\,, \\ 2K\,dq + M\,dx = 0\,. \end{cases}$$

Zu den beiden Gleichungen (38) bzw. (39) tritt noch die Gleichung

$$dz = p\,dx + q\,dy$$

hinzu, d. h. zu (38) die Gleichung

$$dz = q\,dy\,,$$

zu (39) die Gleichung

$$dz = p\,dx\,.$$

Wir bringen die Theorie der Charakteristiken erster Ordnung der Monge-Ampèreschen Gleichung (C) mit der in §§ 20—22 entwickelten Theorie der Charakteristiken der allgemeinen partiellen Differentialgleichung zweiter Ordnung in Verbindung.

Die Differentialgleichungen der Charakteristiken der partiellen Differentialgleichung

$$F(x, y, z, p, q, r, s, t) = 0$$

hatten sich in § 20 in der Form ergeben:

(40)
$$\begin{cases} F = 0\,, \\ R\,dy^2 - S\,dx\,dy + T\,dx^2 = 0\,, \\ dz = p\,dx + q\,dy\,, \\ X\,dx\,dy + R\,dr\,dy + T\,ds\,dx = 0\,, \\ Y\,dx\,dy + R\,ds\,dy + T\,dt\,dx = 0\,, \\ dp = r\,dx + s\,dy\,, \\ dq = s\,dx + t\,dy\,. \end{cases}$$

Wenn

$$F = Hr + 2Ks + Lt + M + N(rt - s^2)$$

gesetzt wird, ist

$$R = \frac{\partial F}{\partial r} = H + Nt,$$

$$S = \frac{\partial F}{\partial s} = 2(K - Ns),$$

$$T = \frac{\partial F}{\partial t} = L + Nr.$$

Die zweite Gleichung (40) wird hiernach

$$H\,dy^2 - 2K\,dx\,dy + L\,dx^2$$
$$+ N(r\,dx^2 + 2s\,dx\,dy + t\,dy^2) = 0$$

oder, da mit Rücksicht auf die beiden letzten Gleichungen (40)

$$r\,dx^2 + 2s\,dx\,dy + t\,dy^2 = dx(r\,dx + s\,dy) + dy(s\,dx + t\,dy)$$
$$= dx\,dp + dy\,dq$$

ist,

(41) $$H\,dy^2 - 2K\,dx\,dy + L\,dx^2 + N(dx\,dp + dy\,dq) = 0.$$

Wenn man die aus den beiden letzten Gleichungen (40) berechneten Werte von r und t in (C) einsetzt und die Gleichung (41) berücksichtigt, erhält man

(42) $$H\,dp\,dy + L\,dq\,dx + M\,dx\,dy + N\,dp\,dq = 0.$$

Die Gleichungen (41) und (42), welche mit den Gleichungen $P = 0$, $Q = 0$ übereinstimmen, können an die Stelle der beiden ersten Gleichungen (40) gesetzt werden.

An die Stelle der drei ersten Gleichungen (40) setzen wir die drei Gleichungen

(43) $$P = 0, \quad Q = 0, \quad dz = p\,dx + q\,dy$$

zwischen x, y, z, p, q, welche eine Charakteristik erster Ordnung definieren, während zur Definition einer Charakteristik zweiter Ordnung zu den Gleichungen (43) noch die vier letzten Gleichungen (40) hinzuzufügen sind. Die Differentialgleichungen (43) der Charakteristiken erster Ordnung können wie oben umgeformt werden.

Jede Charakteristik zweiter Ordnung der Monge-Ampèreschen Gleichung (C) enthält eine Charakteristik erster Ordnung. Umgekehrt ist, wie wir zeigen werden, eine Charakteristik erster Ordnung, für welche $S^2 - 4RT$ von Null verschieden ist, in unendlich vielen Charakteristiken zweiter Ordnung enthalten, welche von einer willkürlichen Konstanten abhängen.

Sind nämlich längs einer Charakteristik erster Ordnung x, y, z, p, q als Funktionen eines Parameters u gegeben, so hat man zur Bestimmung von r, s, t die drei Gleichungen

$$(44) \qquad \begin{cases} dp = r\,dx + s\,dy\,, \\ dq = s\,dx + t\,dy\,, \\ X\,dx\,dy + R\,dr\,dy + T\,ds\,dx = 0\,, \end{cases}$$

da (S. 105) die fünfte Gleichung (40) eine Folge der übrigen ist. Aus den beiden ersten Gleichungen (44) folgt

$$r = \frac{dp - s\,dy}{dx}\,, \qquad t = \frac{dq - s\,dx}{dy}\,,$$

und aus

$$d^2p = r\,d^2x + s\,d^2y + dr\,dx + ds\,dy$$

erhält man

$$dr = \frac{d^2p - r\,d^2x - s\,d^2y - ds\,dy}{dx}\,.$$

Wenn man diesen Ausdruck für dr in die letzte Gleichung (44) einsetzt, erscheint ds mit dem Faktor

$$R\,dy^2 - T\,dx^2,$$

welcher nicht verschwindet; denn die Bedingung für das gleichzeitige Bestehen der beiden Gleichungen

$$R\,dy^2 - T\,dx^2 = 0\,, \quad R\,dy^2 - S\,dx\,dy + T\,dx^2 = 0$$

ist $S^2 - 4RT = 0$. Durch Elimination von r und t aus den drei Gleichungen (44) erhält man für s die Differentialgleichung erster Ordnung

$$(45) \qquad \frac{ds}{du} = f(s\,,\,u)\,,$$

aus welcher sich s als Funktion von u mit einer willkürlichen Konstanten ergibt. Die beiden ersten Gleichungen (44) liefern hierauf r und t als Funktionen von u. Ist der Wert von s für einen bestimmten Wert von u gegeben, so sind r, s, t längs der Charakteristik erster Ordnung bestimmt.

Wir können dieses Ergebnis auch so aussprechen:

Wenn zwei Integralflächen der Monge-Ampèreschen Gleichung in einem Punkte einer ihnen gemeinsamen Charakteristik erster Ordnung eine Berührung zweiter Ordnung haben, haben sie längs der Charakteristik eine Berührung zweiter Ordnung.

Indem wir die letzten Sätze mit dem in § 22 bewiesenen Satze über die Integralflächen der allgemeinen Differentialgleichung zweiter Ordnung durch eine gegebene Charakteristik verbinden, erhalten wir den Satz:

Durch eine Charakteristik erster Ordnung der Monge-Ampèreschen Gleichung gehen unendlich viele Integralflächen, welche von unendlich vielen willkürlichen Konstanten abhängen.

Denn die gegebene Charakteristik erster Ordnung gehört unendlich vielen Charakteristiken zweiter Ordnung (mit einer willkürlichen Konstanten) an, und durch jede solche Charakteristik zweiter Ordnung gehen unendlich viele Integralflächen (mit unendlich vielen willkürlichen Konstanten).

Eine Integralfläche der Monge-Ampèreschen Differentialgleichung (C) enthält unendlich viele Charakteristiken und zwar, wenn λ_1 und λ_2 verschieden sind, unendlich viele Charakteristiken eines jeden der beiden Systeme. Umgekehrt stellt jede Fläche, welche ∞^1 Charakteristiken eines Systems enthält, ein Integral dar.

Der erste Teil des Satzes ist in dem auf S. 108 ausgesprochenen Satze für die allgemeine Differentialgleichung zweiter Ordnung enthalten.

Um die zweite Behauptung zu beweisen, nehmen wir an, durch jeden Punkt der Fläche $z = \Phi(x, y)$ gehe eine auf der Fläche gelegene Charakteristik des ersten Systems. Setzt man

$$z = \Phi(x, y), \qquad p = \frac{\partial \Phi}{\partial x}, \qquad q = \frac{\partial \Phi}{\partial y},$$
$$r = \frac{\partial^2 \Phi}{\partial x^2}, \qquad s = \frac{\partial^2 \Phi}{\partial x \partial y}, \qquad t = \frac{\partial^2 \Phi}{\partial y^2}$$

und geht man von dem beliebigen Flächenpunkte (x, y, z) längs der erwähnten Charakteristik weiter, so gelten die Gleichungen (31)

$$N dp + L dx + \lambda_1 dy = 0,$$
$$N dq + \lambda_2 dx + H dy = 0$$

und

$$dp = r dx + s dy,$$
$$dq = s dx + t dy.$$

Durch Elimination von dp und dq erhält man die Gleichungen

$$(Nr + L) dx + (Ns + \lambda_1) dy = 0,$$
$$(Ns + \lambda_2) dx + (Nt + H) dy = 0,$$

und hieraus geht durch Elimination von $dx : dy$ die Gleichung

$$(Nr + L)(Nt + H) - (Ns + \lambda_1)(Ns + \lambda_2) = 0$$

hervor, welche mit (C) übereinstimmt. Da die partiellen Ableitungen von $\Phi(x, y)$ der Gleichung (C) genügen, so ist $z = \Phi(x, y)$ eine Integralfläche.

Der unter der Voraussetzung eines von Null verschiedenen N geführte Beweis läßt sich auf den Fall $N = 0$ übertragen.

§ 24. Integrierbare Fälle der Monge-Ampèreschen Differentialgleichung.

Nur in besonderen Fällen sind wir in der Lage, die Differentialgleichung (C) durch Zurückführung auf gewöhnliche Differentialgleichungen zu integrieren.

Wir setzen vorläufig voraus, daß N nicht identisch verschwindet; auf die Abänderungen, welche im Falle $N = 0$ eintreten, kommen wir später zurück.

Wir untersuchen zunächst, ob eine Funktion V von x, y, z, p, q vorhanden ist, deren Differential dV infolge der Differentialgleichungen (31) des einen Charakteristikensystems verschwindet. Setzt man

$$dV = \frac{\partial V}{\partial x} dx + \frac{\partial V}{\partial y} dy + \frac{\partial V}{\partial z} dz + \frac{\partial V}{\partial p} dp + \frac{\partial V}{\partial q} dq$$

und drückt man vermittels der Gleichungen (31) dz, dp, dq durch dx, dy aus, so müssen die Koeffizienten von dx und dy verschwinden, so daß sich für V die beiden linearen partiellen Differentialgleichungen erster Ordnung ergeben:

$$(46)\quad \begin{cases} A(V) = \dfrac{\partial V}{\partial x} + p\dfrac{\partial V}{\partial z} - \dfrac{L}{N}\dfrac{\partial V}{\partial p} - \dfrac{\lambda_2}{N}\dfrac{\partial V}{\partial q} = 0\,, \\ B(V) = \dfrac{\partial V}{\partial y} + q\dfrac{\partial V}{\partial z} - \dfrac{\lambda_1}{N}\dfrac{\partial V}{\partial p} - \dfrac{H}{N}\dfrac{\partial V}{\partial q} = 0\,. \end{cases}$$

Nach dem in § 5 dargestellten Verfahren erkennt man, ob das System (46) gar keine Lösung besitzt, oder ob eine, zwei oder drei unabhängige Lösungen vorhanden sind. Das System (46) besitzt nur dann drei unabhängige Lösungen, wenn es vollständig ist, d. h. wenn die Gleichung

$$A(B(V)) - B(A(V)) = 0$$

oder

$$(47)\quad \begin{cases} (A(q) - B(p))\dfrac{\partial V}{\partial z} + \left[B\left(\dfrac{L}{N}\right) - A\left(\dfrac{\lambda_1}{N}\right)\right]\dfrac{\partial V}{\partial p} \\ \qquad + \left[B\left(\dfrac{\lambda_2}{N}\right) - A\left(\dfrac{H}{N}\right)\right]\dfrac{\partial V}{\partial q} = 0 \end{cases}$$

eine Folge der Gleichungen (46) ist.

Die Gleichung (47), welche weder $\dfrac{\partial V}{\partial x}$ noch $\dfrac{\partial V}{\partial y}$ enthält, kann nur dann infolge der Gleichungen (46) erfüllt sein, wenn sie identisch erfüllt, wenn also

$$(48)\quad \begin{cases} A(q) - B(p) = \dfrac{\lambda_1 - \lambda_2}{N} = 0\,, \\ B\left(\dfrac{L}{N}\right) - A\left(\dfrac{\lambda_1}{N}\right) = 0\,, \\ B\left(\dfrac{\lambda_2}{N}\right) - A\left(\dfrac{H}{N}\right) = 0 \end{cases}$$

ist. Nur wenn $\lambda_1 = \lambda_2 = -K$ ist, wenn also die beiden Systeme von Charakteristiken zusammenfallen, können drei unabhängige Funktionen V vorhanden sein.

Sind λ_1 und λ_2 voneinander verschieden, so entspricht dem ersten Charakteristikensystem das System linearer partieller Differentialgleichungen (46), dem zweiten Charakteristikensystem das System linearer partieller Differentialgleichungen

$$(46') \quad \begin{cases} A'(V) = \dfrac{\partial V}{\partial x} + p\dfrac{\partial V}{\partial z} - \dfrac{L}{N}\dfrac{\partial V}{\partial p} - \dfrac{\lambda_1}{N}\dfrac{\partial V}{\partial q} = 0\,, \\ B'(V) = \dfrac{\partial V}{\partial y} + q\dfrac{\partial V}{\partial z} - \dfrac{\lambda_2}{N}\dfrac{\partial V}{\partial p} - \dfrac{H}{N}\dfrac{\partial V}{\partial q} = 0\,. \end{cases}$$

Wir heben den Satz hervor:

Verschwindet dV infolge der Differentialgleichungen der Charakteristiken des ersten bzw. zweiten Systems, so genügt $V = V(x, y, z, p, q)$ den Differentialgleichungen (46) bzw. (46').

Ist V eine beliebige Lösung des Systems (46), V' eine beliebige Lösung des Systems (46'), so ist

$$(49) \qquad [V, V'] = 0\,,$$

wenn man die in § 17 eingeführte Bezeichnung benutzt:

$$[V, V'] = \frac{\partial V}{\partial p}\left(\frac{\partial V'}{\partial x} + p\frac{\partial V'}{\partial z}\right) - \frac{\partial V'}{\partial p}\left(\frac{\partial V}{\partial x} + p\frac{\partial V}{\partial z}\right) + \frac{\partial V}{\partial q}\left(\frac{\partial V'}{\partial y} + q\frac{\partial V'}{\partial z}\right) - \frac{\partial V'}{\partial q}\left(\frac{\partial V}{\partial y} + q\frac{\partial V}{\partial z}\right).$$

Man sieht nämlich, daß der Ausdruck $[V, V']$ identisch verschwindet, wenn man vermittels der Gleichungen (46)

$$\frac{\partial V}{\partial x} + p\frac{\partial V}{\partial z}\,, \quad \frac{\partial V}{\partial y} + q\frac{\partial V}{\partial z} \quad \text{durch} \quad \frac{\partial V}{\partial p}\,, \quad \frac{\partial V}{\partial q}$$

und vermittels der Gleichungen (46')

$$\frac{\partial V'}{\partial x} + p\frac{\partial V'}{\partial z}\,, \quad \frac{\partial V'}{\partial y} + q\frac{\partial V'}{\partial z} \quad \text{durch} \quad \frac{\partial V'}{\partial p}\,, \quad \frac{\partial V'}{\partial q}$$

ausdrückt. Nennt man zwei Funktionen u, v von x, y, z, p, q, welche die Bedingung $[u, v] = 0$ erfüllen, involutorisch, so kann man sagen: eine beliebige Lösung V

von (46) *und eine beliebige Lösung* V' *von* (46′) *sind involutorisch.* Im Falle $\lambda_1 = \lambda_2$, in welchem das System (46′) mit dem System (46) zusammenfällt, sind zwei beliebige Lösungen des Systems (46) involutorisch.

Sind V_1 und V_2 Lösungen des Systems (46) oder (46′), so ist auch

$$\Phi(V_1, V_2)\,,$$

wo Φ eine willkürliche Funktion darstellt, eine solche Lösung.

Die Gleichung

$$V(x, y, z, p, q) = \text{konst.} \tag{50}$$

wird ein *Zwischenintegral* der partiellen Differentialgleichung zweiter Ordnung (C) genannt, wenn sämtliche Integrale der partiellen Differentialgleichung erster Ordnung (50) (allenfalls von den singulären Integralen abgesehen) der partiellen Differentialgleichung zweiter Ordnung genügen.

Die Gleichung (50) *ist dann und nur dann ein Zwischenintegral der partiellen Differentialgleichung* (C), *wenn* V *dem System* (46) *oder dem System* (46′) *genügt.*

Zum Beweise beachten wir, daß jedes nicht singuläre Integral der Differentialgleichung erster Ordnung (50)

$$V(x, y, z, p, q) = \text{konst.}$$

aus ∞^1 ihrer Charakteristiken besteht, deren Differentialgleichungen lauten:

$$\left\{\begin{aligned} &dx : dy : dz : dp : dq \\ &= \frac{\partial V}{\partial p} : \frac{\partial V}{\partial q} : p\frac{\partial V}{\partial p} + q\frac{\partial V}{\partial q} : -\left(\frac{\partial V}{\partial x} + p\frac{\partial V}{\partial z}\right) : -\left(\frac{\partial V}{\partial y} + q\frac{\partial V}{\partial z}\right). \end{aligned}\right. \tag{51}$$

Das eine Charakteristikensystem der partiellen Differentialgleichung (C) hat die Differentialgleichungen (32)

$$dz - p\,dx - q\,dy = 0\,,$$

$$N\,dp + L\,dx + \lambda_2\,dy = 0\,,$$

$$N\,dq + \lambda_1\,dx + H\,dy = 0\,.$$

Das System (46) wird erhalten, indem man in den beiden letzten Gleichungen (32) für $dx : dy : dp : dq$ die aus (51) entnommenen Werte setzt. Die Gleichungen (46) sagen also aus, daß sämtliche Charakteristiken der Differentialgleichung $V =$ konst. dem einen Charakteristikensystem der Differentialgleichung zweiter Ordnung angehören.

Ist (50) ein Zwischenintegral, so ist jede Integralfläche von $V =$ konst., die aus ∞^1 Charakteristiken (51) besteht, eine Integralfläche von (C), sie setzt sich also aus ∞^1 Charakteristiken (31) oder (32) der partiellen Differentialgleichung zweiter Ordnung zusammen. Da alle Charakteristiken (51) den Charakteristiken (32) oder den Charakteristiken (31) angehören*), so ist entweder das System (46) oder das System (46') befriedigt.

Ist umgekehrt das System (46) befriedigt, gehören also sämtliche Charakteristiken (51) den Charakteristiken des zweiten Systems an, so besteht jede Integralfläche von $V =$ konst. aus ∞^1 Charakteristiken (51), also auch aus ∞^1 Charakteristiken (32); sie ist also auch eine Integralfläche der Differentialgleichung zweiter Ordnung (S. 125).

Ist in der Differentialgleichung (C) $N = 0$, liegt also die Differentialgleichung

$$\text{(C')} \qquad H r + 2 K s + L t + M = 0$$

vor, so können, wenn H von Null verschieden ist und λ_1, λ_2 die Wurzeln der quadratischen Gleichung (33)

$$H \lambda^2 - 2 K \lambda + L = 0$$

sind, die Differentialgleichungen (34) des ersten Charakteristikensystems in der Form geschrieben werden:

$$\text{(52)} \qquad \begin{cases} dy = \lambda_1 \, dx , \\ dz = (p + \lambda_1 q) \, dx , \\ dp + \lambda_2 \, dq + \dfrac{M}{H} \, dx = 0 ; \end{cases}$$

die Differentialgleichungen des zweiten Charakteristikensystems gehen hieraus durch Vertauschung von λ_1 und λ_2 hervor.

*) Jede Charakteristik (51) gehört unendlich vielen Integralflächen von (50), also auch von (C) an; sie ist folglich auch eine Charakteristik von (C).

Soll dV infolge der Gleichungen (52) verschwinden, so müssen in

$$\frac{\partial V}{\partial x} dx + \frac{\partial V}{\partial y} dy + \frac{\partial V}{\partial z} dz + \frac{\partial V}{\partial p} dp + \frac{\partial V}{\partial q} dq\,,$$

wenn man nach (52) dy, dz, dp durch dx, dq ersetzt, die Koeffizienten von dx und dq verschwinden; V muß also den beiden linearen partiellen Differentialgleichungen erster Ordnung

$$(53)\quad \begin{cases} A(V) = \dfrac{\partial V}{\partial x} + \lambda_1 \dfrac{\partial V}{\partial y} + (p + \lambda_1 q)\dfrac{\partial V}{\partial z} - \dfrac{M}{H}\dfrac{\partial V}{\partial p} = 0\,, \\ B(V) = \dfrac{\partial V}{\partial q} - \lambda_2 \dfrac{\partial V}{\partial p} = 0 \end{cases}$$

genügen, welche an die Stelle von (46) treten. An die Stelle von (46′) treten die Gleichungen

$$(53')\quad \begin{cases} A'(V) = \dfrac{\partial V}{\partial x} + \lambda_2 \dfrac{\partial V}{\partial y} + (p + \lambda_2 q)\dfrac{\partial V}{\partial z} - \dfrac{M}{H}\dfrac{\partial V}{\partial p} = 0\,, \\ B'(V) = \dfrac{\partial V}{\partial q} - \lambda_1 \dfrac{\partial V}{\partial p} = 0\,. \end{cases}$$

Die bisher für den Fall eines nicht verschwindenden N aufgestellten Sätze gelten auch für $N = 0$, wie man erkennt, wenn man die bisherigen Entwicklungen in abgeänderter Form wiederholt.

Wir wenden uns nun zur Betrachtung von Fällen, in welchen die Differentialgleichung (C) integriert oder auf eine partielle Differentialgleichung erster Ordnung zurückgeführt werden kann.

Zunächst sei $\lambda_1 \neq \lambda_2$. Besitzen die linearen Differentialgleichungen (46) zwei unabhängige Integrale V_1, V_2, so ist, wenn Φ eine willkürliche Funktion darstellt, auch

$$\Phi(V_1, V_2)$$

ein Integral. Demnach ist auch

$$V_1 - \varphi(V_2) = 0\,,$$

wo φ eine willkürliche Funktion bezeichnet, ein Zwischenintegral der partiellen Differentialgleichung (C). Die Integration der Differentialgleichung zweiter Ordnung ist demnach auf die Integration der partiellen Differentialgleichung erster Ordnung

$$V_1 - \varphi(V_2) = 0 \tag{54}$$

zurückgeführt. Wird eine Integralfläche der partiellen Differentialgleichung zweiter Ordnung gesucht, welche den Streifen

$$x = f_1(u)\,, \quad y = f_2(u)\,, \quad z = f_3(u)\,, \quad p = f_4(u)\,, \quad q = f_5(u)$$

enthält, so muß die Gleichung (54) befriedigt werden, wenn man für $x, \ldots, q$ die angegebenen Funktionen von u setzt. Dadurch gehen V_1, V_2 in Funktionen $V_1(u)$, $V_2(u)$ über, und die Funktion φ bestimmt sich aus der Gleichung

$$V_1(u) = \varphi(V_2(u))\,.$$

Hat das System (46) die beiden unabhängigen Integrale V_1, V_2 und das System (46′) die beiden unabhängigen Integrale V_3, V_4, so hat die Differentialgleiehung (C), wenn unter φ und ψ willkürliche Funktionen verstanden werden, die beiden Zwischenintegrale

$$V_1 - \varphi(V_2) = 0\,, \quad V_3 - \psi(V_4) = 0\,. \tag{55}$$

Es ist

$$[V_1 - \varphi(V_2)\,, V_3 - \psi(V_4)] = 0\,; \tag{56}$$

die Gleichungen (55) bilden also ein Involutionssystem, welches man nach § 17 integrieren kann. Berechnet man aus den Gleichungen (55) p und q als Funktionen von x, y, z, so ist

$$\frac{dp}{dy} = \frac{dq}{dx}\,,$$

so daß die Gleichung

$$dz = p\,dx + q\,dy$$

vollständig integrierbar ist.

Bilden die beiden Gleichungen (46) ein vollständiges System, was, wie wir gesehen haben, nur im Falle $\lambda_1 = \lambda_2$ möglich ist, so besitzen sie drei Integrale V_1, V_2, V_3, zwischen welchen die Beziehungen

$$[V_1, V_2] = 0\,, \quad [V_1, V_3] = 0\,, \quad [V_2, V_3] = 0 \tag{57}$$

bestehen. Sind φ und ψ willkürliche Funktionen, so ist auch

(58) $$[V_1 - \varphi(V_3), V_2 - \psi(V_3)] = 0,$$

so daß die beiden Gleichungen

(59) $$V_1 = \varphi(V_3), \quad V_2 = \psi(V_3)$$

ein Involutionssystem bilden. Das allgemeine Integral dieses Systems, welches eine willkürliche Konstante c enthält, wird durch die Gleichungen

(60) $$V_3 = c, \quad V_1 = \varphi(c), \quad V_2 = \psi(c)$$

dargestellt; denn berechnet man aus diesen drei Gleichungen z, p, q als Funktionen von x, y, so sind die Gleichungen (59) erfüllt, und wegen (57) ist nach § 17

$$\frac{\partial z}{\partial x} = p, \quad \frac{\partial z}{\partial y} = q.$$

Wir nehmen an, durch Elimination von p, q aus den Gleichungen (60) ergebe sich die Flächenschar

(61) $$\Phi(x, y, z; c, \varphi(c), \psi(c)) = 0.$$

Die Einhüllende dieser Flächenschar, welche man durch Elimination von c aus der Gleichung (61) und der Gleichung

(62) $$\frac{\partial \Phi}{\partial c} + \frac{\partial \Phi}{\partial \varphi(c)} \varphi'(c) + \frac{\partial \Phi}{\partial \psi(c)} \psi'(c) = 0$$

erhält, genügt der Differentialgleichung (C), deren allgemeines Integral sie darstellt, da sie zwei willkürliche Funktionen φ, ψ enthält.

Beispiel. Es seien die Flächen zu bestimmen, welche von den zur yz-Ebene parallelen Ebenen in Krümmungslinien geschnitten werden.

Die Krümmungslinien einer Fläche $z = \Phi(x, y)$ genügen der Differentialgleichung*)

(a) $$\begin{cases} [p\,q\,r - s(1 + p^2)]\,dx^2 + [r(1 + q^2) - t(1 + p^2)]\,dx\,dy \\ \qquad + [s(1 + q^2) - p\,q\,t]\,dy^2 = 0. \end{cases}$$

*) V. u. K. Kommerell, Raumkurven und Flächen, Bd. I (Samml. Schubert XXIX), S. 93.

Die Bedingung dafür, daß in den Ebenen $x =$ konst. Krümmungslinien liegen, erhält man, indem man in (a) $dx = 0$ setzt, in Form der partiellen Differentialgleichung

$$s(1 + q^2) - p\,q\,t = 0\,. \tag{b}$$

Die Gleichung (b) geht aus (C′) hervor, indem man

$$H = 0\,,\quad 2K = 1 + q^2\,,\quad L = -p\,q\,,\quad M = 0$$

setzt. Die Differentialgleichungen (36) und (37) der beiden Systeme von Charakteristiken schreiben sich jetzt

$$\left\{\begin{aligned}(1 + q^2)\,dy + p\,q\,dx &= 0\,,\\ dq &= 0\,,\\ dz - p\,dx - q\,dy &= 0\end{aligned}\right. \tag{c}$$

und

$$\left\{\begin{aligned}dx &= 0\,,\\ (1 + q^2)\,dp - p\,q\,dq &= 0\,,\\ dz - q\,dy &= 0\,.\end{aligned}\right. \tag{d}$$

Die Ausdrücke

$$dq\,,\quad d(y + q\,z)$$

verschwinden infolge der Gleichungen (c) und die Ausdrücke

$$dx\,,\quad d\left(\frac{p^2}{1 + q^2}\right)$$

infolge der Gleichungen (d). Die Differentialgleichung (b) besitzt also die beiden Zwischenintegrale

$$\frac{p^2}{1 + q^2} = \varphi'^2(x)\ ^{*)},\qquad y + q\,z = \psi(q)\,, \tag{e}$$

wo φ und ψ willkürliche Funktionen sind. Die Gleichung

$$dz = p\,dx + q\,dy$$

geht, wenn man darin nach (e)

$$p = \sqrt{1 + q^2}\cdot\varphi'(x)\,,\quad y = \psi(q) - q\,z \tag{f}$$

setzt, in

$$dz = \sqrt{1 + q^2}\cdot\varphi'(x)\,dx + q\,\psi'(q)\,dq - q^2\,dz - q\,z\,dq$$

---

*) Statt $\varphi(x)$ schreiben wir $\varphi'^2(x)$.

oder

$$d(z\sqrt{1+q^2}) - \frac{q\,\psi'(q)\,dq}{\sqrt{1+q^2}} - \varphi'(x)\,dx = 0$$

über. Hieraus folgt

$$\text{(g)} \qquad z\sqrt{1+q^2} = \int \frac{q\,\psi'(q)\,dq}{\sqrt{1+q^2}} + \varphi(x)\,.$$

Wir führen an Stelle von q eine neue Veränderliche α ein, indem wir setzen:

$$\frac{q}{\sqrt{1+q^2}} = \alpha\,, \qquad q = \frac{\alpha}{\sqrt{1-\alpha^2}}$$

und

$$\psi(q) = \theta'(\alpha)\,.$$

Dadurch geht (g) über in

$$\text{(h)} \qquad \frac{z}{\sqrt{1-\alpha^2}} = \varphi(x) + \alpha\,\theta'(\alpha) - \theta(\alpha)\,,$$

während die zweite Gleichung (f) die Form annimmt:

$$\text{(i)} \qquad y + \frac{\alpha z}{\sqrt{1-\alpha^2}} = \theta'(\alpha)\,.$$

Durch Elimination von α aus den Gleichungen (h) und (i) erhält man die Gleichung der gesuchten Flächen.

Beispiel. Die Flächen, deren sämtliche Punkte parabolisch sind, genügen der Differentialgleichung

$$(\alpha) \qquad rt - s^2 = 0 \text{ *)},$$

welche aus (C) dadurch hervorgeht, daß man

$$H = K = L = M = 0\,, \quad N = 1$$

setzt.

Die Gleichung (30) hat die Wurzeln $\lambda_1 = \lambda_2 = 0$; die Charakteristikensysteme (31) und (32) fallen zusammen in

$$dp = 0\,, \quad dq = 0\,, \quad dz - p\,dx - q\,dy = 0$$

oder

$$dp = 0\,, \quad dq = 0\,, \quad d(z - px - qy) = 0\,.$$

*) Samml. Schubert XXIX, S. 100.

Unter Einführung der willkürlichen Funktionen φ und ψ hat man die beiden Zwischenintegrale

$$(\beta) \qquad q = \varphi(p)\,, \quad z - px - qy = \psi(p)\,.$$

Das Involutionssystem (β) hat das Integral

$$p = c\,, \quad q = \varphi(c)\,, \quad z - cx - \varphi(c)\,y - \psi(c) = 0$$

mit der willkürlichen Konstanten c. Die Einhüllende der Ebenenschar

$$z - cx - \varphi(c)\,y - \psi(c) = 0\,,$$

welche man durch Elimination von c aus dieser Gleichung und der Gleichung

$$x + y\,\varphi'(c) + \psi'(c) = 0$$

erhält, stellt eine abwickelbare Fläche dar.

§ 25. Die Differentialgleichung der Minimalflächen.

Eine Minimalfläche*) ist durch die Eigenschaft charakterisiert, daß in jedem ihrer Punkte die Summe der Hauptkrümmungsradien verschwindet. Diese Eigenschaft drückt sich durch die Differentialgleichung

$$(63) \qquad (1 + q^2)\,r - 2pqs + (1 + p^2)\,t = 0$$

aus, welche zwar die Form (C′) hat, aber nach der in § 24 dargestellten Methode nicht integriert werden kann. Wir integrieren die Differentialgleichung (63) nach einer Methode von Ampère.

Nach (33), (34), (35) sind, wenn man

$$w = \sqrt{1 + p^2 + q^2}$$

setzt, die Differentialgleichungen der beiden Systeme von Charakteristiken:

$$(64) \qquad \begin{cases} dz - p\,dx - q\,dy = 0\,, \\[1ex] dy + \dfrac{pq - iw}{1 + q^2}\,dx = 0\,, \\[1ex] dp - \dfrac{pq + iw}{1 + q^2}\,dq = 0 \end{cases}$$

*) Vgl. V. u. K. Kommerell, Raumkurven und Flächen, Bd. II (Samml. Schubert XLIV), S. 125.

und

$$
(65) \qquad \begin{cases} dz - p\,dx - q\,dy = 0\,, \\ dy + \dfrac{pq + iw}{1 + q^2}\,dx = 0\,, \\ dp - \dfrac{pq - iw}{1 + q^2}\,dq = 0\,. \end{cases}
$$

Die letzte Gleichung (64), die sich in der Form

$$
d\left(\frac{pq + iw}{1 + q^2}\right) = 0
$$

schreiben läßt, besitzt das Integral

$$
\frac{pq + iw}{1 + q^2} = \text{konst.};
$$

das Integral der letzten Gleichung des Systems (65) ist

$$
\frac{pq - iw}{1 + q^2} = \text{konst.}
$$

Wir kennen nur je eine Funktion, deren Differential infolge der Gleichungen (64) bzw. (65) verschwindet, und können also die bisherige Methode zur Berechnung eines Zwischenintegrals mit einer willkürlichen Funktion nicht anwenden.

Wir drücken x, y, z durch die beiden unabhängigen Veränderlichen

$$
(66) \qquad \alpha = \frac{pq + iw}{1 + q^2}\,, \qquad \beta = \frac{pq - iw}{1 + q^2}
$$

aus, so daß für das erste Charakteristikensystem α und für das zweite β konstant ist. Die Differentialgleichungen der Charakteristiken lassen sich nun folgendermaßen schreiben:

$$
(67) \qquad \begin{cases} \dfrac{\partial z}{\partial \beta} - p\dfrac{\partial x}{\partial \beta} - q\dfrac{\partial y}{\partial \beta} = 0\,, \\ \dfrac{\partial y}{\partial \beta} + \beta\dfrac{\partial x}{\partial \beta} = 0\,, \\ pq + iw - \alpha(1 + q^2) = 0 \end{cases} \qquad (\alpha \text{ konstant})
$$

und

$$(68)\quad \begin{cases} \dfrac{\partial z}{\partial \alpha} - p\dfrac{\partial x}{\partial \alpha} - q\dfrac{\partial y}{\partial \alpha} = 0\,, \\ \dfrac{\partial y}{\partial \alpha} + \alpha\dfrac{\partial x}{\partial \alpha} = 0\,, \\ p\,q - i\,w - \beta(1+q^2) = 0\,. \end{cases} \qquad (\beta \text{ konstant})$$

Die Koordinaten x, y, z eines Punktes einer Integralfläche*) und die zugehörigen Werte von p, q müssen den sämtlichen sechs Gleichungen (67) und (68) genügen, worin α und β als veränderlich angesehen werden. Für x, y, z hat man die Differentialgleichungen

$$\frac{\partial y}{\partial \alpha} + \alpha\frac{\partial x}{\partial \alpha} = 0\,,$$

$$\frac{\partial y}{\partial \beta} + \beta\frac{\partial x}{\partial \beta} = 0\,;$$

differentiiert man die erste dieser beiden Gleichungen nach β und die zweite nach α, so erhält man

$$\frac{\partial^2 y}{\partial \alpha\,\partial \beta} + \alpha\frac{\partial^2 x}{\partial \alpha\,\partial \beta} = 0\,,$$

$$\frac{\partial^2 y}{\partial \alpha\,\partial \beta} + \beta\frac{\partial^2 x}{\partial \alpha\,\partial \beta} = 0$$

oder

$$\frac{\partial^2 x}{\partial \alpha\,\partial \beta} = 0\,.$$

Hiernach ist

$$x = \varphi'(\alpha) + \psi'(\beta)\,,$$

wo $\varphi(\alpha)$ und $\psi(\beta)$ willkürliche Funktionen darstellen. Nun ist

$$\frac{\partial y}{\partial \alpha} = -\alpha\,\varphi''(\alpha)\,, \qquad \frac{\partial y}{\partial \beta} = -\beta\,\psi''(\beta)\,,$$

also

$$y = \varphi(\alpha) - \alpha\,\varphi'(\alpha) + \psi(\beta) - \beta\,\psi'(\beta)\,.$$

---

*) Die Integralfläche enthält (§ 23) ∞^1 Charakteristiken eines jeden der beiden Systeme.

Die Gleichung

$$dz = p\,dx + q\,dy$$

geht, wenn man für p und q die aus der letzten Gleichung (67) und (68) berechneten Werte

$$p = i\,\frac{\beta\sqrt{\alpha^2+1} - \alpha\sqrt{\beta^2+1}}{\beta - \alpha}\,, \qquad q = i\,\frac{\sqrt{\alpha^2+1} - \sqrt{\beta^2+1}}{\beta - \alpha}$$

setzt, über in

$$dz = i\sqrt{\alpha^2+1}\,\varphi''(\alpha)\,d\alpha + i\sqrt{\beta^2+1}\,\psi''(\beta)\,d\beta\,;$$

die Integration ergibt

$$z = i\int\sqrt{\alpha^2+1}\,\varphi''(\alpha)\,d\alpha + i\int\sqrt{\beta^2+1}\,\psi''(\beta)\,d\beta\,.$$

Die Differentialgleichung (63) hat also das Integral

$$(69)\quad \begin{cases} x = \varphi'(\alpha) + \psi'(\beta)\,, \\ y = \varphi(\alpha) - \alpha\,\varphi'(\alpha) + \psi(\beta) - \beta\,\psi'(\beta)\,, \\ z = i\int\sqrt{\alpha^2+1}\,\varphi''(\alpha)\,d\alpha + i\int\sqrt{\beta^2+1}\,\psi''(\beta)\,d\beta\,. \end{cases}$$

§ 26. Die lineare partielle Differentialgleichung zweiter Ordnung.

Einen speziellen Fall der Monge-Ampèreschen Gleichung bildet die lineare Differentialgleichung zweiter Ordnung

$$(\mathrm{D})\quad \begin{cases} A\,\dfrac{\partial^2 z}{\partial x^2} + 2B\,\dfrac{\partial^2 z}{\partial x\,\partial y} + C\,\dfrac{\partial^2 z}{\partial y^2} \\ \qquad + D\,\dfrac{\partial z}{\partial x} + E\,\dfrac{\partial z}{\partial y} + F z = 0\,, \end{cases}$$

deren Koeffizienten $A, \ldots, F$ nur von x, y abhängen. Wenn man an Stelle von x, y neue unabhängige Veränderliche ξ, η einführt, geht die Gleichung (D) über in

$$(70)\quad \begin{cases} A'\,\dfrac{\partial^2 z}{\partial \xi^2} + 2B'\,\dfrac{\partial^2 z}{\partial \xi\,\partial \eta} + C'\,\dfrac{\partial^2 z}{\partial \eta^2} \\ \qquad + D'\,\dfrac{\partial z}{\partial \xi} + E'\,\dfrac{\partial z}{\partial \eta} + F z = 0\,, \end{cases}$$

wobei $A', \ldots, E', F$ als Funktionen von ξ, η aufzufassen sind; es ist

$$(71)\quad \begin{cases} A' = A\left(\frac{\partial \xi}{\partial x}\right)^2 + 2B\frac{\partial \xi}{\partial x}\frac{\partial \xi}{\partial y} + C\left(\frac{\partial \xi}{\partial y}\right)^2, \\ B' = A\frac{\partial \xi}{\partial x}\frac{\partial \eta}{\partial x} + B\left(\frac{\partial \xi}{\partial x}\frac{\partial \eta}{\partial y} + \frac{\partial \xi}{\partial y}\frac{\partial \eta}{\partial x}\right) + C\frac{\partial \xi}{\partial y}\frac{\partial \eta}{\partial y}, \\ C' = A\left(\frac{\partial \eta}{\partial x}\right)^2 + 2B\frac{\partial \eta}{\partial x}\frac{\partial \eta}{\partial y} + C\left(\frac{\partial \eta}{\partial y}\right)^2, \\ D' = A\frac{\partial^2 \xi}{\partial x^2} + 2B\frac{\partial^2 \xi}{\partial x \partial y} + C\frac{\partial^2 \xi}{\partial y^2} + D\frac{\partial \xi}{\partial x} + E\frac{\partial \xi}{\partial y}, \\ E' = A\frac{\partial^2 \eta}{\partial x^2} + 2B\frac{\partial^2 \eta}{\partial x \partial y} + C\frac{\partial^2 \eta}{\partial y^2} + D\frac{\partial \eta}{\partial x} + E\frac{\partial \eta}{\partial y}. \end{cases}$$

Sind $B^2 - AC$ und A von Null verschieden, so hat die quadratische Gleichung

$$(72)\qquad A\lambda^2 - 2B\lambda + C = 0$$

zwei verschiedene Wurzeln λ_1, λ_2, und es besteht die Zerlegung

$$A u^2 + 2B uv + C v^2 = A(u + \lambda_1 v)(u + \lambda_2 v).$$

Die partielle Differentialgleichung

$$(73)\qquad A\left(\frac{\partial \varphi}{\partial x}\right)^2 + 2B\frac{\partial \varphi}{\partial x}\frac{\partial \varphi}{\partial y} + C\left(\frac{\partial \varphi}{\partial y}\right)^2 = 0$$

zerfällt also in die beiden Gleichungen

$$\frac{\partial \varphi}{\partial x} + \lambda_1 \frac{\partial \varphi}{\partial y} = 0$$

mit der Lösung $\varphi = \xi(x, y)$ und

$$\frac{\partial \varphi}{\partial x} + \lambda_2 \frac{\partial \varphi}{\partial y} = 0$$

mit der Lösung $\varphi = \eta(x, y)$. Dann ist

$$\frac{\partial \xi}{\partial x}\frac{\partial \eta}{\partial y} - \frac{\partial \xi}{\partial y}\frac{\partial \eta}{\partial x}$$

von Null verschieden, so daß wir ξ, η als neue unabhängige Veränderliche einführen können. Es ist jetzt $A' = 0$, $C' = 0$, aber

$$2B' = A\left(\frac{\partial \eta}{\partial x} + \lambda_1 \frac{\partial \eta}{\partial y}\right)\left(\frac{\partial \xi}{\partial x} + \lambda_2 \frac{\partial \xi}{\partial y}\right) \text{ *)}$$

von Null verschieden; dividiert man die transformierte Gleichung durch $2B'$, so erhält sie die Form

$$\text{(E)} \qquad \frac{\partial^2 z}{\partial \xi\, \partial \eta} + a\frac{\partial z}{\partial \xi} + b\frac{\partial z}{\partial \eta} + cz = 0,$$

wo a, b, c Funktionen von ξ, η sind. — Ist $A = 0$, aber C von Null verschieden, so erhält man dasselbe Resultat, indem man die Rolle von x und y vertauscht. Im Falle $A = 0$, $C = 0$ hat die Differentialgleichung von vornherein die Form (E).

Ist $B^2 - AC = 0$ und A von Null verschieden, so können wir setzen:

$$Au^2 + 2Buv + Cv^2 = A(u + \lambda v)^2;$$

es ist also

$$A' = A\left(\frac{\partial \xi}{\partial x} + \lambda \frac{\partial \xi}{\partial y}\right)^2,$$

$$B' = A\left(\frac{\partial \xi}{\partial x} + \lambda \frac{\partial \xi}{\partial y}\right)\left(\frac{\partial \eta}{\partial x} + \lambda \frac{\partial \eta}{\partial y}\right),$$

$$C' = A\left(\frac{\partial \eta}{\partial x} + \lambda \frac{\partial \eta}{\partial y}\right)^2.$$

Versteht man unter $\varphi = \eta(x, y)$ eine Lösung der Differentialgleichung

$$\frac{\partial \varphi}{\partial x} + \lambda \frac{\partial \varphi}{\partial y} = 0,$$

unter $\xi(x, y)$ eine Funktion, welche dieser Differentialgleichung nicht genügt, so ist $B' = 0$, $C' = 0$, während

*) Auf der rechten Seite steht zunächst das weitere Glied

$$A\left(\frac{\partial \xi}{\partial x} + \lambda_1 \frac{\partial \xi}{\partial y}\right)\left(\frac{\partial \eta}{\partial x} + \lambda_2 \frac{\partial \eta}{\partial y}\right),$$

welches bei der getroffenen Wahl von ξ und η verschwindet.

A' von Null verschieden ist. Die Differentialgleichung hat also die Form

$$\text{(F)} \qquad \frac{\partial^2 z}{\partial \xi^2} + a\frac{\partial z}{\partial \xi} + b\frac{\partial z}{\partial \eta} + cz = 0\,,$$

wo a, b, c Funktionen von ξ, η sind. — A und C können nicht gleichzeitig verschwinden, weil dann auch B verschwinden müßte.

Durch Transformation der unabhängigen Veränderlichen x, y läßt sich die lineare partielle Differentialgleichung zweiter Ordnung

$$\text{(D)} \quad A\frac{\partial^2 z}{\partial x^2} + 2B\frac{\partial^2 z}{\partial x\,\partial y} + C\frac{\partial^2 z}{\partial y^2} + D\frac{\partial z}{\partial x} + E\frac{\partial z}{\partial y} + Fz = 0$$

auf die Form

$$\text{(E)} \qquad \frac{\partial^2 z}{\partial x\,\partial y} + a\frac{\partial z}{\partial x} + b\frac{\partial z}{\partial y} + cz = 0$$

oder auf die Form

$$\text{(F)} \qquad \frac{\partial^2 z}{\partial x^2} + a\frac{\partial z}{\partial x} + b\frac{\partial z}{\partial y} + cz = 0$$

bringen, je nachdem $B^2 - AC$ von Null verschieden oder gleich Null ist.

Wir beschäftigen uns im Folgenden nur mit der Form (E).

Die lineare Differentialgleichung

$$\text{(D)} \qquad Ar + 2Bs + Ct + Dp + Eq + Fz = 0$$

geht aus der Monge-Ampèreschen Gleichung (C′) hervor, indem man

$$H = A\,,\quad K = B\,,\quad L = C\,,\quad M = Dp + Eq + Fz$$

setzt. Die Charakteristiken erster Ordnung der Differentialgleichung (D) haben nach S. 120 die Differentialgleichungen

$$\text{(74)} \qquad A\,dy^2 - 2B\,dx\,dy + C\,dx^2 = 0\,,$$

$$\text{(75)} \quad A\,dp\,dy + C\,dq\,dx + (Dp + Eq + Fz)\,dx\,dy = 0\,,$$

$$\text{(76)} \qquad dz = p\,dx + q\,dy\,.$$

Da die Gleichung (74) nur x, y enthält, so kann sie unabhängig von den übrigen Gleichungen integriert werden.

Wenn wir uns die Raumkurven, welche die Träger der charakteristischen Streifen erster Ordnung bilden, auf die xy-Ebene projiziert denken, erscheinen als Projektionen ebene Kurven, welche der Gleichung (74) genügen.

In der Theorie der linearen partiellen Differentialgleichungen (D) werden die Kurven in der xy-Ebene, welche der gewöhnlichen Differentialgleichung (74)

$$A\,dy^2 - 2B\,dx\,dy + C\,dx^2 = 0$$

genügen, als Charakteristiken bezeichnet.

Ist φ eine Funktion von x, y, welche der partiellen Differentialgleichung erster Ordnung (73)

$$A\left(\frac{\partial \varphi}{\partial x}\right)^2 + 2B\frac{\partial \varphi}{\partial x}\frac{\partial \varphi}{\partial y} + C\left(\frac{\partial \varphi}{\partial y}\right)^2 = 0$$

genügt, so stellt die Gleichung

$$\varphi(x, y) = \text{konst.}$$

eine Charakteristik dar; denn längs der durch diese Gleichung dargestellten Kurve ist

$$\frac{\partial \varphi}{\partial x}dx + \frac{\partial \varphi}{\partial y}dy = 0$$

oder

$$\frac{\partial \varphi}{\partial x} : \frac{\partial \varphi}{\partial y} = dy : -dx\,;$$

mit der Gleichung (73) ist also auch die Gleichung (74) erfüllt.

Im Falle $B^2 - AC \neq 0$ haben wir oben die Gleichung (73) in die beiden Gleichungen

$$\frac{\partial \varphi}{\partial x} + \lambda_1 \frac{\partial \varphi}{\partial y} = 0$$

und

$$\frac{\partial \varphi}{\partial x} + \lambda_2 \frac{\partial \varphi}{\partial y} = 0$$

zerlegt und als neue Veränderliche eine Lösung $\xi = \xi(x, y)$ der ersten und eine Lösung $\eta = \eta(x, y)$ der zweiten Gleichung eingeführt; die Kurven $\xi =$ konst. und $\eta =$ konst. sind die Charakteristiken.

Im Falle $B^2 - AC = 0$ ließ sich die Gleichung (73) durch eine Gleichung

$$\frac{\partial \varphi}{\partial x} + \lambda \frac{\partial \varphi}{\partial y} = 0$$

ersetzen; die eine neue Veränderliche $\eta = \eta(x, y)$ war eine Lösung dieser Gleichung; die Charakteristiken sind jetzt die Kurven $\eta =$ konst.

Die Differentialgleichung

$$\text{(E)} \qquad s + ap + bq + cz = 0,$$

wo a, b, c Funktionen von x, y sind, geht aus der Gleichung (C′) hervor, indem man

$$H = L = 0, \quad 2K = 1, \quad M = ap + bq + cz$$

setzt. Die beiden Systeme von Charakteristiken haben die Differentialgleichungen

$$\text{(77)} \quad dx = 0, \quad dp + (ap + bq + cz)\,dy = 0, \quad dz = q\,dy$$

und

$$\text{(78)} \quad dy = 0, \quad dq + (ap + bq + cz)\,dx = 0, \quad dz = p\,dx.$$

Damit $dV(x, y, z, p, q)$ infolge der Differentialgleichungen (77) des ersten Charakteristikensystems verschwindet, muß

$$\text{(79)} \quad \begin{cases} \dfrac{\partial V}{\partial q} = 0, \\[2mm] \dfrac{\partial V}{\partial y} + q\dfrac{\partial V}{\partial z} - (ap + bq + cz)\dfrac{\partial V}{\partial p} = 0 \end{cases}$$

sein. Besitzen die beiden linearen partiellen Differentialgleichungen (79) außer $V = x$ eine weitere davon unabhängige Lösung, so muß diese wegen der ersten Gleichung (79) von q unabhängig sein. Soll

$$V = f(x, y, z, p)$$

der zweiten Gleichung (79) genügen, so muß

$$\text{(80)} \quad \begin{cases} A(V) = \dfrac{\partial V}{\partial y} - (ap + cz)\dfrac{\partial V}{\partial p} = 0, \\[2mm] B(V) = \dfrac{\partial V}{\partial z} - b\dfrac{\partial V}{\partial p} = 0 \end{cases}$$

sein. Diese beiden Differentialgleichungen, in welchen wir x als Parameter, y, z, p als unabhängige Veränderliche auffassen, besitzen nur dann eine gemeinsame Lösung V, wenn

$$A(B(V)) - B(A(V))$$

identisch verschwindet, d. h. wenn

$$\frac{\partial b}{\partial y} + ab - c = 0 \tag{81}$$

ist. Dann besitzt das System (80) die beiden unabhängigen Lösungen

$$x, \quad f(x, y, z, p),$$

und die Differentialgleichung (E) hat das Zwischenintegral

$$f(x, y, z, p) = \varphi(x), \tag{82}$$

wo φ eine willkürliche Funktion darstellt.

Ebenso findet man, daß ein Zwischenintegral der Gleichung (E) von der Form

$$f(x, y, z, q) = \varphi(y) \tag{83}$$

mit der willkürlichen Funktion φ vorhanden ist, wenn

$$\frac{\partial a}{\partial x} + ab - c = 0 \tag{84}$$

ist.

§ 27. Methode von Laplace*).

Wir setzen

$$\left\{\begin{aligned} h &= \frac{\partial a}{\partial x} + ab - c, \\ k &= \frac{\partial b}{\partial y} + ab - c. \end{aligned}\right. \tag{85}$$

Die Gleichung (E) schreibt sich in der Form

$$\frac{\partial}{\partial x}\left(\frac{\partial z}{\partial y} + az\right) + b\left(\frac{\partial z}{\partial y} + az\right) - hz = 0$$

*) Vgl. Darboux, Théorie générale des surfaces, Bd. II, S. 23 ff. (außer den genannten Werken von Goursat und Forsyth).

oder, wenn

$$z_1 = \frac{\partial z}{\partial y} + a z \tag{86}$$

gesetzt wird, in der Form

$$\frac{\partial z_1}{\partial x} + b z_1 - h z = 0 . \tag{87}$$

Ist $h = 0$, so hat man die Gleichung

$$\frac{\partial z_1}{\partial x} + b z_1 = 0$$

mit dem Integral

$$z_1 = Y e^{-\int b\, dx},$$

wo Y eine willkürliche Funktion von y darstellt. Zur Bestimmung von z hat man jetzt die Gleichung

$$\frac{\partial z}{\partial y} + a z = Y e^{-\int b\, dx} ;$$

aus dieser linearen Differentialgleichung erster Ordnung mit der unabhängigen Veränderlichen y berechnet man

$$z = e^{-\int a\, dy}\left[X + \int Y e^{\int (a\, dy - b\, dx)}\, dy\right], \tag{88}$$

wo X eine willkürliche Funktion von x darstellt. Im Falle $h = 0$ läßt sich also die Gleichung (E) durch Quadraturen integrieren.

Ähnlich findet man, wenn $k = 0$ ist,

$$z = e^{-\int b\, dx}\left[Y + \int X e^{\int (b\, dx - a\, dy)}\, dx\right], \tag{89}$$

wo X eine willkürliche Funktion von x und Y eine willkürliche Funktion von y darstellt.

Wir setzen jetzt h von Null verschieden voraus. Wenn man z aus den Gleichungen (86) und (87) eliminiert, erhält man für z_1 die Differentialgleichung

$$\frac{\partial^2 z_1}{\partial x\, \partial y} + a_1 \frac{\partial z_1}{\partial x} + b_1 \frac{\partial z_1}{\partial y} + c_1 z_1 = 0 , \tag{90}$$

wo gesetzt ist:

$$(91)\quad \begin{cases} a_1 = a - \dfrac{\partial \log h}{\partial y}, \\ b_1 = b, \\ c_1 = c - \dfrac{\partial a}{\partial x} + \dfrac{\partial b}{\partial y} - b\dfrac{\partial \log h}{\partial y}. \end{cases}$$

Aus einer Lösung z der ursprünglichen Gleichung (E) ergibt sich vermöge (86) eine Lösung z_1 der Gleichung (90); umgekehrt folgt aus einer Lösung z_1 der Differentialgleichung (90) vermöge (86) die Lösung

$$z = \frac{\dfrac{\partial z_1}{\partial x} + b z_1}{h}$$

der ursprünglichen Gleichung (E). Die Integration der Gleichung (90) und die Integration der Gleichung (E) sind also äquivalente Aufgaben. Setzt man

$$(92)\quad \begin{cases} h_1 = \dfrac{\partial a_1}{\partial x} + a_1 b_1 - c_1, \\ k_1 = \dfrac{\partial b_1}{\partial y} + a_1 b_1 - c_1, \end{cases}$$

so ist

$$(93)\quad \begin{cases} h_1 = 2h - k - \dfrac{\partial^2 \log h}{\partial x\,\partial y}, \\ k_1 = h. \end{cases}$$

Wenn man

$$(86')\quad z_{-1} = \frac{\partial z}{\partial x} + bz$$

setzt, nimmt die Differentialgleichung (E) die Form

$$(87')\quad \frac{\partial z_{-1}}{\partial y} + a z_{-1} - kz = 0$$

an. Durch Elimination von z erhält man für z_{-1} die Differentialgleichung

$$(90')\quad \frac{\partial^2 z_{-1}}{\partial x\,\partial y} + a_{-1}\frac{\partial z_{-1}}{\partial x} + b_{-1}\frac{\partial z_{-1}}{\partial y} + c_{-1} z_{-1} = 0,$$

wo

$$(91') \quad \begin{cases} a_{-1} = a\,, \\ b_{-1} = b - \dfrac{\partial \log k}{\partial x}\,, \\ c_{-1} = c - \dfrac{\partial b}{\partial y} + \dfrac{\partial a}{\partial x} - a\,\dfrac{\partial \log k}{\partial x} \end{cases}$$

ist. Wenn man

$$(92') \quad \begin{cases} h_{-1} = \dfrac{\partial a_{-1}}{\partial x} + a_{-1} b_{-1} - c_{-1}\,, \\ k_{-1} = \dfrac{\partial b_{-1}}{\partial y} + a_{-1} b_{-1} - c_{-1} \end{cases}$$

setzt, so ist

$$(93') \quad \begin{cases} h_{-1} = k\,, \\ k_{-1} = 2k - h - \dfrac{\partial^2 \log k}{\partial x\, \partial y}\,. \end{cases}$$

Die Größen h und k sind von Darboux als Invarianten der Differentialgleichung (E) bezeichnet worden.

Die Substitution

$$z = \lambda(x\,,\, y) \cdot z'$$

führt die Differentialgleichung (E) über in die Gleichung

$$(94) \quad \frac{\partial^2 z'}{\partial x\, \partial y} + a' \frac{\partial z'}{\partial x} + b' \frac{\partial z'}{\partial y} + c' z = 0$$

mit den Koeffizienten

$$(95) \quad \begin{cases} a' = a + \dfrac{\partial \log \lambda}{\partial y}\,, \\ b' = b + \dfrac{\partial \log \lambda}{\partial x}\,, \\ c' = c + a\,\dfrac{\partial \log \lambda}{\partial x} + b\,\dfrac{\partial \log \lambda}{\partial y} + \dfrac{1}{\lambda}\,\dfrac{\partial^2 \lambda}{\partial x\, \partial y} \end{cases}$$

und den Invarianten

$$(96) \quad \begin{cases} h' = \dfrac{\partial a'}{\partial x} + a' b' - c' = h\,, \\ k' = \dfrac{\partial b'}{\partial y} + a' b' - c' = k\,. \end{cases}$$

Die Invarianten von (94) stimmen also mit denjenigen von (E) überein.

Wir zeigen auch umgekehrt, daß sich zwei Gleichungen (E) und (94) mit denselben Invarianten durch eine Substitution $z = \lambda z'$ ineinander überführen lassen. Wenn nämlich die Gleichungen (96)

$$\frac{\partial a'}{\partial x} + a'b' - c' = \frac{\partial a}{\partial x} + ab - c,$$

$$\frac{\partial b'}{\partial y} + a'b' - c' = \frac{\partial b}{\partial y} + ab - c$$

bestehen, so ist

$$\frac{\partial a'}{\partial x} - \frac{\partial a}{\partial x} = \frac{\partial b'}{\partial y} - \frac{\partial b}{\partial y};$$

wenn man

$$\frac{\partial \log \lambda}{\partial y} = a' - a, \qquad \frac{\partial \log \lambda}{\partial x} = b' - b$$

setzt, so ist die Integrabilitätsbedingung

$$\frac{\partial}{\partial x} \frac{\partial \log \lambda}{\partial y} = \frac{\partial}{\partial y} \frac{\partial \log \lambda}{\partial x}$$

erfüllt, und man hat

$$(97) \qquad \lambda = e^{\int [(b' - b)\, dx + (a' - a)\, dy]};$$

dieser Wert von λ genügt nicht nur den beiden ersten Gleichungen (95), sondern, wie man durch Nachrechnen zeigt, auch der dritten, so daß die Gleichungen (E) und (94) durch die Substitution $z = \lambda z'$ zusammenhängen. Wenn man zwei lineare Gleichungen, welche durch eine Substitution von der Form $z = \lambda z'$ auseinander hervorgehen, als voneinander nicht verschieden ansieht, so ist eine lineare Differentialgleichung von der Form (E) durch ihre Invarianten bestimmt.

Die Differentialgleichungen (E), (90), (90′), die von z, z_1, z_{-1} befriedigt werden, haben bzw. die Invarianten h, k; h_1, k_1; h_{-1}, k_{-1}, welche durch die Gleichungen (93) und (93′) verknüpft sind. Wenn man auf die Differentialgleichung (90) für z_1 die Transformation

$$z' = \frac{\partial z_1}{\partial x} + b z_1$$

anwendet, erhält man, da wegen (87)

$$z' = h z$$

ist, eine Gleichung, welche als von (E) nicht verschieden zu betrachten ist. Ebenso erhält man, wenn man die Substitution

$$z' = \frac{\partial z_{-1}}{\partial y} + a z_{-1}$$

auf die Differentialgleichung (90′) für z_{-1} anwendet, wegen $z' = k z$ [vgl. Gleichung (87′)] eine Differentialgleichung, welche von der Gleichung (E) für z nicht verschieden ist.

Setzt man

$$(86'') \qquad z_i = \frac{\partial z_{i-1}}{\partial y} + a z_{i-1} \qquad (i = 1, 2, \ldots)$$

und

$$(86''') \qquad z_{-i} = \frac{\partial z_{-(i-1)}}{\partial x} + b z_{-(i-1)}, \qquad (i = 1, 2, \ldots)$$

so hat man die Differentialgleichung

$$(90'') \qquad \frac{\partial^2 z_i}{\partial x \, \partial y} + a_i \frac{\partial z_i}{\partial x} + b_i \frac{\partial z_i}{\partial y} + c_i z_i = 0$$

mit den Invarianten h_i, k_i und die Differentialgleichung

$$(90''') \qquad \frac{\partial^2 z_{-i}}{\partial x \, \partial y} + a_{-i} \frac{\partial z_{-i}}{\partial x} + b_{-i} \frac{\partial z_{-i}}{\partial y} + c_{-i} z_{-i} = 0$$

mit den Invarianten h_{-i}, k_{-i}, und zwar ist

$$(93'') \qquad \begin{cases} h_i = 2 h_{i-1} - k_{i-1} - \dfrac{\partial^2 \log h_{i-1}}{\partial x \, \partial y}, \\ k_i = h_{i-1} \end{cases}$$

und

$$(93''') \qquad \begin{cases} h_{-i} = k_{-(i-1)}, \\ k_{-i} = 2 k_{-(i-1)} - h_{-(i-1)} - \dfrac{\partial^2 \log k_{-(i-1)}}{\partial x \, \partial y}. \end{cases}$$

Wir haben gesehen, daß eine Differentialgleichung (E) mit einer verschwindenden Invariante durch Quadraturen integrierbar ist und daß dies auch für die Differentialgleichungen gilt, welche aus (E) durch eine der Substitutionen (86) und (86′) erhalten werden. Ist nun unter den Differentialgleichungen für die Funktionen $z, z_1, z_2, \ldots$ eine Gleichung mit einer verschwindenden Invariante vorhanden und ist die Differentialgleichung für z_i die erste derartige Gleichung, so ist $h_i = 0$ *); dann läßt sich aber z_i und damit auch $z_{i-1}, \ldots, z_1, z$ durch Quadraturen darstellen. Wenn sich unter den Differentialgleichungen für $z, z_{-1}, z_{-2}, \ldots$ eine mit einer verschwindenden Invariante befindet und dies zuerst bei der Gleichung für z_{-i} zutrifft, so ist $k_{-i} = 0$; dann läßt sich z_{-i} und schließlich auch z durch Quadraturen berechnen.

Beispiel. Die Differentialgleichung

$$\frac{\partial^2 z}{\partial x\,\partial y} + \frac{1}{x-y}\left(\frac{\partial z}{\partial x} - \frac{\partial z}{\partial y}\right) = 0$$

hat die Invarianten

$$h = k = -\frac{2}{(x-y)^2}.$$

Durch die Substitution

$$z_1 = \frac{\partial z}{\partial y} + \frac{z}{x-y}$$

erhält man die Gleichung

$$\frac{\partial^2 z_1}{\partial x\,\partial y} - \frac{1}{x-y}\left(\frac{\partial z_1}{\partial x} + \frac{\partial z_1}{\partial y}\right) + \frac{2\,z_1}{(x-y)^2} = 0$$

mit den Invarianten

$$h_1 = 0\,, \quad k_1 = h$$

und mit dem Integral

$$z_1 = \frac{2\,\varphi(x) + \int \varphi_1(y)\,(x-y)^2\,dy}{x-y},$$

---

*) Wäre $k_i = 0$, so hätte wegen $k_i = h_{i-1}$ schon die Differentialgleichung für z_{i-1} eine verschwindende Invariante.

wo $\varphi(x)$ und $\varphi_1(y)$ willkürliche Funktionen sind. Wenn man $\varphi_1(y) = \psi'''(y)$ setzt, kann man die Quadratur ausführen; man erhält

$$z_1 = 2\,\frac{\varphi(x) + \psi(y)}{x - y} + 2\,\psi'(y) + (x - y)\,\psi''(y)\,.$$

Daraus folgt das Integral der ursprünglichen Gleichung

$$z = (x - y)\,\bigl(\psi'(y) - \varphi'(x)\bigr) + 2\,\varphi(x) + 2\,\psi(y)\,,$$

wo $\varphi(x)$ und $\psi(y)$ willkürliche Funktionen sind.

Bemerkung. Während sich die Integration einer partiellen Differentialgleichung erster Ordnung stets auf die Integration eines Systems gewöhnlicher Differentialgleichungen zurückführen läßt (§ 11), konnten wir die Zurückführung partieller Differentialgleichungen zweiter Ordnung auf gewöhnliche Differentialgleichungen in §§ 23—27 nur unter besonderen Bedingungen vornehmen. Eine umfassendere Methode zur Integration partieller Differentialgleichungen zweiter Ordnung, welche denselben Zweck verfolgt, aber auch nur bedingungsweise erreicht, rührt von Darboux her. In betreff der Darbouxschen Methode, von deren Darstellung wir aus Mangel an Raum absehen, sei auf eine Abhandlung von Darboux*) und auf die S. 92 angeführten Lehrbücher**) verwiesen.

---

*) Ann. de l'Éc. norm., 1870, S. 163 ff.; Anhang III zur deutschen Ausgabe des auf S. 36 zitierten Buches von Mansion.

**) Goursat (Kap. 6, 7); Forsyth (Kap. 18).

IV. Abschnitt.

Lineare partielle Differentialgleichungen zweiter Ordnung, insbesondere hyperbolische Differentialgleichungen*).

§ 28. Charakteristiken und Normalformen der linearen partiellen Differentialgleichung zweiter Ordnung.

Wir betrachten im folgenden die lineare partielle Differentialgleichung zweiter Ordnung

$$\text{(A)} \qquad \begin{cases} A\dfrac{\partial^2 z}{\partial x^2} + 2B\dfrac{\partial^2 z}{\partial x\,\partial y} + C\dfrac{\partial^2 z}{\partial y^2} \\ \qquad + D\dfrac{\partial z}{\partial x} + E\dfrac{\partial z}{\partial y} + Fz = 0\,, \end{cases}$$

deren Koeffizienten $A, \ldots, F$ in einem gewissen Gebiet der xy-Ebene stetige Funktionen der reellen Veränderlichen x, y sind. Während bisher die auftretenden Größen komplex sein durften und die Funktionen als analytisch vorausgesetzt wurden, setzen wir im folgenden**), soweit nichts anderes erwähnt wird, alle Größen als reell voraus; von den auftretenden Funktionen geben wir jedesmal an, welche Bedingungen sie in Hinsicht auf Stetigkeit und Differentiierbarkeit erfüllen sollen.

Wir führen zunächst die Charakteristiken der Differentialgleichung (A) unabhängig von den früheren Untersuchungen (§ 26) ein.

Längs einer in der xy-Ebene gegebenen Kurve $\mathfrak{C}$ seien die Werte von z, $\dfrac{\partial z}{\partial x}$, $\dfrac{\partial z}{\partial y}$ vorgeschrieben. Wenn sich

---

*) Vgl. Enzyklopädie der math. Wiss. II A, 7 c (Sommerfeld) zu diesem und zum VII. Abschnitt.

**) In den Abschnitten IV—VIII.

x, y beim Fortschreiten längs der Kurve $\mathfrak{C}$ um dx bzw. dy ändern, müssen die vorgeschriebenen Werte die Bedingung erfüllen:

$$dz = \frac{\partial z}{\partial x} dx + \frac{\partial z}{\partial y} dy .$$

Wenn eine Lösung z von (A) vorhanden ist, welche nebst ihren partiellen Ableitungen erster Ordnung längs $\mathfrak{C}$ die vorgegebenen Werte annimmt, so müssen die partiellen Ableitungen zweiter Ordnung in einem Punkt von $\mathfrak{C}$ den folgenden drei Gleichungen genügen:

$$(1) \quad \begin{cases} d\frac{\partial z}{\partial x} = \frac{\partial^2 z}{\partial x^2} dx + \frac{\partial^2 z}{\partial x \partial y} dy , \\ d\frac{\partial z}{\partial y} = \frac{\partial^2 z}{\partial x \partial y} dx + \frac{\partial^2 z}{\partial y^2} dy , \\ A\frac{\partial^2 z}{\partial x^2} + 2B\frac{\partial^2 z}{\partial x \partial y} + C\frac{\partial^2 z}{\partial y^2} + D\frac{\partial z}{\partial x} + E\frac{\partial z}{\partial y} + Fz = 0 . \end{cases}$$

Es ergeben sich hieraus bestimmte endliche Werte für die partiellen Ableitungen zweiter Ordnung, wenn die Determinante

$$\varDelta = \begin{vmatrix} dx, & dy, & 0 \\ 0, & dx, & dy \\ A, & 2B, & C \end{vmatrix} = A\,dy^2 - 2B\,dx\,dy + C\,dx^2$$

von Null verschieden ist. Ist jedoch längs der Kurve $\mathfrak{C}$ $\varDelta = 0$, so sind die zur Bestimmung der partiellen Ableitungen zweiter Ordnung dienenden Gleichungen (1) entweder nicht verträglich oder nicht unabhängig.

Die der Gleichung

$$(2) \qquad A\,dy^2 - 2B\,dx\,dy + C\,dx^2 = 0$$

genügenden Kurven in der xy-Ebene bilden die Charakteristiken der linearen partiellen Differentialgleichung (A).

Die Gleichung (2) läßt sich, je nachdem in einem gewissen Gebiete der xy-Ebene $B^2 - AC$ positiv oder negativ ist, auf reellem oder imaginärem Wege in zwei in bezug auf dx, dy lineare Gleichungen zerlegen. Es gibt also zwei Scharen von reellen oder imaginären Charakteristiken;

durch einen Punkt des betreffenden Gebietes geht eine Charakteristik jeder der beiden Scharen. Im Falle $B^2 - AC = 0$ ist Δ das Quadrat eines in dx, dy linearen reellen Ausdrucks; es ist eine einzige Schar von Charakteristiken vorhanden.

Die Differentialgleichung (A) heißt in einem gewissen Gebiete der xy-Ebene hyperbolisch, elliptisch oder parabolisch, je nachdem in diesem Gebiete $B^2 - AC$ positiv, negativ oder gleich Null ist.

Unter Benutzung dieser Ausdrucksweise können wir sagen:

Eine hyperbolische Differentialgleichung besitzt zwei Scharen reeller, eine elliptische zwei Scharen imaginärer Charakteristiken; bei einer parabolischen Differentialgleichung ist nur eine Schar reeller Charakteristiken vorhanden.

Ist $B^2 - AC \gtrless 0$, so hat die Gleichung (vgl. § 26)

$$A\lambda^2 - 2B\lambda + C = 0 \tag{3}$$

zwei verschiedene, reelle oder konjugiert komplexe Wurzeln λ_1, λ_2; ist

$$\xi(x, y) = \text{konst.}$$

das allgemeine Integral der Gleichung

$$dy - \lambda_1 dx = 0$$

und

$$\eta(x, y) = \text{konst.}$$

das allgemeine Integral der Gleichung

$$dy - \lambda_2 dx = 0,$$

so können die Funktionen $\xi(x, y)$ und $\eta(x, y)$ reell oder konjugiert komplex angenommen werden.

Durch die Substitution

$$\xi = \xi(x, y), \quad \eta = \eta(x, y)$$

geht die Gleichung (A) nach § 26 in

$$\frac{\partial^2 z}{\partial \xi \partial \eta} + a\frac{\partial z}{\partial \xi} + b\frac{\partial z}{\partial \eta} + cz = 0 \tag{4}$$

über, freilich nur dann auf reellem Wege, wenn $B^2 - AC > 0$ ist.

Im Falle $B^2 - AC < 0$ führen wir vermöge der Gleichungen

$$\xi = \mathfrak{x} + i\mathfrak{y}\,, \quad \eta = \mathfrak{x} - i\mathfrak{y}$$

an Stelle von ξ, η die reellen Veränderlichen $\mathfrak{x}$, $\mathfrak{y}$ ein. Jetzt sind in der Formel (70) des III. Abschnitts die Koeffizienten B' und F reell, während D' und E' konjugiert komplex sind; in der Gleichung (4) sind also a und b konjugiert komplex, c reell. Führt man die reellen Funktionen

$$\mathfrak{a} = 2(a + b)\,, \quad \mathfrak{b} = 2i(b - a)\,, \quad \mathfrak{c} = 4c$$

der reellen Veränderlichen $\mathfrak{x}$, $\mathfrak{y}$ ein, so erhält man die Differentialgleichung

$$\frac{\partial^2 z}{\partial \mathfrak{x}^2} + \frac{\partial^2 z}{\partial \mathfrak{y}^2} + \mathfrak{a}\frac{\partial z}{\partial \mathfrak{x}} + \mathfrak{b}\frac{\partial z}{\partial \mathfrak{y}} + \mathfrak{c}z = 0\,. \tag{5}$$

Ist $B^2 - AC = 0$, so hat die quadratische Gleichung (3) die Doppelwurzel λ; ist

$$\eta(x, y) = \text{konst.},$$

wo $\eta(x, y)$ reell ist, das allgemeine Integral von

$$dy - \lambda\, dx = 0$$

und $\xi(x, y)$ eine von $\eta(x, y)$ unabhängige reelle Funktion, so geht die Differentialgleichung (A) auf reellem Wege in

$$\frac{\partial^2 z}{\partial \xi^2} + a\frac{\partial z}{\partial \xi} + b\frac{\partial z}{\partial \eta} + cz = 0 \tag{6}$$

über. Jetzt ist nur die eine Charakteristikenschar $\eta = \text{konst.}$ vorhanden.

Wir müssen also den auf S. 142 ausgesprochenen Satz, wenn wir nur reelle Größen zulassen, durch den folgenden ersetzen:

Die Differentialgleichung

$$\text{(A)}\quad \begin{cases} A\dfrac{\partial^2 z}{\partial x^2} + 2B\dfrac{\partial^2 z}{\partial x\, \partial y} + C\dfrac{\partial^2 z}{\partial x^2} \\ \qquad + D\dfrac{\partial z}{\partial x} + E\dfrac{\partial z}{\partial y} + Fz = 0 \end{cases}$$

läßt sich durch eine reelle Transformation der unabhängigen Veränderlichen auf eine der drei folgenden Formen bringen, je nachdem sie hyperbolisch, elliptisch oder parabolisch ist:

$$(A_1) \qquad \frac{\partial^2 z}{\partial x \partial y} + a\frac{\partial z}{\partial x} + b\frac{\partial z}{\partial y} + cz = 0\,,$$

$$(A_2) \qquad \frac{\partial^2 z}{\partial x^2} + \frac{\partial^2 z}{\partial y^2} + a\frac{\partial z}{\partial x} + b\frac{\partial z}{\partial y} + cz = 0\,,$$

$$(A_3) \qquad \frac{\partial^2 z}{\partial x^2} + a\frac{\partial z}{\partial x} + b\frac{\partial z}{\partial y} + cz = 0\,.$$

Für die drei Normalformen (A_1), (A_2), (A_3) schreibt sich die Differentialgleichung (2) der Charakteristiken bzw.

$$(2_1) \qquad dx\,dy = 0\,,$$

$$(2_2) \qquad dx^2 + dy^2 = (dx + i\,dy)(dx - i\,dy) = 0\,,$$

$$(2_3) \qquad dy^2 = 0\,.$$

Die hyperbolische Differentialgleichung (A_1) hat als Charakteristiken die Parallelen $x =$ konst. und $y =$ konst. zu den Achsen; die elliptische Differentialgleichung (A_2) hat die imaginären Charakteristiken $x + iy =$ konst. und $x - iy =$ konst.; die Charakteristiken der parabolischen Differentialgleichung (A_3) sind die Parallelen $y =$ konst. zur x-Achse.

§ 29. Der Greensche Satz.

Der Greensche Satz der Potentialtheorie läßt sich auf die lineare partielle Differentialgleichung (A) übertragen und bietet in dieser abgeänderten Form ein wichtiges Hilfsmittel zur Untersuchung der Integrale einer solchen Differentialgleichung.

In der xy-Ebene sei ein von einer geschlossenen Kurve C begrenztes Flächenstück J gegeben; P und Q seien Funktionen von x, y, welche nebst ihren partiellen Ableitungen erster Ordnung im Innern und auf der Begrenzung der Fläche J stetig sind. Wir betrachten das über die Fläche J erstreckte Doppelintegral

$$\iint\limits_J \left(\frac{\partial P}{\partial x} + \frac{\partial Q}{\partial y}\right) dx\,dy\,,$$

welches sich, wie wir zeigen wollen, auf ein einfaches Integral zurückführen läßt.

Wir nehmen an, daß die Abszisse x eines Punktes der Randkurve C zwischen a_1 und $a_2 > a_1$ variiert und daß eine zur y-Achse gezogene Parallele, welche einer Abszisse x zwischen den angegebenen Grenzen entspricht, die Kurve C in zwei Punkten mit den Ordinaten y_1 und $y_2 > y_1$ schneidet (die Annahme nur zweier Schnittpunkte, die lediglich zur Vereinfachung der Darstellung gemacht wird, ist nicht wesentlich). Dann ist

$$\iint\limits_J \frac{\partial Q}{\partial y}\, dx\, dy = \int\limits_{a_1}^{a_2} dx \int\limits_{y_1}^{y_2} \frac{\partial Q}{\partial y}\, dy$$

$$= \int\limits_{a_1}^{a_2} [Q(x, y_2) - Q(x, y_1)]\, dx\,.$$

Das über die Randkurve C im positiven Sinne erstreckte Integral

$$\int\limits_C Q\, dx$$

ist gleich

$$\int\limits_{a_1}^{a_2} [Q(x, y_1) - Q(x, y_2)]\, dx\,;$$

denn beim Durchlaufen der Kurve C im positiven Sinne nimmt x im Punkte (x, y_1) zu, im Punkte (x, y_2) ab. Wir haben also

$$\iint\limits_J \frac{\partial Q}{\partial y}\, dx\, dy = -\int\limits_C Q\, dx\,.$$

Entsprechend findet man

$$\iint\limits_J \frac{\partial P}{\partial x}\, dx\, dy = \int\limits_C P\, dy\,.$$

Demnach ist

$$\iint\limits_J \left(\frac{\partial P}{\partial x} + \frac{\partial Q}{\partial y}\right) dx\, dy = \int\limits_C (P\, dy - Q\, dx)\,. \tag{7}$$

Dem linearen Differentialausdruck zweiter Ordnung

$$(8)\qquad \begin{cases} L(u) = A\dfrac{\partial^2 u}{\partial x^2} + 2B\dfrac{\partial^2 u}{\partial x\,\partial y} + C\dfrac{\partial^2 u}{\partial y^2} \\ \qquad\qquad + D\dfrac{\partial u}{\partial x} + E\dfrac{\partial u}{\partial y} + Fu\,, \end{cases}$$

dessen Koeffizienten $A, \ldots, F$ in einem gewissen Gebiet der xy-Ebene nebst ihren partiellen Ableitungen erster und zweiter Ordnung stetig sind, ordnen wir einen anderen linearen Differentialausdruck zweiter Ordnung

$$(9)\qquad \begin{cases} M(v) = \dfrac{\partial^2(Av)}{\partial x^2} + 2\dfrac{\partial^2(Bv)}{\partial x\,\partial y} + \dfrac{\partial^2(Cv)}{\partial y^2} \\ \qquad\qquad - \dfrac{\partial(Dv)}{\partial x} - \dfrac{\partial(Ev)}{\partial y} + Fv \end{cases}$$

zu, welchen man als den zu $L(u)$ adjungierten Differentialausdruck bezeichnet. $M(v)=0$ ist die zu $L(u)=0$ adjungierte Differentialgleichung.

Durch Addition der Gleichungen

$$\begin{aligned}
Av\frac{\partial^2 u}{\partial x^2} - u\frac{\partial^2(Av)}{\partial x^2} &= \frac{\partial}{\partial x}\left[Av\frac{\partial u}{\partial x} - u\frac{\partial(Av)}{\partial x}\right],\\
Bv\frac{\partial^2 u}{\partial x\,\partial y} - u\frac{\partial^2(Bv)}{\partial x\,\partial y} &= \frac{\partial}{\partial y}\left[Bv\frac{\partial u}{\partial x}\right] - \frac{\partial}{\partial x}\left[u\frac{\partial(Bv)}{\partial y}\right],\\
Bv\frac{\partial^2 u}{\partial x\,\partial y} - u\frac{\partial^2(Bv)}{\partial x\,\partial y} &= \frac{\partial}{\partial x}\left[Bv\frac{\partial u}{\partial y}\right] - \frac{\partial}{\partial y}\left[u\frac{\partial(Bv)}{\partial x}\right],\\
Cv\frac{\partial^2 u}{\partial y^2} - u\frac{\partial^2(Cv)}{\partial y^2} &= \frac{\partial}{\partial y}\left[Cv\frac{\partial u}{\partial y} - u\frac{\partial(Cv)}{\partial y}\right],\\
Dv\frac{\partial u}{\partial x} + u\frac{\partial(Dv)}{\partial x} &= \frac{\partial}{\partial x}[Duv]\,,\\
Ev\frac{\partial u}{\partial y} + u\frac{\partial(Ev)}{\partial y} &= \frac{\partial}{\partial y}[Euv]\,,\\
Fvu - uFv &= 0
\end{aligned}$$

erhält man die Identität

$$(10)\qquad vL(u) - uM(v) = \frac{\partial P}{\partial x} + \frac{\partial Q}{\partial y}\,,$$

wobei gesetzt ist:

$$(11)\quad \begin{cases} P = A v \dfrac{\partial u}{\partial x} - u \dfrac{\partial (A v)}{\partial x} + B v \dfrac{\partial u}{\partial y} - u \dfrac{\partial (B v)}{\partial y} + D u v \,, \\ Q = B v \dfrac{\partial u}{\partial x} - u \dfrac{\partial (B v)}{\partial x} + C v \dfrac{\partial u}{\partial y} - u \dfrac{\partial (C v)}{\partial y} + E u v \,. \end{cases}$$

Wir verstehen unter u und v zwei Funktionen von x, y, welche nebst ihren partiellen Ableitungen erster und zweiter Ordnung stetig sind*), und betrachten das Doppelintegral

$$\iint_J (v\,L(u) - u\,M(v))\,dx\,dy = \iint_J \left(\frac{\partial P}{\partial x} + \frac{\partial Q}{\partial y}\right) dx\,dy\,,$$

erstreckt über ein einfach zusammenhängendes Flächenstück J der xy-Ebene mit der Begrenzungslinie C. Da nach (7)

$$\iint_J \left(\frac{\partial P}{\partial x} + \frac{\partial Q}{\partial y}\right) dx\,dy = \int_C (P\,dy - Q\,dx)$$

ist, wo das einfache Integral auf der rechten Seite über den Rand C des Gebietes J im positiven Sinne erstreckt wird, so besteht die Gleichung

$$(12)\quad \iint_J (v\,L(u) - u\,M(v))\,dx\,dy = \int_C (P\,dy - Q\,dx)\,,$$

welche wir als Greenschen Satz bezeichnen**).

---

*) Im Falle $A = 0$, $C = 0$ braucht nur die Stetigkeit der beiden partiellen Ableitungen zweiter Ordnung $\dfrac{\partial^2 u}{\partial x\,\partial y}$, $\dfrac{\partial^2 v}{\partial x\,\partial y}$ vorausgesetzt zu werden, da die übrigen partiellen Ableitungen zweiter Ordnung nicht vorkommen.

**) Die Formel (12), angewandt auf die Differentialgleichung

$$L(u) = \frac{\partial^2 u}{\partial x^2} + \frac{\partial^2 u}{\partial y^2} = 0\,,$$

ergibt den Greenschen Satz der Theorie des logarithmischen Potentials (vgl. § 50).

Genügt v der adjungierten Differentialgleichung $M(v) = 0$, so ist

$$\iint\limits_J v\, L(u)\, dx\, dy = \int\limits_C (P\, dy - Q\, dx)\,; \tag{13}$$

ist u eine Lösung der vorgelegten Differentialgleichung $L(u) = 0$, v eine Lösung der adjungierten Differentialgleichung $M(v) = 0$, so hat man, wenn die obigen Stetigkeitsbedingungen erfüllt sind:

$$\int\limits_C (P\, dy - Q\, dx) = 0\,. \tag{14}$$

Wir heben den Hauptsatz noch einmal hervor.

Ist $M(v)$ der zu $L(u)$ adjungierte Differentialausdruck und sind P, Q die Ausdrücke (11), so ist (12)

$$\iint\limits_J (v\, L(u) - u\, M(v))\, dx\, dy = \int\limits_C (P\, dy - Q\, dx)\,;$$

dabei sind u, v zwei beliebige Funktionen von x, y, welche ebenso wie die Koeffizienten von $L(u)$ nebst ihren partiellen Ableitungen erster und zweiter Ordnung im Innern und am Rande des von der Kurve C begrenzten Flächenstücks J stetig sind.

Stimmt $M(u)$ mit $L(u)$ überein, so heißt $L(u)$ ein sich selbst adjungierter Differentialausdruck.

Um die allgemeine Form eines solchen Differentialausdrucks zu finden, schreiben wir

$$\begin{aligned} M(u) = {} & A\frac{\partial^2 u}{\partial x^2} + 2B\frac{\partial^2 u}{\partial x\, \partial y} + C\frac{\partial^2 u}{\partial y^2} \\ & + \left(2\frac{\partial A}{\partial x} + 2\frac{\partial B}{\partial y} - D\right)\frac{\partial u}{\partial x} \\ & + \left(2\frac{\partial B}{\partial x} + 2\frac{\partial C}{\partial y} - E\right)\frac{\partial u}{\partial y} \\ & + \left(\frac{\partial^2 A}{\partial x^2} + 2\frac{\partial^2 B}{\partial x\, \partial y} + \frac{\partial^2 C}{\partial y^2} - \frac{\partial D}{\partial x} - \frac{\partial E}{\partial y} + F\right) u\,. \end{aligned}$$

Damit $M(u) = L(u)$ wird, ist das Bestehen der beiden folgenden Gleichungen notwendig und hinreichend:

$$D = \frac{\partial A}{\partial x} + \frac{\partial B}{\partial y},$$

$$E = \frac{\partial B}{\partial x} + \frac{\partial C}{\partial y}.$$

Dann hat man den allgemeinsten sich selbst adjungierten Differentialausdruck:

$$(15)\quad \begin{cases} L(u) = \dfrac{\partial}{\partial x}\left(A\dfrac{\partial u}{\partial x} + B\dfrac{\partial u}{\partial y}\right) \\ \qquad + \dfrac{\partial}{\partial y}\left(B\dfrac{\partial u}{\partial x} + C\dfrac{\partial u}{\partial y}\right) + Fu. \end{cases}$$

Durch Addition der Gleichungen

$$\frac{\partial u}{\partial x}\left(A\frac{\partial v}{\partial x} + B\frac{\partial v}{\partial y}\right) = \frac{\partial}{\partial x}\left(Au\frac{\partial v}{\partial x} + Bu\frac{\partial v}{\partial y}\right) - u\frac{\partial}{\partial x}\left(A\frac{\partial v}{\partial x} + B\frac{\partial v}{\partial y}\right),$$

$$\frac{\partial u}{\partial y}\left(B\frac{\partial v}{\partial x} + C\frac{\partial v}{\partial y}\right) = \frac{\partial}{\partial y}\left(Bu\frac{\partial v}{\partial x} + Cu\frac{\partial v}{\partial y}\right) - u\frac{\partial}{\partial y}\left(B\frac{\partial v}{\partial x} + C\frac{\partial v}{\partial y}\right),$$

$$-Fuv = -u\cdot Fv$$

erhält man die Identität

$$(16)\quad \begin{cases} A\dfrac{\partial u}{\partial x}\dfrac{\partial v}{\partial x} + B\left(\dfrac{\partial u}{\partial x}\dfrac{\partial v}{\partial y} + \dfrac{\partial u}{\partial y}\dfrac{\partial v}{\partial x}\right) + C\dfrac{\partial u}{\partial y}\dfrac{\partial v}{\partial y} - Fuv \\ \qquad = \dfrac{\partial p}{\partial x} + \dfrac{\partial q}{\partial y} - uL(v), \end{cases}$$

wo gesetzt ist:

$$(17)\quad \begin{cases} p = u\left(A\dfrac{\partial v}{\partial x} + B\dfrac{\partial v}{\partial y}\right), \\ q = u\left(B\dfrac{\partial v}{\partial x} + C\dfrac{\partial v}{\partial y}\right). \end{cases}$$

Ist nun wie oben J ein Flächenstück der xy-Ebene mit der Begrenzungslinie C, so ist nach (7)

$$\iint_J \left(\frac{\partial p}{\partial x} + \frac{\partial q}{\partial y}\right) dx\,dy = \int_C (p\,dy - q\,dx)\,.$$

Diese Formel liefert unter Berücksichtigung von (16) den Satz:

Ist $L(u)$ der sich selbst adjungierte Differentialausdruck (15) und sind p, q die Ausdrücke (17), so ist

$$\begin{cases} \iint_J \left[A \frac{\partial u}{\partial x}\frac{\partial v}{\partial x} + B\left(\frac{\partial u}{\partial x}\frac{\partial v}{\partial y} + \frac{\partial u}{\partial y}\frac{\partial v}{\partial x}\right) + C\frac{\partial u}{\partial y}\frac{\partial v}{\partial y} - F\,u\,v\right] dx\,dy \\ \qquad = \int_C (p\,dy - q\,dx) - \iint_J u\,L(v)\,dx\,dy\,. \end{cases}$$

Hieraus ergibt sich durch Vertauschung von u und v

$$\begin{cases} \iint_J \left[A \frac{\partial u}{\partial x}\frac{\partial v}{\partial x} + B\left(\frac{\partial u}{\partial x}\frac{\partial v}{\partial y} + \frac{\partial u}{\partial y}\frac{\partial v}{\partial x}\right) + C\frac{\partial u}{\partial y}\frac{\partial v}{\partial y} - F\,u\,v\right] dx\,dy \\ \qquad = \int_C (p'\,dy - q'\,dx) - \iint_J v\,L(u)\,dx\,dy\,, \end{cases}$$

wo

$$(20)\qquad \begin{cases} p' = v\left(A\frac{\partial u}{\partial x} + B\frac{\partial u}{\partial y}\right), \\ q' = v\left(B\frac{\partial u}{\partial x} + C\frac{\partial u}{\partial y}\right) \end{cases}$$

ist. Durch Verbindung der Gleichungen (18) und (19) ergibt sich die Gleichung

$$(21)\qquad \iint_J [v\,L(u) - u\,L(v)]\,dx\,dy = \int_C (P\,dy - Q\,dx)\,,$$

wo

$$(22)\begin{cases} P = p' - p = A\left(v\frac{\partial u}{\partial x} - u\frac{\partial v}{\partial x}\right) + B\left(v\frac{\partial u}{\partial y} - u\frac{\partial v}{\partial y}\right), \\ Q = q' - q = B\left(v\frac{\partial u}{\partial x} - u\frac{\partial v}{\partial x}\right) + C\left(v\frac{\partial u}{\partial y} - u\frac{\partial v}{\partial y}\right) \end{cases}$$

ist. Die Gleichung (12) geht, wenn $L(u)$ ein sich selbst adjungierter Differentialausdruck, also $M(v) = L(v)$ ist, in die Gleichung (21) über.

§ 30. Beweis der Existenz der Integrale einer hyperbolischen Differentialgleichung vermittels sukzessiver Annäherung.

Wir beschäftigen uns zunächst mit der hyperbolischen Differentialgleichung

$$\text{(B)} \qquad \frac{\partial^2 u}{\partial x \, \partial y} + a \frac{\partial u}{\partial x} + b \frac{\partial u}{\partial y} + c u = 0 \text{ *)},$$

deren Charakteristiken die Geraden $x = \text{konst.}$ und $y = \text{konst.}$ sind. Die in § 18 und § 21 gegebenen Beweise für die Existenz der Integrale einer partiellen Differentialgleichung zweiter Ordnung sind hier, wo die Koeffizienten nicht als analytische Funktionen vorausgesetzt werden, nicht anwendbar; wir bedienen uns jetzt einer Methode sukzessiver Annäherung, und zwar wählen wir im gegenwärtigen Paragraphen ähnliche Anfangsbedingungen wie in § 21, während die im nächsten Paragraphen eingeführten Anfangsbedingungen den in § 18 gewählten entsprechen.

Die Koeffizienten a, b, c der Differentialgleichung (B) seien stetig im Innern und auf dem Rande eines Rechtecks $\mathfrak{R}$, dessen Seiten den Achsen x und y parallel sind, d. h. in dem durch die Bedingungen

$$x_0 \leqq x \leqq x_0 + \alpha , \quad y_0 \leqq y \leqq y_0 + \beta$$

definierten Gebiet**). Wir suchen diejenige Lösung der Gleichung (B), welche sich für $y = y_0$ auf $\varphi(x)$ und für $x = x_0$ auf $\psi(y)$ reduziert. Die gegebenen Funktionen $\varphi(x)$, $\psi(y)$ seien nebst den Ableitungen $\varphi'(x)$, $\psi'(y)$ im Intervall $x_0 \ldots x_0 + \alpha$ bzw. $y_0 \ldots y_0 + \beta$ stetig, und es sei $\varphi(x_0) = \psi(y_0)$.

---

*) Mit elliptischen Differentialgleichungen beschäftigt sich der VII. Abschnitt; mit parabolischen Differentialgleichungen, deren Theorie noch weniger entwickelt ist, beschäftigen wir uns nur so weit, als sie uns im VIII. Abschnitt bei physikalischen Aufgaben begegnen.

**) Die Endpunkte des Rechtecks $\mathfrak{R}$ bezeichnen wir später mit $\mathfrak{A}_0(x_0, y_0)$, $\mathfrak{A}_1(x_0, y_0 + \beta)$, $\mathfrak{A}_2(x_0 + \alpha, y_0)$, $\mathfrak{A}_3(x_0 + \alpha, y_0 + \beta)$.

Wir bilden nun die Differentialgleichungen

$$\text{(23)}\qquad \begin{cases} \dfrac{\partial^2 u_0}{\partial x\,\partial y} = 0\,, \\ \dfrac{\partial^2 u_1}{\partial x\,\partial y} + a\dfrac{\partial u_0}{\partial x} + b\dfrac{\partial u_0}{\partial y} + c\,u_0 = 0\,, \\ \dots\dots\dots\dots\dots \\ \dfrac{\partial^2 u_n}{\partial x\,\partial y} + a\dfrac{\partial u_{n-1}}{\partial x} + b\dfrac{\partial u_{n-1}}{\partial y} + c\,u_{n-1} = 0\,, \\ \dots\dots\dots\dots\dots \end{cases}$$

Das Integral der ersten Gleichung, welches sich für $y = y_0$ auf $\varphi(x)$ und für $x = x_0$ auf $\psi(y)$ reduziert, ist

$$\text{(24)}\qquad u_0 = \varphi(x) + \psi(y) - \varphi(x_0)\,.$$

Die Lösung u_n $(n = 1, 2, \ldots)$, welche für $x = x_0$ bei beliebigem y und für $y = y_0$ bei beliebigem x verschwindet, ist dargestellt durch

$$\text{(25)}\qquad u_n = -\int\limits_{x_0}^{x}\int\limits_{y_0}^{y}\left(a\frac{\partial u_{n-1}}{\partial x} + b\frac{\partial u_{n-1}}{\partial y} + c\,u_{n-1}\right)dx\,dy\,,$$

so daß

$$\text{(26)}\qquad \begin{cases} \dfrac{\partial u_n}{\partial x} = -\displaystyle\int\limits_{y_0}^{y}\left(a\frac{\partial u_{n-1}}{\partial x} + b\frac{\partial u_{n-1}}{\partial y} + c\,u_{n-1}\right)dy\,, \\ \dfrac{\partial u_n}{\partial y} = -\displaystyle\int\limits_{x_0}^{x}\left(a\frac{\partial u_{n-1}}{\partial x} + b\frac{\partial u_{n-1}}{\partial y} + c\,u_{n-1}\right)dx \end{cases}$$

ist.

Wir werden nachher zeigen, daß die Reihe

$$\text{(27)}\qquad u_0 + u_1 + \ldots + u_n + \ldots,$$

sowie die Reihen

$$\text{(28)}\qquad \begin{cases} \dfrac{\partial u_0}{\partial x} + \dfrac{\partial u_1}{\partial x} + \ldots + \dfrac{\partial u_n}{\partial x} + \ldots, \\ \dfrac{\partial u_0}{\partial y} + \dfrac{\partial u_1}{\partial y} + \ldots + \dfrac{\partial u_n}{\partial y} + \ldots \end{cases}$$

im Rechteck $\mathfrak{R}$ gleichmäßig konvergent sind. Setzt man dies einstweilen voraus, so hat man

$$u_0 + u_1 + \dots + u_n$$
$$= \varphi(x) + \psi(y) - \varphi(x_0)$$
$$- \int_{x_0}^{x}\int_{y_0}^{y} \left[a \frac{\partial(u_0 + \dots + u_{n-1})}{\partial x} + b \frac{\partial(u_0 + \dots + u_{n-1})}{\partial y} \right.$$
$$\left. + c(u_0 + \dots + u_{n-1}) \right] dx\, dy$$

und für $\lim n = \infty$, wenn man

$$u = u_0 + u_1 + \dots + u_n + \dots$$

setzt,

$$u = \varphi(x) + \psi(y) - \varphi(x_0) - \int_{x_0}^{x}\int_{y_0}^{y} \left(a \frac{\partial u}{\partial x} + b \frac{\partial u}{\partial y} + c u \right) dx\, dy;$$

hieraus folgt durch Differentiation

$$\frac{\partial^2 u}{\partial x \partial y} = -\left(a \frac{\partial u}{\partial x} + b \frac{\partial u}{\partial y} + c u \right),$$

d. h. die Reihe u stellt eine Lösung der Differentialgleichung (B) dar, welche die angegebenen Bedingungen erfüllt.

Um die Konvergenz der Reihen (27) und (28) zu beweisen, nehmen wir an, es sei im Rechteck $\mathfrak{R}$

$$|a| \leqq H, \quad |b| \leqq H, \quad |c| \leqq H$$

und

$$|u_0| \leqq M, \quad \left| \frac{\partial u_0}{\partial x} \right| \leqq M, \quad \left| \frac{\partial u_0}{\partial y} \right| \leqq M,$$

wo H und M positive Größen sind. Dann ist

$$\left| a \frac{\partial u_0}{\partial x} + b \frac{\partial u_0}{\partial y} + c u_0 \right| \leqq 3 H M .$$

Wenn man

$$x - x_0 = \xi, \quad y - y_0 = \eta$$

setzt, ergibt sich aus den Formeln (25) und (26) für $n = 1$

$$|u_1| \leqq 3\,H\,M\,\xi\,\eta\,,$$
$$\left|\frac{\partial u_1}{\partial x}\right| \leqq 3\,H\,M\,\eta\,,$$
$$\left|\frac{\partial u_1}{\partial y}\right| \leqq 3\,H\,M\,\xi\,.$$

Im Rechteck $\mathfrak{R}$ ist $0 \leqq \xi \leqq \alpha$, $0 \leqq \eta \leqq \beta$, also

$$\frac{1}{\xi} + \frac{1}{\eta} \geqq \frac{1}{\alpha} + \frac{1}{\beta}$$

oder

$$\frac{\xi\,\eta}{\xi + \eta} \leqq \frac{\alpha\,\beta}{\alpha + \beta}\,,$$

mithin

$$|u_1| \leqq 3\,H\,M\,\frac{\xi\,\eta}{\xi + \eta}(\xi + \eta) \leqq 3\,H\,\frac{\alpha\,\beta}{\alpha + \beta}\,M(\xi + \eta)\,.$$

Versteht man unter K eine positive Zahl, welche mindestens gleich $3\,H$ und mindestens gleich

$$3\,H\,\frac{\alpha\,\beta}{\alpha + \beta}$$

ist, so ist

$$|u_1| \leqq M\,K(\xi + \eta)\,;$$

ferner ist

$$\left|\frac{\partial u_1}{\partial x}\right| \leqq 3\,H\,M(\xi + \eta)\,, \qquad \left|\frac{\partial u_1}{\partial y}\right| \leqq 3\,H\,M(\xi + \eta)$$

oder

$$\left|\frac{\partial u_1}{\partial x}\right| \leqq M\,K(\xi + \eta)\,, \qquad \left|\frac{\partial u_1}{\partial y}\right| \leqq M\,K(\xi + \eta)\,.$$

Wir zeigen, daß für jeden Wert von n

$$|u_{n-1}| \leqq \frac{M\,K^{n-1}(\xi + \eta)^{n-1}}{(n-1)!}$$

ist und daß die absoluten Beträge von $\frac{\partial u_{n-1}}{\partial x}$ und $\frac{\partial u_{n-1}}{\partial y}$ dieselbe Bedingung erfüllen. Falls dies richtig ist, ist

$$\left| a \frac{\partial u_{n-1}}{\partial x} + b \frac{\partial u_{n-1}}{\partial y} + c\, u_{n-1} \right| \leqq \frac{3\, H\, M\, K^{n-1} (\xi + \eta)^{n-1}}{(n-1)!}$$

und nach (25)

$$|u_n| \leqq \frac{3\, H\, M\, K^{n-1}}{(n-1)!} \int_0^\xi \int_0^\eta (\xi + \eta)^{n-1}\, d\xi\, d\eta$$

$$= \frac{3\, H\, M\, K^{n-1}}{n!} \frac{(\xi + \eta)^{n+1} - \xi^{n+1} - \eta^{n+1}}{n+1};$$

wie man leicht nachrechnet, ist für positive Werte von ξ und η

$$\frac{(\xi + \eta)^{n+1} - \xi^{n+1} - \eta^{n+1}}{n+1} \leqq \xi\, \eta\, (\xi + \eta)^{n-1}$$

$$= \frac{\xi\, \eta}{\xi + \eta} (\xi + \eta)^n \leqq \frac{\alpha\, \beta}{\alpha + \beta} (\xi + \eta)^n,$$

also

$$|u_n| \leqq \frac{3\, H\, M\, K^{n-1}}{n!} \frac{\alpha\, \beta}{\alpha + \beta} (\xi + \eta)^n$$

$$\leqq \frac{M\, K^n (\xi + \eta)^n}{n!}.$$

Ferner ist nach (26)

$$\left| \frac{\partial u_n}{\partial x} \right| \leqq \frac{3\, H\, M\, K^{n-1}}{(n-1)!} \int_0^\eta (\xi + \eta)^{n-1}\, d\eta$$

$$= \frac{3\, H\, M\, K^{n-1}}{n!} [(\xi + \eta)^n - \xi^n]$$

$$\leqq \frac{3\, H\, M\, K^{n-1} (\xi + \eta)^n}{n!} \leqq \frac{M\, K^n (\xi + \eta)^n}{n!};$$

ebenso findet man

$$\left| \frac{\partial u_n}{\partial y} \right| \leqq \frac{M\, K^n (\xi + \eta)^n}{n!}.$$

Wegen der Konvergenz der Reihe

$$\sum_{n=0}^{\infty} \frac{M K^n (\alpha + \beta)^n}{n!} = M e^{K(\alpha+\beta)}$$

sind die Reihen (27) und (28) für alle dem Rechteck $\mathfrak{R}$ angehörigen Punkte x, y unbedingt und gleichmäßig konvergent, w. z. b. w.

Wir haben also den Satz:

In der Differentialgleichung

$$\text{(B)} \qquad \frac{\partial^2 u}{\partial x \partial y} + a \frac{\partial u}{\partial x} + b \frac{\partial u}{\partial y} + c u = 0$$

seien die Koeffizienten a, b, c im Gebiet $\mathfrak{R}$

$$x_0 \leqq x \leqq x_0 + \alpha , \quad y_0 \leqq y \leqq y_0 + \beta$$

stetige Funktionen der reellen Veränderlichen x, y. Die gegebenen Funktionen $\varphi(x)$ und $\psi(y)$ seien nebst ihrer ersten Ableitung für $x_0 \leqq x \leqq x_0 + \alpha$ bzw. für $y_0 \leqq y \leqq y_0 + \beta$ stetig, und es sei $\varphi(x_0) = \psi(y_0)$. Die im Gebiet $\mathfrak{R}$ gleichmäßig konvergente Reihe

$$u = u_0 + u_1 + u_2 + \dots,$$

wo

$$u_0 = \varphi(x) + \psi(y) - \varphi(x_0),$$

$$u_n = -\int_{x_0}^{x}\int_{y_0}^{y} \left(a \frac{\partial u_{n-1}}{\partial x} + b \frac{\partial u_{n-1}}{\partial y} + c\, u_{n-1} \right) dx\, dy$$

$$(n = 1, 2, \dots)$$

ist, nimmt für $x = x_0$ den Wert $\psi(y)$, für $y = y_0$ den Wert $\varphi(x)$ an und genügt der Differentialgleichung (B).

§ 31. Beweis der Existenz der Integrale; Fortsetzung.

Es sei ein Kurvenbogen $\mathfrak{C}$ gegeben, welcher von keiner Parallelen zur x-Achse und von keiner Parallelen zur y-Achse mehr als einmal geschnitten wird. Längs dieses Bogens seien die Werte von u, $\frac{\partial u}{\partial x}$, $\frac{\partial u}{\partial y}$ vorgeschrieben, wobei die Beziehung

$$du = \frac{\partial u}{\partial x} dx + \frac{\partial u}{\partial y} dy$$

bestehen muß, wenn sich die Differentiale auf den Fortgang längs der Kurve $\mathfrak{C}$ beziehen. Indem wir uns im Punkte (x, y) der xy-Ebene die dritte Raumkoordinate u errichtet denken, können wir auch sagen: es ist eine Raumkurve (mit der xy-Projektion $\mathfrak{C}$) und in jedem ihrer Punkte eine die Tangente enthaltende Ebene gegeben, oder: es ist ein Streifen von Flächenelementen $\left(x, y, u, \frac{\partial u}{\partial x}, \frac{\partial u}{\partial y}\right)$ gegeben.

Um die Voraussetzungen genauer zu fassen, bezeichnen wir die Endpunkte der Kurve $\mathfrak{C}$ mit $\mathfrak{A}_1(x_0, y_0 + \beta)$, $\mathfrak{A}_2(x_0 + \alpha, y_0)$ und führen das Rechteck $\mathfrak{R}$ ein, welches von den durch $\mathfrak{A}_1$ und $\mathfrak{A}_2$ gehenden Charakteristiken (Parallelen zur x- und y-Achse) gebildet wird; die beiden anderen Eckpunkte des Rechtecks sind $\mathfrak{A}_0(x_0, y_0)$ und $\mathfrak{A}_3(x_0+\alpha, y_0+\beta)$. Um einen bestimmten Fall vor Augen zu haben, nehmen wir $\alpha > 0$, $\beta > 0$ an. Wir verstehen unter (x, y) einen beliebigen Punkt in dem von der Kurve $\mathfrak{C}$ und den beiden Charakteristiken $\mathfrak{A}_1\mathfrak{A}_3$ und $\mathfrak{A}_2\mathfrak{A}_3$ begrenzten Gebiet $\mathfrak{J}$, wir legen durch $A(x, y)$ eine Parallele zur x-Achse, welche die Kurve $\mathfrak{C}$ im Punkt $A_1(x', y)$, und eine Parallele zur y-Achse, welche die Kurve $\mathfrak{C}$ im Punkt $A_2(x, y')$ schneidet; das von diesen beiden Parallelen und der Kurve $\mathfrak{C}$ begrenzte Gebiet heiße J.

Es sei nun eine Funktion $\varphi(x)$ gegeben, welche nebst ihrer Ableitung $\varphi'(x)$ im Intervall $x_0 \leqq x \leqq x_0 + \alpha$ stetig ist, und eine Funktion $\psi(y)$, welche nebst der Ableitung $\psi'(y)$ im Intervall $y_0 \leqq y \leqq y_0 + \beta$ stetig ist. Wir setzen voraus, daß längs der Kurve $\mathfrak{C}$ die Funktion u mit $\varphi(x) + \psi(y)$, die Ableitung $\frac{\partial u}{\partial x}$ mit $\varphi'(x)$ und die Ableitung $\frac{\partial u}{\partial y}$ mit $\psi'(y)$ übereinstimmt.

Wir schreiben wieder die Differentialgleichungen (23) an. Diejenige Lösung der ersten Gleichung (23), welche längs $\mathfrak{C}$ die für u vorgeschriebenen Bedingungen erfüllt, ist

(29) $$u_0 = \varphi(x) + \psi(y)$$

mit den Ableitungen

$$\frac{\partial u_0}{\partial x} = \varphi'(x),$$

$$\frac{\partial u_0}{\partial y} = \psi'(y).$$

Die Lösung u_n ($n = 1, 2, \ldots$), welche nebst ihren partiellen Ableitungen erster Ordnung längs $\mathfrak{C}$ verschwindet, ist

$$(30)\qquad u_n = -\iint\limits_J \left(a \frac{\partial u_{n-1}}{\partial x} + b \frac{\partial u_{n-1}}{\partial y} + c\, u_{n-1}\right) dx\, dy\,,$$

wo die Integration über die oben beschriebene Fläche J zu erstrecken ist; es ist demnach

$$(31)\qquad \begin{cases} \dfrac{\partial u_n}{\partial x} = -\displaystyle\int_{y'}^{y} \left(a \frac{\partial u_{n-1}}{\partial x} + b \frac{\partial u_{n-1}}{\partial y} + c\, u_{n-1}\right) dy\,, \\[2ex] \dfrac{\partial u_n}{\partial y} = -\displaystyle\int_{x'}^{x} \left(a \frac{\partial u_{n-1}}{\partial x} + b \frac{\partial u_{n-1}}{\partial y} + c\, u_{n-1}\right) dx\,. \end{cases}$$

Wenn gezeigt wird, daß die Reihen

$$(32)\qquad u_0 + u_1 + u_2 + \ldots = u$$

und

$$(33)\qquad \begin{cases} \dfrac{\partial u_0}{\partial x} + \dfrac{\partial u_1}{\partial x} + \dfrac{\partial u_2}{\partial x} + \ldots\,, \\[2ex] \dfrac{\partial u_0}{\partial y} + \dfrac{\partial u_1}{\partial y} + \dfrac{\partial u_2}{\partial y} + \ldots \end{cases}$$

für alle Punkte (x, y) des Gebietes $\mathfrak{J}$ gleichmäßig konvergieren, ergibt sich wie oben, daß die Funktion u eine Lösung der Differentialgleichung (B) darstellt.

Ist im Rechteck $\mathfrak{R}$

$$|a| \leqq H\,, \quad |b| \leqq H\,, \quad |c| \leqq H\,,$$

$$|u_0| \leqq M\,, \quad \left|\frac{\partial u_0}{\partial x}\right| \leqq M\,, \quad \left|\frac{\partial u_0}{\partial y}\right| \leqq M\,,$$

so ist

$$\left| a \frac{\partial u_0}{\partial x} + b \frac{\partial u_0}{\partial y} + c\, u_0 \right| \leqq 3\, H M\,.$$

Aus der Formel (30) für $n = 1$ folgt

$$|u_1| \leqq 3\, H M \iint\limits_J dx\, dy \leqq 3\, H M (x - x')\,(y - y')$$

$$\leqq 3\, H M (x - x_0)\,(y - y_0) = 3\, H M\, \xi\, \eta\,,$$

wenn man

$$\xi = x - x_0\,, \quad \eta = y - y_0$$

setzt; ferner folgt aus (31) für $n = 1$

$$\left|\frac{\partial u_1}{\partial x}\right| \leqq 3\,H\,M(y - y') \leqq 3\,H\,M\,\eta\,,$$

$$\left|\frac{\partial u_1}{\partial y}\right| \leqq 3\,H\,M(x - x') \leqq 3\,H\,M\,\xi\,.$$

Indem man die Größe K wie in § 30 einführt, findet man, daß im Gebiet $\mathfrak{J}$ die absoluten Beträge von

$$u_1\,, \quad \frac{\partial u_1}{\partial x}\,, \quad \frac{\partial u_1}{\partial y}$$

höchstens gleich

$$M\,K(\xi + \eta)$$

sind.

Wenn die absoluten Beträge von

$$u_{n-1}\,, \quad \frac{\partial u_{n-1}}{\partial x}\,, \quad \frac{\partial u_{n-1}}{\partial y}$$

höchstens gleich

$$\frac{M\,K^{n-1}(\xi + \eta)^{n-1}}{(n-1)!}$$

sind, ist

$$\left|a\frac{\partial u_{n-1}}{\partial x} + b\frac{\partial u_{n-1}}{\partial y} + c\,u_{n-1}\right| \leqq \frac{3\,H\,M\,K^{n-1}(\xi + \eta)^{n-1}}{(n-1)!}$$

und nach (30)

$$|u_n| \leqq \frac{3\,H\,M\,K^{n-1}}{(n-1)!}\iint\limits_J (\xi + \eta)^{n-1}\,dx\,dy\,;$$

nun ist aber

$$\iint\limits_J (\xi + \eta)^{n-1}\,dx\,dy \leqq \int_{x_0}^{x}\int_{y_0}^{y} (\xi + \eta)^{n-1}\,dx\,dy$$

$$= \int_0^{\xi}\int_0^{\eta} (\xi + \eta)^{n-1}\,d\xi\,d\eta \leqq \frac{\alpha\,\beta}{\alpha + \beta}\,\frac{(\xi + \eta)^n}{n}$$

wie in § 30, also

$$|u_n| \leqq \frac{M K^n (\xi + \eta)^n}{n!}.$$

Ferner ist nach (31)

$$\left|\frac{\partial u_n}{\partial x}\right| \leqq \frac{3 H M K^{n-1}}{(n-1)!} \int_{y'}^{y} (\xi + \eta)^{n-1} dy ;$$

es ist aber

$$\int_{y'}^{y} (\xi + \eta)^{n-1} dy \leqq \int_{y_0}^{y} (\xi + \eta)^{n-1} dy = \int_{0}^{\eta} (\xi + \eta)^{n-1} d\eta ,$$

also wie in § 30

$$\left|\frac{\partial u_n}{\partial x}\right| \leqq \frac{M K^n (\xi + \eta)^n}{n!}$$

und

$$\left|\frac{\partial u_n}{\partial y}\right| \leqq \frac{M K^n (\xi + \eta)^n}{n!}.$$

Ebenso wie das von der Kurve $\mathfrak{C}$ und den Charakteristiken $\mathfrak{A}_1 \mathfrak{A}_3$ und $\mathfrak{A}_3 \mathfrak{A}_2$ begrenzte Gebiet kann das Gebiet behandelt werden, welches von der Kurve $\mathfrak{C}$ und den Charakteristiken $\mathfrak{A}_1 \mathfrak{A}_0$ und $\mathfrak{A}_0 \mathfrak{A}_2$ eingeschlossen wird.

Die Koeffizienten a, b, c der Differentialgleichung

$$\text{(B)} \qquad \frac{\partial^2 u}{\partial x \partial y} + a \frac{\partial u}{\partial x} + b \frac{\partial u}{\partial y} + c u = 0$$

seien im Rechteck $\mathfrak{R}$

$$x_0 \leqq x \leqq x_0 + \alpha , \quad y_0 \leqq y \leqq y_0 + \beta$$

stetige Funktionen von x, y. Die gegebenen Funktionen $\varphi(x)$, $\psi(y)$ seien nebst den Ableitungen $\varphi'(x)$, $\psi'(y)$ für $x_0 \leqq x \leqq x_0 + \alpha$ bzw. für $y_0 \leqq y \leqq y_0 + \beta$ stetig. Die Kurve $\mathfrak{C}$ verbinde die Eckpunkte $(x_0, y_0 + \beta)$ und $(x_0 + \alpha, y_0)$ des Rechtecks $\mathfrak{R}$ und werde von keiner Parallelen zur x- oder y-Achse mehr als einmal geschnitten. Setzt man

$$u_0 = \varphi(x) + \psi(y),$$

$$u_n = -\iint_J \left(a\frac{\partial u_{n-1}}{\partial x} + b\frac{\partial u_{n-1}}{\partial y} + c\,u_{n-1}\right) dx\,dy$$

$$(n = 1, 2, \ldots),$$

wo das Integrationsgebiet J von den durch (x, y) gehenden Parallelen zu den Achsen und der Kurve $\mathfrak{C}$ begrenzt wird, so stellt die im Rechteck $\mathfrak{R}$ gleichmäßig konvergente Reihe

$$u = u_0 + u_1 + u_2 + \ldots$$

eine Lösung der Differentialgleichung (B) dar, welche nebst ihren partiellen Ableitungen erster Ordnung im Rechteck $\mathfrak{R}$ stetig ist und außerdem die Bedingung erfüllt, daß u, $\frac{\partial u}{\partial x}$, $\frac{\partial u}{\partial y}$ längs der Kurve $\mathfrak{C}$ bzw. mit $\varphi(x) + \psi(y)$, $\varphi'(x)$, $\psi'(y)$ übereinstimmen*).

§ 32. Die Riemannsche Integrationsmethode**).

Liegt die hyperbolische Differentialgleichung

$$\text{(B)} \qquad \frac{\partial^2 u}{\partial x\,\partial y} + a\frac{\partial u}{\partial x} + b\frac{\partial u}{\partial y} + c\,u = 0$$

vor, so gehen die Formeln (8), (9) und (11) über in

$$\text{(34)} \qquad L(u) = \frac{\partial^2 u}{\partial x\,\partial y} + a\frac{\partial u}{\partial x} + b\frac{\partial u}{\partial y} + c\,u\,,$$

---

*) Zu § 30 und § 31 vgl. Picard (Journ. de Mathém. 1890, S. 166 ff.; Note I zum IV. Bd. von Darboux, Théorie générale des surfaces) und Nicoletti (Atti Napoli, Serie 2, Bd. 8, 1897).

**) Riemann, Über die Fortpflanzung ebener Luftwellen von endlicher Schwingungsweite (Werke, 1. Aufl., S. 147). — Darboux, Théorie générale des surfaces, Bd. II, S. 77 ff.

$$(35)\quad \begin{cases} M(v) = \dfrac{\partial^2 v}{\partial x\,\partial y} - \dfrac{\partial(a v)}{\partial x} - \dfrac{\partial(b v)}{\partial y} + c v \\ \quad = \dfrac{\partial^2 v}{\partial x\,\partial y} - a\dfrac{\partial v}{\partial x} - b\dfrac{\partial v}{\partial y} + \left(c - \dfrac{\partial a}{\partial x} - \dfrac{\partial b}{\partial y}\right) v\,; \end{cases}$$

$$(36)\quad \begin{cases} P = a u v + \dfrac{1}{2}\left(v\dfrac{\partial u}{\partial y} - u\dfrac{\partial v}{\partial y}\right) \\ \quad = \dfrac{1}{2}\dfrac{\partial(u v)}{\partial y} - u\left(\dfrac{\partial v}{\partial y} - a v\right) = -\dfrac{1}{2}\dfrac{\partial(u v)}{\partial y} + v\left(\dfrac{\partial u}{\partial y} + a u\right), \\ Q = b u v + \dfrac{1}{2}\left(v\dfrac{\partial u}{\partial x} - u\dfrac{\partial v}{\partial x}\right) \\ \quad = \dfrac{1}{2}\dfrac{\partial(u v)}{\partial x} - u\left(\dfrac{\partial v}{\partial x} - b v\right) = -\dfrac{1}{2}\dfrac{\partial(u v)}{\partial x} + v\left(\dfrac{\partial u}{\partial x} + b u\right). \end{cases}$$

In der xy-Ebene sei eine Kurve $\mathfrak{C}$ gezogen, welche von einer beliebigen Parallelen zur x-Achse und von einer beliebigen Parallelen zur y-Achse nur in einem Punkt geschnitten wird; durch den Punkt A mit den Koordinaten ξ, η legen wir die beiden Charakteristiken, d. h. die Geraden $y = \eta$ und $x = \xi$, welche die Kurve $\mathfrak{C}$ in den Punkten A_1 bzw. A_2 schneiden. Es sei u eine Lösung der Differentialgleichung $L(u) = 0$ und v eine Lösung der adjungierten Differentialgleichung $M(v) = 0$; in dem Gebiete J, welches von der Kurve $\mathfrak{C}$ und den beiden durch A gelegten Charakteristiken begrenzt ist, seien die Funktionen u, v wie auch die Koeffizienten a, b, c der Differentialgleichung nebst ihren partiellen Ableitungen erster Ordnung stetig*). Dann ist (14)

$$\int (P\,dy - Q\,dx) = 0\,,$$

wenn das Integral über die Begrenzung des Gebietes J erstreckt wird. Wir schreiben

$$\int_{A_2}^{A} P\,dy + \int_{A_1}^{A} Q\,dx + \int_{A_1}^{A_2} (P\,dy - Q\,dx) = 0\,,$$

*) Wegen $L(u) = 0$, $M(v) = 0$ sind auch $\dfrac{\partial^2 u}{\partial x\,\partial y}$ und $\dfrac{\partial^2 v}{\partial x\,\partial y}$ stetig.

wo das letzte Integral über den von den Punkten A_1 und A_2 begrenzten Bogen der Kurve $\mathfrak{C}$ zu erstrecken ist. Unter Beachtung der oben angegebenen Werte von P und Q hat man

$$\int_{A_2}^{A} P\,dy = \int_{A_2}^{A}\left[\frac{1}{2}\frac{\partial(u v)}{\partial y} - u\left(\frac{\partial v}{\partial y} - a v\right)\right] dy$$

$$= \frac{1}{2}\left[(u v)_A - (u v)_{A_2}\right] - \int_{A_2}^{A} u\left(\frac{\partial v}{\partial y} - a v\right) dy\,,$$

$$\int_{A_1}^{A} Q\,dx = \int_{A_1}^{A}\left[\frac{1}{2}\frac{\partial(u v)}{\partial x} - u\left(\frac{\partial v}{\partial x} - b v\right)\right] dx$$

$$= \frac{1}{2}\left[(u v)_A - (u v)_{A_1}\right] - \int_{A_1}^{A} u\left(\frac{\partial v}{\partial x} - b v\right) dx \text{ *)}.$$

Es ist also

$$(37)\quad \left\{\begin{aligned} (u v)_A = {} & \tfrac{1}{2}\left[(u v)_{A_1} + (u v)_{A_2}\right] - \int_{A_1}^{A_2}(P\,dy - Q\,dx) \\ & + \int_{A_1}^{A} u\left(\frac{\partial v}{\partial x} - b v\right) dx + \int_{A_2}^{A} u\left(\frac{\partial v}{\partial y} - a v\right) dy\,. \end{aligned}\right.$$

Wir führen nun nach Riemann eine Funktion $v(x, y; \xi, \eta)$ zweier Variablenpaare x, y und ξ, η ein, welche folgende Bedingungen erfüllt:

1) Im Gebiet J ist $v = v(x, y; \xi, \eta)$ eine nebst den partiellen Ableitungen erster Ordnung stetige Funktion von x, y, welche der adjungierten Differentialgleichung $M(v) = 0$ genügt;

2) längs der Charakteristik $y = \eta$ (d. h. auf $A A_1$) ist

$$\frac{\partial v}{\partial x} - b v = 0$$

---

*) Unter $(\varphi)_A$ ist der Wert verstanden, welchen die Funktion φ im Punkte A annimmt.

und längs der Charakteristik $x = \xi$ (d. h. auf $A A_2$)

$$\frac{\partial v}{\partial y} - a v = 0 ;$$

3) wenn der Punkt (x, y) mit $A(\xi, \eta)$ zusammenfällt, ist $v = 1$.

Wenn für y der feste Wert η gesetzt und nur x geändert wird, genügt die Funktion $v(x, y; \xi, \eta)$ der Differentialgleichung

$$\frac{\partial v}{\partial x} - b v = 0 ;$$

diejenige Lösung dieser Differentialgleichung, welche für $x = \xi$ den Wert 1 annimmt, ist

$$v = e^{\int_\xi^x b\,dx} ;$$

die Funktion v muß also für $y = \eta$ mit

$$e^{\int_\xi^x b\,dx}$$

übereinstimmen. Ebenso findet man, daß sich die Funktion v für $x = \xi$ auf

$$e^{\int_\eta^y a\,dy}$$

reduzieren muß.

Die Riemannsche Funktion $v(x, y; \xi, \eta)$ kann also definiert werden als diejenige Lösung der Differentialgleichung $M(v) = 0$, welche für $y = \eta$ den Wert

$$e^{\int_\xi^x b\,dx}$$

und für $x = \xi$ den Wert

$$e^{\int_\eta^y a\,dy}$$

annimmt.

Die Existenz einer solchen Lösung ist in § 30 nach der Methode der sukzessiven Annäherung bewiesen worden;

daß nur eine derartige Lösung vorhanden ist, wird sich bald ergeben. Bis dieser Beweis geführt ist, wollen wir unter $v(x, y; \xi, \eta)$ diejenige Lösung der Differentialgleichung $M(v) = 0$ verstehen, welche sich nach der in § 30 dargestellten Methode in Form einer unendlichen Reihe ergibt. In § 33 werden einige spezielle Differentialgleichungen behandelt, für welche sich die Riemannsche Funktion leicht angeben läßt.

Ersetzt man in der Formel (37) v durch die soeben definierte Riemannsche Funktion $v(x, y; \xi, \eta)$, so erhält man, da

$$(u\,v)_A = (u)_A = u(\xi, \eta)$$

ist und die beiden letzten Integrale verschwinden:

$$u(\xi, \eta) = \tfrac{1}{2}\left[(u\,v)_{A_1} + (u\,v)_{A_2}\right] - \int_{A_1}^{A_2} (P\,dy - Q\,dx)\,; \tag{38}$$

dabei ist

$$\left\{\begin{aligned} P &= a\,u\,v + \frac{1}{2}\left(v\frac{\partial u}{\partial y} - u\frac{\partial v}{\partial y}\right), \\ Q &= b\,u\,v + \frac{1}{2}\left(v\frac{\partial u}{\partial x} - u\frac{\partial v}{\partial x}\right). \end{aligned}\right. \tag{39}$$

Wir nehmen nun an, längs des Bogens $A_1 A_2$ der Kurve $\mathfrak{C}$ seien die Werte der Funktion u und ihrer partiellen Ableitungen erster Ordnung $\frac{\partial u}{\partial x}$, $\frac{\partial u}{\partial y}$ als stetige Funktionen gegeben. Da die Gleichung

$$du = \frac{\partial u}{\partial x}dx + \frac{\partial u}{\partial y}dy$$

besteht, wo sich die Differentiale dx, dy, du auf den Fortgang längs der Kurve $\mathfrak{C}$ beziehen, so kennt man, wenn längs $\mathfrak{C}$ u und $\frac{\partial u}{\partial x}$ gegeben sind, auch $\frac{\partial u}{\partial y}$. Da die Funktion v als bekannt gelten kann, so kann man die Werte von P und Q längs der Kurve $\mathfrak{C}$ berechnen, so daß das Integral auf der rechten Seite von (38) bekannt ist.

Sind die Werte von u, $\frac{\partial u}{\partial x}$, $\frac{\partial u}{\partial y}$ längs des Kurvenbogens $\mathfrak{A}_1\mathfrak{A}_2$ gegeben, so denken wir uns sowohl durch den Punkt $\mathfrak{A}_1$ als auch durch den Punkt $\mathfrak{A}_2$ die beiden Charakteristiken (die Parallelen zur y- und zur x-Achse) gelegt. Ist $A(\xi, \eta)$ ein beliebiger Punkt des von diesen Charakteristiken gebildeten Rechtecks, so ist $u(\xi, \eta)$ durch die Gleichung (38) bestimmt. Damit ist auch gezeigt, daß es nur eine der Differentialgleichung (B) genügende Funktion u gibt, wenn die Werte von u, $\frac{\partial u}{\partial x}$, $\frac{\partial u}{\partial y}$ längs der Kurve $\mathfrak{C}$ vorgeschrieben sind.

Setzt sich die Kurve $\mathfrak{C}$ aus der zur y-Achse parallelen Geraden $\mathfrak{A}_1\mathfrak{A}_0$ und der zur x-Achse parallelen Geraden $\mathfrak{A}_0\mathfrak{A}_2$ zusammen, so liefert die Formel (38) den Wert von u in jedem Punkte des Rechtecks $\mathfrak{A}_1\mathfrak{A}_0\mathfrak{A}_2\mathfrak{A}_3$, wenn lediglich die Werte von u auf den Charakteristiken $\mathfrak{A}_1\mathfrak{A}_0$ und $\mathfrak{A}_0\mathfrak{A}_2$ gegeben sind.

Es sei nämlich $A(\xi, \eta)$ ein beliebiger Punkt des Rechtecks $\mathfrak{R}(\mathfrak{A}_1\mathfrak{A}_0\mathfrak{A}_2\mathfrak{A}_3)$; $A_1(x_0, \eta)$, $A_2(\xi, y_0)$ sind die Schnittpunkte der durch A gezogenen Charakteristiken mit den Rechteckseiten $\mathfrak{A}_0\mathfrak{A}_1$ und $\mathfrak{A}_0\mathfrak{A}_2$; $A_0(x_0, y_0)$ ist der bisher mit $\mathfrak{A}_0$ bezeichnete Punkt. Der in der Formel (38) enthaltene Ausdruck

$$\int_{A_1}^{A_2}(P\,dy - Q\,dx)$$

schreibt sich jetzt

$$\int_{A_1}^{A_0}P\,dy + \int_{A_2}^{A_0}Q\,dx\,.$$

Es ist

$$\int_{A_2}^{A_0}Q\,dx = \int_{A_2}^{A_0}\left[-\frac{1}{2}\,\frac{\partial(u\,v)}{\partial x} + v\left(\frac{\partial u}{\partial x} + b\,u\right)\right]dx$$

$$= \tfrac{1}{2}\left[(u\,v)_{A_2} - (u\,v)_{A_0}\right] + \int_{A_2}^{A_0} v\left(\frac{\partial u}{\partial x} + b\,u\right)dx\,;$$

ähnlich findet man

$$\int_{A_1}^{A_0} P\,dy = \tfrac{1}{2}\left[(u\,v)_{A_1} - (u\,v)_{A_0}\right] + \int_{A_1}^{A_0} v\left(\frac{\partial u}{\partial y} + a\,u\right) dy\,.$$

Die Gleichung (38) schreibt sich jetzt

$$(40)\qquad \left\{\begin{aligned} u(\xi,\eta) = (u\,v)_{A_0} &- \int_{A_2}^{A_0} v\left(\frac{\partial u}{\partial x} + b\,u\right) dx \\ &- \int_{A_1}^{A_0} v\left(\frac{\partial u}{\partial y} + a\,u\right) dy\,. \end{aligned}\right.$$

Aus den Werten von u längs A_2A_0 folgen die Werte von $\frac{\partial u}{\partial x}$ längs dieser Geraden; aus den längs A_1A_0 vorgeschriebenen Werten von u ergeben sich die Werte von $\frac{\partial u}{\partial y}$ längs A_1A_0. Demnach kann $u(\xi, \eta)$ nach Formel (40) berechnet werden, wenn die Werte von u längs der beiden Charakteristiken A_1A_0 und A_0A_2 gegeben sind.

Es gibt also nur eine Funktion u, welche der Differentialgleichung (B) genügt und längs der Geraden $\mathfrak{A}_1\mathfrak{A}_0$ und $\mathfrak{A}_0\mathfrak{A}_2$ vorgeschriebene Werte annimmt.

Demnach ist auch die Riemannsche Funktion $v(x, y; \xi, \eta)$ eindeutig bestimmt durch die Bedingung, daß sie der Differentialgleichung $M(v) = 0$ genügen und längs der Charakteristiken $x = \xi$ und $y = \eta$ vorgeschriebene Werte annehmen soll.

Der am Schlusse von § 30 ausgesprochene Satz läßt sich nun folgendermaßen ergänzen.

Die einzige nebst ihren partiellen Ableitungen erster Ordnung im Rechteck $\mathfrak{R}$ stetige Lösung der Differentialgleichung (B), welche längs der Charakteristiken $\mathfrak{A}_1\mathfrak{A}_0$ und $\mathfrak{A}_0\mathfrak{A}_2$ vorgeschriebene Werte annimmt, läßt sich vermittels der Riemannschen Funktion $v(x, y; \xi, \eta)$ in einem beliebigen Punkt

$A(\xi, \eta)$ des Rechtecks $\mathfrak{R}$ in folgender Form darstellen:

$$u(\xi, \eta) = (uv)_{A_0} + \int_{A_0}^{A_2} v\left(\frac{\partial u}{\partial x} + b\,u\right) dx$$

$$+ \int_{A_0}^{A_1} v\left(\frac{\partial u}{\partial y} + a\,u\right) dy \text{ *)}.$$

Die Ergänzung des Satzes in § 31 lautet:

Die einzige nebst ihren partiellen Ableitungen erster Ordnung im Rechteck $\mathfrak{R}$ stetige Lösung u der Differentialgleichung (B), welche nebst den Ableitungen $\frac{\partial u}{\partial x}$ und $\frac{\partial u}{\partial y}$ längs der Kurve $\mathfrak{C}$ vorgeschriebene Werte annimmt, gestattet in einem beliebigen Punkt (ξ, η) des Rechtecks $\mathfrak{R}$ die Darstellung:

$$u(\xi, \eta) = \tfrac{1}{2}[(u\,v)_{A_1} + (u\,v)_{A_2}] - \int_{A_1}^{A_2} (P\,dy - Q\,dx)\,,$$

wo P, Q die Werte (39) haben*).

Wir führen jetzt eine Funktion u zweier Variablenpaare x, y und ξ', η' ein, welche zur ursprünglichen Differentialgleichung $L(u) = 0$ in derselben Beziehung steht, wie die Riemannsche Funktion v zur adjungierten Differentialgleichung $M(v) = 0$. Die Funktion $u(x, y; \xi', \eta')$ genüge als Funktion von x, y der Differentialgleichung $L(u) = 0$ und nehme für $y = \eta'$ den Wert

$$e^{-\int_{\xi'}^{x} b\,dx}$$

und für $x = \xi'$ den Wert

$$e^{-\int_{\eta'}^{y} a\,dy}$$

an**).

---

*) Die in § 30 und § 31 benutzte Bezeichnung ist hier nur insofern geändert, als die Koordinaten eines beliebigen Punktes A des Rechtecks $\mathfrak{R}$ jetzt mit ξ, η statt mit x, y bezeichnet sind.

**) Beim Übergang von einer Differentialgleichung zur adjungierten gehen a, b in $-a$, $-b$ über.

Wir verstehen unter ξ', η' die Koordinaten des Punktes A_0 und setzen in der Formel (40) für u die soeben eingeführte Funktion $u(x, y; \xi', \eta')$; dann ist auf $A_0 A_2$ (für $y = \eta'$)

$$\frac{\partial u}{\partial x} + b u = 0$$

und auf $A_0 A_1$ (für $x = \xi'$)

$$\frac{\partial u}{\partial y} + a u = 0 ,$$

so daß die beiden in der Formel (40) enthaltenen Integrale fortfallen; wegen $(u)_{A_0} = 1$ schreibt sich die Formel (40)

$$u(\xi, \eta) = v(\xi', \eta')$$

oder ausführlicher

$$u(\xi, \eta; \xi', \eta') = v(\xi', \eta'; \xi, \eta) . \tag{41}$$

Die Riemannsche Funktion $v(x, y; \xi, \eta)$, welche als Funktion von x, y der adjungierten Gleichung genügt, stellt, wenn man ξ, η als Veränderliche und x, y als Parameter auffaßt, eine Lösung der ursprünglichen Differentialgleichung dar (wenn man darin die unabhängigen Veränderlichen x, y durch ξ, η ersetzt); sie besitzt in bezug auf die Veränderlichen ξ, η und die ursprüngliche Differentialgleichung dieselben Eigenschaften wie in bezug auf die Veränderlichen x, y und die adjungierte Differentialgleichung. Durch die Bestimmung der Riemannschen Funktion $v(x, y; \xi, \eta)$ erledigt sich die Integration sowohl der ursprünglichen als auch der adjungierten Differentialgleichung*).

§ 33. Beispiele zur Riemannschen Integrationsmethode.

I. Wir betrachten als Beispiel die Differentialgleichung

$$\frac{\partial^2 u}{\partial x \, \partial y} = 0 . \tag{42}$$

---

*) Bestimmung von Lösungen der hyperbolischen Differentialgleichung durch andere Bedingungen bei Hadamard (Bull. de la Soc. math. de France, 1903, 1904). Vgl. auch die Fußnote auf S. 118.

Die Riemannsche Funktion $v(x, y; \xi, \eta)$ genügt der adjungierten Differentialgleichung

$$\frac{\partial^2 v}{\partial x \partial y} = 0$$

und nimmt, da a und b gleich Null sind, sowohl für $x = \xi$ als auch für $y = \eta$ den Wert 1 an; demnach ist

$$v = 1 .$$

Wir bestimmen die Lösung u der Differentialgleichung (42), welche dadurch bestimmt ist, daß die Werte von u, $\frac{\partial u}{\partial x}$, $\frac{\partial u}{\partial y}$ längs der Geraden $y - x = 0$ vorgeschrieben sind; es sei

$$(43) \qquad u = f(x) , \quad \frac{\partial u}{\partial y} - \frac{\partial u}{\partial x} = F(x)$$

für $y = x$, wo $f(x)$ und $F(x)$ gegebene Funktionen sind. Der Schnittpunkt A_1 der Geraden $x - y = 0$, $x = \xi$ hat die Koordinaten $x = \xi$, $y = \xi$ und der Schnittpunkt A_2 der Geraden $x - y = 0$, $y = \eta$ die Koordinaten $x = \eta$, $y = \eta$. Es ist jetzt nach (39)

$$P = \frac{1}{2} \frac{\partial u}{\partial y} , \qquad Q = \frac{1}{2} \frac{\partial u}{\partial x} .$$

Auf der Geraden $A_1 A_2$, über welche das Integral in (38) erstreckt wird, ist $y = x$, also $dy = dx$. Demnach geht die Formel (38) über in

$$(44) \qquad u(\xi, \eta) = \tfrac{1}{2}(f(\xi) + f(\eta)) - \tfrac{1}{2}\int_{\xi}^{\eta} F(x)\, dx .$$

II. Als weiteres Beispiel diene die Differentialgleichung

$$(45) \qquad \frac{\partial^2 u}{\partial x \partial y} + c u = 0 ,$$

wo c eine Konstante ist. Die Riemannsche Funktion $v(x, y; \xi, \eta)$ genügt der adjungierten Differentialgleichung

$$\frac{\partial^2 v}{\partial x \partial y} + c v = 0$$

und nimmt sowohl für $x = \xi$ als auch für $y = \eta$ den Wert 1 an. Wir suchen v als Funktion des Ausdrucks

$$z = (x - \xi)(y - \eta)$$

darzustellen, welcher sowohl für $x = \xi$ als auch für $y = \eta$ verschwindet. Dann ist

$$\frac{\partial v}{\partial x} = (y - \eta)\frac{dv}{dz}, \qquad \frac{\partial v}{\partial y} = (x - \xi)\frac{dv}{dz},$$

$$\frac{\partial^2 v}{\partial x \partial y} = z\frac{d^2 v}{dz^2} + \frac{dv}{dz},$$

so daß die Gleichung (45) in

$$z\frac{d^2 v}{dz^2} + \frac{dv}{dz} + cv = 0$$

übergeht. Wir führen die beständig konvergente Potenzreihe

(46) $$\Phi(z) = 1 - \frac{z}{1^2} + \frac{z^2}{1^2 \cdot 2^2} - \frac{z^3}{1^2 \cdot 2^2 \cdot 3^2} + \cdots$$

ein, so daß

$$\Phi(z) = J_0(2\sqrt{z})$$

ist, wo

$$J_0(z) = 1 - \frac{z^2}{2^2} + \frac{z^4}{2^2 \cdot 4^2} - \frac{z^6}{2^2 \cdot 4^2 \cdot 6^2} + \cdots$$

die Besselsche Funktion erster Art vom Index 0 darstellt*). Dann ist

$$v = \Phi(cz)$$

die einzige Lösung der Differentialgleichung (45), welche für $z = 0$ den Wert 1 annimmt. Wir haben demnach die Riemannsche Funktion

(47) $$v(x, y; \xi, \eta) = \Phi(c(x - \xi)(y - \eta)).$$

Wir bestimmen nun die Lösung u der Gleichung (45), welche wie vorhin dadurch bestimmt ist, daß

(48) $$u = f(x), \qquad \frac{\partial u}{\partial y} - \frac{\partial u}{\partial x} = F(x)$$

---

*) Vgl. „Gewöhnl. Differentialgl.", S. 179.

für $y = x$ sein soll. Die Punkte A_1 mit den Koordinaten $x = \xi$, $y = \xi$ und A_2 mit den Koordinaten $x = \eta$, $y = \eta$ sind dieselben wie vorhin. Das Integral in Formel (38) wird über die Gerade $A_1 A_2$ erstreckt, auf welcher $y = x$ ist. Auf dieser Geraden ist nach (39)

$$P - Q = \frac{1}{2} v \left(\frac{\partial u}{\partial y} - \frac{\partial u}{\partial x} \right) - \frac{1}{2} (\eta - \xi) u \frac{dv}{dz}$$

$$= \frac{1}{2} \Phi\big(c(x - \xi)(x - \eta)\big) F(x)$$

$$- \frac{c}{2} (\eta - \xi) \Phi'\big(c(x - \xi)(x - \eta)\big) f(x) \,.$$

Da in den Punkten A_1 und A_2 $v = 1$ ist, so ergibt die Formel (38):

$$(49) \quad \left\{ \begin{aligned} u(\xi, \eta) &= \tfrac{1}{2}\big(f(\xi) + f(\eta)\big) \\ &\quad - \tfrac{1}{2} \int_\xi^\eta \Phi\big(c(x - \xi)(x - \eta)\big) F(x)\, dx \\ &\quad + \tfrac{1}{2} c(\eta - \xi) \int_\xi^\eta \Phi'\big(c(x - \xi)(x - \eta)\big) f(x)\, dx \,. \end{aligned} \right.$$

III. Schließlich möge für die Differentialgleichung

$$(50) \qquad \frac{\partial^2 u}{\partial x \partial y} - \frac{\beta'}{x - y} \frac{\partial u}{\partial x} + \frac{\beta}{x - y} \frac{\partial u}{\partial y} = 0$$

die **Riemannsche** Funktion bestimmt werden*). Die adjungierte Differentialgleichung

$$\frac{\partial^2 v}{\partial x \partial y} + \frac{\beta'}{x - y} \frac{\partial v}{\partial x} - \frac{\beta}{x - y} \frac{\partial v}{\partial y} - \frac{\beta + \beta'}{(x - y)^2} v = 0$$

geht durch die Substitution

$$v = (x - y)^{\beta + \beta'} w$$

in die Gleichung

$$\frac{\partial^2 w}{\partial x \partial y} - \frac{\beta}{x - y} \frac{\partial w}{\partial x} + \frac{\beta'}{x - y} \frac{\partial w}{\partial y} = 0$$

---

*) Vgl. die eingehendere Behandlung dieser Differentialgleichung bei Darboux, Théorie générale des surfaces, Bd. II, S. 54 ff. und S. 81 ff.

über, welche die Lösung

$$w = x^{\lambda} F\left(-\lambda, \beta, 1-\beta'-\lambda, \frac{y}{x}\right)$$

besitzt, wo λ eine willkürliche Konstante und $F(\alpha, \beta, \gamma, x)$ die Gaußsche hypergeometrische Reihe darstellt. Wenn die Differentialgleichung für w die Lösung $\varphi(x, y)$ hat, besitzt sie auch die Lösung

$$(x-\xi)^{-\beta'}(y-\xi)^{-\beta}\varphi\left(\frac{x-\eta}{x-\xi}, \frac{y-\eta}{y-\xi}\right)$$

mit den willkürlichen Konstanten ξ, η. Aus der oben angeschriebenen Lösung ergibt sich demnach die Lösung

$$w = (\eta - x)^{\lambda}(x-\xi)^{-\beta'-\lambda}(y-\xi)^{-\beta} F(-\lambda, \beta, 1-\beta'-\lambda, \sigma),$$

wobei gesetzt ist:

$$\sigma = \frac{(x-\xi)(y-\eta)}{(x-\eta)(y-\xi)}. \tag{51}$$

Hieraus erhält man durch Multiplikation mit $(x-y)^{\beta+\beta'}$ die folgende Lösung der adjungierten Differentialgleichung:

$$v = (\eta - x)^{\lambda}(\xi - x)^{-\beta'-\lambda}(y-\xi)^{-\beta}(y-x)^{\beta+\beta'} F(-\lambda, \beta, 1-\beta'-\lambda, \sigma).$$

Die Riemannsche Funktion ist die Lösung der adjungierten Differentialgleichung, welche sich für $x = \xi$ auf

$$e^{-\int_{\eta}^{y} \frac{\beta'}{\xi - y} dy} = \left(\frac{y-\xi}{\eta-\xi}\right)^{\beta'}$$

und für $y = \eta$ auf

$$e^{\int_{\xi}^{x} \frac{\beta}{x-\eta} dx} = \left(\frac{\eta-x}{\eta-\xi}\right)^{\beta}$$

reduziert. Für $x = \xi$ verschwindet σ und die Reihe F nimmt den Wert 1 an; der Faktor $(\xi - x)^{-\lambda-\beta'}$ wird aber gleich Null oder unendlich, wenn nicht $\lambda = -\beta'$ angenommen wird. Für $\lambda = -\beta'$ ist

$$v = (\eta - x)^{-\beta'}(y-\xi)^{-\beta}(y-x)^{\beta+\beta'} F(\beta', \beta, 1, \sigma); \tag{52}$$

man hat

$$v = \left(\frac{y - \xi}{\eta - \xi}\right)^{\beta'}$$

für $x = \xi$ und

$$v = \left(\frac{\eta - x}{\eta - \xi}\right)^{\beta}$$

für $y = \eta$; folglich stellt (52) die Riemannsche Funktion dar*).

*) Bei R. d'Adhémar, Les équations aux dérivées partielles à caractéristiques réelles (Coll. Scientia; Paris 1907) sind neuere Untersuchungen über hyperbolische Differentialgleichungen mit zwei und mehreren unabhängigen Veränderlichen kurz skizziert; ebenso im 5. Kapitel von R. d'Adhémar, Exercices et leçons d'Analyse (Paris 1908).

V. Abschnitt.

Die Fredholmsche Integralgleichung. Reihenentwicklungen nach den Eigenfunktionen eines symmetrischen Kerns.

§ 34. Lösung der Fredholmschen Integralgleichung im Falle $D(\lambda) \neq 0$.

Wir betrachten eine Integralgleichung (Funktionalgleichung) von der Form

$$\text{(A)} \qquad \varphi(s) - \lambda \int_a^b K(s, t)\, \varphi(t)\, dt = f(s)\,;$$

darin sind s und t reelle Veränderliche, welche sich in dem Intervall $a \ldots b$ bewegen; $K(s, t)$, der Kern*) der Integralgleichung, ist eine Funktion der Veränderlichen s, t und λ ein veränderlicher Parameter; $f(s)$ ist eine gegebene und $\varphi(s)$ eine zu bestimmende Funktion von s.

Nach Fredholm**) läßt sich die Integralgleichung (A) folgendermaßen nach der unbekannten Funktion $\varphi(s)$ auflösen.

Wir setzen sowohl $K(s, t)$ als auch $f(s)$ und $\varphi(s)$ als endliche und stetige Funktionen voraus***).

---

*) Nach Hilbert, dessen Bezeichnungen wir vielfach benutzen.

**) Stockholm Öfversigt 1900, S. 39; Acta mathematica, Bd. 27, S. 365. — Auf andere Weise hat Hilbert die Theorie der Integralgleichungen begründet (Göttinger Nachrichten 1904, S. 213 und 1906, S. 439); dabei wird die (in den Göttinger Nachrichten 1906, S. 157 entwickelte) Theorie der quadratischen Formen von unendlich vielen Veränderlichen benutzt.

***) Diese Voraussetzung, welche nicht notwendig ist, wird der Einfachheit halber gemacht.

Wir gehen aus von der Determinantenrelation*)

$$\begin{vmatrix} K(s,t), & K(s,r_1), & \ldots, & K(s,r_n) \\ K(r_1,t), & K(r_1,r_1), & \ldots, & K(r_1,r_n) \\ \cdot & \cdot & \cdot & \cdot \\ K(r_n,t), & K(r_n,r_1), & \ldots, & K(r_n,r_n) \end{vmatrix}$$

$$= K(s,t) \begin{vmatrix} K(r_1,r_1), & \ldots, & K(r_1,r_n) \\ \cdot & \cdot & \cdot \\ K(r_n,r_1), & \ldots, & K(r_n,r_n) \end{vmatrix}$$

$$-\sum_{i=1}^{n} (-1)^i K(s,r_i) \begin{vmatrix} K(r_1,t), K(r_1,r_1), \ldots, K(r_1,r_{i-1}), K(r_1,r_{i+1}), \ldots, K(r_1,r_n) \\ \cdot \quad \cdot \quad \cdot \quad \cdot \quad \cdot \quad \cdot \quad \cdot \\ K(r_n,t), K(r_n,r_1), \ldots, K(r_n,r_{i-1}), K(r_n,r_{i+1}), \ldots, K(r_n,r_n) \end{vmatrix}$$

die man erhält, indem man die angeschriebene Determinante $(n+1)$ten Grades nach den Elementen der ersten Zeile entwickelt. Wenn man beide Seiten der Gleichung (1) in bezug auf jede der Veränderlichen $r_1, \ldots, r_n$ zwischen den Grenzen a und b integriert und durch $n!$ dividiert, erhält man unter Benutzung der Bezeichnung

$$(2) \qquad A_n = \frac{1}{n!} \int_a^b \cdots \int_a^b \begin{vmatrix} K(r_1,r_1), & \ldots, & K(r_1,r_n) \\ \cdot & \cdot & \cdot \\ K(r_n,r_1), & \ldots, & K(r_n,r_n) \end{vmatrix} dr_1 \ldots dr_n \,,$$

$$A_n(s,t) = \frac{1}{n!} \int_a^b \cdots \int_a^b \begin{vmatrix} K(s,t), & K(s,r_1), & \ldots, & K(s,r_n) \\ K(r_1,t), & K(r_1,r_1), & \ldots, & K(r_1,r_n) \\ \cdot & \cdot & \cdot & \cdot \\ K(r_n,t), & K(r_n,r_1), & \ldots, & K(r_n,r_n) \end{vmatrix} dr_1 \ldots dr_n \text{**)}$$

die Gleichung

$$(4) \qquad A_n(s,t) = K(s,t)\, A_n - \int_a^b K(s,r)\, A_{n-1}(r,t)\, dr \,.$$

Das letzte Glied der Gleichung (4) ergibt sich folgendermaßen. Auf der rechten Seite der Gleichung (1) ist $(-1)^n K(s,r_n)$ mit der Determinante

*) Dabei ist n eine der Zahlen 1, 2, 3, ...

**) Es ist

$$A_0 = 1\,, \quad A_0(s,t) = K(s,t)\,.$$

$$\begin{vmatrix} K(r_1, t), & K(r_1, r_1), & \ldots, & K(r_1, r_{n-1}) \\ \cdot & \cdot & \cdot & \cdot \\ K(r_n, t), & K(r_n, r_1), & \ldots, & K(r_n, r_{n-1}) \end{vmatrix}$$

multipliziert, welche wir dadurch umformen, daß wir die $n$te Zeile an den Anfang stellen und den Faktor $(-1)^{n-1}$ vorsetzen, welcher sich mit $(-1)^n$ zu -1 zusammensetzt; das letzte Glied der Gleichung (1) ist demnach

$$-K(s, r_n) \begin{vmatrix} K(r_n, t), & K(r_n, r_1), & \ldots, & K(r_n, r_{n-1}) \\ K(r_1, t), & K(r_1, r_1), & \ldots, & K(r_1, r_{n-1}) \\ \cdot & \cdot & \cdot & \cdot \\ K(r_{n-1}, t), & K(r_{n-1}, r_1), & \ldots, & K(r_{n-1}, r_{n-1}) \end{vmatrix}.$$

Wenn man dieses Glied nach $r_1, \ldots, r_n$ integriert, durch $n!$ dividiert und die Gleichung

$$A_{n-1}(r_n, t) = \frac{1}{(n-1)!} \int_a^b \cdots \int_a^b \begin{vmatrix} K(r_n, t), & K(r_n, r_1), & \ldots, & K(r_n, r_{n-1}) \\ K(r_1, t), & K(r_1, r_1), & \ldots, & K(r_1, r_{n-1}) \\ \cdot & \cdot & \cdot & \cdot \\ K(r_{n-1}, t), & K(r_{n-1}, r_1), & \ldots, & K(r_{n-1}, r_{n-1}) \end{vmatrix} dr_1 \ldots$$

berücksichtigt, erhält man

$$-\frac{1}{n}\int_a^b K(s, r_n)\, A_{n-1}(r_n, t)\, dr_n$$

$$= -\frac{1}{n}\int_a^b K(s, r)\, A_{n-1}(r, t)\, dr.$$

Beachtet man, daß sich das beschriebene Verfahren auf jedes der n letzten Glieder der Gleichung (1) anwenden läßt, so hat man das letzte Glied der Gleichung (4).

Wir führen die beiden folgenden Potenzreihen von λ ein:

$$(5) \qquad D(\lambda) = \sum_{n=0}^{\infty} (-1)^n A_n \lambda^n,$$

$$(6) \qquad D(\lambda; s, t) = \sum_{n=0}^{\infty} (-1)^n A_n(s, t) \lambda^n;$$

in § 35 zeigen wir, daß diese beiden Reihen für alle Werte von λ konvergent sind. $D(\lambda)$ wird als *Determinante* des Kernes $K(s, t)$ bezeichnet, $D(\lambda; s, t)$ als Unterdeterminante erster Ordnung.

Wenn man die Gleichung (4) mit $(-1)^n \lambda^n$ multipliziert und über $n = 0, 1, 2, \ldots$ summiert*), erhält man die Gleichung

$$\sum_{n=0}^{\infty}(-1)^n A_n(s, t)\lambda^n = K(s, t)\sum_{n=0}^{\infty}(-1)^n A_n \lambda^n + \int_a^b K(s, r)\sum_{n=1}^{\infty}(-1)^{n-1} A_{n-1}(r, t)\lambda^n\, dr$$

oder

$$D(\lambda; s, t) = K(s, t)\, D(\lambda) + \lambda\int_a^b K(s, r)\, D(\lambda; r, t)\, dr. \tag{7}$$

Wir machen zunächst die Voraussetzung, *daß $D(\lambda)$ von Null verschieden ist.*

Setzt man

$$\mathsf{K}(\lambda; s, t) = \frac{D(\lambda; s, t)}{D(\lambda)}, \tag{8}$$

so nimmt die Gleichung (7) die Form an:

$$\mathsf{K}(\lambda; s, t) = K(s, t) + \lambda\int_a^b K(s, r)\,\mathsf{K}(\lambda; r, t)\, dr$$

oder

$$K(s, t) = \mathsf{K}(\lambda; s, t) - \lambda\int_a^b K(s, r)\,\mathsf{K}(\lambda; r, t)\, dr. \tag{9}$$

Die Integralgleichung (A) wird also, wenn man $f(s) = K(s, t)$ setzt, durch $\varphi(s) = \mathsf{K}(\lambda; s, t)$ befriedigt.

Wenn man die Determinante $(n+1)$ten Grades auf der linken Seite der Gleichung (1) statt nach den Elementen der ersten Zeile nach denjenigen der ersten Kolonne ent-

---

*) Für $n = 0$ hat man an Stelle von (4) die Gleichung

$$A_0(s, t) = K(s, t),$$

da $A_{-1}(s, t)$ gleich Null zu setzen ist.

wickelt, im übrigen aber wie bisher verfährt, wird die Gleichung (7) durch

$$(7') \qquad D(\lambda; s, t) = K(s, t)\,D(\lambda) + \lambda\int_a^b D(\lambda; s, r)\,K(r, t)\,dr$$

und die Gleichung (9) durch

$$(9') \qquad K(s, t) = \mathsf{K}(\lambda; s, t) - \lambda\int_a^b \mathsf{K}(\lambda; s, r)\,K(r, t)\,dr$$

ersetzt.

Man bezeichnet die Funktion $\mathsf{K}(\lambda; s, t)$ als die lösende Funktion für den Kern $K(s, t)$; mit ihrer Hilfe läßt sich die Integralgleichung (A) folgendermaßen auflösen:

$$(10) \qquad \varphi(s) = f(s) + \lambda\int_a^b \mathsf{K}(\lambda; s, t)\,f(t)\,dt\,.$$

Zum Beweise fassen wir die linke Seite der Gleichung (A) als eine auf die Funktion $\varphi(s)$ ausgeübte Transformation auf und schreiben demgemäß

$$(11) \qquad S\,\varphi(s) = \varphi(s) - \lambda\int_a^b K(s, t)\,\varphi(t)\,dt\,.$$

Mit Σ möge die Transformation bezeichnet werden, welche aus S dadurch hervorgeht, daß man $K(s, t)$ durch $-\mathsf{K}(\lambda; s, t)$ ersetzt; es ist also

$$(12) \qquad \Sigma f(s) = f(s) + \lambda\int_a^b \mathsf{K}(\lambda; s, t)\,f(t)\,dt\,.$$

Wendet man die Transformationen Σ und S nacheinander an, so erhält man

$$\begin{aligned} S\Sigma f(s) &= \Sigma f(s) - \lambda\int_a^b K(s, t)\cdot\Sigma f(t)\,dt \\ &= f(s) + \lambda\int_a^b \bigl(\mathsf{K}(\lambda; s, t) - K(s, t)\bigr)\,f(t)\,dt \\ &\quad - \lambda^2\int_a^b\!\!\int_a^b K(s, t)\,\mathsf{K}(\lambda; t, r)\,f(r)\,dr\,dt\,; \end{aligned}$$

die rechte Seite reduziert sich auf $f(s)$, wie man erkennt, indem man die Gleichung (9) mit $f(t)\,dt$ multipliziert und zwischen den Grenzen a und b integriert. Es ist also

$$S\,\Sigma f(s) = f(s)\,, \tag{13}$$

oder Σ ist die inverse Transformation von S. Ebenso ist unter Berücksichtigung von (9′)

$$\Sigma\,S\,\varphi(s) = \varphi(s)\,. \tag{14}$$

Wenn eine der Gleichung (A)

$$S\,\varphi(s) = f(s)$$

genügende Funktion $\varphi(s)$ existiert, so ist nach (14)

$$\varphi(s) = \Sigma f(s)\,,$$

wodurch die Funktion $\varphi(s)$ eindeutig bestimmt ist.

Umgekehrt genügt der Ausdruck (10) der Gleichung (A), denn es ist

$$S\,\varphi(s) = S\,\Sigma f(s) = f(s)$$

nach (13).

§ 35. Lösung der Fredholmschen Integralgleichung im Falle $D(\lambda) \neq 0$. Fortsetzung.

Um die Konvergenz der in § 34 aufgestellten Potenzreihen für $D(\lambda)$ und $D(\lambda; s, t)$ zu beweisen, benutzen wir einen von Hadamard*) herrührenden Determinantensatz. Die Determinante

$$D = \begin{vmatrix} a_{11}, & a_{12}, & \ldots, & a_{1n} \\ a_{21}, & a_{22}, & \ldots, & a_{2n} \\ \cdot & \cdot & \cdot & \cdot \\ a_{n1}, & a_{n2}, & \ldots, & a_{nn} \end{vmatrix}$$

oder

$$D = [a_{ik}] \qquad (i, k = 1, 2, \ldots, n)$$

gehe, wenn man jedes Element a_{ik} durch die konjugiert komplexe Größe $\bar{a}_{ik}$ ersetzt, in

$$\bar{D} = [\bar{a}_{ik}] \qquad (i, k = 1, \ldots, n)$$

*) Bulletin des sciences mathématiques, 2. Serie, Bd. 17 (1893). — Der im Text enthaltene Beweis wurde von Wirtinger (Monatshefte für Math. u. Phys. 1907) gegeben.

über. Dann ist, wie wir zeigen werden,

(15) $$D\bar{D} \leqq \prod_{i=1}^{n} (a_{i1}\bar{a}_{i1} + \dots + a_{in}\bar{a}_{in}) .$$

Beachtet man, daß

$$D\bar{D} = |D|^2, \qquad a_{ik}\bar{a}_{ik} = |a_{ik}|^2$$

ist, so kann man schreiben:

$$|D|^2 \leqq \prod_{i=1}^{n} (|a_{i1}|^2 + \dots + |a_{in}|^2) .$$

Ist kein Element a_{ik} der Determinante D dem absoluten Betrage nach größer als die positive Größe $\mathfrak{A}$, so ist

$$|a_{i1}|^2 + \dots + |a_{in}^2| \leqq n\,\mathfrak{A}^2 ,$$

also

$$|D|^2 \leqq n^n\,\mathfrak{A}^{2n}$$

oder

$$|D| \leqq \mathfrak{A}^n \sqrt{n^n} .$$

Um die Ungleichung (15) zu beweisen, setzen wir

$$s_i = a_{i1}\bar{a}_{i1} + \dots + a_{in}\bar{a}_{in} \qquad (i = 1, \dots, n)$$

und dividieren die Elemente der $i$ten Zeile der Determinante D sowohl wie der konjugiert komplexen Determinante $\bar{D}$ durch $\sqrt{s_i}$. Wir setzen

$$\frac{a_{ik}}{\sqrt{s_i}} = \alpha_{ik} , \qquad \frac{\bar{a}_{ik}}{\sqrt{s_i}} = \bar{\alpha}_{ik} ,$$

so daß

(α) $$\alpha_{i1}\bar{\alpha}_{i1} + \dots + \alpha_{in}\bar{\alpha}_{in} = 1 \qquad (i = 1, \dots, n)$$

ist, und

$$\Delta = [\alpha_{ik}] , \qquad \bar{\Delta} = [\bar{\alpha}_{ik}] .$$

Wir suchen das Maximum von $\Delta\bar{\Delta}$ unter der Voraussetzung, daß die Größen α_{ik} und $\bar{\alpha}_{ik}$ die n Bedingungen (α) erfüllen. Wir wenden die aus der Differentialrechnung bekannte Lagrangesche Regel an, indem wir unter Einführung der n Koeffizienten $\lambda_1, \ldots, \lambda_n$ die partiellen Ableitungen des Ausdrucks

$$\varDelta\overline{\varDelta} - \sum_{i=1}^{n}\lambda_i\sum_{k=1}^{n}\alpha_{ik}\,\overline{\alpha}_{ik}$$

nach den $2n^2$ Größen α_{ik}, $\overline{\alpha}_{ik}$ gleich Null setzen. Wir erhalten so die $2n^2$ Gleichungen

$$\overline{\varDelta}\,\mathsf{A}_{ik} = \lambda_i\,\overline{\alpha}_{ik}\,, \qquad \varDelta\,\overline{\mathsf{A}}_{ik} = \lambda_i\,\alpha_{ik}\,,$$

wo

$$\mathsf{A}_{ik} = \frac{\partial\varDelta}{\partial\alpha_{ik}}\,, \qquad \overline{\mathsf{A}}_{ik} = \frac{\partial\overline{\varDelta}}{\partial\overline{\alpha}_{ik}}$$

Unterdeterminanten sind. Daraus folgt

$$\overline{\varDelta}\sum_k \mathsf{A}_{ik}\,\alpha_{ik} = \lambda_i\sum_k\alpha_{ik}\,\overline{\alpha}_{ik}$$

oder, da

$$\varDelta = \sum_k \mathsf{A}_{ik}\,\alpha_{ik}$$

ist, mit Rücksicht auf (α)

$$\varDelta\overline{\varDelta} = \lambda_i = \lambda\,.$$

Weiter ist

$$\overline{\varDelta}^n\,[\mathsf{A}_{ik}] = \lambda^n\,[\overline{\alpha}_{ik}]$$

oder, da

$$[\mathsf{A}_{ik}] = \varDelta^{n-1}$$

ist,

$$\overline{\varDelta}^n\varDelta^{n-1} = \lambda^n\overline{\varDelta}\,,$$

d. h.

$$(\varDelta\overline{\varDelta})^{n-1} = \lambda^n$$

oder $\lambda^{n-1} = \lambda^n$, woraus sich ergibt, daß $\lambda = 1$ oder das Maximum von $\varDelta\overline{\varDelta}$ gleich 1 ist.

Aus der Ungleichung

$$\varDelta\overline{\varDelta} \leqq 1$$

folgt, da

$$\varDelta = \frac{D}{\sqrt{s_1 \ldots s_n}}\,, \qquad \overline{\varDelta} = \frac{\overline{D}}{\sqrt{s_1 \ldots s_n}}$$

ist,

$$D\overline{D} \leqq s_1 \ldots s_n\,,$$

w. z. b. w.

Damit ist der Satz bewiesen:

Erfüllen die Elemente der Determinante

$$D = \begin{vmatrix} a_{11}, & \ldots, & a_{1n} \\ \cdot & \cdot & \cdot \\ a_{n1}, & \ldots, & a_{nn} \end{vmatrix}$$

die Bedingung

$$|a_{ik}| \leqq \mathfrak{A}, \qquad (i, k = 1, \ldots, n)$$

so ist

$$|D| \leqq \mathfrak{A}^n \sqrt{n^n}.$$

Es sei nun K eine positive Größe, welche von der Funktion $K(s, t)$ nicht überschritten wird, wenn man s und t auf das Intervall $a \ldots b$ beschränkt. Dann ist nach dem soeben ausgesprochenen Determinantensatz der absolute Betrag der Determinante

$$\begin{vmatrix} K(s_1, s_1), & \ldots, & K(s_1, s_n) \\ \cdot & \cdot & \cdot \\ K(s_n, s_1), & \ldots, & K(s_n, s_n) \end{vmatrix}$$

höchstens gleich

$$K^n \sqrt{n^n};$$

nach (2) ist also

$$|A_n| \leqq \frac{K^n \sqrt{n^n}(b-a)^n}{n!}$$

und

$$\sqrt[n]{|A_n|} \leqq \frac{K(b-a)\sqrt{n}}{\sqrt[n]{n!}}.$$

Aus der asymptotischen Darstellung der Gammafunktion durch die Stirlingsche Reihe folgt

$$\log n! = \tfrac{1}{2}\log 2\pi n + n\log n - n + \varepsilon_n, \quad \lim_{n=+\infty} \varepsilon_n = 0,$$

$$\log \sqrt[n]{n!} = \log n - 1 + \frac{\log 2\pi n}{2n} + \frac{\varepsilon_n}{n},$$

$$\sqrt[n]{n!} = \frac{n}{e}(1+\delta_n), \quad \lim_{n=+\infty} \delta_n = 0.$$

Also ist

$$\sqrt[n]{|A_n|} \leqq \frac{eK(b-a)}{\sqrt{n}(1+\delta_n)}$$

und folglich

$$\lim_{n=\infty} \sqrt[n]{|A_n|} = 0 . \tag{16}$$

Daraus geht hervor, daß die Reihe (5)

$$D(\lambda) = \sum_{n=0}^{\infty} (-1)^n A_n \lambda^n$$

für alle Werte von λ konvergent ist.

Das gleiche beweist man auf demselben Wege für die oben mit $D(\lambda; s, t)$ bezeichnete Reihe (5), und zwar konvergiert diese Reihe gleichmäßig nicht nur für alle einem endlichen Gebiet der λ-Ebene angehörenden Werte von λ, sondern auch für alle Werte von s und t, welche dem Gebiet $a \leqq s \leqq b$, $a \leqq t \leqq b$ angehören.

Damit ist der Satz bewiesen:

Der Kern $K(s, t)$ der Integralgleichung

$$f(s) = \varphi(s) - \lambda \int_a^b K(s, t) \varphi(t) \, dt \tag{A}$$

sei eine für $a \leqq s \leqq b$, $a \leqq t \leqq b$ endliche und stetige Funktion. Die Reihen

$$D(\lambda) = \sum_{n=0}^{\infty} (-1)^n A_n \lambda^n ,$$

$$D(\lambda; s, t) = \sum_{n=0}^{\infty} (-1)^n A_n(s, t) \lambda^n ,$$

deren Koeffizienten A_n und $A_n(s, t)$ durch die Gleichungen (2) und (3) definiert sind, stellen ganze transzendente Funktionen von λ dar. Die lösende Funktion

$$\mathsf{K}(\lambda; s, t) = \frac{D(\lambda; s, t)}{D(\lambda)}$$

des Kernes $K(s, t)$ genügt der Gleichung

$$K(s, t) = \mathsf{K}(\lambda; s, t) - \lambda \int_a^b K(s, r) \mathsf{K}(\lambda; r, t) \, dr .$$

Ist $D(\lambda)$ von Null verschieden, so hat die Integralgleichung (A) eine und nur eine Lösung

$$\varphi(s) = f(s) + \lambda \int_a^b \mathsf{K}(\lambda\,;\, s\,,\, t) f(t)\, dt\,.$$

Setzt man hierin $f(s) = 0$, so sieht man, daß die homogene Integralgleichung

$$\varphi(s) - \lambda \int_a^b K(s\,,\, t)\,\varphi(t)\, dt = 0$$

nur die Lösung $\varphi(s) = 0$ besitzt.

Wir schließen einige Bemerkungen an, von denen im folgenden Gebrauch gemacht wird.

Mit Rücksicht auf die Ausdrücke (2) und (3) für A_n und $A_n(s\,,\, t)$ hat man

$$(n+1)\, A_{n+1} = \int_a^b A_n(s\,,\, s)\, ds\,;$$

wenn man diese Gleichung mit $(-1)^{n+1}\lambda^n$ multipliziert und über $n = 0\,,\ 1\,,\ 2\,, \ldots$ summiert, erhält man

$$\sum_{n=0}^{\infty} (-1)^{n+1} (n+1)\, A_{n+1}\,\lambda^n = -\sum_{n=0}^{\infty} (-1)^n \lambda^n \int_a^b A_n(s\,,\, s)\, ds$$

oder

$$\frac{d\,D(\lambda)}{d\lambda} = -\int_a^b D(\lambda\,;\, s\,,\, s)\, ds\,. \tag{17}$$

Die lösende Funktion $\mathsf{K}(\lambda;\, s\,,\, t)$ des Kernes $K(s\,,\, t)$ läßt sich in eine Potenzreihe von λ entwickeln, welche, da $D(0) = A_0 = 1$ ist, in einer gewissen Umgebung von $\lambda = 0$ konvergiert:

$$\mathsf{K}(\lambda\,;\, s\,,\, t) = \sum_{n=0}^{\infty} K^{n+1}(s\,,\, t)\,\lambda^n\,. \tag{18}$$

Setzt man diese Reihe in die Gleichung (9) ein, so erhält man durch Vergleichung der von λ freien Glieder

$$K^1(s\,,\, t) = K(s\,,\, t)$$

und durch Vergleichung der Koeffizienten von λ^n

$$K^{n+1}(s, t) = \int_a^b K(s, r)\, K^n(r, t)\, dr .$$

Demnach ist

$$K^2(s, t) = \int_a^b K(s, r)\, K(r, t)\, dr ,$$

$$K^3(s, t) = \int_a^b K(s, r)\, K^2(r, t)\, dr$$

$$= \int_a^b\int_a^b K(s, r)\, K(r, r_1)\, K(r_1, t)\, dr\, dr_1$$

usw. und allgemein

$$K^{n+1}(s, t) = \int_a^b\int_a^b \ldots \int_a^b K(s, r)\, K(r, r_1) \ldots K(r_{n-1}, t)\, dr\, dr_1 \ldots dr_{n-1} ;$$

daraus folgt

$$K^{m+n}(s, t) = \int_a^b K^m(s, r)\, K^n(r, t)\, dr .$$

Die Größen $K^n(s, t)$ werden als iterierte Kerne bezeichnet.

Für $\lambda = 0$ ergibt sich aus (18)

$$\mathsf{K}(0; s, t) = K(s, t) .$$

§ 36. Lösung der Integralgleichung im Falle $D(\lambda) = 0$.

Nachdem die Integralgleichung (A) unter der Voraussetzung gelöst ist, daß die Determinante $D(\lambda)$ nicht verschwindet, verstehen wir unter $\lambda = \lambda_0$ eine Wurzel der Gleichung $D(\lambda) = 0$ und betrachten zunächst die homogene Integralgleichung

$$(\mathrm{B}_0) \qquad \varphi(s) - \lambda_0 \int_a^b K(s, t)\, \varphi(t)\, dt = 0 .$$

Ist λ_0 eine einfache Nullstelle von $D(\lambda)$, ist also $D(\lambda_0) = 0$, $D'(\lambda_0) \neq 0$, so kann, weil die Gleichung (17)

$$D'(\lambda_0) = -\int_a^b D(\lambda_0\,;\, s\,,\, s)\, ds$$

besteht, $D(\lambda_0; s, s)$ nicht für alle Werte von s verschwinden. Die Funktion

$$\mathsf{K}(\lambda\,;\, s\,,\, t) = \frac{D(\lambda\,;\, s\,,\, t)}{D(\lambda)}$$

besitzt den einfachen Pol $\lambda = \lambda_0$, in dessen Umgebung die Entwicklung

$$\mathsf{K}(\lambda\,;\, s\,,\, t) = \frac{D(\lambda_0\,;\, s\,,\, t)}{D'(\lambda_0)} \frac{1}{\lambda - \lambda_0} + \mathfrak{P}(\lambda - \lambda_0)$$

besteht, wo $\mathfrak{P}(\lambda - \lambda_0)$ eine von s und t abhängige Potenzreihe von $\lambda - \lambda_0$ darstellt. Wenn man diesen Ausdruck für $\mathsf{K}(\lambda; s, t)$ in die Gleichung (9) einsetzt, mit $\lambda - \lambda_0$ multipliziert und hierauf $\lambda = \lambda_0$ setzt, erhält man die Gleichung

$$D(\lambda_0\,;\, s\,,\, t) = \lambda_0 \int_a^b K(s\,,\, r)\, D(\lambda_0\,;\, r\,,\, t)\, dr\,.$$

Werden die Zahlenwerte s_1, t_1 so gewählt, daß $D(\lambda_0; s_1, t_1)$ von Null verschieden ist, so kann die Funktion

$$\varphi(s) = D(\lambda_0\,;\, s\,,\, t_1)\,,$$

welche der Gleichung

$$\varphi(s) = \lambda_0 \int_a^b K(s\,,\, r)\, \varphi(r)\, dr$$

genügt, nicht identisch in s verschwinden.

Um auch den Fall einer mehrfachen Wurzel der Gleichung $D(\lambda) = 0$ behandeln zu können, verallgemeinern wir die in § 34 benutzten Determinantenrelationen.

Indem wir die Bezeichnung

$$(20)\qquad K\binom{s_1\,,\,\ldots\,,\, s_m}{t_1\,,\,\ldots\,,\, t_m} = \begin{vmatrix} K(s_1\,,\, t_1)\,, & \ldots\,, & K(s_1\,,\, t_m) \\ \cdot\;\cdot\;\cdot & \cdot\;\cdot\;\cdot & \cdot\;\cdot\;\cdot \\ K(s_m\,,\, t_1)\,, & \ldots\,, & K(s_m\,,\, t_m) \end{vmatrix}$$

benutzen, setzen wir

$$(21)\quad \begin{cases} A_n(s_1, \ldots, s_m; t_1, \ldots, t_m) \\ = \dfrac{1}{n!}\displaystyle\int_a^b \cdots \int_a^b K\begin{pmatrix} s_1, \ldots, s_m, r_1, \ldots, r_n \\ t_1, \ldots, t_m, r_1, \ldots, r_n \end{pmatrix} dr_1 \ldots dr_n. \end{cases}$$

Dann stellt die Reihe

$$(22)\quad \begin{cases} D(\lambda; s_1, \ldots, s_m; t_1, \ldots, t_m) \\ = \displaystyle\sum_{n=0}^{\infty} (-1)^n A_n(s_1, \ldots, s_m; t_1, \ldots, t_m)\lambda^n \end{cases}$$

eine ganze transzendente Funktion von λ dar, welche man als Unterdeterminante m ter Ordnung von $D(\lambda)$ bezeichnet.

Ähnlich wie die Gleichung (17) in § 35 beweist man die folgende allgemeinere Gleichung:

$$\frac{d^m D(\lambda)}{d\lambda^m} = (-1)^m \int_a^b \cdots \int_a^b D(\lambda; s_1, \ldots, s_m; s_1, \ldots, s_m)\, ds_1 \ldots ds_m$$

Wären für einen gewissen Wert $\lambda = \lambda_0$ sämtliche Unterdeterminanten

$$D(\lambda; s_1, \ldots, s_m; t_1, \ldots, t_m) \qquad (m = 0, 1, 2, \ldots)$$

identisch in $s_1, \ldots; t_1, \ldots$ gleich Null, so würden alle Ableitungen von $D(\lambda)$ für $\lambda = \lambda_0$ verschwinden, was nicht möglich ist, da $\lambda = \lambda_0$ für die ganze transzendente Funktion $D(\lambda)$ nur eine Nullstelle von endlicher Ordnung sein kann.

Die Determinantenrelation (1) läßt sich folgendermaßen verallgemeinern:

$$(24)\quad \begin{cases} K\begin{pmatrix} s_1, \ldots, s_m, r_1, \ldots, r_n \\ t_1, \ldots, t_m, r_1, \ldots, r_n \end{pmatrix} \\ = K(s_1, t_1) K\begin{pmatrix} s_2, \ldots, s_m, r_1, \ldots, r_n \\ t_2, \ldots, t_m, r_1, \ldots, r_n \end{pmatrix} \\ - K(s_1, t_2) K\begin{pmatrix} s_2, s_3, \ldots, s_m, r_1, \ldots, r_n \\ t_1, t_3, \ldots, t_m, r_1, \ldots, r_n \end{pmatrix} \\ + \cdots\cdots\cdots\cdots \\ + (-1)^m K(s_1, r_1) K\begin{pmatrix} s_2, \ldots, s_m, r_1, r_2, \ldots, r_n \\ t_1, \ldots, t_{m-1}, t_m, r_2, \ldots, r_n \end{pmatrix} \\ + \cdots\cdots\cdots\cdots \end{cases}$$

Wenn man beide Seiten der Gleichung (24) in bezug auf jede der Veränderlichen $r_1, \ldots, r_n$ zwischen a und b integriert und durch $n!$ dividiert, erhält man die der Gleichung (4) entsprechende Gleichung

$$(25)\quad \begin{cases} A_n(s_1, \ldots, s_m; t_1, \ldots, t_m) \\ = K(s_1, t_1) A_n(s_2, \ldots, s_m; t_2, \ldots, t_m) \\ - K(s_1, t_2) A_n(s_2, s_3, \ldots, s_m; t_1, t_3, \ldots, t_m) \\ + \ldots\ldots\ldots\ldots\ldots\ldots \\ - \int_a^b K(s_1, r) A_{n-1}(r, s_2, \ldots, s_m; t_1, t_2, \ldots, t_m)\, dr. \end{cases}$$

Durch Multiplikation dieser Gleichung mit $(-1)^n \lambda^n$ und Summation über $n = 0, 1, 2, \ldots$ erhält man

$$(26)\quad \begin{cases} D(\lambda; s_1, \ldots, s_m; t_1, \ldots, t_m) \\ = K(s_1, t_1) D(\lambda; s_2, \ldots, s_m; t_2, \ldots, t_m) \\ - K(s_1, t_2) D(\lambda; s_2, \ldots, s_m; t_1, t_3, \ldots, t_m) \\ + \ldots\ldots\ldots\ldots\ldots\ldots \\ + \lambda \int_a^b K(s_1, r) D(\lambda; r, s_2, \ldots, s_m; t_1, t_2, \ldots, t_m)\, dr. \end{cases}$$

Verschwindet für $\lambda = \lambda_0$ nicht nur die Determinante $D(\lambda)$, sondern auch die Unterdeterminanten von geringerer als der $m$ten Ordnung, ist aber $D(\lambda_0; s_1, \ldots, s_m; t_1, \ldots, t_m)$ nicht Null*), so schreibt sich die Gleichung (26)

$$(27)\quad \begin{cases} D(\lambda_0; s_1, \ldots, s_m; t_1, \ldots, t_m) \\ = \lambda_0 \int_a^b K(s_1, r) D(\lambda_0; r, s_2, \ldots, s_m; t_1, \ldots, t_m)\, dr \end{cases}$$

oder wenn man s_1 durch s ersetzt:

$$(27')\quad \begin{cases} D(\lambda_0; s, s_2, \ldots, s_m; t_1, \ldots, t_m) \\ = \lambda_0 \int_a^b K(s, r) D(\lambda_0; r, s_2, \ldots, s_m; t_1, \ldots, t_m)\, dr. \end{cases}$$

---

*) Dann ist, wie aus der Gleichung (23) folgt, $\lambda = \lambda_0$ eine mindestens $m$fache Wurzel der Gleichung $D(\lambda) = 0$.

Setzt man für $s_1, \ldots, s_m$ und $t_1, \ldots, t_m$ solche Zahlenwerte, daß $D(\lambda_0; s_1, \ldots, s_m; t_1, \ldots, t_m)$ nicht verschwindet, so stellt der Ausdruck

$$\varphi(s) = D(\lambda_0\,; s\,, s_2\,, \ldots, s_m\,; t_1, \ldots, t_m)$$

sowohl wie der Ausdruck

$$\varphi(s) = \frac{D(\lambda_0\,; s\,, s_2\,, \ldots, s_m; t_1, \ldots, t_m)}{D(\lambda_0\,; s_1\,, \ldots, s_m\,; t_1\,, \ldots, t_m)}$$

eine Lösung der homogenen Integralgleichung (B_0)

$$\varphi(s) - \lambda_0 \int_a^b K(s\,, r)\,\varphi(r)\,dr = 0$$

dar. Ebenso ergibt sich

$$\varphi_i(s) = \frac{D(\lambda_0\,; s_1\,, \ldots, s_{i-1}\,, s\,, s_{i+1}\,, \ldots, s_m\,; t_1\,, \ldots, t_m)}{D(\lambda_0\,; s_1\,, \ldots, s_m\,; t_1\,, \ldots, t_m)} \tag{28}$$
$$(i = 1\,, \ldots, m)$$

als Lösung der Gleichung (B_0).

Setzt man an Stelle der Formel (24) diejenige, welche man erhält, indem man bei der Entwicklung der Determinante (24) die Zeilen und Kolonnen vertauscht, so wird die Formel (26) durch die folgende ersetzt:

$$\left\{\begin{aligned} & D(\lambda\,; s_1\,, \ldots, s_m\,; t_1\,, \ldots, t_m) \\ & = K(s_1\,, t_1)\, D(\lambda\,; s_2\,, \ldots, s_m\,; t_2\,, \ldots, t_m) \\ & - K(s_2\,, t_1)\, D(\lambda\,; s_1\,, s_3\,, \ldots, s_m\,; t_2\,, \ldots, t_m) \\ & + \cdots\cdots\cdots\cdots\cdots \\ & + \lambda \int_a^b K(r\,, t_1)\, D(\lambda\,; s_1\,, s_2\,, \ldots, s_m\,; r\,, t_2\,, \ldots, t_m)\,dr\,. \end{aligned}\right. \tag{29}$$

Für $\lambda = \lambda_0$, wo λ_0 dieselbe Bedeutung hat wie vorhin, geht diese Gleichung, wenn man noch t_1 durch t ersetzt, über in

$$\left\{\begin{aligned} & D(\lambda_0\,; s_1\,, \ldots, s_m\,; t\,, t_2\,, \ldots, t_m) \\ & = \lambda_0 \int_a^b K(r\,, t)\, D(\lambda_0\,; s_1\,, \ldots, s_m\,; r\,, t_2\,, \ldots, t_m)\,dr\,. \end{aligned}\right. \tag{30}$$

Demnach genügt die Funktion

$$\psi(t) = D(\lambda_0\,;\, s_1\,,\,\ldots,\, s_m\,;\, t\,,\, t_2\,,\,\ldots,\, t_m)$$

oder

$$\psi(t) = \frac{D(\lambda_0\,;\, s_1\,,\,\ldots,\, s_m\,;\, t\,,\, t_2\,,\,\ldots,\, t_m)}{D(\lambda_0\,;\, s_1\,,\,\ldots,\, s_m\,;\, t_1\,,\,\ldots,\, t_m)}$$

der Gleichung

$$(\mathrm{B}_0') \qquad \psi(t) - \lambda_0 \int_a^b \psi(r)\, K(r\,,\, t)\, dr = 0\,.$$

Auf diesem Wege ergeben sich die m Lösungen

$$(31) \qquad \psi_i(t) = \frac{D(\lambda_0\,;\, s_1\,,\,\ldots,\, s_m\,;\, t_1\,,\,\ldots,\, t_{i-1}\,,\, t\,,\, t_{i+1}\,,\,\ldots,\, t_m)}{D(\lambda_0\,;\, s_1\,,\,\ldots,\, s_m\,;\, t_1\,,\,\ldots,\, t_m)} \qquad (i = 1\,,\,\ldots,\, m)$$

der homogenen Integralgleichung (B_0').

Wir weisen nach, daß die m Funktionen

$$\varphi_1(s)\,, \qquad \ldots\,, \qquad \varphi_m(s)$$

linear unabhängig sind.

Die Gleichung (27) kann in der Form geschrieben werden:

$$(32) \qquad \lambda_0 \int_a^b K(s_1\,,\, r)\, \varphi_1(r)\, dr = 1\,.$$

Aus der Formel (24) geht eine andere hervor, indem man die Determinante auf der linken Seite durch 0 und die Größen

$$K(s_1\,,\, t_1)\,, \quad K(s_1\,,\, t_2)\,, \quad \ldots\,, \quad K(s_1\,,\, r_1)\,, \quad \ldots$$

auf der rechten Seite durch

$$K(s_2\,,\, t_1)\,, \quad K(s_2\,,\, t_2)\,, \quad \ldots\,, \quad K(s_2\,,\, r_1)\,, \quad \ldots$$

ersetzt. Wenn man die abgeänderte Relation ebenso behandelt wie oben die Relation (24), erhält man an Stelle der Gleichung (32) die Gleichung

$$(33) \qquad \int_a^b K(s_2\,,\, r)\, \varphi_1(r)\, dr = 0\,.$$

Es ist demnach

$$(34) \qquad \int_a^b K(s_i, r)\,\varphi_{i'}(r)\,dr = \begin{cases} \dfrac{1}{\lambda_0} & \text{für } i = i', \\ 0 & \;\;,, \;\; i \gtrless i'. \end{cases}$$

Besteht eine Relation

$$c_1\varphi_1(s) + \ldots + c_m\varphi_m(s) = 0$$

mit konstanten Koeffizienten $c_1, \ldots, c_m$, so ist für $i = 1, \ldots, m$

$$c_1\int_a^b K(s_i, r)\,\varphi_1(r)\,dr + \ldots + c_m\int_a^b K(s_i, r)\,\varphi_m(r)\,dr = 0\,,$$

also mit Rücksicht auf (34) $c_i = 0$.

Ebenso ergibt sich, daß

$$\psi_1(t)\,, \qquad \ldots, \qquad \psi_m(t)$$

linear unabhängig sind.

§ 37. Lösung der Integralgleichung im Falle $D(\lambda) = 0$. Fortsetzung.

Wir zeigen, daß die allgemeinste Lösung $\varphi(s)$ der Integralgleichung (B_0) eine lineare homogene Funktion von $\varphi_1(s), \ldots, \varphi_m(s)$ mit konstanten Koeffizienten ist.

Wir setzen

$$(35) \qquad \Gamma(s, t) = \frac{D(\lambda_0;\, s, s_1, \ldots, s_m;\, t, t_1, \ldots, t_m)}{D(\lambda_0;\, s_1, \ldots, s_m;\, t_1, \ldots, t_m)}$$

und

$$(36) \qquad \Sigma f(s) = f(s) + \lambda_0\int_a^b \Gamma(s, t)\,f(t)\,dt\,.$$

Dann ist, wenn unter S die Substitution (11) für $\lambda = \lambda_0$

$$S\varphi(s) = \varphi(s) - \lambda_0\int_a^b K(s, t)\,\varphi(t)\,dt$$

verstanden wird,

$$(37) \qquad \Sigma S\varphi(s) = T\varphi(s)\,,$$

wo

(38) $$T\varphi(s) = \varphi(s) + \lambda_0 \int_a^b Q(s, t)\,\varphi(t)\,dt$$

und

(39) $$Q(s, t) = \Gamma(s, t) - K(s, t) - \lambda_0 \int_a^b \Gamma(s, r)\,K(r, t)\,dr$$

ist. Der Formel (29) entsprechend ist

$$\begin{aligned}
&D(\lambda; s, s_1, \ldots, s_m; t, t_1, \ldots, t_m) \\
&- K(s, t)\,D(\lambda; s_1, \ldots, s_m; t_1, \ldots, t_m) \\
&- \lambda \int_a^b K(r, t)\,D(\lambda; s, s_1, \ldots, s_m; r, t_1, \ldots, t_m)\,dr \\
&= -K(s_1, t)\,D(\lambda; s, s_2, \ldots, s_m; t_1, \ldots, t_m) \\
&\quad + K(s_2, t)\,D(\lambda; s, s_1, s_3, \ldots, s_m; t_1, \ldots, t_m) - \ldots;
\end{aligned}$$

setzt man hierin $\lambda = \lambda_0$ und dividiert man durch

$$D(\lambda_0; s_1, \ldots, s_m; t_1, \ldots, t_m),$$

so hat man

(40) $$Q(s, t) = -K(s_1, t)\,\varphi_1(s) - \ldots - K(s_m, t)\,\varphi_m(s),$$

also

(41) $$T\varphi(s) = \varphi(s) - \sum_{i=1}^{m} c_i\,\varphi_i(s)$$

unter Benutzung der Bezeichnung

$$c_i = \lambda_0 \int_a^b K(s_i, t)\,\varphi(t)\,dt. \qquad (i = 1, \ldots, m)$$

Wenn eine der Gleichung $S\varphi(s) = 0$ genügende Funktion $\varphi(s)$ vorhanden ist, so ist nach (37)

$$T\varphi(s) = 0$$

oder wegen (41)

(42) $$\varphi(s) = \sum_{i=1}^{m} c_i\,\varphi_i(s),$$

w. z. b w.

Ebenso erkennt man, daß die allgemeinste Lösung $\psi(t)$ von (B_0') eine lineare homogene Verbindung von $\psi_1(t), \ldots, \psi_m(t)$ mit konstanten Koeffizienten ist.

Wir werfen noch die Frage auf, unter welchen Bedingungen die Integralgleichung (A) lösbar ist, wenn für λ eine Wurzel λ_0 der Gleichung $D(\lambda) = 0$ gesetzt wird.

Wenn man die Gleichung

$$(\mathrm{A}_0) \qquad \varphi(s) - \lambda_0 \int_a^b K(s, t)\, \varphi(t)\, dt = f(s)$$

nach Multiplikation mit $\psi_i(s)\, ds$ $(i = 1, \ldots, m)$ zwischen den Grenzen a und b integriert, erhält man

$$\int_a^b \varphi(s)\, \psi_i(s)\, ds - \lambda_0 \int_a^b \int_a^b K(s, t)\, \psi_i(s)\, \varphi(t)\, ds\, dt = \int_a^b f(s)\, \psi_i(s)\, ds\,.$$

Die linke Seite dieser Gleichung verschwindet, denn sie wird erhalten, indem man die Gleichung

$$\psi_i(s) - \lambda_0 \int_a^b \psi_i(r)\, K(r, s)\, dr = 0 \text{ *)}$$

nach Multiplikation mit $\varphi(s)\, ds$ zwischen a und b integriert. Also muß

$$(43) \qquad \int_a^b f(s)\, \psi_i(s)\, ds = 0 \qquad (i = 1, \ldots, m)$$

sein.

Wir setzen die Bedingungen (43) als erfüllt voraus und fragen, ob die Gleichung (A_0) Lösungen besitzt.

Ist eine der Gleichung (A_0) oder

$$(44) \qquad S\, \varphi(s) = f(s)$$

genügende Funktion $\varphi(s)$ vorhanden, so erhält man, wenn man auf beide Seiten der Gleichung (44) die Transformation Σ anwendet,

$$(45) \qquad \Sigma S\, \varphi(s) = T\, \varphi(s) = \Sigma f(s)\,,$$

---

*) Diese Gleichung besteht, weil $\psi_i(t)$ eine Lösung der homogenen Integralgleichung (B_0') ist.

oder wegen (41)

$$\varphi(s) - \sum_{i=1}^{m} c_i \varphi_i(s) = \Sigma f(s) .$$

Eine etwa vorhandene Lösung der Gleichung (A_0) ist also von der Form

$$\varphi(s) = \Sigma f(s) + \sum_{i=1}^{m} c_i \varphi_i(s) . \tag{46}$$

Aus einer Lösung der Gleichung (A_0) geht durch Addition der Lösung

$$\sum_{i=1}^{m} c_i \varphi_i(s)$$

der homogenen Gleichung (B_0) wieder eine Lösung der Gleichung (A_0) hervor; wir brauchen also nur zu zeigen, daß

$$\varphi(s) = \Sigma f(s) \tag{47}$$

der Gleichung (A_0) genügt.

Es ist

$$S\varphi(s) = S\Sigma f(s) = f(s) + \lambda_0 \int_a^b \overline{Q}(s, t) f(t)\, dt , \tag{48}$$

wenn

$$\overline{Q}(s, t) = \Gamma(s, t) - K(s, t) - \lambda_0 \int_a^b K(s, r) \Gamma(r, t)\, dr \tag{49}$$

gesetzt wird. Der Gleichung (40) entspricht die Gleichung

$$\overline{Q}(s, t) = -K(s, t_1)\psi_1(t) - \dots - K(s, t_m)\psi_m(t) , \tag{50}$$

so daß

$$\int_a^b \overline{Q}(s, t) f(t)\, dt = -\sum_{i=1}^{m} K(s, t_i) \int_a^b f(t)\psi_i(t)\, dt$$

wegen (43) verschwindet. Demnach ist

$$S\varphi(s) = f(s) , \tag{51}$$

d. h. die Funktion (47)

$$\varphi(s) = f(s) + \lambda_0 \int_a^b \Gamma(s, t) f(t)\, dt$$

genügt der Gleichung (A_0).

Wir haben demnach den Satz:

Verschwindet für $\lambda = \lambda_0$ die Determinante $D(\lambda)$ nebst ihren Unterdeterminanten von geringerer als der $m$ten Ordnung*), ist aber $D(\lambda_0; s_1, \ldots, s_m; t_1, \ldots, t_m)$ von Null verschieden, so besitzt die homogene Integralgleichung

$$(B_0) \qquad \varphi(s) - \lambda_0 \int_a^b K(s, t)\, \varphi(t)\, dt = 0$$

die m linear unabhängigen Lösungen

$$\varphi_i(s) = \frac{D(\lambda_0; s_1, \ldots, s_{i-1}, s, s_{i+1}, \ldots, s_m; t_1, \ldots, t_m)}{D(\lambda_0; s_1, \ldots, s_m; t_1, \ldots, t_m)}$$
$$(i = 1, \ldots, m),$$

durch welche sich jede Lösung in der Form

$$\varphi(s) = c_1 \varphi_1(s) + \ldots + c_m \varphi_m(s)$$

mit konstanten Koeffizienten $c_1, \ldots, c_m$ darstellen läßt.

Die nicht homogene Integralgleichung

$$(A_0) \qquad \varphi(s) - \lambda_0 \int_a^b K(s, t)\, \varphi(t)\, dt = f(s)$$

ist dann und nur dann lösbar, wenn

$$(\alpha) \qquad \int_a^b f(s)\, \psi_i(s)\, ds = 0 \qquad (i = 1, \ldots, m)$$

ist, wo $\psi_1(t), \ldots, \psi_m(t)$ die m linear unabhängigen Lösungen der Gleichung

$$(B_0') \qquad \psi(t) - \lambda_0 \int_a^b \psi(s)\, K(s, t)\, ds = 0$$

sind. Sind die Bedingungen (α) erfüllt, so wird die allgemeinste Lösung der Integralgleichung (A_0) dargestellt durch

$$\varphi(s) = f(s) + \lambda_0 \int_a^b \Gamma(s, t)\, f(t)\, dt + c_1 \varphi_1(s) + \ldots + c_m \varphi_m(s),$$

*) Die Unterdeterminante $m$ter Ordnung $D(\lambda; s_1, \ldots, s_m; t_1, \ldots, t_m)$ ist durch die Formeln (20), (21) und (22) definiert.

wo

$$\Gamma(s, t) = \frac{D(\lambda_0; s, s_1, \ldots, s_m; t, t_1, \ldots, t_m)}{D(\lambda_0; s_1, \ldots, s_m; t_1, \ldots, t_m)}$$

ist und $c_1, \ldots, c_m$ willkürliche Konstante sind*).

§ 38. Kerne, welche unendlich werden. Integralgleichungen für Funktionen zweier Veränderlichen.

Wenn, wie es häufig vorkommt, der Kern $K(s, t)$ für $s = t$ unendlich wird, verlieren die in § 34 entwickelten Formeln ihre Gültigkeit, weil $K(r_1, r_1), \ldots, K(r_n, r_n)$ unendlich groß sind. Wir nehmen an, der Kern $K(s, t)$ werde für $s = t$ von geringerer als der $\frac{1}{2}$ten Ordnung unendlich, d. h. es sei eine zwischen 0 und $\frac{1}{2}$ gelegene Zahl α so vorhanden, daß

$$(s - t)^\alpha K(s, t)$$

für $s = t$ nicht mehr unendlich wird.

Wir ersetzen in den Formeln (2) und (3) für A_n und $A_n(s, t)$ die Größen $K(r_1, r_1), \ldots, K(r_n, r_n)$ durch Null, so daß wir haben:

$$(52) \qquad A_n = \frac{1}{n!}\int_a^b \cdots \int_a^b \begin{vmatrix} 0, & K(r_1, r_2), & \ldots, & K(r_1, r_n) \\ K(r_2, r_1), & 0, & \ldots, & K(r_2, r_n) \\ \cdot & \cdot & \cdot & \cdot \\ K(r_n, r_1), & K(r_n, r_2), & \ldots, & 0 \end{vmatrix} dr_1 \ldots d$$

$$(53) \qquad A_n(s, t) = \frac{1}{n!}\int_a^b \cdots \int_a^b \begin{vmatrix} K(s, t), & K(s, r_1), & \ldots, & K(s, r_n) \\ K(r_1, t), & 0, & \ldots, & K(r_1, r_n) \\ \cdot & \cdot & \cdot & \cdot \\ K(r_n, t), & K(r_n, r_1), & \ldots, & 0 \end{vmatrix} dr_1 \ldots d$$

Dann bleibt die Formel (4) bestehen. Wir definieren die Reihen $D(\lambda)$ und $D(\lambda; s, t)$ durch die Gleichungen (5) und (6), worin nur jetzt unter A_n und $A_n(s, t)$ die Ausdrücke (52) und (53) verstanden werden. Man kann be-

*) Weitergehende Untersuchungen bei Plemelj (Monatshefte für Mathematik und Physik 1904, S. 93), Heywood (Journ. de Mathém. 1908, S. 283), Goursat (Ann. de la Fac. de Toulouse 1908, S. 1).

weisen*), daß unter der oben über den Kern $K(s, t)$ gemachten Voraussetzung die Potenzreihe $D(\lambda)$ für alle Werte von λ konvergiert; dasselbe gilt — wenn man von der singulären Linie $s = t$ absieht — von $D(\lambda; s, t)$; die Differenz

$$D(\lambda; s, t) - K(s, t)\, D(\lambda)$$

ist für alle Werte von λ und für $a \leqq s \leqq b$, $a \leqq t \leqq b$ konvergent**). Die Relation (7) ist auch jetzt noch gültig. Die durch die Formel (8)

$$\mathsf{K}(\lambda; s, t) = \frac{D(\lambda; s, t)}{D(\lambda)}$$

definierte lösende Funktion $\mathsf{K}(\lambda; s, t)$ des Kernes $K(s, t)$ hat jetzt die singuläre Linie $s = t$***), aber die Differenz

$$\mathsf{K}(\lambda; s, t) - K(s, t)$$

wird, wenn $D(\lambda) \neq 0$ ist, für $s = t$ nicht mehr unendlich. Mit Hilfe der Relation (9), welche bestehen bleibt, beweist man wie früher, daß die Integralgleichung (A) die einzige Lösung (10) besitzt, wenn $D(\lambda)$ von Null verschieden ist.

Auch die in § 36 und § 37 aufgestellten Sätze über die Lösungen der homogenen Integralgleichung (B_0), wo λ_0 eine Nullstelle von $D(\lambda)$ ist, bleiben bestehen, wenn $K(s, t)$ für $s = t$ von geringerer als der $\frac{1}{2}$ten Ordnung unendlich wird; man hat nur in allen in § 36 benutzten Determinanten $K(r_1, r_1), \ldots, K(r_n, r_n)$ durch Null zu ersetzen.

---

*) Vgl. Hilbert, Göttinger Nachrichten 1904, S. 83.

**) Es ist

$$A_n(s, t) - K(s, t)\, A_n = A_n^*(s, t),$$

wo $A_n^*(s, t)$ aus dem Ausdruck (53) für $A_n(s, t)$ dadurch hervorgeht, daß man das erste Element $K(s, t)$ der Determinante durch Null ersetzt. Man beweist, daß die Reihe

$$\begin{aligned} D^*(\lambda; s, t) &= \sum_{n=0}^{\infty} (-1)^n A_n^*(s, t)\, \lambda^n \\ &= D(\lambda; s, t) - K(s, t)\, D(\lambda) \end{aligned}$$

für alle Werte von λ konvergiert, wie auch s und t im Intervall $a \ldots b$ angenommen werden.

***) Es ist

$$\mathsf{K}(\lambda; s, t) = K(s, t) + \frac{D^*(\lambda; s, t)}{D(\lambda)}.$$

Bisweilen ist es nützlich, eine Integralgleichung mit dem Kern $K(s, t)$ auf eine Integralgleichung mit dem iterierten Kern $K^2(s, t)$ zurückzuführen. Diese Zurückführung kann man vornehmen, wenn der als integrierbar vorausgesetzte Kern $K(s, t)$ im Integrationsgebiet unendlich wird, während $K^2(s, t)$ endlich bleibt. Sie ist insbesondere dann anzuwenden, wenn $K(s, t)$ unendlich wird, ohne die vorhin angenommene Bedingung zu erfüllen, während $K^2(s, t)$ dieser Bedingung genügt.

Ersetzt man im zweiten Glied der Integralgleichung (A)

$$\varphi(s) - \lambda \int_a^b K(s, r)\, \varphi(r)\, dr = f(s)$$

die Funktion $\varphi(r)$ durch

$$f(r) + \lambda \int_a^b K(r, t)\, \varphi(t)\, dt ,$$

so erhält man, indem man die in § 35 eingeführte Bezeichnung

$$K^2(s, t) = \int_a^b K(s, r)\, K(r, t)\, dr \tag{54}$$

benutzt, die Integralgleichung

$$\left\{ \begin{aligned} &\varphi(s) - \lambda^2 \int_a^b K^2(s, t)\, \varphi(t)\, dt \\ &= f(s) + \lambda \int_a^b K(s, t)\, f(t)\, dt , \end{aligned} \right. \tag{55}$$

deren rechte Seite eine gegebene Funktion von s ist. Eine Lösung $\varphi(s)$ der Integralgleichung (A) mit dem Kern $K(s, t)$ stellt also auch eine Lösung der Integralgleichung (55) mit dem Kern $K^2(s, t)$ dar.

Ist λ^2 keine Nullstelle der Determinante des Kerns $K^2(s, t)$ (welcher endlich oder für $s = t$ von geringerer als $\frac{1}{2}$ter Ordnung unendlich ist), so daß die Integralgleichung (55) nur eine Lösung $\varphi(s)$ besitzt, so genügt $\varphi(s)$ auch der Integralgleichung (A).

Zum Beweise multiplizieren wir die Gleichung (55) mit $K(r, s)\,ds$ und integrieren nach s zwischen den Grenzen a und b. Wenn wir schließlich s statt r schreiben, haben wir die Gleichung

$$\int_a^b K(s, t) f(t)\,dt + \lambda \int_a^b K^2(s, t) f(t)\,dt$$
$$= \int_a^b K(s, t)\,\varphi(t)\,dt - \lambda^2 \int_a^b K^3(s, t)\,\varphi(t)\,dt\,.$$

Dieselbe Gleichung erhalten wir, wenn wir in (55) an Stelle von $\varphi(s)$ die Funktion

$$\psi(s) = f(s) + \lambda \int_a^b K(s, t)\,\varphi(t)\,dt$$

einsetzen. Daraus folgt, daß $\psi(s)$ der Gleichung (55) genügt. Da aber die Gleichung (55) nur eine Lösung besitzt, so muß $\psi(s)$ mit $\varphi(s)$ übereinstimmen, es muß also

$$\varphi(s) = f(s) + \lambda \int_a^b K(s, t)\,\varphi(t)\,dt$$

sein, d. h. $\varphi(s)$ ist eine Lösung der Integralgleichung (A).

Es sei nun $\psi(s)$ eine Lösung der homogenen Integralgleichung

$$\text{(56)} \qquad \psi(s) = \lambda \int_a^b K(s, t)\,\psi(t)\,dt$$

für einen gewissen Wert von λ. Aus der Gleichung (56) folgt, wenn man auf der rechten Seite

$$\psi(t) = \lambda \int_a^b K(t, r)\,\psi(r)\,dr$$

setzt, die Gleichung

$$\text{(57)} \qquad \psi(s) = \lambda^2 \int_a^b K^2(s, t)\,\psi(t)\,dt\,.$$

Es sei umgekehrt $\chi(s)$ eine Lösung der homogenen Integralgleichung

$$\chi(s) = \mu \int_a^b K^2(s, t)\, \chi(t)\, dt \tag{58}$$

für einen gewissen Wert von μ. Wir definieren die Funktionen $\chi_1(s)$, $\chi_2(s)$ durch die Gleichungen

$$2\chi_1(s) = \chi(s) + \sqrt{\mu} \int_a^b K(s, t)\, \chi(t)\, dt\,, \tag{59}$$

$$2\chi_2(s) = \chi(s) - \sqrt{\mu} \int_a^b K(s, t)\, \chi(t)\, dt\,, \tag{60}$$

so daß

$$\chi(s) = \chi_1(s) + \chi_2(s) \tag{61}$$

ist. Wenn man die Gleichung (59) mit $\sqrt{\mu}\, K(r, s)\, ds$ multipliziert, zwischen den Grenzen a und b integriert und schließlich r durch s ersetzt, erhält man die Gleichung

$$2\sqrt{\mu} \int_a^b K(s, t)\, \chi_1(t)\, dt = \sqrt{\mu} \int_a^b K(s, t)\, \chi(t)\, dt + \mu \int_a^b K^2(s, t)\, \chi(t)\, dt\,,$$

deren letztes Glied nach (58) gleich $\chi(s)$ ist; die rechte Seite dieser Gleichung stimmt mit der rechten Seite von (59) überein, ist also gleich $2\chi_1(s)$. Man hat demnach

$$\chi_1(s) = \sqrt{\mu} \int_a^b K(s, t)\, \chi_1(t)\, dt \tag{62}$$

und entsprechend

$$\chi_2(s) = -\sqrt{\mu} \int_a^b K(s, t)\, \chi_2(t)\, dt\,. \tag{63}$$

Wegen (61) können $\chi_1(s)$ und $\chi_2(s)$ nicht beide identisch verschwinden. Sind sie beide von Null verschieden, so ist auch

$$\chi_1(s) = \mu \int_a^b K^2(s, t)\, \chi_1(t)\, dt\,,$$

$$\chi_2(s) = \mu \int_a^b K^2(s, t)\, \chi_2(t)\, dt\,,$$

d. h. χ_1 und χ_2 genügen derselben homogenen Integralgleichung (58) wie χ, und man kann neben den Funktionen χ_1 und χ_2 die lineare Verbindung $\chi = \chi_1 + \chi_2$ weglassen. Wenn eine der Funktionen χ_1 und χ_2 identisch verschwindet, so stimmt die andere mit χ überein; die Funktion χ erfüllt also entweder die Gleichung (62) oder die Gleichung (63).

Bisher handelte es sich darum, durch Auflösung einer Integralgleichung aus einer gegebenen Funktion $f(s)$ einer einzigen Veränderlichen eine ebenfalls von einer Veränderlichen abhängende Funktion $\varphi(s)$ zu bestimmen. Auf Integralgleichungen, in welchen die gegebene und die gesuchte Funktion von zwei (oder mehr) Veränderlichen abhängen, läßt sich die bisherige Theorie fast unverändert übertragen.

Es liege eine Integralgleichung

$$\varphi(s) - \lambda \int K(s, t)\, \varphi(t)\, dt = f(s)$$

vor, in welcher s und t Punkte eines gewissen ebenen Flächenstückes J, ds und dt ebene Flächenelemente darstellen und die Integration über alle Elemente dt der Fläche J erstreckt wird; $f(s)$ und $\varphi(s)$ sind Funktionen eines Punktes s der Ebene, also Funktionen der beiden Koordinaten dieses Punktes oder Funktionen zweier Veränderlichen; der Kern $K(s, t)$ hängt von den beiden Punkten s, t der Ebene oder von zwei Paaren von Veränderlichen ab. Hat der Punkt s die Koordinaten x, y, der Punkt t die Koordinaten ξ, η und werden als Flächenelemente ds, dt die Rechtecke $dx\,dy$ bzw. $d\xi\,d\eta$ gewählt, so erhält die Integralgleichung die Form

$$\varphi(x, y) - \lambda \iint_J K(x, y;\ \xi, \eta)\, d\xi\, d\eta = f(x, y)\,.$$

Wenn wir jedoch die anfangs eingeführte Bezeichnung beibehalten, so erkennen wir ohne weiteres, daß die in

§§ 34—37 abgeleiteten Formeln auch jetzt gültig bleiben, wenn man nur in allen auftretenden Integralen das Integrationsintervall $a \ldots b$ durch das Integrationsgebiet J ersetzt.

Der Kern $K(s, t)$ oder $K(x, y; \xi, \eta)$ hänge von zwei Paaren von Veränderlichen ab, er werde aber für $s = t$ oder $x = \xi$, $y = \eta$ von geringerer als der ersten Ordnung unendlich groß, d. h. es sei eine zwischen 0 und 1 gelegene Zahl α so vorhanden, daß

$$\left(\sqrt{(x-\xi)^2 + (y-\eta)^2}\right)^\alpha \cdot K(x, y; \xi, \eta)$$

für $x = \xi$, $y = \eta$ nicht mehr unendlich wird. Dann bleiben die früheren Sätze über die Auflösung der Integralgleichungen bestehen, wenn nur A_n und $A_n(s, t)$ durch die Formeln (52) und (53) definiert werden*).

§ 39. Die Eigenfunktionen eines symmetrischen Kerns.

Es sei nun $K(s, t)$ ein (ausdrücklich als reell vorausgesetzter) symmetrischer Kern, d. h. es sei

$$K(s, t) = K(t, s).$$

Dann sind auch die in § 35 eingeführten iterierten Kerne $K^n(s, t)$ symmetrisch, wie aus den für $K^2(s, t)$, $K^3(s, t)$, ... aufgestellten Formeln folgt. Ferner verschwindet keiner von ihnen identisch; denn wäre $K^n(s, t)$ der erste identisch verschwindende Kern, so würde auch $K^{n+1}(s, t)$ identisch verschwinden; wird diejenige der beiden Zahlen n und $n+1$, welche gerade ist, mit $2m$ bezeichnet, so hätte man

$$K^{2m}(s, s) = \int_a^b K^m(s, r)\, K^m(r, s)\, dr$$

oder, da wegen der Symmetrie der iterierten Kerne

$$K^m(r, s) = K^m(s, r)$$

ist,

$$K^{2m}(s, s) = \int_a^b [K^m(r, s)]^2\, dr .$$

Aus dem identischen Verschwinden von $K^{2m}(s, s)$ folgt auch dasjenige von $K^m(r, s)$; dies widerspricht der An-

*) Vgl. auch Mason (Journ. de Math. 1904, S. 447).

nahme, $K^n(r, s)$ sei der erste Kern, welcher identisch verschwindet.

Wir beweisen den Satz von Schmidt:

Die Determinante $D(\lambda)$ eines symmetrischen Kerns besitzt mindestens eine Nullstelle.

Nach (17) ist

$$D'(\lambda) = -\int_a^b D(\lambda; r, r)\, dr,$$

also

$$\frac{D'(\lambda)}{D(\lambda)} = -\int_a^b \frac{D(\lambda; r, r)}{D(\lambda)}\, dr;$$

nach (8) und (18) ist aber

$$\mathsf{K}(\lambda; r, r) = \frac{D(\lambda; r, r)}{D(\lambda)} = \sum_{n=0}^{\infty} K^{n+1}(r, r)\, \lambda^n$$

in eine Potenzreihe von λ entwickelbar, welche in einer gewissen Umgebung von $\lambda = 0$ konvergiert. Setzt man

$$(64) \qquad U_n = \int_a^b K^n(r, r)\, dr,$$

so ist

$$(65) \qquad \frac{D'(\lambda)}{D(\lambda)} = -\sum_{n=0}^{\infty} U_{n+1}\, \lambda^n .$$

Wir weisen nach, daß die Potenzreihe von λ

$$(66) \qquad \sum_{n=0}^{\infty} U_{n+1}\, \lambda^n$$

einen endlichen Konvergenzradius besitzt. Auf der Peripherie des Konvergenzkreises muß eine singuläre Stelle der Funktion (65) oder eine Nullstelle der ganzen transzendenten Funktion $D(\lambda)$ liegen.

Sind x und y zwei beliebige reelle Größen, so ist

$$\begin{aligned}&[x\, K^m(r, r') + y\, K^n(r, r')]^2\\ &= x^2 K^m(r, r')\, K^m(r, r') + 2xy\, K^m(r, r')\, K^n(r, r')\\ &\quad + y^2 K^n(r, r')\, K^n(r, r') \geqq 0,\end{aligned}$$

also auch

$$\int_a^b\int_a^b [x K^m(r, r') + y K^n(r, r')]^2 dr\, dr' \geqq 0 ;$$

beachtet man, daß

$$U_{m+n} = \int_a^b K^{m+n}(r, r)\, dr$$

und

$$K^{m+n}(r, r) = \int_a^b K^m(r, r') K^n(r', r)\, dr' = \int_a^b K^m(r, r') K^n(r, r')\, dr',$$

also

$$U_{m+n} = \int_a^b\int_a^b K^m(r, r') K^n(r, r')\, dr\, dr'$$

ist, so schreibt sich die obige Ungleichung

$$U_{2m} x^2 + 2 U_{m+n} x y + U_{2n} y^2 \geqq 0 ;$$

hieraus folgt

$$U_{2m} U_{2n} - U_{m+n}^2 \geqq 0 .$$

Insbesondere ist, wenn man hierin m durch $n+1$, n durch $n-1$ ersetzt,

$$U_{2n+2} U_{2n-2} - U_{2n}^2 \geqq 0 .$$

Die Größe

$$U_{2n} = \int_a^b K^{2n}(r, r)\, dr = \int_a^b\int_a^b [K^n(r, r')]^2\, dr\, dr'$$

kann nicht negativ und, da $K^n(r, r')$ nicht identisch verschwindet, nicht gleich Null sein. Es ist also

$$\frac{U_{2n+2}}{U_{2n}} \geqq \frac{U_{2n}}{U_{2n-2}} > 0 .$$

Der Quotient

$$\frac{U_{2\nu+2}}{U_{2\nu}} \lambda$$

zweier aufeinanderfolgenden Glieder der Reihe

(67) $$\sum_{\nu=1}^{\infty} U_{2\nu} \lambda^{2\nu-1}$$

ist also, wenn man für λ einen hinreichend großen positiven Wert setzt, größer als 1, so daß die Reihe (67) divergiert. Demnach kann auch die Reihe (66), von welcher die Reihe (67) einen Teil bildet, nicht für alle Werte von λ konvergent sein*).

Einer einfachen Wurzel $\lambda = \lambda_0$ der Gleichung $D(\lambda) = 0$ entspricht nach § 36 eine Funktion $\varphi(s)$, welche der Gleichung

$$(\mathrm{B}_0) \qquad \varphi(s) = \lambda_0 \int_a^b K(s, t)\, \varphi(t)\, dt$$

genügt. Nach Hilbert wird $\varphi(s)$ als die zum Eigenwert λ_0 gehörige Eigenfunktion des symmetrischen Kerns $K(s, t)$ bezeichnet. Der Ausdruck

$$\psi(s) = \frac{\varphi(s)}{\sqrt{\int_a^b (\varphi(s))^2 ds}},$$

welcher die Bedingung

$$\int_a^b (\psi(s))^2\, ds = 1$$

erfüllt, ist die zum einfachen Eigenwert λ_0 gehörige normierte Eigenfunktion.

Allgemein gilt der Satz:

Ist der Kern $K(s, t)$ symmetrisch, so entsprechen einer p-fachen Wurzel $\lambda = \lambda_0$ der Gleichung $D(\lambda) = 0$ p linear unabhängige Lösungen $\psi_1(s), \ldots, \psi_p(s)$ der homogenen Integralgleichung

$$(\mathrm{B}_0) \qquad \psi(s) = \lambda_0 \int_a^b K(s, t)\, \psi(t)\, dt,$$

*) Der hier gegebene Beweis rührt von Kneser (Rend. del Circ. mat. di Palermo, Bd. 22) her. — Die Determinante eines unsymmetrischen Kerns besitzt nicht notwendig eine Nullstelle.

welche so normiert werden können, daß

$$\int_a^b (\psi_i(s))^2\, ds = 1 \;,$$

$$\int_a^b \psi_i(s)\, \psi_k(s)\, ds = 0 \qquad (i \gtrless k)$$

ist.

Die lösende Funktion $\mathrm{K}(\lambda\,; s, t)$ hat den einfachen Pol $\lambda = \lambda_0$, und es ist

$$\lim_{\lambda=\lambda_0} (\lambda_0 - \lambda)\, \mathrm{K}(\lambda\,; s, t) = \psi_1(s)\, \psi_1(t) + \ldots + \psi_p(s)\, \psi_p(t)\,.$$

Man bezeichnet λ_0 als p-fachen Eigenwert und $\psi_1(s), \ldots, \psi_p(s)$ als die zugehörigen normierten Eigenfunktionen.

Eine p-fache Nullstelle λ_0 von $D(\lambda)$ ist eine $(p-1)$fache Nullstelle von $D'(\lambda)$. Ist $D(\lambda\,; s, t)$ durch $(\lambda_0 - \lambda)^{p_1}$ teilbar, so enthält die rechte Seite der Gleichung (17)

$$D'(\lambda) = -\int_a^b D(\lambda\,; s, s)\, ds$$

mindestens die $p_1$te Potenz von $\lambda_0 - \lambda$ als Faktor, während die linke Seite durch die $(p-1)$te, aber durch keine höhere Potenz von $\lambda_0 - \lambda$ teilbar ist. Demnach ist $p - 1 \geqq p_1$ oder $n = p - p_1 \geqq 1$. Die lösende Funktion

$$\mathrm{K}(\lambda\,; s, t) = \frac{D(\lambda\,; s, t)}{D(\lambda)}$$

hat den n-fachen Pol $\lambda = \lambda_0$, wo $1 \leqq n \leqq p$ ist.

In der Umgebung von $\lambda = \lambda_0$ gilt eine Entwicklung von der Form

$$(68) \qquad \mathrm{K}(\lambda; s, t) = \frac{\chi_n(s, t)}{(\lambda_0 - \lambda)^n} + \ldots + \frac{\chi_1(s, t)}{\lambda_0 - \lambda} + \ldots,$$

worin $\chi_1, \ldots, \chi_n$ symmetrische Funktionen von s, t sind. Aus

$$D(\lambda) = (\lambda_0 - \lambda)^p\, D_1(\lambda)\;; \quad D_1(\lambda_0) \neq 0$$

folgt

$$\frac{d \log D(\lambda)}{d\lambda} = -\frac{p}{\lambda_0 - \lambda} + \frac{d \log D_1(\lambda)}{d\lambda}\,.$$

Die Gleichung (17) geht durch Division mit $D(\lambda)$ über in

$$(69)\qquad \begin{cases} \int_a^b \mathsf{K}(\lambda; s, s)\, ds = -\dfrac{d \log D(\lambda)}{d\lambda} \\ \qquad = \dfrac{p}{\lambda_0 - \lambda} - \dfrac{d \log D_1(\lambda)}{d\lambda}\,; \end{cases}$$

wenn man (69) mit $\lambda_0 - \lambda$ multipliziert und dann $\lambda = \lambda_0$ setzt, erhält man

$$(70)\qquad \lim_{\lambda=\lambda_0} (\lambda_0 - \lambda) \int_a^b \mathsf{K}(\lambda; s, s)\, ds = p\,.$$

Hieraus ergibt sich durch Einsetzen der Entwicklung (68) für $\mathsf{K}(\lambda; s, s)$

$$(71)\qquad \int_a^b \chi_n(s, s)\, ds = 0\,,$$

falls $n > 1$ ist, dagegen im Falle $n = 1$

$$(72)\qquad \int_a^b \chi_1(s, s)\, ds = p\,.$$

Aus der Gleichung (9)

$$\mathsf{K}(\lambda; s, t) - K(s, t) = (\lambda - \lambda_0) \int_a^b K(s, r)\, \mathsf{K}(\lambda; r, t)\, dr + \lambda_0 \int_a^b K(s, r)\, \mathsf{K}(\lambda; r, t)\, dr$$

folgt, wenn man nach Einsetzung der Entwicklung (68) mit $(\lambda_0 - \lambda)^n$ multipliziert und $\lambda = \lambda_0$ setzt,

$$\chi_n(s, t) = \lambda_0 \int_a^b K(s, r)\, \chi_n(r, t)\, dr$$

oder

$$(73)\qquad \int_a^b K(s, r)\, \chi_n(r, t)\, dr = \frac{\chi_n(s, t)}{\lambda_0}\,.$$

Wenn man die Gleichung (9)

$$\mathsf{K}(\lambda\,;\,s\,,\,r) - \lambda\int_a^b K(s\,,\,r')\,\mathsf{K}(\lambda\,;\,r',\,r)\,dr' = K(s\,,\,r)$$

mit $\chi_n(r\,,\,t)\,dr$ multipliziert und nach r zwischen den Grenzen a und b integriert, erhält man die Gleichung

$$\int_a^b \mathsf{K}(\lambda\,;\,s\,,\,r)\,\chi_n(r\,,\,t)\,dr$$

$$-\lambda\int_a^b\int_a^b K(s\,,\,r')\,\mathsf{K}(\lambda\,;\,r',\,r)\,\chi_n(r\,,\,t)\,dr\,dr'$$

$$=\int_a^b K(s\,,\,r)\,\chi_n(r\,,\,t)\,dr\,,$$

welche, wenn man (73) berücksichtigt und

$$\int_a^b \mathsf{K}(\lambda\,;\,s\,,\,r)\,\chi_n(r\,,\,t)\,dr = X(s\,,\,t)$$

setzt, in die Integralgleichung

$$X(s\,,\,t) - \lambda\int_a^b K(s\,,\,r)\,X(r\,,\,t)\,dr = \frac{\chi_n(s\,,\,t)}{\lambda_0}$$

übergeht. Diese besitzt, wenn $D(\lambda)$ nicht verschwindet, die einzige Lösung

$$X(s\,,\,t) = \frac{\chi_n(s\,,\,t)}{\lambda_0} + \lambda\int_a^b \mathsf{K}(\lambda\,;\,s\,,\,r)\,\frac{\chi_n(r\,,\,t)}{\lambda_0}\,dr$$

$$= \frac{\chi_n(s\,,\,t)}{\lambda_0} + \frac{\lambda}{\lambda_0}\,X(s\,,\,t)\,,$$

woraus sich

$$X(s\,,\,t) = \frac{\chi_n(s\,,\,t)}{\lambda_0 - \lambda}$$

ergibt. Es gilt also die Gleichung

$$\int_a^b \mathsf{K}(\lambda\,;\,s\,,\,r)\,\chi_n(r\,,\,t)\,dr = \frac{\chi_n(s\,,\,t)}{\lambda_0 - \lambda}\,. \tag{74}$$

Wenn man diese Gleichung unter Berücksichtigung von (68) mit $(\lambda_0 - \lambda)^n$ multipliziert und $\lambda = \lambda_0$ setzt, erhält man, falls $n > 1$ ist,

$$\int_a^b \chi_n(s, r)\, \chi_n(r, t)\, dr = 0 \,, \tag{75}$$

dagegen im Falle $n = 1$

$$\int_a^b \chi_1(s, r)\, \chi_1(r, t)\, dr = \chi_1(s, t) \,. \tag{76}$$

Da $\chi_n(s, t)$ symmetrisch ist, schreibt sich die Gleichung (75)

$$\int_a^b \chi_n(r, s)\, \chi_n(r, t)\, dr = 0 \,;$$

für $t = s$ hat man

$$\int_a^b (\chi_n(r, s))^2\, dr = 0 \,.$$

Daraus folgt, daß $\chi_n(r, s)$ für alle Werte von r und s verschwindet, falls $n > 1$ ist. Wegen (72) kann $\chi_1(s, t) = \chi(s, t)$ nicht identisch verschwinden.

Es besteht also eine Entwicklung

$$\mathsf{K}(\lambda; s, t) = \frac{\chi(s, t)}{\lambda_0 - \lambda} + \ldots \,, \tag{77}$$

und es ist nach (72), (76) und (73)

$$\left\{\begin{aligned} &\int_a^b \chi(s, s)\, ds = p \,, \\ &\int_a^b \chi(s, r)\, \chi(r, t)\, dr = \chi(s, t) \,, \\ &\chi(s, t) = \lambda_0 \int_a^b K(s, r)\, \chi(r, t)\, dr \,. \end{aligned}\right. \tag{78}$$

Der letzten Gleichung zufolge ist $\chi(s, t)$ als Funktion von s eine Lösung der homogenen Integralgleichung (B_0), also nach § 36 und § 37 als lineare homogene Funktion von m linear unabhängigen Lösungen $\varphi_1(s), \ldots, \varphi_m(s)$ darstellbar, wo m eine noch zu bestimmende Zahl ist. Da die Funktion $\chi(s, t)$ symmetrisch ist, ist sie auch eine lineare homogene Funktion von $\varphi_1(t), \ldots, \varphi_m(t)$. Wir haben also

$$\chi(s, t) = \sum_{i=1}^{m} \sum_{k=1}^{m} a_{ik} \varphi_i(s) \varphi_k(t), \tag{79}$$

wo die Koeffizienten a_{ik} reelle konstante Größen sind und $a_{ki} = a_{ik}$ ist. Indem man an Stelle von $\varphi_1(s), \ldots, \varphi_m(s)$ geeignete lineare homogene Funktionen mit reellen Koeffizienten

$$\psi_1(s), \ldots, \psi_m(s)$$

einführt, geht die symmetrische bilineare Form (79) über in

$$\chi(s, t) = \sum_{i=1}^{m} \psi_i(s) \psi_i(t). \tag{80}$$

Durch Einsetzen dieses Ausdrucks in die zweite Gleichung (78) erhält man

$$\sum_{i=1}^{m} \sum_{k=1}^{m} \psi_i(s) \psi_k(t) \int_a^b \psi_i(r) \psi_k(r)\, dr = \sum_{i=1}^{m} \psi_i(s) \psi_i(t), \tag{81}$$

so daß

$$\left\{ \begin{aligned} &\int_a^b \psi_i(r) \psi_k(r)\, dr = 0, \qquad (i \gtrless k) \\ &\int_a^b (\psi_i(r))^2\, dr = 1 \end{aligned} \right. \tag{82}$$

ist. Demnach sind $\psi_1, \ldots, \psi_m$ zum Eigenwert λ_0 gehörige normierte Eigenfunktionen. Aus der ersten Gleichung (78) und (80) folgt nun

$$\sum_{i=1}^{m} \int_a^b (\psi_i(r))^2\, dr = p$$

oder wegen (82)

$$m = p.$$

Zum p-fachen Eigenwert λ_0 gehören also p linear unabhängige Eigenfunktionen, w. z. b. w.

Die Entwicklung (68) geht demnach über in

$$\text{(83)} \quad \mathsf{K}(\lambda\,;\,s\,,\,t) = \frac{\psi_1(s)\,\psi_1(t) + \ldots + \psi_p(s)\,\psi_p(t)}{\lambda_0 - \lambda} + \ldots\,^{*)}.$$

Sind λ_m, λ_n zwei verschiedene Eigenwerte des symmetrischen Kernes $K(s, t)$ und ist $\varphi_m(s)$ eine zum Eigenwert λ_m, $\varphi_n(s)$ eine zum Eigenwert λ_n gehörige Eigenfunktion, so erhalten wir, indem wir die Gleichungen

$$\varphi_m(s) = \lambda_m \int_a^b K(s, t)\,\varphi_m(t)\,dt\,,$$

$$\varphi_n(s) = \lambda_n \int_a^b K(s, t)\,\varphi_n(t)\,dt$$

mit $\lambda_n\,\varphi_n(s)\,ds$ bzw. $\lambda_m\,\varphi_m(s)\,ds$ multiplizieren, subtrahieren und von a bis b integrieren, die Gleichung

$$\begin{aligned}(\lambda_n - \lambda_m)\int_a^b \varphi_m(s)\,\varphi_n(s)\,ds \\ = \lambda_m\,\lambda_n \int_a^b K(s, t)\,\varphi_n(s)\,\varphi_m(t)\,ds\,dt \\ - \lambda_m\,\lambda_n \int_a^b K(s, t)\,\varphi_m(s)\,\varphi_n(t)\,ds\,dt\,,\end{aligned}$$

deren rechte Seite verschwindet, weil $K(s, t) = K(t, s)$ ist. Es ist also

$$\text{(84)} \qquad \int_a^b \varphi_m(s)\,\varphi_n(s)\,ds = 0\,^{**)}. \qquad (m \gtrless n)$$

Sämtliche Eigenwerte λ_n des symmetrischen Kerns sind reell. Denn neben einer komplexen Nullstelle λ_m der ganzen Funktion $D(\lambda)$ ***) müßte auch die konjugiert komplexe Nullstelle λ_n vorkommen. Wäre $\varphi_m(s)$

*) Vgl. die entsprechende Untersuchung für einen beliebigen Kern bei Heywood, a. a. O.

**) Zwei Funktionen $\varphi_m(s)$, $\varphi_n(s)$, welche die Bedingung (84) erfüllen, werden als orthogonal bezeichnet.

***) Die Koeffizienten der ganzen Funktion $D(\lambda)$ sind reell, da der Kern $K(s, t)$ als reell vorausgesetzt ist.

eine zur Nullstelle λ_m gehörige komplexe Eigenfunktion, so wäre die konjugiert komplexe Funktion $\varphi_n(s)$ eine zur Nullstelle λ_n gehörige Eigenfunktion. Dann wäre aber das Produkt $\varphi_m(s)\,\varphi_n(s)$ reell und positiv, also auch

$$\int_a^b \varphi_m(s)\,\varphi_n(s)\,ds$$

reell und positiv, während dieses Integral nach dem vorangehenden Satze verschwinden muß.

Wir haben bereits gesehen, daß die zu einem mehrfachen Eigenwert gehörigen Eigenfunktionen so normiert werden können, daß sie die Bedingungen (82) erfüllen.

Wir haben also den Satz:

Der symmetrische Kern $K(s, t)$ hat eine (endliche oder unendliche) Reihe von normierten Eigenfunktionen

$$\psi_n(s)\,, \qquad (n = 1, 2, \ldots)$$

welche die Bedingungen

$$(85) \qquad \begin{cases} \int_a^b (\psi_n(s))^2\,ds = 1\,, \\ \int_a^b \psi_n(s)\,\psi_{n'}(s)\,ds = 0 \text{ *)} \qquad (n \gtrless n') \end{cases}$$

erfüllen. Jede Eigenfunktion des Kerns läßt sich als lineare homogene Verbindung einer endlichen Anzahl von Funktionen $\psi_n(s)$ mit konstanten Koeffizienten darstellen**).

Die Eigenfunktion $\psi_n(s)$ möge zum Eigenwert λ_n gehören. Wir denken uns die Eigenfunktionen so geordnet, daß $|\lambda_1| \leqq |\lambda_2| \leqq |\lambda_3| \leqq \ldots$ ist. Es gilt die Gleichung

$$(B_n) \qquad \psi_n(s) = \lambda_n \int_a^b K(s, t)\,\psi_n(t)\,dt\,.$$

---

*) Die Funktionen $\psi_1(s)$, $\psi_2(s)$, ... sind orthogonal.

**) Wenn im folgenden von den sämtlichen Eigenfunktionen des Kerns $K(s, t)$ die Rede ist, wird darunter eine Reihe von Funktionen $\psi_n(s)$ mit den im Satze ausgesprochenen Eigenschaften verstanden (man benutzt dafür die Bezeichnung: ein vollständiges normiertes Orthogonalsystem von Eigenfunktionen).

Es handelt sich nun darum, eine willkürlich gegebene Funktion $f(s)$ in eine nach den Eigenfunktionen $\psi_1(s)$, $\psi_2(s)$, ... fortschreitende Reihe

$$\sum_n c_n \psi_n(s)$$

zu entwickeln. Diese Entwicklung wird unter Benutzung der in § 40 dargestellten Konvergenzuntersuchungen in § 42 behandelt*).

Dabei werden auch die auf S. 213—215 bewiesenen Sätze benutzt, welche sich für den symmetrischen Kern $K(s, t)$ folgendermaßen aussprechen lassen.

Die zum Eigenwert λ gehörige Eigenfunktion $\psi(s)$ des Kerns $K(s, t)$ ist zugleich eine zum Eigenwert λ^2 gehörige Eigenfunktion des Kerns $K^2(s, t)$. Man kann, indem man nötigenfalls die zu einem mehrfachen Eigenwert gehörigen Eigenfunktionen des Kerns $K^2(s, t)$ durch geeignete lineare Verbindungen ersetzt, es so einrichten, daß die Gesamtheit der Eigenfunktionen des Kerns $K^2(s, t)$ mit der Gesamtheit der Eigenfunktionen $\psi_n(s)$ des Kerns $K(s, t)$ übereinstimmt.

Die Eigenwerte des Kerns $K^2(s, t)$ sind sämtlich positiv; denn der dem Eigenwert μ von $K^2(s, t)$ entsprechende Eigenwert $\sqrt{\mu}$ oder $-\sqrt{\mu}$ von $K(s, t)$ muß reell sein. Einem positiven Eigenwert μ von $K^4(s, t)$ kann nur der positive Eigenwert $+\sqrt{\mu}$ von $K^2(s, t)$ und diesem nur der reelle Eigenwert $\pm\sqrt[4]{\mu}$ von $K(s, t)$ entsprechen.

Indem man den obigen Satz zweimal anwendet, sieht man, daß man die Eigenfunktionen so auswählen kann, daß die Gesamtheit der Eigenfunktionen von $K^4(s, t)$ sich mit der Gesamtheit der Eigenfunktionen $\psi_n(s)$ von $K(s, t)$ deckt.

§ 40. Ein Konvergenzsatz.

Es seien $\psi_1(s)$, $\psi_2(s)$, ... im Intervall $s = a \dots b$ stetige Funktionen, welche die Bedingungen (85) erfüllen. Ist $f(s)$ eine beliebige stetige Funktion, so ist

*) Wir schließen uns dabei an Schmidt (Math. Annalen, Bd. 63) an; vorher war diese Theorie auf andere Weise von Hilbert (Göttinger Nachrichten 1904) entwickelt worden.

$$\left(f(s) - \sum_{n=1}^{m} \psi_n(s) \int_a^b f(t)\, \psi_n(t)\, dt\right)^2$$

$$= (f(s))^2 - 2 f(s) \sum_{n=1}^{m} \psi_n(s) \int_a^b f(t)\, \psi_n(t)\, dt$$

$$+ \left(\sum_{n=1}^{m} \psi_n(s) \int_a^b f(t)\, \psi_n(t)\, dt\right)^2$$

$$= (f(s))^2 - 2 f(s) \sum_{n=1}^{m} \psi_n(s) \int_a^b f(t)\, \psi_n(t)\, dt$$

$$+ \sum_{n=1}^{m} \sum_{n'=1}^{m} \psi_n(s)\, \psi_{n'}(s) \int_a^b f(t)\, \psi_n(t)\, dt \int_a^b f(t)\, \psi_{n'}(t)\, dt\,,$$

also mit Rücksicht auf (85)

$$\int_a^b \left(f(s) - \sum_{n=1}^{m} \psi_n(s) \int_a^b f(t)\, \psi_n(t)\, dt\right)^2 ds$$

$$= \int_a^b (f(s))^2\, ds - 2 \sum_{n=1}^{m} \left(\int_a^b f(t)\, \psi_n(t)\, dt\right)^2$$

$$+ \sum_{n=1}^{m} \left(\int_a^b f(t)\, \psi_n(t)\, dt\right)^2$$

$$= \int_a^b (f(s))^2\, ds - \sum_{n=1}^{m} \left(\int_a^b f(t)\, \psi_n(t)\, dt\right)^2.$$

Da die linke Seite dieser Gleichung nicht negativ sein kann, so hat man die **Besselsche Ungleichung**

(86) $$\sum_{n=1}^{m} \left(\int_a^b f(t)\, \psi_n(t)\, dt\right)^2 \leq \int_a^b (f(t))^2\, dt\,.$$

Wenn die Anzahl der Funktionen $\psi_n(s)$ unendlich groß ist, ergibt sich aus (86), indem man $m = \infty$ setzt, die Konvergenz der Reihe

(87) $$\sum_{n=1}^{\infty} \left(\int_a^b f(t)\, \psi_n(t)\, dt\right)^2.$$

Setzt man in der Besselschen Ungleichung für $m = 1$

$$\left(\int_a^b f(t)\,\psi(t)\,dt\right)^2 \leqq \int_a^b (f(t))^2\,dt$$

unter Einführung einer beliebigen stetigen Funktion $\varphi(s)$

$$\psi(s) = \frac{\varphi(s)}{\sqrt{\int_a^b (\varphi(t))^2\,dt}},$$

so erhält man die Schwarzsche Ungleichung

$$\left(\int_a^b f(t)\,\varphi(t)\,dt\right)^2 \leqq \int_a^b (f(t))^2\,dt \cdot \int_a^b (\varphi(t))^2\,dt$$

oder

(88) $$\left|\int_a^b f(t)\,\varphi(t)\,dt\right| \leqq \left|\sqrt{\int_a^b (f(t))^2\,dt}\right| \cdot \left|\sqrt{\int_a^b (\varphi(t))^2\,dt}\right| .$$

Wir setzen jetzt

(89) $$f_n(s) = \int_a^b g(t)\,\psi_n(t)\,dt \cdot \int_a^b K(s, t)\,\psi_n(t)\,dt ,$$

wo $g(t)$ eine für $a \leqq t \leqq b$ stetige Funktion ist, und beweisen, daß die Reihe

(90) $$\sum_{n=1}^{\infty} |f_n(s)|$$

für $a \leqq s \leqq b$ gleichmäßig konvergent ist.

In der Ungleichung (88) werde

$$f(t) = K(s, t) ,$$

$$\varphi(t) = \sum_k \psi_k(t) \int_a^b g(t)\,\psi_k(t)\,dt$$

gesetzt, wo die k Zahlen in endlicher Anzahl sind, welche irgendwie aus der Reihe 1, 2, ... herausgegriffen werden. Dann ist

$$\int_a^b f(t)\,\varphi(t)\,dt = \sum_k \int_a^b K(s,t)\,\psi_k(t)\,dt \cdot \int_a^b g(t)\,\psi_k(t)\,dt = \sum_k f_k(s)\,,$$

$$\int_a^b f(t)^2\,dt = \int_a^b K(s,t)^2\,dt$$

und mit Rücksicht auf (85)

$$\int_a^b (\varphi(t))^2\,dt = \sum_k \left(\int_a^b g(t)\,\psi_k(t)\,dt\right)^2.$$

Die Schwarzsche Ungleichung wird demnach

$$\left|\sum_k f_k(s)\right| \leqq \left|\sqrt{\int_a^b (K(s,t))^2\,dt}\right| \cdot \left|\sqrt{\sum_k \left(\int_a^b g(t)\,\psi_k(t)\,dt\right)^2}\right|.$$

Sind nun $f_{k'}(s)$ bzw. $f_{k''}(s)$ diejenigen unter den Größen $f_m(s)\,, f_{m+1}(s)\,, \ldots,$ welche für einen gegebenen Wert von s positiv bzw. negativ sind, so ist sowohl

$$\sum_{k'} f_{k'}(s)$$

als auch

$$\left|\sum_{k''} f_{k''}(s)\right| = \sum_{k''} |f_{k''}(s)|$$

kleiner als

$$\left|\sqrt{\int_a^b (K(s,t))^2\,dt}\right| \cdot \left|\sqrt{\sum_{n=m}^{\infty} \left(\int_a^b g(t)\,\psi_n(t)\,dt\right)^2}\right|.$$

Aus der Konvergenz der Reihe (87) folgt demnach die gleichmäßige Konvergenz der Reihe (90) im Intervall $s = a \ldots b$.

§ 41. Entwicklung eines Kerns nach Eigenfunktionen.

Es seien $\psi_n(s)$ $(n = 1, 2, \ldots)$ die sämtlichen normierten Eigenfunktionen des symmetrischen Kerns $K(s, t)$ in solcher Reihenfolge, daß die zugehörigen Eigenwerte λ_n dem absoluten Betrage nach nicht abnehmen. Dann gilt der Satz:

Wenn die Reihe

$$\sum_n \frac{\psi_n(s)\,\psi_n(t)}{\lambda_n}$$

für $a \leqq s \leqq b$, $a \leqq t \leqq b$ gleichmäßig konvergiert, so ist

$$K(s, t) = \sum_n \frac{\psi_n(s)\,\psi_n(t)}{\lambda_n}. \tag{91}$$

Beweis. Setzt man

$$Q(s, t = K(s, t) - \sum_n \frac{\psi_n(s)\,\psi_n(t)}{\lambda_n}, \tag{92}$$

so ist für alle Werte von n

$$\left\{\begin{aligned} &\int_a^b Q(s, t)\,\psi_n(t)\,dt \\ &= \int_a^b K(s, t)\,\psi_n(t)\,dt - \sum_m \frac{\psi_m(s)}{\lambda_m}\int_a^b \psi_m(t)\,\psi_n(t)\,dt \\ &= \int_a^b K(s, t)\,\psi_n(t)\,dt - \frac{\psi_n(s)}{\lambda_n} = 0. \end{aligned}\right. \tag{93}$$

Wäre $Q(s, t)$ nicht identisch Null, so würde der Kern $Q(s, t)$ wie jeder symmetrische Kern nach § 39 eine Eigenfunktion $\chi(s)$ besitzen, welche zum Eigenwert μ gehören möge; es wäre also

$$\chi(s) = \mu \int_a^b Q(s, t)\,\chi(t)\,dt. \tag{94}$$

Mit Rücksicht auf (93) ist für alle Werte von n

$$\int_a^b \chi(s)\,\psi_n(s)\,ds = \mu \int_a^b \chi(t)\,dt \int_a^b Q(s, t)\,\psi_n(s)\,ds = 0; \tag{95}$$

mithin ist nach (92)

$$\int_a^b Q(s, t)\,\chi(t)\,dt = \int_a^b K(s, t)\,\chi(t)\,dt$$

und nach (94)

$$\chi(s) = \mu \int_a^b K(s, t)\, \chi(t)\, dt\,. \tag{96}$$

Hiernach wäre $\chi(s)$ eine Eigenfunktion des Kernes $K(s, t)$, welche wegen der Gleichung (95) keine lineare homogene Funktion einer endlichen Anzahl der $\psi_n(s)$ mit konstanten Koeffizienten sein könnte — im Widerspruch zur Voraussetzung, daß die $\psi_n(s)$ die Gesamtheit der Eigenfunktionen des Kerns $K(s, t)$ bilden. Also verschwindet $Q(s, t)$ identisch, w. z. b. w.

Wir wenden den bewiesenen Satz auf den Kern $K^4(s, t)$ an, welcher, wie wir gesehen haben, die zu den Eigenwerten λ_n^4 gehörigen Eigenfunktionen $\psi_n(s)$ besitzt, durch welche sich alle anderen Eigenfunktionen linear und homogen ausdrücken lassen.

Hiernach ist

$$K^4(s, t) = \sum_n \frac{\psi_n(s)\, \psi_n(t)}{\lambda_n^4}\,, \tag{97}$$

wenn, was wir sogleich beweisen werden, die Reihe auf der rechten Seite gleichmäßig konvergiert.

Es ist*)

$$\sum_{n=m}^{m+\mu} \left| \frac{\psi_n(s)\, \psi_n(t)}{\lambda_n^4} \right|$$

$$\leqq \frac{1}{2} \left(\sum_{n=m}^{m+\mu} \left(\frac{\psi_n(s)}{\lambda_n^2} \right)^2 + \sum_{n=m}^{m+\mu} \left(\frac{\psi_n(t)}{\lambda_n^2} \right)^2 \right)$$

$$\leqq \frac{1}{2\lambda_m^2} \left(\sum_{n=m}^{m+\mu} \frac{(\psi_n(s))^2}{\lambda_n^2} + \sum_{n=m}^{m+\mu} \frac{(\psi_n(t))^2}{\lambda_n^2} \right)$$

wegen $\lambda_n^2 \geqq \lambda_m^2$; da nach (86)

$$\int_a^b (K(s, r))^2\, dr \geqq \sum_{n=m}^{m+\mu} \left(\int_a^b K(s, r)\, \psi_n(r)\, dr \right)^2 = \sum_{n=m}^{m+\mu} \left(\frac{\psi_n(s)}{\lambda_n} \right)^2$$

---

*) Wenn a und b reell sind, ist $(a-b)^2 \geqq 0$, also $\frac{1}{2}(a^2+b^2) \geqq ab$.

ist, so haben wir

$$\sum_{n=m}^{m+\mu} \left| \frac{\psi_n(s)\,\psi_n(t)}{\lambda_n^4} \right| \leq \frac{1}{2\,\lambda_m^2} \left(\int_a^b (K(s,r))^2\,dr + \int_a^b (K(t,r))^2\,dr \right).$$

Daraus folgt, daß die Reihe auf der rechten Seite der Gleichung (97) für alle den Bedingungen $a \leqq s \leqq b$, $a \leqq t \leqq b$ genügenden Werte von s und t unbedingt und gleichmäßig konvergiert.

§ 42. Entwicklung einer willkürlichen Funktion nach den Eigenfunktionen eines symmetrischen Kerns.

Die Funktion $f(s)$ sei in dem Intervall $a \ldots b$ stetig und lasse sich in der Form

(98) $$f(s) = \int_a^b K(s,t)\,g(t)\,dt$$

darstellen, wo $g(t)$ eine stetige Funktion bedeutet. Wir werfen die Frage auf, ob sich die Funktion $f(s)$ in eine nach den Eigenfunktionen $\psi_n(s)$ des symmetrischen Kerns $K(s,t)$ fortschreitende Reihe

(99) $$f(s) = \sum_n c_n\,\psi_n(s)$$

entwickeln läßt.

Ist eine gleichmäßig konvergente Reihenentwicklung (99) vorhanden, so erhält man, indem man die Gleichung (99) mit $\psi_n(s)$ multipliziert und zwischen den Grenzen a und b integriert, mit Rücksicht auf die Formeln (85):

(100) $$c_n = \int_a^b f(s)\,\psi_n(s)\,ds\,.$$

Setzt man hierin für $f(s)$ den Ausdruck (98), so erhält man

(101) $$c_n = \int_a^b\!\!\int_a^b K(s,t)\,g(t)\,\psi_n(s)\,ds\,dt = \int_a^b g(t)\,dt \int_a^b K(s,t)\,\psi_n(s)\,ds$$

oder

(102) $$c_n = \frac{1}{\lambda_n} \int_a^b g(t)\,\psi_n(t)\,dt\,,$$

da $\psi_n(s)$ als zum Eigenwert λ_n gehörige Eigenfunktion der Gleichung

$$\psi_n(t) = \lambda_n \int_a^b K(s, t)\, \psi_n(s)\, ds$$

genügt. Wenn man in der Reihe (99) für c_n den Ausdruck (102) und für $\psi_n(s)$ den Ausdruck

$$\lambda_n \int_a^b K(s, t)\, \psi_n(t)\, dt$$

setzt, geht sie über in

$$(103) \quad \begin{cases} f(s) = \sum_n f_n(s)\,, \\ f_n(s) = \int_a^b K(s, t)\, \psi_n(t)\, dt \cdot \int_a^b g(t)\, \psi_n(t)\, dt\,. \end{cases}$$

Aus § 40 ergibt sich, daß die Reihe (99) im Intervall $s = a \ldots b$ absolut und gleichmäßig konvergiert.

Setzen wir

$$(104) \qquad h(s) = f(s) - \sum_n c_n\, \psi_n(s)\,,$$

so ist für alle n mit Rücksicht auf (100) und (85)

$$(105) \qquad \int_a^b h(s)\, \psi_n(s)\, ds = 0\,.$$

Wenn man die in § 41 bewiesene Gleichung (97)

$$K^4(s, t) = \sum_n \frac{\psi_n(s)\, \psi_n(t)}{\lambda_n^4}$$

mit $h(s)\, h(t)\, ds\, dt$ multipliziert und nach s und t zwischen den Grenzen a und b integriert, nimmt die rechte Seite wegen (105) den Wert 0 an; man erhält

$$\begin{aligned} 0 &= \int_a^b\!\!\int_a^b K^4(s, t)\, h(s)\, h(t)\, ds\, dt \\ &= \int_a^b dr \int_a^b K^2(s, r)\, h(s)\, ds \int_a^b K^2(t, r)\, h(t)\, dt \\ &= \int_a^b dr \left(\int_a^b K^2(s, r)\, h(s)\, ds \right)^2; \end{aligned}$$

mithin ist identisch in r

$$\int_a^b K^2(s, r)\, h(s)\, ds = 0$$

und daher auch

$$\int_a^b\int_a^b K^2(s, t)\, h(s)\, h(t)\, ds\, dt = 0\,.$$

Die Wiederholung derselben Schlußweise ergibt

(106) $$\int_a^b K(s, r)\, h(s)\, ds = 0\,.$$

Wenn man die Gleichung (104) mit $h(s)\,ds$ multipliziert und von a bis b integriert, erhält man

$$\int_a^b (h(s))^2\, ds = \int_a^b h(s)\, f(s)\, ds - \sum c_n \int_a^b h(s)\, \psi_n(s)\, ds$$
$$= \int_a^b h(s)\, f(s)\, ds$$

wegen (105) und mit Rücksicht auf (98)

(107) $$\int_a^b (h(s))^2\, ds = \int_a^b g(t)\, dt \int_a^b K(s, t)\, h(s)\, ds = 0$$

wegen (106). Also verschwindet $h(s)$ identisch, d. h. es ist (99)

$$f(s) = \sum_n c_n\, \psi_n(s)\,.$$

Damit ist der Satz von **Hilbert** und **Schmidt** bewiesen:

Es seien $\psi_1(s), \psi_2(s), \ldots$ die zu den Eigenwerten $\lambda_1, \lambda_2, \ldots$ gehörigen normierten Eigenfunktionen des symmetrischen Kerns $K(s, t)$. Eine für $a \leq s \leq b$

stetige Funktion $f(s)$, welche sich vermittels der stetigen Funktion $g(t)$ in der Form

$$f(s) = \int_a^b K(s, t) g(t) dt$$

darstellen läßt, läßt sich in die im Intervall $a \leqq s \leqq b$ absolut und gleichmäßig konvergente Reihe

$$f(s) = \sum_n c_n \psi_n(s)$$

entwickeln, wo

$$c_n = \int_a^b f(s) \psi_n(s) ds = \frac{1}{\lambda_n} \int_a^b g(t) \psi_n(t) dt$$

ist.

In § 40 wurde gezeigt, daß jeder symmetrische Kern Eigenwerte besitzt; wir lernen jetzt einen Fall kennen, wo sich das Vorhandensein unendlich vieler Eigenwerte von vornherein nachweisen läßt.

Hilbert bezeichnet einen symmetrischen Kern als abgeschlossen, wenn keine von Null verschiedene stetige Funktion $g(t)$ vorhanden ist, welche die Gleichung

$$\int_a^b K(s, t) g(t) dt = 0$$

identisch in s erfüllt. Dann gilt der Satz:

Zu einem abgeschlossenen Kern gehören unendlich viele Eigenwerte.

Wäre nur eine endliche Anzahl m von Eigenwerten $\lambda_1, \ldots, \lambda_m$ mit den zugehörigen Eigenfunktionen $\psi_1(s), \ldots, \psi_m(s)$ vorhanden, so hätten wir die Gleichung

$$K(s, t) = \frac{\psi_1(s) \psi_1(t)}{\lambda_1} + \ldots + \frac{\psi_m(s) \psi_m(t)}{\lambda_m};$$

oben wurde nämlich gezeigt, daß die Reihe

$$\sum_n \frac{\psi_n(s) \psi_n(t)}{\lambda_n},$$

wenn sie gleichmäßig konvergiert, also auch, wenn sie abbricht, die Funktion $K(s, t)$ darstellt.

Es sei nun $f(t)$ eine stetige Funktion, welche sich nicht als lineare homogene Funktion der m Eigenfunktionen $\psi_1(t), \ldots, \psi_m(t)$ darstellen läßt. Dann kann die Funktion

$$g(t) = f(t) - \sum_{n=1}^{m} c_n \psi_n(t) \tag{108}$$

nicht identisch verschwinden, wie man auch die Konstanten $c_1, \ldots, c_m$ wählen mag; wir setzen

$$c_n = \int_a^b f(t)\, \psi_n(t)\, dt\,. \tag{109}$$

Wir bilden das Integral

$$\int_a^b K(s, t)\, g(t)\, dt = \sum_{n=1}^{m} \frac{\psi_n(s)}{\lambda_n} \int_a^b g(t)\, \psi_n(t)\, dt\,;$$

nun ist aber mit Rücksicht auf die Formeln (85)

$$\int_a^b g(t)\, \psi_n(t)\, dt = \int_a^b f(t)\, \psi_n(t)\, dt - c_n = 0$$

wegen (109); demnach ist auch

$$\int_a^b K(s, t)\, g(t)\, dt = 0\,. \tag{110}$$

Die Annahme, daß der Kern $K(s, t)$ nur m Eigenwerte besitzt, steht also im Widerspruch mit der Voraussetzung, daß $K(s, t)$ ein abgeschlossener Kern ist.

Durch Verbindung der Gleichungen (98), (99) und (102) erhält man

$$\int_a^b K(s, t)\, g(t)\, dt = \sum_n \frac{1}{\lambda_n} \psi_n(s) \int_a^b g(t)\, \psi_n(t)\, dt\,. \tag{111}$$

Wir bezeichnen nun die stetige Funktion $g(t)$ mit $y(t)$; wir verstehen unter $x(s)$ eine andere stetige Funktion, multiplizieren die Gleichung (111) mit $x(s)\,ds$ und integrieren von a bis b. Wir erhalten so die Formel von Hilbert:

$$\int_a^b\int_a^b K(s,t)\,x(s)\,y(t)\,ds\,dt = \sum_n \frac{1}{\lambda_n}\int_a^b x(s)\,\psi_n(s)\,ds \cdot \int_a^b y(t)\,\psi_n(t)\,dt,$$

in welcher die $\psi_n(s)$ die sämtlichen Eigenfunktionen des symmetrischen Kerns $K(s,t)$, die λ_n die zugehörigen Eigenwerte und $x(s)$, $y(t)$ zwei beliebige stetige Funtionen darstellen*).

*) Zur Einführung in die Theorie der Integralgleichungen dienen auch die beiden letzten Kapitel von Kowalewski, Einführung in die Determinantentheorie (Leipzig 1909). Bôcher, An Introduction to the study of Integral Equations (Cambridge 1909) behandelt die Volterrasche Integralgleichung neben der Fredholmschen. Weitere Literaturangaben finden sich bei d'Adhémar, L'équation de Fredholm et les problèmes de Dirichlet et de Neumann (Paris I909) und Exercices et leçons d'Analyse (Paris 1908).

VI. Abschnitt.

Randwertaufgaben bei gewöhnlichen linearen Differentialgleichungen zweiter Ordnung*).

§ 43. Die Greensche Funktion des Differentialausdrucks $L(u)$.

Die im vorangehenden Abschnitt dargestellte Theorie der Integralgleichungen wenden wir zunächst auf gewöhnliche lineare Differentialgleichungen zweiter Ordnung an, die wir im gegenwärtigen Abschnitt im Anschluß an Hilbert**) ähnlich behandeln wie im folgenden Abschnitt die linearen partiellen Differentialgleichungen von elliptischem Typus.

Dem Differentialausdruck

$$L(u) = A\frac{d^2 u}{dx^2} + B\frac{du}{dx} + Cu, \tag{1}$$

dessen Koeffizienten A, B, C Funktionen von x sind, ordnen wir den adjungierten Differentialausdruck

$$M(v) = \frac{d^2(Av)}{dx^2} - \frac{d(Bv)}{dx} + Cv \tag{2}$$

zu. Der Differentialausdruck $L(u)$ ist sich selbst adjungiert, wenn

$$M(u) = A\frac{d^2 u}{dx^2} + \left(2\frac{dA}{dx} - B\right)\frac{du}{dx} + \left(\frac{d^2 A}{dx^2} - \frac{dB}{dx} + C\right)u$$

---

*) Vgl. Enzyklopädie der mathematischen Wissenschaften, Bd. II A, 7a (Bôcher), wo über die vor 1900 angestellten Untersuchungen berichtet wird.

**) Göttinger Nachrichten 1904, S. 213 ff.

mit $L(u)$ übereinstimmt. Dazu ist notwendig und hinreichend, daß

$$B = \frac{dA}{dx} \tag{3}$$

ist. Indem wir

$$A = p\,, \qquad B = \frac{dp}{dx}\,, \qquad C = q$$

setzen, haben wir den allgemeinsten sich selbst adjungierten Differentialausdruck zweiter Ordnung:

$$L(u) = \frac{d\left(p\,\frac{du}{dx}\right)}{dx} + q\,u\,. \tag{4}$$

Übrigens kann eine beliebige lineare Differentialgleichung zweiter Ordnung

$$A\,\frac{d^2u}{dx^2} + B\,\frac{du}{dx} + C\,u = 0$$

immer auf die Form

$$\frac{d\left(p\,\frac{du}{dx}\right)}{dx} + q\,u = p\,\frac{d^2u}{dx^2} + \frac{dp}{dx}\,\frac{du}{dx} + q\,u = 0$$

gebracht werden. Man hat zu diesem Zweck nur

$$\frac{\frac{dp}{dx}}{p} = \frac{B}{A}\,, \qquad \frac{q}{p} = \frac{C}{A}$$

oder

$$p = e^{\int \frac{B}{A}\,dx}\,, \qquad q = p\,\frac{C}{A}$$

zu setzen.

Wir betrachten den Differentialausdruck

$$L(u) = \frac{d\left(p\,\frac{du}{dx}\right)}{dx} + q\,u \tag{4}$$

unter der Voraussetzung, daß für $a \leqq x \leqq b$ die Funktion q stetig und die Funktion p positiv (von Null verschieden) und nebst ihrer ersten Ableitung stetig ist*).

Sind u und v zwei Funktionen von x, welche nebst ihren ersten und zweiten Ableitungen für $a \leqq x \leqq b$ stetig sind, so ergibt die Addition der Gleichungen

$$\frac{du}{dx} \cdot p \frac{dv}{dx} = \frac{d}{dx}\left(u \cdot p \frac{dv}{dx}\right) - u \frac{d}{dx}\left(p \frac{dv}{dx}\right),$$

$$-quv = -u \cdot qv$$

die Gleichung

$$p \frac{du}{dx}\frac{dv}{dx} - quv = \frac{d}{dx}\left(pu\frac{dv}{dx}\right) - uL(v).$$

Durch Integration zwischen den Grenzen a und b erhält man:

$$(5) \qquad \int_a^b \left(p \frac{du}{dx}\frac{dv}{dx} - quv\right) dx = \left[pu\frac{dv}{dx}\right]_a^b - \int_a^b uL(v)\,dx.$$

Hieraus ergibt sich durch Vertauschung von u und v:

$$(6) \qquad \int_a^b \left(p \frac{du}{dx}\frac{dv}{dx} - quv\right) dx = \left[pv\frac{du}{dx}\right]_a^b - \int_a^b vL(u)\,dx.$$

Die Gleichsetzung der rechten Seiten der Gleichungen (5) und (6) führt zur Greenschen Formel:

$$(7) \qquad \int_a^b [vL(u) - uL(v)]\,dx = \left[p\left(v\frac{du}{dx} - u\frac{dv}{dx}\right)\right]_a^b.$$

Die Formel (5) geht, wenn man $u = v$ setzt, über in

$$(8) \qquad \int_a^b uL(u)\,dx = \int_a^b \left[qu^2 - p\left(\frac{du}{dx}\right)^2\right] dx + \left[pu\frac{du}{dx}\right]_a^b.$$

---

*) Der Fall, daß p und q nur für $a < x < b$ stetig sind und daß p nur für $a < x < b$ positiv ist, wird später berührt werden.

Probleme der mathematischen Physik führen auf die Aufgabe, eine Funktion u von x zu bestimmen, welche nebst ihrer ersten und zweiten Ableitung für $a \leqq x \leqq b$ stetig ist, einer gewissen linearen Differentialgleichung zweiter Ordnung genügt und sowohl für $x = a$ als auch für $x = b$ verschwindet*).

Es seien u_1 und u_2 zwei voneinander unabhängige Lösungen der linearen Differentialgleichung $L(u) = 0$, welche für $a \leqq x \leqq b$ nebst ihren Ableitungen erster und zweiter Ordnung stetig sind. Im allgemeinen ist die Determinante

$$\begin{vmatrix} u_1(a), & u_2(a) \\ u_1(b), & u_2(b) \end{vmatrix} \tag{9}$$

von Null verschieden; dann ist es nicht möglich, die Konstanten c_1 und c_2 so zu bestimmen, daß die für $a \leqq x \leqq b$ nebst ihren Ableitungen erster und zweiter Ordnung stetige Lösung

$$u = c_1 u_1 + c_2 u_2$$

von $L(u) = 0$ für $x = a$ und für $x = b$ verschwindet.

Unter der Greenschen Funktion $G(x, \xi)$ des Differentialausdrucks $L(u)$ verstehen wir eine Funktion von x und ξ, welche in bezug auf x in dem Intervall $a \ldots b$ nebst ihren Ableitungen erster und zweiter Ordnung — abgesehen von $x = \xi$ — stetig ist und der Differentialgleichung $L(u) = 0$ genügt, für $x = a$ und für $x = b$ verschwindet**), die ferner für $x = \xi$ stetig ist, während ihre erste Ableitung die Bedingung erfüllt:

$$p(\xi)\left[\lim_{\varepsilon=0}\left(\frac{dG}{dx}\right)_{x=\xi+\varepsilon} - \lim_{\varepsilon=0}\left(\frac{dG}{dx}\right)_{x=\xi-\varepsilon}\right] = -1. \tag{10}$$

*) An Stelle der Randbedingungen $u(a) = 0$, $u(b) = 0$ können auch andere Randbedingungen treten, von welchen in § 47 die Rede sein wird.

**) Treten an Stelle unserer jetzigen Randbedingungen $u(a) = 0$, $u(b) = 0$ andere Randbedingungen (vgl. § 47), so muß auch die Greensche Funktion diese anderen Randbedingungen erfüllen.

Die Greensche Funktion $G(x, \xi)$ kann, wenn die Determinante (9) von Null verschieden ist, folgendermaßen gebildet werden. Der Ausdruck

$$(11)\qquad \gamma(x, \xi) = \pm \frac{1}{2} \frac{u_2(\xi)\, u_1(x) - u_1(\xi)\, u_2(x)}{u_2(\xi)\dfrac{d u_1(\xi)}{d\xi} - u_1(\xi)\dfrac{d u_2(\xi)}{d\xi}},$$

wo das obere Vorzeichen für $x \leqq \xi$, das untere für $x \geqq \xi$ gilt, stellt als Funktion von x betrachtet eine Lösung von $L(u) = 0$ dar, welche für $x = \xi$ stetig ist, während ihre erste Ableitung die durch die Gleichung

$$\lim_{\varepsilon=0}\left(\frac{d\gamma}{dx}\right)_{x=\xi+\varepsilon} - \lim_{\varepsilon=0}\left(\frac{d\gamma}{dx}\right)_{x=\xi-\varepsilon} = -1$$

dargestellte Unstetigkeit besitzt*). Werden die Konstanten c_1, c_2 so bestimmt, daß

$$(12)\qquad G(x, \xi) = \frac{\gamma(x, \xi)}{p(\xi)} + c_1 u_1(x) + c_2 u_2(x)$$

für $x = a$ und für $x = b$ verschwindet, so erfüllt der Ausdruck $G(x, \xi)$ die der Greenschen Funktion auferlegten Bedingungen. Wenn, wie wir vorausgesetzt haben, die Determinante (9) nicht verschwindet, ergeben sich für c_1 und c_2 bestimmte endliche Werte.

Wir können u_1 und u_2 so wählen, daß u_1 für $x = a$, u_2 für $x = b$ verschwindet**) und der Ausdruck

$$u_2 \frac{du_1}{dx} - u_1 \frac{du_2}{dx},$$

welcher gleich

$$\frac{\text{Konst.}}{p(x)}$$

ist***), den Wert

$$\frac{1}{p(x)}$$

*) Eine solche Funktion $\gamma(x, \xi)$ wird Grundlösung der Differentialgleichung $L(u) = 0$ genannt.

**) Allgemeiner möge u_1 die zu $x = a$, u_2 die zu $x = b$ gehörige Randbedingung erfüllen.

***) „Gewöhnl. Differentialgl.", S. 49.

annimmt. Dann ist

$$\frac{\gamma(x, \xi)}{p(\xi)} = \pm \frac{1}{2} \left(u_2(\xi)\, u_1(x) - u_1(\xi)\, u_2(x)\right),$$

und der Ausdruck (12) geht, wenn man

$$c_1 = \tfrac{1}{2} u_2(\xi), \quad c_2 = \tfrac{1}{2} u_1(\xi)$$

setzt, in den die Randbedingungen erfüllenden Ausdruck

$$(13) \qquad \begin{cases} G(x, \xi) = u_1(x)\, u_2(\xi) & \text{für} \quad x \leqq \xi, \\ = u_1(\xi)\, u_2(x) & \text{für} \quad x \geqq \xi \end{cases}$$

über*).

Die Greensche Funktion $G(x, \xi)$ ist eine symmetrische Funktion von x und ξ.

Denn sind ξ_1 und $\xi_2 > \xi_1$ zwei dem Intervall $a \ldots b$ angehörige Werte, so ist nach der ersten Formel (13)

$$G(\xi_1, \xi_2) = u_1(\xi_1)\, u_2(\xi_2)$$

und nach der zweiten Formel (13)

$$G(\xi_2, \xi_1) = u_1(\xi_1)\, u_2(\xi_2),$$

also

$$(14) \qquad G(\xi_1, \xi_2) = G(\xi_2, \xi_1).$$

Indem man nur die definierenden Eigenschaften der Greenschen Funktion benutzt, beweist man die Formel (14) folgendermaßen:

Wie verstehen unter ε eine kleine positive Größe, wir wenden die Formel (7), in welcher wir

$$u = G(x, \xi_1) = G_1(x),$$
$$v = G(x, \xi_2) = G_2(x)$$

setzen, auf die drei Intervalle $a \ldots \xi_1 - \varepsilon$, $\xi_1 + \varepsilon \ldots \xi_2 - \varepsilon$, $\xi_2 + \varepsilon \ldots b$ an und addieren die drei so entstehenden Gleichungen. Da in den genannten Intervallen

$$L(G_1(x)) = 0, \quad L(G_2(x)) = 0$$

ist, so verschwindet die linke Seite der erhaltenen Gleichung, und es ergibt sich

*) Vgl. Kneser, Math. Annalen, Bd. 63, S. 482 ff.

$$\left[p\left(G_2 \frac{dG_1}{dx} - G_1 \frac{dG_2}{dx}\right)\right]_a^{\xi_1 - \varepsilon}$$
$$+ \left[p\left(G_2 \frac{dG_1}{dx} - G_1 \frac{dG_2}{dx}\right)\right]_{\xi_1+\varepsilon}^{\xi_2 - \varepsilon}$$
$$+ \left[p\left(G_2 \frac{dG_1}{dx} - G_1 \frac{dG_2}{dx}\right)\right]_{\xi_2+\varepsilon}^{b} = 0 .$$

Die Funktionen G_1 und G_2 verschwinden für $x = a$ und für $x = b$; nehmen wir $\lim \varepsilon = 0$ an und beachten wir, daß $\frac{dG_2}{dx}$ für $x = \xi_1$ und $\frac{dG_1}{dx}$ für $x = \xi_2$ stetig ist, so ergibt sich aus der obigen Gleichung:

$$p(\xi_1)\, G_2(\xi_1) \lim_{\varepsilon=0} \left[\left(\frac{dG_1}{dx}\right)_{x=\xi_1-\varepsilon} - \left(\frac{dG_1}{dx}\right)_{x=\xi_1+\varepsilon}\right]$$
$$- p(\xi_2)\, G_1(\xi_2) \lim_{\varepsilon=0} \left[\left(\frac{dG_2}{dx}\right)_{x=\xi_2-\varepsilon} - \left(\frac{dG_2}{dx}\right)_{x=\xi_2+\varepsilon}\right] = 0 .$$

Berücksichtigt man, daß

$$\lim_{\varepsilon=0} \left[\left(\frac{dG_1}{dx}\right)_{x=\xi_1+\varepsilon} - \left(\frac{dG_1}{dx}\right)_{x=\xi_1-\varepsilon}\right] = -\frac{1}{p(\xi_1)} ,$$
$$\lim_{\varepsilon=0} \left[\left(\frac{dG_2}{dx}\right)_{x=\xi_2+\varepsilon} - \left(\frac{dG_2}{dx}\right)_{x=\xi_2-\varepsilon}\right] = -\frac{1}{p(\xi_2)}$$

ist, so hat man die Gleichung

$$G_2(\xi_1) - G_1(\xi_2) = 0$$

oder

(14) $$G(\xi_1, \xi_2) = G(\xi_2, \xi_1) ,$$

w. z. b. w.

§ 44. Die Differentialgleichung $L(u) + \varphi(x) = 0$.

Wir führen nun die Differentialgleichung

(15) $$L(u) = -\varphi(x)$$

ein, wo $\varphi(x)$ eine in dem Intervall $x = a \ldots b$ stetige Funktion von x sei. Wir nehmen an, die Differentialgleichung (15) habe eine Lösung u, welche für $x = a$ und für $x = b$ verschwindet und in dem Intervall $a \ldots b$

nebst ihrer ersten und zweiten Ableitung*) stetig ist. In der Formel (7) setzen wir für u diese Lösung und für v die Greensche Funktion $G(x, \xi)$; da die Ableitung der letzteren für $x = \xi$ unstetig ist, so ersetzen wir das Intervall $a \ldots b$ durch die beiden Intervalle $a \ldots \xi - \varepsilon$ und $\xi + \varepsilon \ldots b$. Da

$$L(v) = L(G(x, \xi)) = 0$$

ist, so schreibt sich die Formel (7), wenn man (15) beachtet:

$$(16)\quad \begin{cases} -\int\limits_a^{\xi-\varepsilon} G(x, \xi)\, \varphi(x)\, dx - \int\limits_{\xi+\varepsilon}^{b} G(x, \xi)\, \varphi(x)\, dx \\ = \left[p\left(G(x, \xi)\frac{du}{dx} - u\frac{dG(x, \xi)}{dx}\right)\right]_a^{\xi-\varepsilon} \\ + \left[p\left(G(x, \xi)\frac{du}{dx} - u\frac{dG(x, \xi)}{dx}\right)\right]_{\xi+\varepsilon}^{b} \\ = \left[p\left(G(x, \xi)\frac{du}{dx} - u\frac{dG(x, \xi)}{dx}\right)\right]_{\xi+\varepsilon}^{\xi-\varepsilon} \end{cases}$$

mit Rücksicht darauf, daß die Funktionen u und $G(x, \xi)$ für $x = a$ und für $x = b$ verschwinden. Da die Funktionen u, $\frac{du}{dx}$ und $G(x, \xi)$ stetig sind, so geht die rechte Seite der Gleichung (16) für $\lim \varepsilon = 0$ in

$$-p(\xi)\, u(\xi) \lim_{\varepsilon=0}\left[\left(\frac{dG(x, \xi)}{dx}\right)_{x=\xi-\varepsilon} - \left(\frac{dG(x, \xi)}{dx}\right)_{x=\xi+\varepsilon}\right] = -u(\xi)$$

über. Die linke Seite der Gleichung (16) hat für $\lim \varepsilon = 0$ den Grenzwert

$$-\int\limits_a^b G(x, \xi)\, \varphi(x)\, dx\,,$$

---

*) Aus der Stetigkeit von u und $\frac{du}{dx}$ folgt wegen $L(u) = 0$ auch die Stetigkeit von $\frac{d^2u}{dx^2}$.

und wir haben die Gleichung

$$u(\xi) = \int_a^b G(x, \xi)\,\varphi(x)\,dx, \tag{17}$$

die wir unter Vertauschung von ξ und x und Berücksichtigung der Gleichung $G(x, \xi) = G(\xi, x)$ auch schreiben können:

$$u(x) = \int_a^b G(x, \xi)\,\varphi(\xi)\,d\xi. \tag{18}$$

Die durch die Formel (18) dargestellte Funktion $u(x)$ verschwindet für $x = a$ und für $x = b$, weil die Greensche Funktion $G(x, \xi)$ für $x = a$ und für $x = b$ verschwindet. Da die Funktion

$$\frac{\partial G(x, \xi)}{\partial x}$$

für $x = \xi$ unstetig ist, so schreiben wir

$$u(x) = \lim_{\varepsilon=0} \int_a^{x-\varepsilon} G(x, \xi)\,\varphi(\xi)\,d\xi + \lim_{\varepsilon=0} \int_{x+\varepsilon}^b G(x, \xi)\,\varphi(\xi)\,d\xi; \tag{19}$$

die Differentiation nach x ergibt

$$\frac{du(x)}{dx} = \lim_{\varepsilon=0} \int_a^{x-\varepsilon} \frac{\partial G(x, \xi)}{\partial x}\,\varphi(\xi)\,d\xi + \lim_{\varepsilon=0} \int_{x+\varepsilon}^b \frac{\partial G(x, \xi)}{\partial x}\,\varphi(\xi)\,d\xi$$

$$+ \lim_{\varepsilon=0} G(x, x-\varepsilon)\,\varphi(x-\varepsilon) - \lim_{\varepsilon=0} G(x, x+\varepsilon)\,\varphi(x+\varepsilon),$$

wo die beiden letzten Glieder sich wegen der Stetigkeit der Funktionen $G(x, \xi)$ und $\varphi(x)$ wegheben. Es ist also

$$\left\{\begin{aligned} p(x)\frac{du(x)}{dx} &= \lim_{\varepsilon=0} \int_a^{x-\varepsilon} p(x)\,\frac{\partial G(x, \xi)}{\partial x}\,\varphi(\xi)\,d\xi \\ &+ \lim_{\varepsilon=0} \int_{x+\varepsilon}^b p(x)\,\frac{\partial G(x, \xi)}{\partial x}\,\varphi(\xi)\,d\xi. \end{aligned}\right. \tag{20}$$

Differentiiert man diesen Ausdruck nach x und fügt man die mit $q(x)$ multiplizierte Gleichung (19) hinzu, so erhält man

$$L(u) = \frac{d\left(p\frac{du}{dx}\right)}{dx} + q\,u$$

$$= \lim_{\varepsilon=0} \int_a^{x-\varepsilon} L(G(x,\xi))\,\varphi(\xi)\,d\xi + \lim_{\varepsilon=0} \int_{x+\varepsilon}^{b} L(G(x,\xi))\,\varphi(\xi)\,d\xi$$

$$+ \lim_{\varepsilon=0}\left[p(x)\left(\frac{\partial G(x,\xi)}{\partial x}\right)_{\xi=x-\varepsilon} \varphi(x-\varepsilon) - p(x)\left(\frac{\partial G(x,\xi)}{\partial x}\right)_{\xi=x+\varepsilon} \varphi(x+\varepsilon\right.$$

Da

$$L(G(x,\xi)) = 0\,,$$

$$\lim_{\varepsilon=0} \varphi(x \mp \varepsilon) = \varphi(x)\,,$$

$$\lim_{\varepsilon=0}\left(\frac{\partial G(x,\xi)}{\partial x}\right)_{x=\xi+\varepsilon} - \lim_{\varepsilon=0}\left(\frac{\partial G(x,\xi)}{\partial x}\right)_{x=\xi-\varepsilon} = -\frac{1}{p(\xi)}$$

oder

$$\lim_{\varepsilon=0}\left(\frac{\partial G(x,\xi)}{\partial x}\right)_{\xi=x-\varepsilon} - \lim_{\varepsilon=0}\left(\frac{\partial G(x,\xi)}{\partial x}\right)_{\xi=x+\varepsilon} = -\frac{1}{p(x)}$$

ist, so genügt die Funktion (18) der Differentialgleichung (15)

$$L(u) + \varphi(x) = 0\,.$$

Damit ist der Satz bewiesen:

Der Ausdruck

$$u(x) = \int_a^b G(x,\xi)\,\varphi(\xi)\,d\xi\,,$$

wo $\varphi(x)$ eine in dem Intervall $a \leqq x \leqq b$ stetige Funktion bedeutet, stellt die einzige Lösung der Differentialgleichung

$$L(u) + \varphi(x) = 0$$

dar, welche für $x = a$ und für $x = b$ verschwindet und in dem Intervall $a \leqq x \leqq b$ nebst ihrer ersten und zweiten Ableitung stetig ist.

§ 45. Eigenwerte und Eigenfunktionen der Differentialgleichung $L(u) + \lambda u = 0$.

Vorübergehend betrachten wir die Differentialgleichung

(21) $$L(u) + \lambda u = f(x),$$

wo $f(x)$ eine gegebene, in dem Intervall $a \leqq x \leqq b$ stetige Funktion darstellt.

Besitzt die Gleichung (21) ein Integral u, welches für $x = a$ und für $x = b$ verschwindet und für $a \leqq x \leqq b$ nebst seiner ersten und zweiten Ableitung stetig ist, so erhält man, wenn man in (15) $\varphi(x)$ durch $\lambda u(x) - f(x)$ ersetzt und die Formel (18) anwendet, für u die Gleichung

$$u(x) = \int_a^b G(x, \xi)\,(\lambda u(\xi) - f(\xi))\,d\xi .$$

Wir schreiben diese Gleichung, indem wir

$$g(x) = -\int_a^b G(x, \xi)\,f(\xi)\,d\xi$$

setzen, in der Form

(22) $$u(x) - \lambda \int_a^b G(x, \xi)\,u(\xi)\,d\xi = g(x),$$

so daß sie als Fredholmsche Integralgleichung mit dem Kern

$$K(x, \xi) = G(x, \xi)$$

erscheint, welcher nach § 43 symmetrisch ist.

Es sei*) $D(\lambda)$ die Determinante und

$$\mathsf{K}(\lambda; x, \xi) = \frac{D(\lambda; x, \xi)}{D(\lambda)}$$

die lösende Funktion des Kerns $K(x, \xi) = G(x, \xi)$. Ist $D(\lambda)$ von Null verschieden, so besitzt die Integralgleichung (22) eine und nur eine Lösung

(23) $$u(x) = g(x) + \lambda \int_a^b \mathsf{K}(\lambda; x, \xi)\,g(\xi)\,d\xi .$$

---

*) Vgl. § 34.

Diese genügt der Differentialgleichung (21), welche nach § 44 aus der Gleichung (22) folgt.

Der Kern $G(x, \xi)$ ist abgeschlossen, da die Gleichung

$$\int_a^b G(x, \xi)\, \varphi(\xi)\, d\xi = 0$$

nur dann identisch bestehen kann, wenn die Funktion $\varphi(x)$ identisch verschwindet. Der Ausdruck

$$u = \int_a^b G(x, \xi)\, \varphi(\xi)\, d\xi$$

genügt nämlich der Differentialgleichung

$$L(u) = -\varphi(x) ;$$

wenn u für alle dem Intervall $a \leqq x \leqq b$ angehörigen Werte von x verschwindet, so gilt dasselbe für $L(u)$ und also auch für $\varphi(x)$.

Wegen der Abgeschlossenheit des Kerns $G(x, \xi)$ hat die Gleichung $D(\lambda) = 0$ unendlich viele reelle Wurzeln λ_n $(n = 1, 2, \ldots)$, welche die Eigenwerte des Kerns bilden. Zu dem Eigenwert λ_n gehört mindestens eine Eigenfunktion $\psi_n(x)$, welche der Gleichung

$$\psi_n(x) = \lambda_n \int_a^b G(x, \xi)\, \psi_n(\xi)\, d\xi \tag{24}$$

genügt.

Wir setzen die am Anfang des gegenwärtigen Paragraphen eingeführte Funktion $f(x)$ gleich Null, so daß auch $g(x)$ identisch verschwindet und die Differentialgleichung (21) in

$$L(u) + \lambda u = 0 \tag{A}$$

übergeht. Eine Lösung u der Differentialgleichung (A), welche für $x = a$ und für $x = b$ verschwindet und für $a \leqq x \leqq b$ nebst ihrer ersten und zweiten Ableitung stetig ist, genügt der Gleichung

$$u(x) - \lambda \int_a^b G(x, \xi)\, u(\xi)\, d\xi = 0 , \tag{25}$$

die nur dann lösbar ist, wenn λ mit einem Eigenwert λ_n übereinstimmt. Umgekehrt genügt eine etwaige Lösung der Gleichung (25) der Differentialgleichung (A).

Eine zum Eigenwert λ_n gehörige Eigenfunktion $\psi_n(x)$ stellt also eine Lösung der Differentialgleichung

$$L(u) + \lambda_n u = 0 \tag{26}$$

dar. Wir zeigen, daß λ_n ein einfacher Eigenwert, d. h. eine einfache Wurzel der Gleichung $D(\lambda) = 0$ ist. Gehören zum Eigenwert λ_n zwei Eigenfunktionen, welche sich nicht bloß durch einen konstanten Faktor unterscheiden, so läßt sich jede Lösung der Differentialgleichung (26) als lineare homogene Funktion dieser beiden Eigenfunktionen mit konstanten Koeffizienten darstellen; es müßte demnach jede Lösung sowohl für $x = a$ als auch für $x = b$ verschwinden, was nicht möglich ist*). Zum Eigenwert λ_n gehört also (von einem konstanten Faktor abgesehen) eine Eigenfunktion $\psi_n(x)$, die wir uns so normiert denken, daß

$$\int_a^b (\psi_n(x))^2 \, dx = 1$$

ist.

Die Eigenwerte λ_n und Eigenfunktionen $\psi_n(x)$ des Kerns $G(x, \xi)$ werden als **Eigenwerte und Eigenfunktionen** der Differentialgleichung (A) bezeichnet. Man nennt die Werte λ_n auch **ausgezeichnete Werte** des Parameters λ, die Funktionen $\psi_n(x)$ **ausgezeichnete Lösungen** oder **Normalfunktionen** der Differentialgleichung (A).

Wir haben somit den Satz:

Die Differentialgleichung

$$L(u) + \lambda u = 0 \tag{A}$$

besitzt dann und nur dann, wenn λ mit einem Eigenwert λ_n des Kerns $G(x, \xi)$ übereinstimmt,

---

*) Dieser Schluß gilt nicht mehr, wenn an die Stelle der Randbedingungen $u(a) = 0$, $u(b) = 0$ solche Randbedingungen treten, welche von jeder Lösung der Differentialgleichung $L(u) + \lambda_n u = 0$ erfüllt werden können. Dann kann λ_n ein zweifacher Eigenwert sein (vgl. das Beispiel auf S. 262).

eine Lösung $u = \psi_n(x)$, welche für $x = a$ und für $x = b$ verschwindet und für $a \leqq x \leqq b$ nebst ihrer ersten und zweiten Ableitung stetig ist. Es sind unendlich viele reelle einfache Eigenwerte λ_n vorhanden, deren jedem eine normierte Eigenfunktion $\psi_n(x)$ entspricht, welche die Bedingung

$$\int_a^b (\psi_n(x))^2 \, dx = 1$$

erfüllt.

Die Formel (8) geht, wenn man $u = \psi_n(x)$ setzt und die Gleichungen

$$\psi_n(a) = 0 \, , \quad \psi_n(b) = 0 \, ,$$
$$L(\psi_n) = -\lambda_n \psi_n$$

berücksichtigt, über in

$$\lambda_n = \int_a^b \left[p \left(\frac{d\psi_n}{dx} \right)^2 - q \, \psi_n^2 \right] dx \, . \tag{27}$$

Ist im Intervall $a \ldots b$ die Funktion p nirgends negativ, die Funktion q nirgends positiv, so ist das Integral auf der rechten Seite der Gleichung (27) positiv; es sind also sämtliche Eigenwerte λ_n positiv.

Es sei $f(x)$ eine gegebene Funktion, welche in dem Intervall $x = a \ldots b$ nebst ihrer ersten und zweiten Ableitung stetig ist und für $x = a$ und für $x = b$ verschwindet. Setzt man

$$L(f(x)) = -\varphi(x) \, ,$$

so ist $\varphi(x)$ in dem Intervall $x = a \ldots b$ stetig. Nach dem in § 44 bewiesenen Satze gestattet die Funktion $f(x)$ die Darstellung

$$f(x) = \int_a^b G(x, \xi) \, \varphi(\xi) \, d\xi \, ,$$

so daß der in § 42 aufgestellte Satz über die Entwicklung nach Eigenfunktionen angewandt werden kann.

Jede Funktion $f(x)$, welche im Intervall $x = a \ldots b$ nebst ihrer ersten und zweiten Ableitung stetig ist und für $x = a$ und $x = b$ verschwindet, läßt sich in eine absolut und gleichmäßig konvergente Reihe

$$(28) \qquad \begin{cases} f(x) = \sum_{n=1}^{\infty} c_n \psi_n(x), \\ c_n = \int_a^b f(x)\, \psi_n(x)\, dx \end{cases}$$

entwickeln, welche nach den Eigenfunktionen $\psi_n(x)$ der Differentialgleichung (A) fortschreitet*).

Sind $\varphi_n(x)$ $(n = 1, 2, \ldots)$ zu den einfachen Eigenwerten λ_n gehörige nicht normierte Eigenfunktionen, so erhält man, wenn man

$$\psi_n(x) = \frac{\varphi_n(x)}{\sqrt{\int_a^b (\varphi_n(x))^2\, dx}}$$

setzt, die Reihenentwicklung

$$(29) \qquad f(x) = \sum_{n=1}^{\infty} \varphi_n(x) \frac{\int_a^b f(x)\, \varphi_n(x)\, dx}{\int_a^b (\varphi_n(x))^2\, dx}.$$

§ 46. Die Greensche Funktion des Differentialausdrucks $L(u) + \lambda u$.

Der Differentialausdruck

$$(30) \qquad \Lambda(u) = L(u) + \lambda u$$

besitzt ebenfalls eine Greensche Funktion $\Gamma(x, \xi)$, deren Definition aus derjenigen der Greenschen Funktion $G(x, \xi)$ des Differentialausdrucks $L(u)$ in § 43 dadurch hervorgeht, daß man dort $L(u)$ durch $\Lambda(u)$ ersetzt. Wir zeigen, daß die lösende Funktion $\mathsf{K}(\lambda; x, \xi)$ des Kerns $K(x, \xi) = G(x, \xi)$ mit der Greenschen Funktion

*) Vgl. § 49.

$\Gamma(x, \xi)$ des Differentialausdrucks $\Lambda(u)$ übereinstimmt.

Wenn man in der Integralgleichung (22) $g(x) = G(x, \xi)$ setzt, geht $u(x)$ in die lösende Funktion $\mathsf{K}(\lambda; x, \xi)$ über; es ist also

$$(31) \quad \mathsf{K}(\lambda; x, \xi) - \lambda \int_a^b G(x, r) \mathsf{K}(\lambda; r, \xi) dr = G(x, \xi)$$

und, indem man nach x differentiiert und mit $p(x)$ multipliziert,

$$(32) \quad \begin{cases} p(x) \dfrac{\partial \mathsf{K}(\lambda; x, \xi)}{\partial x} - \lambda \displaystyle\int_a^b p(x) \dfrac{\partial G(x, r)}{\partial x} \mathsf{K}(\lambda; r, \xi) dr \\ \qquad = p(x) \dfrac{\partial G(x, \xi)}{\partial x}. \end{cases}$$

Indem man die letzte Gleichung wiederum nach x differentiiert, erhält man*)

$$(33) \quad \begin{cases} \dfrac{\partial}{\partial x}\left(p(x) \dfrac{\partial G(x, \xi)}{\partial x}\right) = \dfrac{\partial}{\partial x}\left(p(x) \dfrac{\partial \mathsf{K}(\lambda; x, \xi)}{\partial x}\right) \\ + \lambda \mathsf{K}(\lambda; x, \xi) - \lambda \displaystyle\int_a^b \dfrac{\partial}{\partial x}\left(p(x) \dfrac{\partial G(x, r)}{\partial x}\right) \mathsf{K}(\lambda; r, \xi) dr; \end{cases}$$

---

*) Der Differentialquotient von

$$\int_a^b p(x) \frac{\partial G(x, r)}{\partial x} \mathsf{K}(\lambda; r, \xi) dr$$

ist gleich

$$\int_a^b \frac{\partial}{\partial x}\left(p(x) \frac{\partial G(x, r)}{\partial x}\right) \mathsf{K}(\lambda; r, \xi) dr - \mathsf{K}(\lambda; x, \xi);$$

er wird (vgl. § 44) gefunden, indem man

$$\int_a^b = \lim_{\varepsilon = 0} \int_a^{x-\varepsilon} + \lim_{\varepsilon = 0} \int_{x+\varepsilon}^b$$

setzt und die Unstetigkeit von $\dfrac{\partial G}{\partial x}$ für $x = \xi$ berücksichtigt.

addiert man hierzu die mit $q(x)$ multiplizierte Gleichung (31), so hat man

$$L(G(x, \xi)) = \Lambda(\mathsf{K}(\lambda; x, \xi)) - \lambda \int_a^b L(G(x, r))\,\mathsf{K}(\lambda; r, \xi)\,dr.$$

Da

$$L(G(x, \xi)) = 0, \quad L(G(x, r) = 0$$

ist, so ist

$$\Lambda(\mathsf{K}(\lambda; x, \xi)) = 0. \tag{34}$$

Die Formeln (31), (32), (33) lehren, daß die Funktion $\mathsf{K}(\lambda; x, \xi)$ für $x = a$ und für $x = b$ verschwindet und daß sie nebst ihren beiden ersten nach x genommenen Ableitungen für $a \leqq x \leqq b$ (abgesehen von $x = \xi$) stetig ist. Aus Formel (32) folgt unter Berücksichtigung von (10), daß

$$\lim_{\varepsilon=0}\left(\frac{\partial \mathsf{K}(\lambda; x, \xi)}{\partial x}\right)_{x=\xi+\varepsilon} - \lim_{\varepsilon=0}\left(\frac{\partial \mathsf{K}(\lambda; x, \xi)}{\partial x}\right)_{x=\xi-\varepsilon} = -\frac{1}{p(\xi)}$$

ist. Die lösende Funktion $\mathsf{K}(\lambda; x, \xi)$ besitzt also alle Eigenschaften der Greenschen Funktion $\Gamma(x, \xi)$ von $\Lambda(u)$. Durch diese Eigenschaften ist die Greensche Funktion eindeutig bestimmt, wenn λ kein Eigenwert ist.

Beispiel. Wir suchen diejenigen Lösungen der Differentialgleichung

$$\frac{d^2 u}{\partial x^2} + \lambda u = 0, \tag{35}$$

welche für $x = 0$ und für $x = 1$ verschwinden und im Intervall $0 \leqq x \leqq 1$ nebst ihren Ableitungen erster und zweiter Ordnung stetig sind. Die allgemeine Lösung

$$u = c_1 \cos(\sqrt{\lambda}\, x) + c_2 \sin(\sqrt{\lambda}\, x)$$

erfüllt die Randbedingungen, wenn $c_1 = 0$ und $\sqrt{\lambda} = n\pi$ ist. Die Differentialgleichung (35) hat demnach die Eigenwerte $\lambda = \lambda_n = n^2 \pi^2$ mit den zugehörigen Eigenfunktionen

$$\varphi_n = \sin n\pi x. \tag{36}$$

Um die bisherige Theorie anzuwenden, setzen wir

$$L(u) = \frac{d^2 u}{dx^2}, \quad \Lambda(u) = \frac{d^2 u}{dx^2} + \lambda u.$$

Die Gleichung $L(u) = 0$ hat die Lösungen

$$u_1 = 1\,, \quad u_2 = x\,,$$

aus welchen sich nach § 43 die für $x = 0$ und für $x = 1$ verschwindende Greensche Funktion

$$\begin{aligned} G(x, \xi) &= (1-\xi)\,x \quad \text{für} \quad x \leqq \xi\,, \\ &= (1-x)\,\xi \quad \text{für} \quad x \geqq \xi \end{aligned}$$

ergibt. Aus den Lösungen

$$u_1 = \cos(\sqrt{\lambda}\,x)\,, \quad u_2 = \sin(\sqrt{\lambda}\,x)$$

der Gleichung $\Lambda(u) = 0$ ergibt sich in entsprechender Weise die Greensche Funktion

$$\begin{aligned} \Gamma(x, \xi) &= \frac{\sin(\sqrt{\lambda}(1-\xi))\sin(\sqrt{\lambda}\,x)}{\sqrt{\lambda}\sin\sqrt{\lambda}} \quad \text{für} \quad x \leqq \xi\,, \\ &= \frac{\sin(\sqrt{\lambda}(1-x))\sin(\sqrt{\lambda}\,\xi)}{\sqrt{\lambda}\sin\sqrt{\lambda}} \quad \text{für} \quad x \geqq \xi\,. \end{aligned}$$

Nach der zweiten in § 43 dargestellten Methode wählt man u_1 und u_2 so, daß $u_1(0) = 0$, $u_2(1) = 0$ und $u_2 u_1' - u_1 u_2' = 1$ ist. Man bildet demnach die Greensche Funktion von $L(u)$ aus

$$u_1 = x\,, \quad u_2 = 1 - x$$

und die Greensche Funktion von $\Lambda(u)$ aus

$$u_1 = \sin(\sqrt{\lambda}\,x)\,, \qquad u_2 = \frac{\sin(\sqrt{\lambda}(1-x))}{\sqrt{\lambda}\sin\sqrt{\lambda}}\,.$$

Der Kern $K(x, \xi) = G(x, \xi)$ hat die lösende Funktion

$$\mathsf{K}(\lambda;\, x, \xi) = \mathsf{\Gamma}(x, \xi) = \frac{D(\lambda;\, x, \xi)}{D(\lambda)}\,.$$

Aus der Gleichung

$$\begin{aligned} \frac{d D(\lambda)}{d\lambda} &= -\int_0^1 D(\lambda;\, x, x)\, dx \\ &= -D(\lambda)\int_0^1 \mathsf{\Gamma}(x, x)\, dx \end{aligned}$$

mit der Bedingung $D(0)=1$ berechnet man die Determinante

$$D(\lambda)=\frac{\sin\sqrt{\lambda}}{\sqrt{\lambda}}$$

mit den Nullstellen (Eigenwerten) $\lambda=\lambda_n=n^2\pi^2$ $(n=1,2,\ldots)$. Nach § 36 ist der Ausdruck

$$D(\lambda_n;\,x,\,\xi)=[D(\lambda)\,\mathsf{K}(\lambda;\,x,\,\xi)]_{\lambda=\lambda_n}$$
$$=\frac{\sin n\pi x\sin n\pi\xi}{n^2\pi^2}$$

oder, was auf dasselbe hinauskommt, der Ausdruck

$$\varphi_n=\sin n\pi x$$

die zum Eigenwert $\lambda_n=n^2\pi^2$ gehörige Eigenfunktion. Da dieses Ergebnis schon aus der Differentialgleichung unmittelbar hergeleitet war, so hätte es genügt, die Existenz einer Greenschen Funktion nachzuweisen, um der Theorie der Integralgleichungen den Satz zu entnehmen: Jede für $x=0$ und für $x=1$ verschwindende, im Intervall $0\leqq x\leqq 1$ nebst der ersten und zweiten Ableitung stetige Funktion $f(x)$ läßt sich in die unbedingt und gleichmäßig konvergente Reihe

$$(37)\qquad \begin{cases} f(x)=\sum\limits_{n=1}^{\infty}\sin n\pi x\,\dfrac{\int_0^1 f(x)\sin n\pi x\,dx}{\int_0^1\sin^2 n\pi x\,dx}\\[2ex] \quad\;\;=2\sum\limits_{n=1}^{\infty}\sin n\pi x\int_0^1 f(x)\sin n\pi x\,dx\end{cases}$$

entwickeln.

§ 47. Abänderungen der bisherigen Theorie.

Bisher handelte es sich um die Bestimmung von Funktionen, welche der linearen Differentialgleichung

$$(\mathrm{A})\qquad L(u)+\lambda u=0$$

genügen und die Randbedingungen

$$u(a)=0\,,\quad u(b)=0$$

erfüllen. Die bisherigen Untersuchungen werden nur unwesentlich geändert, wenn an die Stelle der bisherigen Randbedingungen andere gesetzt werden, z. B. die Bedingungen

$$\left(\frac{du}{dx}\right)_{x=a}=0\,,\qquad \left(\frac{du}{dx}\right)_{x=b}=0$$

oder

$$\left(\frac{du}{dx}+h\,u\right)_{x=a}=0\,,\qquad \left(\frac{du}{dx}+k\,u\right)_{x=b}=0$$

oder

$$u(a)=u(b)\,,\qquad \left(p\,\frac{du}{dx}\right)_{x=a}=\left(p\,\frac{du}{dx}\right)_{x=b}\ ^{*)}.$$

Wenn die Funktionen $p(x)$ und $q(x)$ für $x=a$ nicht mehr stetig sind oder wenn die für $a<x\leqq b$ positive Funktion $p(x)$ für $x=a$ verschwindet, ist unter Umständen ein Integral der Differentialgleichung (A) durch die Forderung, daß u für $x=a$ endlich bleiben soll, bis auf einen konstanten Faktor bestimmt. Dann kann man diese Forderung und eine auf $x=b$ bezügliche Forderung als Randbedingungen einführen.

Die Übertragung der bisherigen Theorie auf andere Randbedingungen bietet keine Schwierigkeit. Wir behandeln im folgenden ein Beispiel.

Beispiel. Es seien die Integrale der Differentialgleichung

$$\frac{d^2u}{dx^2}+\lambda\,u=0 \tag{38}$$

zu bestimmen, welche nebst ihren Ableitungen im Intervall $x=0\ldots1$ stetig sind und die Randbedingungen erfüllen:

$$\begin{cases} u=0 & \text{für}\quad x=0\,,\\ \dfrac{du}{dx}=H\,u & \text{für}\quad x=1\,. \end{cases} \tag{39}$$

*) Vgl. auch die Behandlung linearer Differentialgleichungen höherer Ordnung mit allgemeineren Randbedingungen nach Hilberts Methode bei Westfall (Diss. Göttingen 1905) und Bounitzky (Liouv. Journ. 1909, S. 65) und nach anderer Methode bei Birkhoff (Transactions of the Amer. Math. Soc. 1908, S. 373).

Das für $x=0$ verschwindende Integral

$$u = \sin\sqrt{\lambda}\,x$$

erfüllt die für $x=1$ vorgeschriebene Randbedingung, wenn

$$\cos\sqrt{\lambda} - H\,\frac{\sin\sqrt{\lambda}}{\sqrt{\lambda}} = 0 \tag{40}$$

ist.

Es ist

$$L(u) = \frac{d^2u}{dx^2}\,, \qquad \Lambda(u) = \frac{d^2u}{dx^2} + \lambda u\,.$$

Die die Randbedingungen erfüllende Greensche Funktion des Differentialausdrucks $L(u)$ ist

$$\begin{aligned} G(x,\xi) &= x + \frac{H\,\xi\,x}{1-H} \quad \text{für} \quad x \leqq \xi\,,\\ &= \xi + \frac{H\,\xi\,x}{1-H} \quad \text{,,} \quad x \geqq \xi\,, \end{aligned}$$

falls H von 1 verschieden ist*). Es sind unendlich viele Eigenwerte λ_n vorhanden, welche der Gleichung (40) oder

$$H\,\mathrm{tg}\sqrt{\lambda} = \sqrt{\lambda}\ \text{**)}$$

genügen und sämtlich reell und positiv sind. Die zugehörigen Eigenfunktionen sind

$$\varphi_n(x) = \sin\left(\sqrt{\lambda_n}\,x\right). \tag{41}$$

Jede im Intervall $x = 0 \ldots 1$ nebst ihren beiden ersten Ableitungen stetige Funktion $f(x)$, welche die Randbedingungen erfüllt, gestattet die Reihenentwicklung

$$\left\{\begin{aligned} f(x) &= \sum_{n=1}^{\infty} \sin\left(\sqrt{\lambda_n}\,x\right) \frac{\int_0^1 f(x)\sin\left(\sqrt{\lambda_n}\,x\right)dx}{\int_0^1 \sin^2\left(\sqrt{\lambda_n}\,x\right)dx}\\ &= \sum_{n=1}^{\infty} \frac{4\sqrt{\lambda_n}\sin\left(\sqrt{\lambda_n}\,x\right)}{2\sqrt{\lambda_n} - \sin 2\sqrt{\lambda_n}} \int_0^1 f(x)\sin\left(\sqrt{\lambda_n}\,x\right)dx\,. \end{aligned}\right. \tag{42}$$

*) Im Falle $H=1$ ist $\lambda=0$ ein Eigenwert, zu welchem die Eigenfunktion $\psi_0(x) = 2x$ gehört (vgl. den folgenden Absatz).

**) Die Wurzel $\lambda = 0$ dieser Gleichung ist auszuschließen.

In § 43 war die den Randbedingungen $u(a) = 0$, $u(b) = 0$ *) entsprechende Greensche Funktion $G(x, \xi)$ des Differentialausdrucks $L(u)$ unter der Voraussetzung bestimmt worden, daß zwei für $a \leqq x \leqq b$ nebst ihren Ableitungen erster und zweiter Ordnung stetige Lösungen u_1, u_2 der Differentialgleichung $L(u) = 0$ vorhanden sind, für welche die Determinante (9) nicht verschwindet. Ist diese Bedingung nicht erfüllt, so besitzt die Differentialgleichung $L(u) = 0$ eine im Intervall $x = a \ldots b$ nebst ihren Ableitungen erster und zweiter Ordnung stetige Lösung $u = \psi_0(x)$, welche für $x = a$ und für $x = b$ verschwindet; mit anderen Worten, die Differentialgleichung (A) hat den Eigenwert $\lambda = 0$ mit der zugehörigen Eigenfunktion $\psi_0(x)$, die wir uns so normiert denken, daß

$$\int_a^b (\psi_0(x))^2 \, dx = 1$$

ist. Dann **) führen wir als Greensche Funktion im erweiterten Sinne ein Integral $G(x, \xi)$ der Differentialgleichung

$$L(u) = \psi_0(x) \, \psi_0(\xi) \tag{43}$$

ein, welches für $x = a$ und $x = b$ verschwindet, in dem Intervall $x = a \ldots b$ nebst seiner Ableitung — abgesehen von $x = \xi$ — stetig ist und die Bedingung (10)

$$p(\xi) \left[\lim_{\varepsilon = 0} \left(\frac{dG}{dx} \right)_{x = \xi + \varepsilon} - \lim_{\varepsilon = 0} \left(\frac{dG}{dx} \right)_{x = \xi - \varepsilon} \right] = -1$$

---

*) Auch im folgenden können diese Randbedingungen durch die erwähnten anderen Randbedingungen ersetzt werden.

**) Man kann auch nach Kneser (Math. Annalen, Bd. 63) den folgenden Weg einschlagen. Der Wert α des Parameters λ sei kein Eigenwert der Differentialgleichung (A). Dann besitzt der Differentialausdruck

$$\bar{L}(u) = L(u) + \alpha u = \frac{d\left(p \frac{du}{dx}\right)}{dx} + (q + \alpha) u$$

eine Greensche Funktion, und man hat, indem man $\bar{\lambda} = \lambda - \alpha$ setzt,

$$L(u) + \lambda u = \bar{L}(u) + \bar{\lambda} u \, .$$

erfüllt, während $G(x, \xi)$ für $x = \xi$ stetig ist; außerdem soll

(44) $$\int_a^b G(x, \xi)\, \psi_0(x)\, dx = 0$$

sein. Ähnlich wie in § 44 beweist man den Satz: Der Ausdruck (18)

$$u(x) = \int_a^b G(x, \xi)\, \varphi(\xi)\, d\xi\,,$$

in welchem $\varphi(x)$ eine für $a \leqq x \leqq b$ stetige Funktion bezeichnet, stellt die einzige Lösung der Differentialgleichung (15)

$$L(u) + \varphi(x) = 0$$

dar, welche für $x = a$ und für $x = b$ verschwindet, im Intervall $a \leqq x \leqq b$ nebst ihrer ersten und zweiten Ableitung stetig ist und die Bedingung

$$\int_a^b u(x)\, \psi_0(x)\, dx = 0$$

erfüllt.

Der Satz auf S. 252 lautet jetzt: Jede Funktion $f(x)$, welche im Intervall $x = a \ldots b$ nebst ihrer ersten und zweiten Ableitung stetig ist, für $x = a$ und für $x = b$ verschwindet und die Bedingung

$$\int_a^b f(x)\, \psi_0(x)\, dx = 0$$

erfüllt, läßt sich in die absolut und gleichmäßig konvergente Reihe

$$f(x) = \sum_{n=1}^{\infty} \psi_n(x) \int_a^b f(x)\, \psi_n(x)\, dx$$

entwickeln.

Ist $f(x)$ eine im Intervall $x = a \ldots b$ nebst ihrer ersten und zweiten Ableitung stetige, für $x = a$ und $x = b$ verschwindende Funktion, so kann man den soeben ausgesprochenen Satz auf die Funktion

$$f(x) - \psi_0(x) \int_a^b f(x)\, \psi_0(x)\, dx$$

anwenden. Man erhält so für $f(x)$ die Entwicklung

$$f(x) = \sum_{n=0}^{\infty} \psi_n(x) \int_a^b f(x)\, \psi_n(x)\, dx\,; \tag{45}$$

d. h. der frühere Satz bleibt gültig, wenn man $\lambda = 0$ als Eigenwert und $\psi_0(x)$ als zugehörige Eigenfunktion gelten läßt.

Beispiel I. Wir suchen die im Intervall $x = -1 \ldots +1$ nebst ihren Ableitungen erster und zweiter Ordnung stetigen Lösungen u der Differentialgleichung

$$\frac{d^2 u}{dx^2} + \lambda u = 0\,, \tag{46}$$

für welche

$$u(1) = u(-1)\,, \quad u'(1) = u'(-1) \tag{47}$$

ist.

Das allgemeine Integral

$$u = c_1 \cos(\sqrt{\lambda}\, x) + c_2 \sin(\sqrt{\lambda}\, x)$$

erfüllt die Randbedingungen für $\lambda = n^2 \pi^2$ $(n = 1, 2, \ldots)$; außerdem ist für $\lambda = 0$ das die Randbedingungen erfüllende partikuläre Integral $u =$ Konst. vorhanden. Demnach ist der einfache Eigenwert $\lambda_0 = 0$ mit der Eigenfunktion 1 oder der normierten Eigenfunktion

$$\psi_0(x) = \frac{1}{\sqrt{2}}$$

und der zweifache Eigenwert $\lambda_n = n^2 \pi^2$ $(n = 1, 2, \ldots)$ mit den beiden Eigenfunktionen $\cos n\pi x$ und $\sin n\pi x$ vorhanden.

Der Differentialausdruck

$$L(u) = \frac{d^2 u}{dx^2}$$

hat für die Randbedingungen (47) eine Greensche Funktion im erweiterten Sinne, d. h. es ist eine Lösung $G(x, \xi)$ der Differentialgleichung

$$\frac{d^2 u}{dx^2} = \psi_0(x)\, \psi_0(\xi) = \frac{1}{2}$$

vorhanden, welche die Randbedingungen (47) erfüllt und im Intervall $x = -1 \ldots +1$ nebst ihrer Ableitung stetig ist, abgesehen von der Stelle $x = \xi$, an welcher die Ableitung die Unstetigkeit

$$\lim_{\varepsilon=0}\left(\frac{\partial G}{\partial x}\right)_{x=\xi+\varepsilon} - \lim_{\varepsilon=0}\left(\frac{\partial G}{\partial x}\right)_{x=\xi-\varepsilon} = -1$$

hat; außerdem soll

$$\int_{-1}^{+1} G(x, \xi)\, \psi_0(x)\, dx = 0$$

oder

$$\int_{-1}^{+1} G(x, \xi)\, dx = 0$$

sein. Diesen Forderungen genügt die Funktion

$$G(x, \xi) = -\tfrac{1}{2}|x - \xi| + \tfrac{1}{4}(x - \xi)^2 + \tfrac{1}{6}\,. \tag{48}$$

Wir können nun den Satz aussprechen:

Jede im Intervall $-1 \leqq x \leqq +1$ nebst ihren beiden ersten Ableitungen stetige Funktion $f(x)$, welche die Bedingungen

$$f(-1) = f(+1), \qquad f'(-1) = f'(+1)$$

erfüllt, läßt sich in die unbedingt und gleichmäßig konvergente Reihe

$$\left\{\begin{aligned} f(x) = \tfrac{1}{2}\int_{-1}^{+1} f(x)\,dx &+ \sum_{n=1}^{\infty} \cos n\pi x \int_{-1}^{+1} f(x) \cos n\pi x\, dx \\ &+ \sum_{n=1}^{\infty} \sin n\pi x \int_{-1}^{+1} f(x) \sin n\pi x\, dx \end{aligned}\right. \tag{49}$$

entwickeln.

Beispiel II. Die Differentialgleichung

$$\frac{d}{dx}\left[(1 - x^2)\frac{du}{dx}\right] + \lambda u = 0 \tag{50}$$

hat*) — abgesehen von $x = \infty$ — die singulären Stellen $x = +1$ und $x = -1$ mit der determinierenden Fundamentalgleichung $r^2 = 0$; sie besitzt an jeder dieser beiden Stellen ein reguläres und ein logarithmisches Integral. Wir fragen nach Lösungen der Gleichung (50), welche nicht nur im Innern des Intervalls $x = -1 \ldots +1$ nebst ihren Ableitungen erster und zweiter Ordnung stetig, sondern auch an den Grenzen $x = -1$ und $x = +1$ endlich sind.

Wir haben den Eigenwert $\lambda_0 = 0$ mit der Eigenfunktion $P_0(x) = 1$ oder der normierten Eigenfunktion

$$\psi_0(x) = \frac{1}{\sqrt{2}}$$

und die Eigenwerte $\lambda_n = n(n+1)$ $(n = 1, 2, \ldots)$ mit den Eigenfunktionen

$$(51)\quad \begin{cases} P_n(x) = \dfrac{1 \cdot 3 \ldots (2n-1)}{1 \cdot 2 \ldots n} \Big\{ x^n - \dfrac{n(n-1)}{2(2n-1)} x^{n-2} \\ \qquad + \dfrac{n(n-1)(n-2)(n-3)}{2 \cdot 4 \cdot (2n-1)(2n-3)} x^{n-4} - \ldots \Big\} \end{cases}$$

(Legendresche Polynome, Kugelfunktionen).

Für den Differentialausdruck

$$L(u) = \frac{d}{dx}\left[(1 - x^2)\frac{du}{dx}\right]$$

ist eine Greensche Funktion im erweiterten Sinne vorhanden, nämlich

$$(52)\quad \begin{cases} G(x, \xi) = -\tfrac{1}{2}\log[(1-x)(1+\xi)] + \log 2 - \tfrac{1}{2} \\ \qquad\qquad \text{für } x \leqq \xi, \\ \qquad = -\tfrac{1}{2}\log[(1+x)(1-\xi)] + \log 2 - \tfrac{1}{2} \\ \qquad\qquad \text{für } x \geqq \xi. \end{cases}$$

Jede Funktion $f(x)$, welche nebst ihrer ersten und zweiten Ableitung im Intervall $x = -1 \ldots +1$ stetig und

*) Vgl. „Gewöhnliche Differentialgleichungen", S. 178.

an den Grenzen endlich ist, läßt sich in eine unbedingt und gleichmäßig konvergente Reihe

$$
(53)\qquad \begin{cases} f(x) = \sum_{n=0}^{\infty} P_n(x) \dfrac{\int_{-1}^{+1} f(x)\, P_n(x)\, dx}{\int_{-1}^{+1} P_n^2(x)\, dx} \\ \quad = \sum_{n=0}^{\infty} (n + \tfrac{1}{2})\, P_n(x) \int_{-1}^{+1} f(x)\, P_n(x)\, dx \ ^{*)} \end{cases}
$$

entwickeln.

§ 48. Fortsetzung.

Die bisher auf die Differentialgleichung (A) angewandte Methode überträgt sich mit geringen Abänderungen auf die Differentialgleichung

$$
\text{(B)}\qquad L(u) + \lambda k u = \frac{d\left(p \dfrac{du}{dx}\right)}{dx} + (k\lambda + q)\, u = 0\,,
$$

worin k eine im Intervall $x = a \ldots b$ positive stetige Funktion von x darstellt.

Ein Integral u von

$$
(54)\qquad L(u) + \lambda k u + f(x) = 0\,,
$$

welches die Randbedingungen erfüllt, genügt der Integralgleichung

$$
(55)\qquad \begin{cases} u(x) - \lambda \int_a^b G(x, \xi)\, k(\xi)\, u(\xi)\, d\xi = g(x)\,, \\ g(x) = -\int_a^b G(x, \xi)\, f(\xi)\, d\xi \end{cases}
$$

*) Es ist

$$
\int_{-1}^{+1} P_n^2(x)\, dx = \frac{2}{2n+1}\,.
$$

mit dem unsymmetrischen Kern

$$K(x, \xi) = G(x, \xi)\, k(\xi)\,. \tag{56}$$

Setzt man

$$\begin{cases} \bar{u}(x) = u(x)\sqrt{k(x)}\,, \quad \bar{g}(x) = g(x)\sqrt{k(x)}\,, \\ \bar{K}(x, \xi) = G(x, \xi)\sqrt{k(x)}\sqrt{k(\xi)}\,, \end{cases} \tag{57}$$

so hat man die Integralgleichung

$$\bar{u}(x) - \lambda\int_a^b \bar{K}(x, \xi)\,\bar{u}(\xi)\,d\xi = \bar{g}(x) \tag{58}$$

mit dem symmetrischen Kern $\bar{K}(x, \xi)$, welcher abgeschlossen ist. Denn andernfalls wäre eine nicht identisch verschwindende Funktion $\bar{\varphi}(x)$ vorhanden, welche der Gleichung

$$\int_a^b \bar{K}(x, \xi)\,\bar{\varphi}(\xi)\,d\xi = 0$$

genügt; dann würde die Funktion

$$\varphi(x) = \bar{\varphi}(x)\sqrt{k(x)}$$

der Gleichung

$$\int_a^b G(x, \xi)\,\varphi(\xi)\,d\xi = 0$$

genügen, was in § 45 als unmöglich erkannt worden ist.

Der Kern $\bar{K}(x, \xi)$ hat also unendlich viele reelle Eigenwerte λ_n, zu welchen die Eigenfunktionen $\bar{\psi}_n(x)$ gehören; es ist

$$\bar{\psi}_n(x) = \lambda_n\int_a^b \bar{K}(x, \xi)\,\bar{\psi}_n(\xi)\,d\xi \tag{59}$$

und

$$\int_a^b (\bar{\psi}_n(x))^2\,dx = 1\,, \qquad \int_a^b \bar{\psi}_n(x)\,\bar{\psi}_{n'}(x)\,dx = 0\,. \quad (n \gtrless n') \tag{60}$$

Setzt man

$$\bar{\psi}_n(x) = \psi_n(x)\sqrt{k(x)}\,, \tag{61}$$

so ist

$$\psi_n(x) = \lambda_n \int_a^b G(x, \xi)\, k(\xi)\, \psi_n(\xi)\, d\xi \tag{62}$$

und

$$\begin{cases} \int_a^b (\psi_n(x))^2\, k(x)\, dx = 1, \\ \int_a^b \psi_n(x)\, \psi_{n'}(x)\, k(x)\, dx = 0. \qquad (n \gtrless n') \end{cases} \tag{63}$$

Die Funktion $\psi_n(x)$ ist die zum Eigenwert λ_n gehörige Eigenfunktion (ausgezeichnete Lösung, Normalfunktion) der Differentialgleichung (B), d. h. eine Lösung der Differentialgleichung

$$L(u) + \lambda_n k u = 0, \tag{64}$$

welche die Randbedingungen erfüllt.

Eine Funktion $f(x)$, welche die Randbedingungen erfüllt und im Intervall $x = a \ldots b$ nebst ihren beiden ersten Ableitungen stetig ist, läßt sich nach § 44 vermittels einer stetigen Funktion $\varphi(x)$ in der Form

$$f(x) = \int_a^b G(x, \xi)\, \varphi(\xi)\, d\xi$$

darstellen. Mit Rücksicht auf (56) hat man

$$\bar{f}(x) = f(x)\sqrt{k(x)} = \int_a^b \bar{K}(x, \xi)\, \frac{\varphi(\xi)}{\sqrt{k(\xi)}}\, d\xi.$$

Daher gilt die Reihenentwicklung

$$\bar{f}(x) = \sum_{n=1}^{\infty} c_n \bar{\psi}_n(x), \qquad c_n = \int_a^b \bar{f}(x)\, \bar{\psi}_n(x)\, dx \tag{65}$$

oder

$$f(x) = \sum_{n=1}^{\infty} c_n \psi_n(x), \qquad c_n = \int_a^b f(x)\, \psi_n(x)\, k(x)\, dx. \tag{66}$$

Ist $\varphi_n(x)$ eine zum einfachen Eigenwert λ_n gehörige nicht normierte Eigenfunktion, so ist

$$\psi_n(x) = \frac{\varphi_n(x)}{\sqrt{\int\limits_a^b (\varphi_n(x))^2\, k(x)\, dx}}$$

und

$$(67)\qquad f(x) = \sum_{n=1}^{\infty} \varphi_n(x) \frac{\int\limits_a^b f(x)\, \varphi_n(x)\, k(x)\, dx}{\int\limits_a^b (\varphi_n(x))^2\, k(x)\, dx}\,.$$

Beispiel I. Es handle sich um die für $x = 0$ und für $x = l$ verschwindenden Integrale der Differentialgleichung

$$(68)\qquad \frac{d^2 u}{dx^2} + \lambda k u = 0\,,$$

wo k eine für $0 \leqq x \leqq l$ positive stetige Funktion von x ist.

Wir haben

$$L(u) = \frac{d^2 u}{dx^2}\,, \qquad \Lambda(u) = L(u) + \lambda k u\,.$$

Der Differentialausdruck $L(u)$ hat die in § 46 bestimmte Greensche Funktion

$$(69)\qquad \begin{cases} G(x, \xi) = (1 - \xi)\, x & \text{für} \quad x \leqq \xi \\ = (1 - x)\, \xi & \text{„} \quad x \geqq \xi\,. \end{cases}$$

Nach der allgemeinen Theorie hat die Differentialgleichung (68) unendlich viele Eigenwerte λ_n, die sämtlich reell und einfach sind. Die Formel (8), in welcher jetzt $p = 1$, $q = 0$ ist, geht, wenn man für u die zum Eigenwert λ_n gehörige normierte Eigenfunktion $\psi_n(x)$ setzt und die Gleichungen

$$L(\psi_n) = -\lambda k \psi_n\,,$$

$$\psi_n(0) = 0\,, \qquad \psi_n(l) = 0\,,$$

$$\int\limits_0^l k\, \psi_n^2\, dx = 1$$

berücksichtigt, über in

$$\lambda_n = \int\limits_0^l \left(\frac{d\psi_n}{dx}\right)^2 dx ;$$

die Eigenwerte λ_n sind also sämtlich positiv. Eine Funktion $f(x)$, welche für $x = 0$ und für $x = l$ verschwindet und im Intervall $0 \leqq x \leqq l$ nebst ihrer ersten und zweiten Ableitung stetig ist, läßt sich in die unbedingt und gleichmäßig konvergente Reihe

$$f(x) = \sum_{n=1}^{\infty} \psi_n(x) \int\limits_0^l f(x)\, k(x)\, \psi_n(x)\, dx \tag{70}$$

entwickeln.

Beispiel II. Wir betrachten noch die Sturm-Liouvillesche Differentialgleichung

$$\frac{d\left(p \dfrac{du}{dx}\right)}{dx} + (k\lambda - q)u = 0 , \tag{71}$$

wo p, q und k im Intervall $0 \leqq x \leqq l$ positive Funktionen von x sind; wir setzen diese drei Funktionen nebst der ersten Ableitung von p als stetig voraus; wir suchen eine Lösung u der Differentialgleichung (71), welche nebst ihrer ersten und zweiten Ableitung im Intervall $0 \leqq x \leqq l$ stetig ist und die Randbedingungen

$$\begin{cases} \dfrac{du}{dx} - hu = 0 & \text{für} \quad x = 0 , \\[2ex] \dfrac{du}{dx} + Hu = 0 & \quad ,, \quad\;\; x = l \end{cases} \tag{72}$$

erfüllt, wo h und H positive Konstante darstellen.

Wir setzen

$$L(u) = \frac{d\left(p \dfrac{du}{dx}\right)}{dx} - qu ,$$

$$\Lambda(u) = L(u) + \lambda k u .$$

Die Formel (8) schreibt sich, wenn man q durch $-q$ ersetzt,

$$(73)\qquad \int_0^l u\,L(u)\,dx = -\int_0^l \left[p\left(\frac{du}{dx}\right)^2 + q\,u^2\right] dx + \left[p\,u\,\frac{du}{dx}\right]_0^l .$$

Ist für $\lambda = \lambda_n$ eine die Randbedingungen (72) erfüllende Lösung $u = \psi_n(x)$ der Differentialgleichung (71) vorhanden, welche so normiert sei, daß

$$\int_0^l k\,\psi_n^2\,dx = 1$$

ist, so folgt aus (73), wenn man

$$L(\psi_n) = -\lambda_n\,k\,\psi_n$$

setzt,

$$(74)\quad \lambda_n = \int_0^l \left[p\left(\frac{d\psi_n}{dx}\right)^2 + q\,\psi_n^2\right] dx + h\,p(0)\,(\psi_n(0))^2 + H\,p(l)\,(\psi_n(l))^2 ;$$

demnach muß λ_n positiv und von Null verschieden sein.

Es seien u_1 und u_2 Lösungen der Differentialgleichung $L(u) = 0$, welche bzw. die Bedingungen

$$u_1'(0) - h\,u_1(0) = 0 ,$$
$$u_2'(l) + H\,u_2(l) = 0$$

erfüllen; u_1, u_2 sind voneinander verschieden, denn sonst wäre eine die beiden Randbedingungen (72) erfüllende Lösung der Differentialgleichung $L(u) = 0$, d. h. eine zum Eigenwert $\lambda = 0$ gehörige Eigenfunktion der Differential gleichung (71) vorhanden. Wir denken uns die in u_1 und u_2 enthaltenen unbestimmten konstanten Faktoren so gewählt, daß

$$p\left(u_2\,\frac{du_1}{dx} - u_1\,\frac{du_2}{dx}\right) = 1$$

wird. Dann hat der Differentialausdruck $L(u)$ die Greensche Funktion

$$(75)\qquad \begin{cases} G(x,\xi) = u_1(x)\,u_2(\xi) & \text{für}\quad x \leqq \xi , \\ = u_1(\xi)\,u_2(x) & \text{„}\quad x \geqq \xi . \end{cases}$$

Die Eigenwerte λ_n der Differentialgleichung (71), welche in unendlicher Anzahl auftreten, sind sämtlich reell, positiv und einfach. Jede nebst ihren beiden ersten Ableitungen stetige, die Randbedingungen erfüllende Funktion $f(x)$ läßt sich nach den Eigenfunktionen $\varphi_n(x)$ in der Form (67) entwickeln.

Beispiel III. Die Differentialgleichung

$$x\frac{d^2u}{dx^2}+\frac{du}{dx}+\lambda x u=0 \tag{76}$$

oder

$$(x\sqrt{\lambda})\frac{d^2u}{d(x\sqrt{\lambda})^2}+\frac{du}{d(x\sqrt{\lambda})}+(x\sqrt{\lambda})u=0$$

hat die Besselschen Funktionen*) erster und zweiter Art mit dem Index 0 und dem Argument $x\sqrt{\lambda}$,

$$J(x\sqrt{\lambda}),\qquad Y(x\sqrt{\lambda}),$$

als Lösungen. Da

$$Y(x)=J(x)\log x+\mathfrak{P}(x)$$

ist, wo $\mathfrak{P}(x)$ eine Potenzreihe darstellt, so ist

$$\text{Konst.}\times J(x\sqrt{\lambda})$$

die einzige Lösung der Differentialgleichung (76), welche bei $x=0$ endlich bleibt. Wir fragen nach denjenigen Lösungen von (76), welche für $x=0$ endlich sind und für $x=1$ verschwinden. Es sind dies die Funktionen

$$u=J(x\sqrt{\lambda_n}),$$

welche den Wurzeln $\lambda=\lambda_n$ der Gleichung

$$J(\sqrt{\lambda_n})=0$$

entsprechen.

Wir setzen

$$L(u)=x\frac{d^2u}{dx^2}+\frac{du}{dx},$$

$$\Lambda(u)=L(u)+\lambda x u.$$

---

*) „Gewöhnliche Differentialgleichungen", S. 180.

Aus den je eine Randbedingung erfüllenden Lösungen

$$u_1 = 1\,, \qquad u_2 = -\log x$$

von $L(u) = 0$ ergibt sich die Greensche Funktion des Differentialausdrucks $L(u)$:

$$(77) \qquad \begin{cases} G(x, \xi) = -\log \xi & \text{für} \quad x \leqq \xi\,, \\ = -\log x & \text{,,} \quad x \geqq \xi\,; \end{cases}$$

sie erfüllt dieselben Randbedingungen wie die gesuchten Lösungen von $\Lambda(u) = 0$.

Die Eigenwerte λ_n, welche der Gleichung

$$(78) \qquad J(\sqrt{\lambda}) = 1 - \frac{\lambda}{2^2} + \frac{\lambda^2}{2^2 \cdot 4^2} - \frac{\lambda^3}{2^2 \cdot 4^2 \cdot 6^2} + \cdots = 0$$

genügen, sind der allgemeinen Theorie zufolge einfach und reell; sie sind überdies positiv, da $J(\sqrt{\lambda})$ für negative λ positiv ist; die zugehörigen Eigenfunktionen sind

$$(79) \qquad \varphi_n(x) = J(x\sqrt{\lambda_n})\,.$$

Jede im Intervall $0 \leqq x \leqq 1$ nebst ihrer ersten und zweiten Ableitung stetige, für $x = 0$ verschwindende Funktion gestattet die Reihenentwicklung

$$(80) \qquad f(x) = \sum_{n=1}^{\infty} J(x\sqrt{\lambda_n}) \frac{\int_0^1 x\, f(x)\, J(x\sqrt{\lambda_n})\, dx}{\int_0^1 x\, J^2(x\sqrt{\lambda_n})\, dx}\,.$$

§ 49. Bemerkungen über Fouriersche Reihen und Integrale und deren Verallgemeinerungen.

In den bisherigen Sätzen über die Entwicklung einer Funktion nach den Eigenfunktionen einer linearen Differentialgleichung mit einem veränderlichen Parameter ist die zu entwickelnde Funktion Einschränkungen unterworfen, welche bei vielen physikalischen Anwendungen nicht zulässig sind.

Nach dem auf S. 262 ausgesprochenen Satze läßt sich die Funktion $f(x)$ im Intervall $x = -\pi \ldots +\pi$ in die Fouriersche Reihe

$$f(x) = A_0 + \sum_{n=1}^{\infty} A_n \cos n x + \sum_{n=1}^{\infty} B_n \sin n x \tag{81}$$

mit den Koeffizienten

$$\left\{\begin{aligned} A_0 &= \frac{1}{2\pi}\int_{-\pi}^{+\pi} f(x)\, dx\,, \\ A_n &= \frac{1}{\pi}\int_{-\pi}^{+\pi} f(x) \cos n x\, dx\,, \\ B_n &= \frac{1}{\pi}\int_{-\pi}^{+\pi} f(x) \sin n x\, dx \end{aligned}\right. \tag{82}$$

entwickeln*), falls $f(x)$ nicht nur im angegebenen Intervall nebst den Ableitungen $f'(x)$ und $f''(x)$ stetig ist, sondern auch die Randbedingungen

$$f(-\pi) = f(+\pi)\,, \qquad f'(-\pi) = f'(+\pi)$$

erfüllt.

In der Theorie der Fourierschen Reihen wird gezeigt, daß die Entwicklung (81) für allgemeinere Funktionen $f(x)$ gilt**).

Wir sagen, die Funktion $f(x)$ sei im Intervall $x = a \ldots b$ von beschränkter Schwankung, wenn sie als Differenz zweier Funktionen dargestellt werden kann, welche niemals zunehmen (oder niemals abnehmen)***). Insbesondere ist

---

*) Die frühere Bezeichnung ist insofern geändert, als πx durch x ersetzt ist.

**) Jordan, Cours d'Analyse, Bd. II (Kap. 5).

***) Das Intervall $a \ldots b$ sei durch die Größen $x_1, x_2, \ldots, x_{n-1}$, welche die Bedingung $a < x_1 < x_2 < \ldots < x_{n-1} < b$ erfüllen, in eine beliebige Anzahl n von Teilintervallen zerlegt. Wenn

$$|f(x_1) - f(a)| + |f(x_2) - f(x_1)| + \ldots + |f(b) - f(x_{n-1})|$$

bei jeder Zerlegung des Intervalls $a \ldots b$ unter einer endlichen Größe A bleibt, ist die Funktion $f(x)$ von beschränkter Schwankung.

die Funktion $f(x)$ dann von beschränkter Schwankung, wenn sie nur eine endliche Anzahl von Unstetigkeiten und nur eine endliche Anzahl von Extremen besitzt, wenn also die Voraussetzungen erfüllt sind, welche Dirichlet in seiner klassischen Abhandlung über die Fouriersche Reihe*) gemacht hat.

Es gilt nun der Satz:

Ist die Funktion $f(x)$ im Intervall $x = -\pi \ldots +\pi$ von beschränkter Schwankung, so wird sie für jeden Wert von x, für welchen sie stetig ist, durch die Reihe (81) dargestellt; für eine Unstetigkeitsstelle x der Funktion $f(x)$ ist die Summe der Reihe (81) gleich

$$\frac{f(x+0)+f(x-0)}{2}\,{}^{**)};$$

für $x = -\pi$ und für $x = +\pi$ ist sie gleich

$$\frac{f(-\pi+0)+f(\pi-0)}{2}.$$

Ist $f(x)$ eine ungerade Funktion, d. h. ist $f(-x) = -f(x)$, so ist $A_0 = 0$, $A_n = 0$ $(n = 1, 2, \ldots)$ und

$$B_n = \frac{2}{\pi}\int_0^\pi f(x)\sin n x\,dx\,.$$

Demnach läßt sich eine Funktion $f(x)$, welche im Intervall $x = 0 \ldots \pi$ von beschränkter Schwankung ist, in die Reihe

$$(83) \qquad f(x) = \frac{2}{\pi}\sum_{n=1}^{\infty}\sin n x\int_0^\pi f(x)\sin n x\,dx$$

entwickeln; die Summe dieser Reihe ist für $x = 0$ und für $x = \pi$ gleich Null, ohne daß die Funktion $f(x)$ die Bedingungen $f(0) = 0$, $f(\pi) = 0$ zu erfüllen braucht.

Auf S. 257 war die Gültigkeit der Reihenentwicklung (83) nur für eine Funktion $f(x)$ bewiesen, welche nebst ihren

---

*) Crelles Journal, Bd. 4.

**) Dabei sind $f(c+0)$ und $f(c-0)$ die Grenzwerte, welchen die Funktion $f(x)$ zustrebt, wenn sich x von der einen oder anderen Seite der Grenze c nähert.

beiden ersten Ableitungen im Intervall $x = 0 \ldots \pi$ stetig ist und den Bedingungen $f(0) = 0$, $f(\pi) = 0$ genügt.

Es erhebt sich nun die Frage, ob auch die anderen in diesem Abschnitt aufgestellten Reihenentwicklungen gelten, wenn man nur die Voraussetzung macht, daß die zu entwickelnden Funktionen von beschränkter Schwankung sind, ohne daß sie denselben Randbedingungen unterworfen sind wie die Eigenfunktionen, nach welchen die Reihen fortschreiten. Diese Frage hat Kneser im Anschluß an die Theorie der Integralgleichungen für die Sturm-Liouvilleschen Reihen, sowie für die Reihen, welche nach Besselschen Funktionen und nach Legendreschen Polynomen fortschreiten, bejahend beantwortet**).

Die Formel (81) geht, wenn man das Intervall $x = -\pi \ldots +\pi$ durch das Intervall $x = -l \ldots +l$ ersetzt, über in

$$f(x) = A_0 + \sum_{n=1}^{\infty} A_n \cos\frac{n\pi x}{l} + \sum_{n=1}^{\infty} B_n \sin\frac{n\pi x}{l}, \tag{84}$$

wo

$$\left\{\begin{aligned} A_0 &= \frac{1}{2l}\int_{-l}^{+l} f(\alpha)\,d\alpha, \\ A_n &= \frac{1}{l}\int_{-l}^{+l} f(\alpha)\cos\frac{n\pi\alpha}{l}\,d\alpha, \\ B_n &= \frac{1}{l}\int_{-l}^{+l} f(\alpha)\sin\frac{n\pi\alpha}{l}\,d\alpha \end{aligned}\right. \tag{85}$$

ist. Die Formel (84) schreibt sich nach Einsetzung der Ausdrücke (85)

**) Kneser, Die Theorie der Integralgleichungen und die Darstellung willkürlicher Funktionen in der mathematischen Physik (Math. Annalen, Bd. 63). — Eine andere Methode hat Kneser im 58. und 60. Bd der Math. Ann. und im 7. Bd. des Archiv der Math. benutzt. Vgl. auch Stekloff, Sur les expressions asymptotiques de certaines fonctions définies par les équations différentielles linéaires etc. (Charkow 1907); ferner Birkhoff (S. 258).

$$f(x) = \frac{1}{2l}\int_{-l}^{+l} f(\alpha)\,d\alpha + \frac{1}{l}\sum_{n=1}^{\infty}\cos\frac{n\pi x}{l}\int_{-l}^{+l} f(\alpha)\cos\frac{n\pi\alpha}{l}\,d\alpha$$

$$+ \frac{1}{l}\sum_{n=1}^{\infty}\sin\frac{n\pi x}{l}\int_{-l}^{+l} f(\alpha)\sin\frac{n\pi\alpha}{l}\,d\alpha$$

$$= \frac{1}{2l}\int_{-l}^{+l} f(\alpha)\,d\alpha + \frac{1}{l}\sum_{n=1}^{\infty}\int_{-l}^{+l} f(\alpha)\cos\frac{n\pi(x-\alpha)}{l}\,d\alpha$$

oder

$$(86) \qquad f(x) = \frac{1}{2l}\sum_{n=-\infty}^{+\infty}\int_{-l}^{+l} f(\alpha)\cos\frac{n\pi(x-\alpha)}{l}\,d\alpha\,,$$

da die den Werten $+n$ und $-n$ entsprechenden Glieder der Summe übereinstimmen.

Wir lassen nun l unendlich groß werden, wobei wir auf Strenge vorläufig verzichten; indem wir

$$\frac{n\pi}{l} = \mu\,, \qquad \frac{\pi}{l} = d\mu$$

setzen, ersetzen wir die Summe in (86) durch ein Integral, so daß die Formel (86) übergeht in den Fourierschen Integralsatz:

$$(87) \qquad f(x) = \frac{1}{2\pi}\int_{-\infty}^{+\infty} d\mu \int_{-\infty}^{+\infty} f(\alpha)\cos\mu(x-\alpha)\,d\alpha$$

oder

$$(88) \qquad f(x) = \frac{1}{2\pi}\int_{-\infty}^{+\infty} d\mu \int_{-\infty}^{+\infty} f(\alpha)\,e^{i\mu(x-\alpha)}\,d\alpha\,.$$

Die Formel (88) geht in (87) über, indem man

$$e^{i\mu(x-\alpha)} = \cos\mu(x-\alpha) + i\sin\mu(x-\alpha)$$

setzt und beachtet, daß $\sin\mu(x-\alpha)$ bei Ersetzung von $+\mu$ durch $-\mu$ das Vorzeichen ändert. Wir können auch schreiben:

$$(89)\quad \begin{cases} f(x) = \int\limits_{-\infty}^{+\infty} \varphi(\mu)\, e^{i\mu x}\, d\mu\,, \\ \varphi(\mu) = \dfrac{1}{2\pi} \int\limits_{-\infty}^{+\infty} f(\alpha)\, e^{-i\mu\alpha}\, d\alpha\,. \end{cases}$$

Der Fouriersche Integralsatz läßt sich beweisen, wenn man etwa die Voraussetzung macht, daß $\int\limits_{-\infty}^{+\infty} |f(x)|\, dx$ konvergent und die Funktion $f(x)$ für $x = -\infty \ldots +\infty$ von beschränkter Schwankung ist*).

Die bisher entwickelte Theorie der Eigenwerte und Eigenfunktionen einer linearen Differentialgleichung ist nicht mehr allgemein anwendbar, wenn einer der Endpunkte des Intervalls $a \ldots b$, welches sich auch ins Unendliche erstrecken kann, eine singuläre Stelle der Differentialgleichung ist. Denn dann wird man auf eine Integralgleichung geführt, deren Kern die Bedingungen, unter welchen die im V. Abschnitt entwickelte Theorie gilt, nicht zu erfüllen braucht. Nach neueren Untersuchungen**), welche auf der Theorie der quadratischen Formen mit unendlich vielen Veränderlichen***) beruhen, können die Eigenwerte abzählbar sein (ein „Punktspektrum“ bilden), sie können aber auch ein oder mehrere Kontinua („Streckenspektren“) bilden, und es können Punkt- und Streckenspektren gleichzeitig vorhanden sein. Demgemäß erhält man für eine willkürliche Funktion entweder eine Reihenentwicklung nach Eigenfunktionen oder eine Integraldarstellung (welche als Verallgemeinerung des Fourierschen Integrals erscheint) oder eine Verbindung von Reihe und Integral.

---

*) Jordan (a. a. O.); Pringsheim (Jahresber. d. Math.-Ver. 1907, S. 2ff.

**) Hilb (Math. Annalen, Bd. 66); Weyl (Diss. Göttingen 1908; Math. Annalen, Bd. 66; Göttinger Nachr. 1909); Plancherel (Math. Annalen, Bd. 67).

***) Hilbert (Göttinger Nachr. 1906); Hellinger (Diss. Göttingen 1907; Crelles Journ., Bd. 136).

VII. Abschnitt.

Randwertaufgaben bei elliptischen Differentialgleichungen*).

§ 50. Eigenschaften der Lösungen der Differentialgleichung $\Delta u = 0$.

Als besonders wichtiges Beispiel einer elliptischen Differentialgleichung betrachten wir die Differentialgleichung

$$\text{(A)} \qquad \Delta u = 0 ,$$

wo Δu den sich selbst adjungierten Differentialausdruck

$$\text{(1)} \qquad \Delta u = \frac{\partial^2 u}{\partial x^2} + \frac{\partial^2 u}{\partial y^2}$$

darstellt.

Die Formel (18) des § 29 geht, wenn man darin $A = 1$, $B = 0$, $C = 1$, $F = 0$ setzt, über in

$$\text{(2)} \qquad \left\{ \begin{aligned} & \iint_J \left(\frac{\partial u}{\partial x} \frac{\partial v}{\partial x} + \frac{\partial u}{\partial y} \frac{\partial v}{\partial y} \right) dx\, dy \\ & = \int_C u \left(\frac{\partial v}{\partial x} dy - \frac{\partial v}{\partial y} dx \right) - \iint_J u\, \Delta v\, dx\, dy ; \end{aligned} \right.$$

---

*) Das Ziel dieses Abschnitts bildet die Lösung der Randwertaufgaben für die Differentialgleichung $\Delta u = 0$ nach der Methode von Fredholm (§ 55 und § 56) und der Nachweis der Eigenwerte und Eigenfunktionen der Differentialgleichung $\Delta u + \lambda u = 0$ (§ 59) und einer etwas allgemeineren Differentialgleichung (§ 60). Die dargestellten Sätze aus der Potentialtheorie sind mit Rücksicht auf diesen Zweck ausgewählt. Soweit es sich um die vor 1900 angestellten Untersuchungen handelt, vgl. Enzyklopädie der math. Wiss. IIA, 7b (Burkhardt und Meyer), 7c (Sommerfeld).

hierin sind u und v Funktionen von x, y, welche nebst ihren partiellen Ableitungen erster und zweiter Ordnung im Gebiet J mit der Randkurve C stetig sind.

Die ins Innere der Fläche J gerichtete Normale der Randkurve C werde mit n bezeichnet. Die Kurve C werde in solchem Sinne durchlaufen, daß ihr Bogenelement ds durch eine positive Drehung um den Winkel $\frac{\pi}{2}$ in die Richtung von n übergeht. Ist α der Winkel des Bogenelementes ds mit der x-Achse, so ist

$$dy = ds \sin\alpha \,, \qquad dx = ds \cos\alpha \,.$$

Die Winkel der inneren Normale n mit den Achsen y und x sind

$$(n, y) = \alpha \,, \qquad (n, x) = \alpha + \frac{\pi}{2} \,;$$

also hat man

$$dy = -ds \cos(n, x) \,, \qquad dx = ds \cos(n, y) \,.$$

Demnach ist

$$\frac{\partial v}{\partial x} dy - \frac{\partial v}{\partial y} dx = -\left(\frac{\partial v}{\partial x} \cos(n, x) + \frac{\partial v}{\partial y} \cos(n, y)\right) ds \,.$$

Geht man vom Punkt (x, y) der Randkurve C auf der Normale um die unendlich kleine Strecke dn ins Innere, so erfährt die Funktion v den Zuwachs

$$dv = \left(\frac{\partial v}{\partial x} \cos(n, x) + \frac{\partial v}{\partial y} \cos(n, y)\right) dn \,.$$

Der Ausdruck

$$\frac{\partial v}{\partial n} = \frac{\partial v}{\partial x} \cos(n, x) + \frac{\partial v}{\partial y} \cos(n, y)$$

wird als Ableitung von v nach der inneren Normale von C bezeichnet. Hiernach ist

$$\frac{\partial v}{\partial x} dy - \frac{\partial v}{\partial y} dx = -\frac{\partial v}{\partial n} ds \,.$$

Es gilt also die Formel

$$(3)\quad \left\{\begin{aligned}&\iint_J \left(\frac{\partial u}{\partial x}\frac{\partial v}{\partial x}+\frac{\partial u}{\partial y}\frac{\partial v}{\partial y}\right)dx\,dy\\ &\qquad = -\int_C u\frac{\partial v}{\partial n}\,ds - \iint_J u\,\Delta v\,dx\,dy\,.\end{aligned}\right.$$

Durch Vertauschung von u und v erhält man hieraus die Gleichung

$$(4)\quad \left\{\begin{aligned}&\iint_J \left(\frac{\partial u}{\partial x}\frac{\partial v}{\partial x}+\frac{\partial u}{\partial y}\frac{\partial v}{\partial y}\right)dx\,dy\\ &\qquad = -\int_C v\frac{\partial u}{\partial n}\,ds - \iint_J v\,\Delta u\,dx\,dy\,.\end{aligned}\right.$$

Indem man die beiden Gleichungen (3) und (4) miteinander verbindet, erhält man die Greensche Formel

$$(5)\quad \int_C \left(u\frac{\partial v}{\partial n}-v\frac{\partial u}{\partial n}\right)ds+\iint_J (u\,\Delta v - v\,\Delta u)\,dx\,dy = 0\,.$$

Diese Formel gilt auch, wenn das Gebiet J von mehreren Kurven begrenzt wird; die Ableitungen $\frac{\partial u}{\partial n}$ und $\frac{\partial v}{\partial n}$ müssen nur immer nach der ins Innere der betrachteten Fläche J gerichteten Normale genommen werden.

Sind u und v zwei Funktionen von x, y, welche nebst ihren partiellen Ableitungen erster und zweiter Ordnung im Gebiet J stetig sind und den partiellen Differentialgleichungen

$$\Delta u = 0\,,\quad \Delta v = 0$$

genügen, so ist

$$(6)\quad \int_C \left(u\frac{\partial v}{\partial n}-v\frac{\partial u}{\partial n}\right)ds = 0\,.$$

Hieraus folgt der Satz:

Jede Funktion u, welche in dem von der Kurve C begrenzten Gebiet nebst ihren partiellen Ableitungen erster und zweiter Ordnung stetig ist und der Differentialgleichung $\Delta u = 0$ genügt, erfüllt die Gleichung

$$\int_C \frac{\partial u}{\partial n} ds = 0. \tag{7}$$

Denn aus (6) ergibt sich, wenn man $v = 1$ setzt, die Gleichung (7).

Setzt man in der Formel (3) $u = v$, so erhält man die später zu benutzende Formel:

$$-\iint_J u \Delta u \, dx\, dy = \iint_J \left[\left(\frac{\partial u}{\partial x}\right)^2 + \left(\frac{\partial u}{\partial y}\right)^2\right] dx\, dy + \int_C u \frac{\partial u}{\partial n} ds. \tag{8}$$

Ist u eine Funktion, welche im Gebiet J nebst ihren partiellen Ableitungen erster und zweiter Ordnung stetig ist und der Differentialgleichung $\Delta u = 0$ genügt, so ergibt die Formel (8)

$$\iint_J \left[\left(\frac{\partial u}{\partial x}\right)^2 + \left(\frac{\partial u}{\partial y}\right)^2\right] dx\, dy = -\int_C u \frac{\partial u}{\partial n} ds. \tag{9}$$

Ist längs der Kurve C $u = 0$ oder $\frac{\partial u}{\partial n} = 0$, so ist

$$\iint_J \left[\left(\frac{\partial u}{\partial x}\right)^2 + \left(\frac{\partial u}{\partial y}\right)^2\right] dx\, dy = 0,$$

was nur möglich ist, wenn im Gebiet J

$$\left(\frac{\partial u}{\partial x}\right)^2 + \left(\frac{\partial u}{\partial y}\right)^2 = 0$$

oder

$$\frac{\partial u}{\partial x} = 0, \quad \frac{\partial u}{\partial y} = 0$$

ist. Daraus folgt, daß im Gebiet J u konstant sein muß, und zwar insbesondere $u = 0$, wenn längs der Randkurve $u = 0$ war.

Es gilt also der Satz:

Eine im Gebiet J nebst ihren partiellen Ableitungen erster und zweiter Ordnung stetige Lösung u der Differentialgleichung $\Delta u = 0$ verschwindet im Gebiet J, wenn sie längs der Randkurve C verschwindet; sie ist im Gebiet J konstant, wenn längs der Kurve C ihre Ableitung $\frac{\partial u}{\partial n}$ nach der inneren Normale verschwindet.

Daraus folgt:

Es kann nicht mehr als eine Funktion u von x, y geben, welche im Gebiet J nebst ihren partiellen Ableitungen erster und zweiter Ordnung stetig ist, der Differentialgleichung $\Delta u = 0$ genügt und auf der Randkurve C gegebene Werte annimmt.

Denn wären zwei derartige Funktionen u' und u'' vorhanden, so würde die Differenz $u = u' - u''$ längs der Randkurve C verschwinden; nach dem vorangehenden Satze müßte u im ganzen Gebiet J gleich Null sein.

Ferner folgt:

Die allgemeinste Lösung u der Differentialgleichung $\Delta u = 0$, welche im Gebiet J nebst ihren partiellen Ableitungen erster und zweiter Ordnung stetig ist und deren normale Ableitung $\frac{\partial u}{\partial n}$ längs der Randkurve C gegebene Werte annimmt, unterscheidet sich von einer solchen Lösung nur um eine additive Konstante.

Denn sind u' und u'' zwei solche Lösungen, so ist für die Differenz $u = u' - u''$ $\frac{\partial u}{\partial n}$ längs C gleich Null; also ist u im Gebiet J konstant.

Durch die Kurve C wird die Ebene in das innere Gebiet J und das äußere (sich ins Unendliche erstreckende) Gebiet A zerlegt. Wenn wir uns auch hier mit dem Verhalten der Lösungen der Differentialgleichung $\Delta u = 0$ im Außengebiet A nicht beschäftigen, so wollen wir doch behufs späterer Verwendung die Formel (9) auf das Gebiet A übertragen.

Wenn die Funktion u außerhalb der Kurve C nebst ihren partiellen Ableitungen erster und zweiter Ordnung stetig ist und daselbst der Differentialgleichung $\Delta u = 0$ genügt, so beschreiben wir um den Anfangspunkt einen die Kurve C einschließenden Kreis K von beliebig großem Radius R und verstehen unter A' das Gebiet, welches von dem Kreis K und der Kurve C begrenzt wird. Die auf dieses Gebiet A' angewandte Formel (9) ergibt

$$\iint\limits_{A'} \left[\left(\frac{\partial u}{\partial x}\right)^2 + \left(\frac{\partial u}{\partial y}\right)^2\right] dx\, dy = -\int\limits_{C} u \frac{\partial u}{\partial n'} ds - \int\limits_{K} u \frac{\partial u}{\partial n} ds ,$$

wo im ersten Integral der rechten Seite unter n' die ins Innere von A' gerichtete Normale der Kurve C (d. h. die äußere Normale von C) und im zweiten Integral unter n die ins Innere von A' gerichtete Normale des Kreises K (d. h. die innere Normale von K) verstanden wird. Indem wir auf K

$$ds = R\, d\vartheta , \qquad \frac{\partial u}{\partial n} = -\frac{\partial u}{\partial R}$$

setzen, erhalten wir die Formel

$$\iint\limits_{(A')} \left[\left(\frac{\partial u}{\partial x}\right)^2 + \left(\frac{\partial u}{\partial y}\right)^2\right] dx\, dy = -\int\limits_{C} u \frac{\partial u}{\partial n'} ds + \int\limits_{K} R u \frac{\partial u}{\partial R} d\vartheta ,$$

welche in

$$\iint\limits_{(A)} \left[\left(\frac{\partial u}{\partial x}\right)^2 + \left(\frac{\partial u}{\partial y}\right)^2\right] dx\, dy = -\int\limits_{C} u \frac{\partial u}{\partial n'} ds \tag{10}$$

übergeht, wenn

$$\lim_{R=\infty} R u \frac{\partial u}{\partial R} = 0 \tag{11}$$

ist. Wenn diese Bedingung erfüllt ist und wenn längs C u oder $\frac{\partial u}{\partial n'}$ verschwindet, so verschwindet das Integral auf der rechten Seite von (10), und man schließt wie vorhin, daß u außerhalb der Kurve C konstant ist und zwar gleich Null, wenn u im Unendlichen verschwindet.

Die Funktion

$$v = \log\frac{1}{r}, \tag{12}$$

wo

$$r = +\sqrt{(x-\xi)^2 + (y-\eta)^2}$$

die Entfernung des Punktes (x, y) von dem festen Punkte (ξ, η) ist, stellt, wie man durch Nachrechnen bestätigt, ein partikuläres Integral der Gleichung $\Delta v = 0$ dar.

Es ist nämlich

$$\frac{\partial r}{\partial x} = \frac{x-\xi}{r}, \qquad \frac{\partial r}{\partial y} = \frac{y-\eta}{r}$$

und demnach

$$\frac{\partial \log\frac{1}{r}}{\partial x} = -\frac{x-\xi}{r^2}, \qquad \frac{\partial \log\frac{1}{r}}{\partial y} = -\frac{y-\eta}{r^2},$$

ferner

$$\frac{\partial^2 \log\frac{1}{r}}{\partial x^2} = -\frac{1}{r^2} + \frac{2(x-\xi)^2}{r^4}, \qquad \frac{\partial^2 \log\frac{1}{r}}{\partial y^2} = -\frac{1}{r^2} + \frac{2(y-\eta)^2}{r^4},$$

also

$$\Delta \log\frac{1}{r} = 0. \tag{13}$$

Wenn sich der Punkt (ξ, η), in welchem die Funktion $v = \log\frac{1}{r}$ unstetig ist, im Innern der von der Kurve C begrenzten Fläche J befindet, beschreiben wir um (ξ, η) einen kleinen Kreis Γ mit dem Radius ϱ und wenden die Formel (5) auf das von der Kurve C und dem Kreis Γ begrenzte Gebiet J' an. Es ist also

$$\int\limits_C \left(v\frac{\partial u}{\partial n} - u\frac{\partial v}{\partial n}\right) ds + \int\limits_\Gamma \left(v\frac{\partial u}{\partial n} - u\frac{\partial v}{\partial n}\right) ds = 0,$$

wo die Ableitungen im ersten Integral nach der inneren Normale der Kurve C, im zweiten Integral nach der ins Innere des Gebietes J' gerichteten Normale des Kreises Γ,

d. h. nach der äußeren Normale von Γ zu nehmen sind. Werden im zweiten Integral die Ableitungen nach der inneren Normale von Γ genommen, so ist

$$(14)\quad \left\{\begin{aligned} &\int\limits_C \left(\log\frac{1}{r}\,\frac{\partial u}{\partial n} - u\,\frac{\partial \log\frac{1}{r}}{\partial n}\right) ds \\ &= \int\limits_\Gamma \left(\log\frac{1}{r}\,\frac{\partial u}{\partial n} - u\,\frac{\partial \log\frac{1}{r}}{\partial n}\right) ds\,. \end{aligned}\right.$$

Das Integral auf der rechten Seite, welches von dem Radius ϱ des Kreises Γ unabhängig sein muß, ist leicht zu berechnen. Zunächst ist

$$\int\limits_\Gamma \log\frac{1}{r}\,\frac{\partial u}{\partial n}\,ds = \log\frac{1}{\varrho}\int\limits_\Gamma \frac{\partial u}{\partial n}\,ds$$

nach Formel (7) gleich Null. Ferner ist auf Γ (für $r = \varrho$)

$$-\frac{\partial \log\frac{1}{r}}{\partial n} = \frac{d \log\frac{1}{r}}{dr} = -\frac{1}{r}\,,$$

da die Richtung der inneren Normale von Γ der Richtung der wachsenden r entgegengesetzt ist. Demnach ist

$$-\int\limits_\Gamma u\,\frac{\partial \log\frac{1}{r}}{\partial n}\,ds = -\frac{1}{\varrho}\int\limits_\Gamma u\,ds\,;$$

für sehr kleine ϱ weicht dieses Integral wenig von

$$-\frac{1}{\varrho}\cdot u(\xi,\eta)\cdot 2\pi\varrho = -2\pi u(\xi,\eta)$$

ab; da das Integral von ϱ unabhängig ist, so ist genau

$$-\int\limits_\Gamma u\,\frac{\partial \log\frac{1}{r}}{\partial n}\,ds = -2\pi u(\xi,\eta)\,.$$

Demnach gilt die wichtige Formel

$$(15)\quad u(\xi, \eta) = -\frac{1}{2\pi}\int\limits_C \log\frac{1}{r}\,\frac{\partial u}{\partial n}\,ds + \frac{1}{2\pi}\int\limits_C u\,\frac{\partial \log\frac{1}{r}}{\partial n}\,ds\,.$$

Dieselbe zeigt, daß die Funktion u in einem beliebigen Punkt (ξ, η) des von der Kurve C begrenzten Gebietes bestimmt ist, wenn die Werte von u und $\frac{\partial u}{\partial n}$ auf der Kurve C gegeben sind.

Ist die Kurve C ein Kreis vom Mittelpunkt (ξ, η) und vom Radius R, so hat man auf C

$$\frac{\partial \log\frac{1}{r}}{\partial n} = -\frac{d\log\frac{1}{r}}{dr} = \frac{1}{r}\,,$$

so daß die Formel (15) übergeht in

$$u(\xi, \eta) = -\frac{1}{2\pi}\log\frac{1}{R}\int\limits_C \frac{\partial u}{\partial n}\,ds + \frac{1}{2\pi R}\int\limits_C u\,ds$$

oder mit Rücksicht auf (7)

$$(16)\qquad u(\xi, \eta) = \frac{1}{2\pi R}\int\limits_C u\,ds\,.$$

Da hiernach der Wert der Funktion u im Kreismittelpunkt (ξ, η) gleich dem Mittelwert der Funktionswerte auf der Peripherie ist, so kann im Punkt (ξ, η) kein Maximum oder Minimum der Funktion u vorhanden sein.

Wir haben demnach den Satz:

Eine Lösung $u(x, y)$ der partiellen Differentialgleichung $\Delta u = 0$ kann in einem Punkt (ξ, η), in dessen Umgebung sie nebst ihren partiellen Ableitungen erster und zweiter Ordnung stetig ist, weder ein Maximum noch ein Minimum haben.

§ 51. Das logarithmische Potential der einfachen und der doppelten Belegung.

Wir vertauschen in der Formel (15) die Punkte (ξ, η) und (x, y), so daß (ξ, η) ein Punkt der Randkurve C, (x, y) ein Punkt des Gebietes J ist. Jede nebst ihren partiellen Differentialquotienten erster und zweiter Ordnung im Gebiete J stetige Lösung $u(x, y)$ der Gleichung $\Delta u = 0$ gestattet die Darstellung

$$u(x, y) = -\frac{1}{2\pi}\int\limits_C \log\frac{1}{r}\frac{\partial u}{\partial n}\,ds + \frac{1}{2\pi}\int\limits_C u\frac{\partial \log\frac{1}{r}}{\partial n}\,ds, \tag{17}$$

wo r die Entfernung des Punktes (x, y) vom Randpunkte (ξ, η) — in welchem sich das Bogenelement ds befindet — darstellt. Die Lösung u der Gleichung $\Delta u = 0$ drückt sich also durch zwei über die Randkurve C erstreckte Integrale von der Form

$$v = \int\limits_C \varkappa \log\frac{1}{r}\,ds, \tag{18}$$

$$w = \int\limits_C \mu \frac{\partial \log\frac{1}{r}}{\partial n}\,ds \tag{19}$$

aus, wo $\varkappa$ und μ längs der Kurve C gegebene Funktionen sind.

Das Integral v wird als logarithmisches Potential einer einfachen Belegung der Kurve C mit der Dichtigkeit $\varkappa$, das Integral w als logarithmisches Potential einer Doppelbelegung der Kurve C mit dem Moment μ bezeichnet.

Es ist in § 50 bereits gezeigt worden, daß (13)

$$\Delta \log\frac{1}{r} = 0$$

ist.

Für das Potential v der einfachen Belegung gilt demnach die Gleichung

$$\Delta v = 0. \tag{20}$$

Ist n die innere Normale der Kurve C im Punkte (ξ, η), so ist

$$\frac{\partial \xi}{\partial n} = \cos(n, x), \qquad \frac{\partial \eta}{\partial n} = \cos(n, y).$$

Da

$$\frac{\partial r}{\partial \xi} = -\frac{\partial r}{\partial x} = -\cos(r, x), \qquad \frac{\partial r}{\partial \eta} = -\frac{\partial r}{\partial y} = -\cos(r, y)$$

ist, so haben wir

$$\begin{aligned}\frac{\partial r}{\partial n} &= \frac{\partial r}{\partial \xi}\frac{\partial \xi}{\partial n} + \frac{\partial r}{\partial \eta}\frac{\partial \eta}{\partial n}\\ &= -(\cos(r, x)\cos(n, x) + \cos(r, y)\cos(n, y))\\ &= -\cos(r, n),\end{aligned}$$

wo (r, n) den Winkel darstellt, welchen die Verbindungslinie des Punktes (ξ, η) mit dem Punkte (x, y) — und zwar in der Richtung von (ξ, η) nach (x, y) — mit der inneren Normale der Kurve C im Punkt (ξ, η) bildet. Es ist also

$$\frac{\partial \log \frac{1}{r}}{\partial n} = -\frac{1}{r}\frac{\partial r}{\partial n} = \frac{\cos(r, n)}{r},$$

so daß das Potential der Doppelbelegung in der Form geschrieben werden kann:

$$w = \int_C \mu \frac{\cos(r, n)}{r} ds. \tag{21}$$

Aus

$$\Delta \log \frac{1}{r} = 0$$

folgt

$$\Delta \frac{\partial \log \frac{1}{r}}{\partial n} = 0; \tag{22}$$

demnach gilt auch für das Potential w der Doppelbelegung die Gleichung

$$\Delta w = 0. \tag{23}$$

§ 52. Unstetigkeitseigenschaften des Potentials der Doppelbelegung.

Indem wir in der Formel (21) für das Potential der Doppelbelegung für μ zunächst den konstanten Wert 1 setzen, betrachten wir das Integral

$$\int_C \frac{\cos(r, n)}{r} ds . \tag{24}$$

Wir verbinden den Punkt (x, y) mit den Endpunkten des Bogenelementes ds; die Verbindungsstrahlen schneiden auf dem um den Punkt (x, y) mit dem Radius 1 beschriebenen Kreise ein Bogenelement

$$d\sigma = \frac{\cos(r, n)}{r} ds \tag{25}$$

aus, welches positiv oder negativ ausfällt, je nachdem der Winkel (r, n) spitz oder stumpf ist. Man kann $d\sigma$ als die scheinbare Größe des Bogenelementes ds in bezug auf den Punkt (x, y) bezeichnen.

Liegt (x, y) außerhalb der Fläche J, so schneiden die von (x, y) nach den Endpunkten von $d\sigma$ gezogenen Strahlen auf der Kurve C eine gerade Anzahl von Bogenelementen ds aus; nehmen wir an, es seien zwei derartige Bogenelemente ds vorhanden, so ist der Winkel (r, n) für das eine spitz, für das andere stumpf; die den beiden Bogenelementen ds entsprechenden Elemente

$$\frac{\cos(r, n)}{r} ds$$

des Integrals (24) haben entgegengesetzt gleiche Werte, welche sich gegenseitig aufheben. Daher verschwindet das Integral (24), wenn der Punkt (x, y) außerhalb der Fläche J liegt.

Liegt der Punkt (x, y) innerhalb der Fläche J, so schneidet ein von diesem Punkte ausgehender (einseitig unbegrenzter) Strahl die Kurve C in einer ungeraden Anzahl von Punkten. Nehmen wir, um einen bestimmten

Fall vor Augen zu haben, an, jeder derartige Strahl habe nur einen Punkt mit der Kurve C gemein, so entspricht jedem Bogenelement $d\sigma$ des um (x, y) beschriebenen Kreises vom Radius 1 ein Element ds der Kurve C, für welches (r, n) spitz ist, daher ist $\frac{\cos(r, n)}{r} ds = d\sigma$ positiv, und das über die geschlossene Kurve C erstreckte Integral (24) ist gleich der Summe aller Bogenelemente $d\sigma$ des Kreises vom Radius 1, also gleich 2π. Demnach ist das Integral (24) gleich 2π, wenn der Punkt (x, y) innerhalb der Fläche J liegt.

Liegt der Punkt (x, y) auf der Randkurve C, welche an jeder Stelle eine bestimmte Tangente haben soll, so liegen diejenigen von (x, y) ausgehenden Strahlen, welche die Kurve C in einer ungeraden Anzahl von Punkten schneiden, auf einer Seite der Tangente, und diejenigen Elemente $d\sigma = \frac{\cos(r, n)}{r} ds$ des um (x, y) beschriebenen Kreises vom Radius 1, welche sich nicht wegheben, bilden die halbe Kreisperipherie von der Länge π. Demnach hat das Integral (24) den Wert π, wenn (x, y) ein Punkt der Randkurve C mit bestimmter Tangente ist.

Wir untersuchen nun das Verhalten der Funktion w beim Durchgang des Punktes (x, y) durch die Kurve C.

Wir verstehen unter s einen festen, unter t einen beliebigen Punkt von C; in t haben wir das Bogenelement dt, die innere Normale n; die Entfernung des Punktes (x, y) vom Punkt t sei r. Das Moment der Doppelbelegung in t sei μ, während sich μ_s auf den Punkt s bezieht; μ möge eine stetige Funktion von t sein. Wir setzen

$$(26)\quad \left\{\begin{aligned} w &= \int_C \mu \frac{\cos(r, n)}{r} dt \\ &= \mu_s \int_C \frac{\cos(r, n)}{r} dt + \int_C (\mu - \mu_s) \frac{\cos(r, n)}{r} dt \\ &= \mu_s \int_C \frac{\cos(r, n)}{r} dt + W \end{aligned}\right.$$

und zeigen, daß

$$W = \int\limits_C (\mu - \mu_s) \frac{\cos(r, n)}{r} dt \tag{27}$$

eine an der Stelle s stetige Funktion von (x, y) ist. Wir beschreiben zu diesem Zweck um s als Mittelpunkt einen Kreis mit dem Radius ϱ und bezeichnen mit γ den innerhalb dieses Kreises gelegenen Teil der Kurve C. Wir nehmen ϱ so klein an, daß der absolute Betrag von $\mu - \mu_s$ kleiner als eine gegebene beliebig kleine positive Größe ε ist, wenn der Punkt t dem Kurvenstück γ angehört. Das Integral W' zerlegen wir in zwei Teile W' und W'', so daß W' über das Kurvenstück γ, W'' über den übrigen Teil der Kurve C erstreckt wird. Es ist, wo auch der Punkt (x, y) liegen mag,

$$|W'| < \varepsilon \int\limits_\gamma \frac{|\cos(r, n)|}{r} ds;$$

das mit ε multiplizierte Integral, welches die Summe der absoluten Beträge der Winkel $d\sigma$ darstellt, unter welchen die Elemente des Bogens γ vom Punkt (x, y) aus erscheinen, liegt unter einer endlichen Grenze. Das Integral W'' ist stetig, wenn der Punkt (x, y) innerhalb des um den Punkt s mit dem Radius ϱ beschriebenen Kreises bleibt. Demnach ist auch W in der Umgebung von s stetig.

Wir verstehen jetzt unter w_s den Wert von w im Punkte s der Kurve C, unter w_i den Grenzwert, welchem sich w nähert, wenn sich der Punkt (x, y) von innen her dem Punkte s nähert, unter w_a den Grenzwert, welchem w zustrebt, wenn sich (x, y) von außen dem Punkte s nähert. Wegen der Stetigkeit der Funktion W im Punkte s ist der Wert von W in s, nämlich

$$w_s - \pi \mu_s,$$

sowohl gleich dem Grenzwert

$$w_i - 2\pi \mu_s,$$

welchem W zustrebt, wenn sich (x, y) von innen dem Punkte s nähert, als auch gleich dem Grenzwert

$$w_a,$$

welchem w zustrebt, wenn (x, y) von außen an s heranrückt. Es ist also

$$w_a = w_s - \pi \mu_s = w_i - 2\pi \mu_s ,$$

folglich

$$w_i = w_s + \pi \mu_s , \quad w_a = w_s - \pi \mu_s \tag{28}$$

oder

$$\tfrac{1}{2}(w_i - w_a) = \pi \mu_s ,$$
$$\tfrac{1}{2}(w_i + w_a) = w_s ,$$

wo

$$w_s = \int\limits_C \frac{\mu \cos(r, n)}{r} dt \tag{29}$$

ist; hierbei ist dt ein Bogenelement von C an der beliebigen Stelle t, auf welche sich μ bezieht, n die nach innen gerichtete Normale an der Stelle t und r die Entfernung des beliebigen Kurvenpunktes t von dem festen Kurvenpunkte s.

Wir fassen unser Ergebnis in den Satz zusammen:

Das Potential w einer Doppelbelegung der Kurve C mit dem stetig veränderlichen Moment μ erfährt beim Durchgang durch den Punkt s von C eine Unstetigkeit, welche durch die Gleichungen dargestellt wird:

$$\frac{1}{2}(w_i - w_a) = \pi \mu_s , \tag{30}$$

$$\frac{1}{2}(w_i + w_a) = \int\limits_C \mu_t \frac{\cos(r, n_t)}{r} dt ; \tag{31}$$

dabei sind w_i und w_a die Grenzwerte, welchen w bei der von innen bzw. von außen erfolgenden Annäherung an den Punkt s zustrebt; ferner ist dt ein Bogenelement der Kurve C an der beliebigen Stelle t mit der inneren Normale n_t und r die Entfernung der Punkte s und t.

Durch Addition und Subtraktion der Gleichungen (30) und (31) erhält man

$$w_i = \pi \mu_s + \int_C \mu_t \frac{\cos(r, n_t)}{r} dt, \tag{32}$$

$$w_a = -\pi \mu_s + \int_C \mu_t \frac{\cos(r, n_t)}{r} dt. \tag{33}$$

§ 53. Unstetigkeitseigenschaften des Potentials der einfachen Belegung.

Das logarithmische Potential (18)

$$v = \int_C \varkappa \log \frac{1}{r} ds$$

einer einfachen Belegung mit der stetig veränderlichen Dichtigkeit $\varkappa$ bleibt auch dann stetig, wenn der Punkt (x, y) durch die Kurve C hindurchgeht.

Wir zeigen, daß das Integral v einen Sinn behält, wenn unter x, y die Koordinaten eines Punktes s der Kurve C verstanden werden. Wir bezeichnen dann mit t die einem beliebigen Punkt der Kurve C entsprechende Bogenlänge und mit dt das in diesem Punkt befindliche Bogenelement. Wenn r_{st} die Entfernung der Punkte s und t darstellt, handelt es sich um das Integral

$$v_s = \int_C \varkappa_t \log \frac{1}{r_{st}} dt. \tag{34}$$

Wir beschreiben um den Punkt s einen kleinen Kreis vom Radius ϱ und bezeichnen den innerhalb dieses Kreises gelegenen Teil der Kurve C mit γ. Wir zerlegen das über die Kurve C erstreckte Integral v_s in die beiden Bestandteile v_s' und v_s'', von denen der erste über die Kurve γ, der zweite über den übrigen Teil der Kurve C erstreckt wird. Das Integral v_s'' ist endlich, da für alle Punkte t seines Integrationsweges die Entfernung r_{st} über einer gewissen Grenze bleibt. Das Integral

$$v_s' = \int_\gamma \varkappa_t \log \frac{1}{r_{st}} dt$$

kann dadurch beliebig klein gemacht werden, daß man ϱ hinreichend klein annimmt.

Wir ziehen im Punkt s der Kurve C die Normale n, deren positive Richtung ins Innere gehen möge. Wir bilden die nach der Richtung n genommene Ableitung

$$\frac{\partial v}{\partial n}$$

der Funktion v zunächst in einem Punkt (x, y), welcher auf der Normale in der Nähe des Punktes s innerhalb oder außerhalb der Kurve C liegt. Je nachdem sich der Punkt (x, y) von innen oder von außen her dem Kurvenpunkte s nähert, nähert sich die Ableitung $\frac{\partial v}{\partial n}$ dem Grenzwert $\frac{\partial v_i}{\partial n}$ oder dem Grenzwert $\frac{\partial v_a}{\partial n}$.

Es ist dann, wie wir zeigen werden,

$$\frac{1}{2}\left(\frac{\partial v_a}{\partial n} - \frac{\partial v_i}{\partial n}\right) = \pi \varkappa_s ,$$

$$\frac{1}{2}\left(\frac{\partial v_a}{\partial n} + \frac{\partial v_i}{\partial n}\right) = \int\limits_C \varkappa_t \frac{\cos(r, n_s)}{r} dt ,$$

wo unter $r = r_{st}$ die Entfernung des Kurvenpunktes s von dem beliebigen Kurvenpunkt t und unter $n = n_s$ die innere Normale in s verstanden wird.

In einem beliebigen Punkt p haben wir das Potential

$$v_p = \int\limits_C \varkappa_t \log \frac{1}{r_{pt}} dt , \tag{35}$$

wo r_{pt} die Entfernung des Punktes p von dem Punkt t der Kurve C darstellt. Der Punkt p gehe, wenn er in der beliebigen Richtung λ um $d\lambda$ verschoben wird, in p' über; dann ist

$$\frac{\partial v_p}{\partial \lambda} = \frac{v_{p'} - v_p}{d\lambda} .$$

Statt dem Punkt p die Verschiebung $d\lambda$ zu erteilen, verschieben wir alle Punkte t der Kurve C um den entgegengesetzt gleichen Betrag $-d\lambda$. Wir erhalten so

$$\frac{\partial v_p}{\partial \lambda} = -\int\limits_C \varkappa_t \frac{\partial \log \frac{1}{r_{pt}}}{\partial \lambda} dt\,;$$

es ist

$$\frac{\partial}{\partial \lambda} = \frac{\partial}{\partial n_t} \cdot \cos(n_t, \lambda) + \frac{\partial}{\partial t} \cdot \cos(t, \lambda)\,,$$

wo n_t die Normale von C im Punkt t bezeichnet; also haben wir

$$(36)\qquad \left\{\begin{aligned} \frac{\partial v_p}{\partial \lambda} = &-\int\limits_C \varkappa_t \cos(n_t, \lambda) \frac{\partial}{\partial n_t} \log \frac{1}{r_{pt}} dt \\ &-\int\limits_C \varkappa_t \cos(t, \lambda) \frac{\partial}{\partial t} \log \frac{1}{r_{pt}} dt\,. \end{aligned}\right.$$

Das erste Integral auf der rechten Seite dieser Gleichung,

$$(37)\qquad w_p = \int\limits_C \mu_t \frac{\partial}{\partial n_t} \log \frac{1}{r_{pt}} dt\,,$$

stellt das Potential der Doppelbelegung

$$\mu_t = \varkappa_t \cos(n_t, \lambda)$$

dar, welches beim Durchgang des Punktes p durch den Punkt s der Kurve C die in § 52 nachgewiesene Unstetigkeit besitzt. Das zweite Integral

$$(38)\qquad \int\limits_C \varkappa_t \cos(t, \lambda) \frac{\partial}{\partial t} \log \frac{1}{r_{pt}} dt$$

geht, wenn $\varkappa_t$ und $\cos(t, \lambda)$ stetige Differentialquotienten nach t besitzen*), durch partielle Integration in

$$(39)\qquad -\int\limits_C \frac{\partial}{\partial t} [\varkappa_t \cos(t, \lambda)] \cdot \log \frac{1}{r_{pt}} dt$$

---

*) Demnach wird die Krümmung

$$\frac{d(t, \lambda)}{dt}$$

der Kurve C als stetig vorausgesetzt.

über; wir haben also das logarithmische Potential einer einfachen Belegung mit der Dichtigkeit

$$\frac{\partial}{\partial t}[\varkappa_t \cos(t, \lambda)],$$

welches beim Durchgang des Punktes p durch die Kurve C stetig ist. Demnach besitzt die Ableitung von v nach einer beliebigen Richtung eine Unstetigkeit derselben Art wie das Potential einer Doppelbelegung.

Wir verstehen unter λ die Richtung der inneren Normale n_s von C in s. Dann ist nach (36)

$$(40)\quad \begin{cases} \dfrac{\partial v_i}{\partial n_s} = -w_i - \displaystyle\int_C \varkappa_t \cos(n_s, t)\frac{\partial}{\partial t}\log\frac{1}{r_{st}}\,dt, \\[2ex] \dfrac{\partial v_a}{\partial n_s} = -w_a - \displaystyle\int_C \varkappa_t \cos(n_s, t)\frac{\partial}{\partial t}\log\frac{1}{r_{st}}\,dt; \end{cases}$$

dabei sind w_i und w_a die Grenzwerte, welchen sich das Potential (37) der Doppelbelegung

$$\mu_t = \varkappa_t \cos(n_s, n_t)$$

nähert, wenn sich p von innen oder von außen dem Punkt s nähert. Wir beachten, daß $\mu_s = \varkappa_s$ ist. Durch Subtraktion der beiden Gleichungen (40) ergibt sich

$$(41)\quad \frac{1}{2}\left(\frac{\partial v_a}{\partial n_s} - \frac{\partial v_i}{\partial n_s}\right) = \frac{1}{2}(w_i - w_a) = \pi\mu_s = \pi\varkappa_s.$$

Durch Addition erhält man, da nach (31)

$$\frac{1}{2}(w_i + w_a) = w_s = \int_C \mu_t \frac{\partial}{\partial n_t}\log\frac{1}{r_{st}}\,dt$$
$$= \int_C \varkappa_t \cos(n_s, n_t)\frac{\partial}{\partial n_t}\log\frac{1}{r_{st}}\,dt$$

ist:

$$\frac{1}{2}\left(\frac{\partial v_i}{\partial n_s} + \frac{\partial v_a}{\partial n_s}\right)$$
$$= -\int_C \varkappa_t \cos(n_s, n_t)\frac{\partial}{\partial n_t}\log\frac{1}{r_{st}}\,dt - \int_C \varkappa_t \cos(n_s, t)\frac{\partial}{\partial t}\log\frac{1}{r_{st}}\,dt.$$

Nun ist (S. 288)

$$-\frac{\partial}{\partial n_t}\log\frac{1}{r_{st}} = \frac{1}{r_{st}}\frac{\partial r_{st}}{\partial n_t} = \frac{\cos(r_{st}, n_t)}{r_{st}},$$

$$-\frac{\partial}{\partial t}\log\frac{1}{r_{st}} = \frac{1}{r_{st}}\frac{\partial r_{st}}{\partial t} = \frac{\cos(r_{st}, t)}{r_{st}},$$

wobei r_{st} in der Richtung von s nach t durchlaufen wird, und

$$\cos(n_s, n_t)\cos(r_{st}, n_t) + \cos(n_s, t)\cos(r_{st}, t) = \cos(n_s, r_{st}),$$

also

$$(42)\qquad \frac{1}{2}\left(\frac{\partial v_i}{\partial n_s} + \frac{\partial v_a}{\partial n_s}\right) = \int\limits_C \varkappa_t \frac{\cos(r_{st}, n_s)}{r_{st}}\, dt \text{ *)}.$$

Damit ist der folgende Satz bewiesen:

Das Potential v einer einfachen Belegung der Kurve C ist beim Durchgang durch C stetig. Die nach der inneren Normale n genommene Ableitung $\frac{\partial v}{\partial n}$ erfährt beim Durchgang durch den Punkt s von C eine Unstetigkeit, welche durch die Gleichungen

$$(41)\qquad \frac{1}{2}\left(\frac{\partial v_a}{\partial n} - \frac{\partial v_i}{\partial n}\right) = \pi \varkappa_s,$$

$$(42)\qquad \frac{1}{2}\left(\frac{\partial v_a}{\partial n} + \frac{\partial v_i}{\partial n}\right) = \int\limits_C \varkappa_t \frac{\cos(r, n_s)}{r}\, dt$$

dargestellt wird; dabei sind $\frac{\partial v_i}{\partial n}$ und $\frac{\partial v_a}{\partial n}$ die Grenzwerte, welchen $\frac{\partial v}{\partial n}$ bei der von innen bzw. von

*) Beweis von Darboux nach d'Adhémar, Exercices et leçons d'Analyse, S. 111 und Lalesco, Bulletin des sciences math., 1907, S. 77. — Auch C. Neumann (Leipziger Abhandl., math.-phys. Kl., Bd. 14, 1888) stellt die partiellen Ableitungen des Potentials der einfachen wie der Doppelbelegung als Summe eines Potentials einer einfachen und eines Potentials einer Doppelbelegung dar und leitet daraus die Unstetigkeitseigenschaften her. Im § 54 schlagen wir einen anderen Weg ein, der weniger Stetigkeitsvoraussetzungen erfordert und zu einem für unsere Zwecke ausreichenden Satze über die normale Ableitung des Potentials der Doppelbelegung führt.

außen erfolgenden Annäherung an den Punkt s zustrebt; dt ist ein Bogenelement der Kurve C an der beliebigen Stelle t und r die Entfernung der Punkte s und t.

Dabei ist vorausgesetzt, daß $\varkappa_t$ eine stetige Funktion von t mit stetigem Differentialquotienten $\frac{d\varkappa_t}{dt}$ ist und daß sich nicht nur die Tangentenrichtung, sondern auch die Krümmung der Kurve C stetig ändert.

Durch Addition und Subtraktion von (41) und (42) erhält man die Gleichungen

$$\frac{\partial v_i}{\partial n} = -\pi \varkappa_s + \int_C \varkappa_t \frac{\cos(r, n_s)}{r} dt, \tag{43}$$

$$\frac{\partial v_a}{\partial n} = \pi \varkappa_s + \int_C \varkappa_t \frac{\cos(r, n_s)}{r} dt. \tag{44}$$

§ 54. Stetigkeit der normalen Ableitung des Potentials der Doppelbelegung.

Es sei wieder t ein beliebiger Punkt der Kurve C mit den Koordinaten ξ, η; an der Stelle t befinde sich das Bogenelement dt, die innere Normale sei n_t und das Moment der Doppelbelegung μ_t. Ist r die Entfernung des Punktes t von dem beliebigen Punkt p der Ebene mit den Koordinaten x, y, so haben wir nach § 51 das Potential der Doppelbelegung in der Form

$$w = w_p = \int_C \mu_t \frac{\cos(r, n_t)}{r} dt. \tag{45}$$

Bildet die Tangente von C in t mit der x-Achse den Winkel α, so ist (S. 279)

$$\cos\alpha = \frac{d\xi}{dt}, \quad \sin\alpha = \frac{d\eta}{dt}.$$

Die Normale n_t bildet mit den Achsen die Winkel

$$(n_t, x) = \frac{\pi}{2} + \alpha, \quad (n_t, y) = \alpha,$$

so daß

$$\cos(n_t, x) = -\frac{d\eta}{dt}, \qquad \cos(n_t, y) = \frac{d\xi}{dt}$$

ist. Mit Berücksichtigung der Formeln (S. 284 u. 288)

$$\cos(r, x) = -\frac{\xi - x}{r}, \qquad \cos(r, y) = -\frac{\eta - y}{r}$$

hat man

$$\cos(r, n_t) = \cos(r, x)\cos(n_t, x) + \cos(r, y)\cos(n_t, y)$$
$$= \frac{\xi - x}{r}\frac{d\eta}{dt} - \frac{\eta - y}{r}\frac{d\xi}{dt}.$$

Demnach ist

$$w_p = \int_C \mu_t \frac{(\xi - x)\,d\eta - (\eta - y)\,d\xi}{r^2}, \tag{46}$$

wo

$$r^2 = (\xi - x)^2 + (\eta - y)^2$$

ist, und

$$\frac{\partial w_p}{\partial x} = \int_C \mu_t \frac{[(\xi - x)^2 - (\eta - y)^2]\,d\eta - 2(\xi - x)(\eta - y)\,d\xi}{r^4}, \tag{47}$$

$$\frac{\partial w_p}{\partial y} = \int_C \mu_t \frac{[(\xi - x)^2 - (\eta - y)^2]\,d\xi + 2(\xi - x)(\eta - y)\,d\eta}{r^4}. \tag{48}$$

Wir nehmen an, daß sich längs der Kurve C sowohl die Tangentenrichtung als auch die Krümmung stetig ändert. Wir führen die Tangente von C in einem bestimmten Punkt s als x-Achse und die nach innen gerichtete Normale als y-Achse ein. In einem Punkt p der Normale mit den Koordinaten $0, y$ sei $w_p = W(y)$, so daß

$$\frac{dW(y)}{dy} = W'(y)$$

die Ableitung von w_p nach der Normale darstellt. Wir zeigen, daß

$$\lim_{y=0}[W'(y) - W'(-y)] = 0 \tag{49}$$

ist.

Wir dürfen voraussetzen, daß der Wert μ_s, welchen die stetige Funktion μ_t im Punkt s annimmt, gleich Null ist. Denn setzt man

$$w_p = \int_C (\mu_t - \mu_s) \frac{\cos(r, n_t)}{r} dt + \mu_s \int_C \frac{\cos(r, n_t)}{r} dt ,$$

so verschwindet im ersten Integral $\mu_t - \mu_s$ für $t = s$, während für das innerhalb wie außerhalb C konstante zweite Integral der zu beweisende Satz ohne weiteres gilt.

Wir beschreiben um den Punkt s einen kleinen Kreis vom Radius ϱ, welcher auf der Kurve C den Bogen γ ausschneidet, und zwar wählen wir ϱ so klein, daß auf γ

$$|\eta| < M\xi^2 , \qquad \left|\frac{d\eta}{d\xi}\right| < M\xi$$

ist. Dann ist

$$W = W_1 + W_2 ,$$

wo das Integral W_1 über den Bogen γ, das Integral W_2 über den übrigen Teil der Kurve C erstreckt wird.

Wir untersuchen zunächst die Differenz

$$W_1'(y) - W_1'(-y) .$$

Aus Formel (48) folgt, wenn man x durch 0 und C durch γ ersetzt,

$$W_1'(y) = \int_\gamma \mu_t \frac{[\xi^2 - (\eta - y)^2]\, d\xi + 2\,\xi(\eta - y)\, d\eta}{r^4}$$

$$= \int_\gamma \mu_t \frac{\xi^2 - (\eta - y)^2 + 2\,\xi(\eta - y)\dfrac{d\eta}{d\xi}}{r^4} d\xi ;$$

dabei ist

$$r^2 = \xi^2 + (\eta - y)^2 .$$

Setzt man noch

$$r_1^2 = \xi^2 + (\eta + y)^2 ,$$

so ist

$$W_1'(y) - W_1'(-y) = \int_\gamma \mu_t Q \, d\xi ,$$

wobei gesetzt ist:

$$Q = \left[\xi^2 - (\eta - y)^2 + 2\,\xi(\eta - y)\frac{d\eta}{d\xi}\right]\frac{8\,y\,\eta(\xi^2 + y^2 + \eta^2)}{r^4\,r_1^4}$$
$$+ \frac{4\,y\left(\eta - \xi\,\dfrac{d\eta}{d\xi}\right)}{r_1^4}\,.$$

Nimmt man γ und $|y|$ so klein an, daß $|\eta - y| < \frac{1}{2}$ ist, so ist

$$|Q| < [\xi^2 + (\eta - y)^2 + M\,\xi^2]\,\frac{8\,|y\,\eta|\,(\xi^2 + y^2 + \eta^2)}{r^4\,r_1^4}$$
$$+ \frac{8\,|y|\,M\,\xi^2}{r_1^4}\,.$$

Wegen

$$\xi^2 < r^2\,,\quad \xi^2 < r_1^2\,,\quad |\eta| < M\,\xi^2 < M\,r^2$$

ist

$$|Q| \leqq \frac{(1 + M)\cdot 8\,M\,|y|\,(\xi^2 + y^2 + \eta^2)}{r_1^4} + \frac{8\,M\,|y|}{r_1^2}\,.$$

Liegt der Bogen γ auf derselben Seite der x-Achse, so kann man $y\,\eta > 0$ annehmen; dann ist

$$r_1^2 > \xi^2 + y^2 + \eta^2 > \tfrac{1}{2}(\xi^2 + y^2 + \eta^2)\ ^{*)},$$

also

$$|Q| \leqq \frac{16\,M(1 + M)\,|y|}{r_1^2} + \frac{8\,M\,|y|}{r_1^2}$$

oder, da

$$r_1^2 > \tfrac{1}{2}(\xi^2 + y^2)$$

ist,

$$|Q| < \frac{a\,|y|}{\xi^2 + y^2}\,;\qquad a = 48\,M(1 + M)\,.$$

---

*) Liegt der Bogen γ auf beiden Seiten der ihn berührenden x-Achse, so kann man $|\eta| < \frac{1}{2}\xi^2$, d. h. $M = \frac{1}{2}$ annehmen; dann ist

$$r_1^2 \geqq \xi^2 + y^2 + \eta^2 - 2\,|y|\,|\eta| > \xi^2 + y^2 + \eta^2 - |y|\,\xi^2$$

oder, wenn man $|y| < \frac{1}{2}$ annimmt,

$$r_1^2 > \tfrac{1}{2}\,\xi^2 + y^2 + \eta^2 > \tfrac{1}{2}(\xi^2 + y^2 + \eta^2)\,.$$

Also ist, wenn das Maximum von $|\mu_t|$ auf dem Bogen γ mit μ_0 bezeichnet wird,

$$|W_1'(y) - W_1'(-y)| < a\,\mu_0 \int\limits_{\gamma} \frac{|y|\,d\xi}{\xi^2 + y^2}$$

$$< a\,\mu_0 \int\limits_{-\infty}^{\infty} \frac{|y|\,d\xi}{\xi^2 + y^2} = \pi\, a\, \mu_0\,.$$

Da μ für $\xi = 0$ verschwinden soll, so kann dieser Ausdruck dadurch, daß man γ hinreichend klein annimmt, beliebig klein gemacht werden.

Da man

$$|W_2'(y) - W_2'(-y)|$$

dadurch, daß man $|y|$ hinreichend klein nimmt, beliebig klein machen kann, so ist die Gleichung (49) bewiesen.

Ist

$$\lim_{y=0} W'(y)$$

vorhanden, so ist auch

$$\lim_{y=0} W'(-y)$$

vorhanden, und die beiden Grenzwerte sind einander gleich*).

Hat das Potential einer Doppelbelegung an einer Stelle der Kurve C auf der einen Seite eine normale Ableitung, so ist eine solche auch auf der anderen Seite vorhanden, und die beiden Ableitungen sind einander gleich.

Dabei ist vorausgesetzt, daß sich das Moment μ der Doppelbelegung sowie die Tangentenrichtung und die Krümmung der Kurve C stetig ändert.

Wir leiten noch aus den Formeln (45), (47) und (48) das Verhalten der Funktion w und ihrer partiellen Ableitungen erster Ordnung für den Fall her, daß der Punkt p ins Unendliche rückt.

Ist R die Entfernung des Punktes (x, y) vom Anfangspunkt O, ϱ die Entfernung des Kurvenpunktes (ξ, η) von O

---

*) Beweis nach Tauber, Monatshefte für Math. u. Phys., Bd. 8, S. 79.

und r wie bisher die Entfernung der Punkte (x, y) und (ξ, η), so ist für hinreichend großes R

$$r > R - \varrho > R - a\,,$$

wenn a der kleinste Wert von ϱ ist, also

$$\frac{1}{r} < \frac{1}{R-a}\,.$$

Nach (45) ist

$$|w| < \int\limits_C |\mu_t| \frac{1}{R-a}\,dt\,,$$

also

(50) $$\lim_{R=\infty} w = 0\,.$$

Aus der Formel (47)

$$\frac{\partial w}{\partial x} = \int\limits_C \mu_t \frac{\left[\left(\frac{\xi - x}{r}\right)^2 - \left(\frac{\eta - y}{r}\right)^2\right]\frac{d\eta}{dt} - 2\,\frac{\xi - x}{r}\,\frac{\eta - y}{r}\,\frac{d\xi}{dt}}{r^2}\,dt$$

folgt, wenn man die Formeln

$$\frac{\xi - x}{r} = -\cos(r, x)\,, \qquad \frac{\eta - y}{r} = -\cos(r, y)\,,$$

$$\frac{d\eta}{dt} = -\cos(n_t, x)\,, \qquad \frac{d\xi}{dt} = \cos(n_t, y)$$

berücksichtigt,

(51) $$\frac{\partial w}{\partial x} = \int\limits_C \mu_t \frac{\cos(n_t, x) - 2\cos(r, x)\cos(r, n_t)}{r^2}\,dt\,.$$

Demnach ist

$$\left|\frac{\partial w}{\partial x}\right| < \int\limits_C |\mu_t| \frac{3}{(R-a)^2}\,dt\,,$$

also

$$\lim_{R=\infty} R\,\frac{\partial w}{\partial x} = 0$$

und entsprechend

$$\lim_{R=\infty} R \frac{\partial w}{\partial y} = 0 .$$

Demnach ist auch

$$\lim_{R=\infty} R \frac{\partial w}{\partial R} = 0 . \tag{52}$$

Da die Funktion w wegen (50) und (52) die Bedingung (11) erfüllt, so genügt sie auch der Gleichung (10). Wenn also das Potential w einer Doppelbelegung längs der Kurve C verschwindet, oder wenn längs C die Ableitung nach der äußeren Normale verschwindet, so ist w außerhalb der Kurve C überall gleich Null.

§ 55. Lösung der ersten Randwertaufgabe*).

Mit den bisherigen Hilfsmitteln können wir die folgende Randwertaufgabe lösen:

Es sei längs der Randkurve C eine stetige Funktion $f(s)$ gegeben. Es wird eine Funktion w von x, y gesucht, welche nebst den partiellen Ableitungen erster und zweiter Ordnung innerhalb der Fläche J stetig ist und der partiellen Differentialgleichung $\Delta w = 0$ genügt und auf der

*) Wir geben hier die Lösung von Fredholm (Sur une nouvelle méthode pour la résolution du problème de Dirichlet; Öfversigt Stockholm 1900, S. 39); vgl. dazu Plemelj (Über lineare Randwertaufgaben der Potentialtheorie; Monatshefte f. Math. u. Phys. 1904, S. 337) und Kellogg (Transact. of the Am. Math. Soc. 1908).

Es sei auch hingewiesen auf die kurze Darstellung von d'Adhémar, L'équation de Fredholm et les problèmes de Dirichlet et de Neumann (Paris 1909).

Die Differentialgleichung $\Delta u = 0$ wird als Laplacesche Gleichung, die erste Randwertaufgabe als Dirichletsches Problem und die zweite Randwertaufgabe (§ 56) bisweilen als Neumannsches Problem bezeichnet.

Dem Dirichletschen Problem steht das Cauchysche Problem gegenüber, d. h. die Bestimmung der Lösungen partieller Differentialgleichungen auf Grund der in den vier ersten Abschnitten behandelten Existenztheoreme, die in ihren Anfängen auf Cauchy zurückgehen.

Randkurve C*) die gegebenen Werte $f(s)$ annimmt**).

In § 50 hat sich bereits ergeben, daß diese Randwertaufgabe nicht mehr als eine Lösung besitzen kann.

Wir suchen, um die Aufgabe zu lösen, längs der Kurve C eine Funktion $\mu = \mu_s$ so zu bestimmen, daß das über die Kurve C erstreckte Integral (21)

$$w = \int_C \mu \frac{\cos(r, n)}{r} ds ,$$

welches nach § 51 der Differentialgleichung $\Delta w = 0$ genügt, die Randbedingung

(53) $$w_i = f(s)$$

erfüllt.

Nach (32) ist

$$w_i = \pi \mu_s + \int_C \mu_t \frac{\cos(r, n_t)}{r} dt .$$

Unter Benutzung der Bezeichnung

(54) $$\pi K(s, t) = \frac{\cos(r, n_t)}{r} = \frac{\partial \log \frac{1}{r}}{\partial n_t} = - \frac{\partial \log r}{\partial n_t}$$

nimmt die Randbedingung (53) die Form der Integralgleichung

(55) $$\mu_s + \int_C K(s, t) \mu_t dt = \frac{f(s)}{\pi}$$

an.

Indem wir den Parameter λ einführen, betrachten wir die Integralgleichung

(56) $$\mu_s - \lambda \int_C K(s, t) \mu_t dt = \frac{f(s)}{\pi} ,$$

*) Die Kurve C soll die Bedingungen erfüllen, unter welchen die im folgenden zu benutzenden Eigenschaften des Potentials (§§ 52—54) bewiesen sind.

**) D. h. $f(s)$ ist der Grenzwert, welchem die Funktion w zustrebt, wenn sich der Punkt (x, y) von innen her dem Punkte s der Randkurve C nähert. Die Grenzwerte, welchen w zustrebt, wenn man sich von innen oder von außen dem Randpunkt s nähert, waren früher mit w_i bzw. w_a bezeichnet.

auf welche wir die Fredholmsche Methode anwenden; nachträglich wird $\lambda = -1$ gesetzt*).

Versteht man unter ϑ den Winkel, welchen die Verbindungsgerade der beiden Punkte $x(s)$, $y(s)$ und $x(t)$, $y(t)$ der Randkurve C mit der x-Achse bildet, so ist

$$\vartheta = \operatorname{arctg} \frac{y(s) - y(t)}{x(s) - x(t)};$$

dann stellt

$$d\vartheta = \frac{\partial}{\partial t} \operatorname{arctg} \frac{y(s) - y(t)}{x(s) - x(t)} \, dt$$

den Winkel dar, unter welchem das Bogenelement dt vom Punkt $x(s)$, $y(s)$ aus erscheint; da auch

$$d\vartheta = \frac{\cos(r, n_t)}{r} \, dt$$

ist, so hat man

$$(57) \qquad K(s, t) = \frac{1}{\pi} \frac{\partial}{\partial t} \operatorname{arctg} \frac{y(s) - y(t)}{x(s) - x(t)}.$$

Die in der Mitte der Sehne st errichtete Senkrechte schneide die Normale n_t im Punkte q; dann ist

$$\cos(r, n_t) = \frac{r}{2 \cdot qt},$$

also

$$K(s, t) = \frac{1}{2\pi \cdot qt}.$$

Nähert sich der Punkt s dem Punkte t, so geht die Strecke qt in den Krümmungsradius ϱ_t über, und man hat

$$(58) \qquad K(t, t) = \frac{1}{2\pi \varrho_t}.$$

---

*) Die Integralgleichung (56) mit beliebigem λ entspricht der Randbedingung

$$\frac{1}{2}(w_i - w_a) - \frac{\lambda}{2}(w_i + w_a) = f(s),$$

denn nach (30) und (31) ist

$$\pi \mu_s = \tfrac{1}{2}(w_i - w_a),$$

$$\pi \int_C K(s, t) \mu_t \, dt = \tfrac{1}{2}(w_i + w_a).$$

Man erhält nach § 34 und § 35 die lösende Funktion des Kernes $K(s, t)$ in der Form

$$\mathsf{K}(\lambda; s, t) = \frac{D(\lambda; s, t)}{D(\lambda)}, \tag{59}$$

vorausgesetzt, daß die Determinante $D(\lambda)$ von Null verschieden ist; hierauf ergibt sich μ_s aus der Formel

$$\pi \mu_s = f(s) + \lambda \int_C \mathsf{K}(\lambda; s, t) f(t)\, dt. \tag{60}$$

Die ursprünglich gestellte Randwertaufgabe wird durch die Gleichungen (60) und (21) mit dem Wert $\lambda = -1$ gelöst, da, wie wir zeigen werden, $D(-1)$ von Null verschieden ist.

Wäre $\lambda = -1$ eine Wurzel der Gleichung $D(\lambda) = 0$, so wäre nach § 36 und § 37 längs der Kurve C eine nicht identisch verschwindende stetige Funktion μ_s vorhanden, welche der homogenen Integralgleichung

$$\mu_s - \lambda \int_C K(s, t) \mu_t\, dt = 0 \tag{61}$$

für $\lambda = -1$ genügt.

Das mit dieser Funktion μ_s gebildete Integral

$$w = \int_C \mu \frac{\cos(r, n)}{r}\, ds$$

erfüllt nach Formel (32) die Bedingung

$$\frac{w_i}{\pi} = \mu_s + \int_C K(s, t) \mu_t\, dt = 0.$$

Da w_i längs der Kurve C verschwindet, so ist w im Innern von J überall gleich Null. Daher ist längs der Kurve C die Ableitung von w nach der inneren Normale gleich Null. Nach dem in § 54 (S. 302) ausgesprochenen Satze besitzt w auch eine überall verschwindende Ableitung nach der äußeren Normale. Daraus folgt, wie am Schluß von § 54 gezeigt wurde, daß die Funktion w auch außerhalb C überall gleich Null ist; es verschwindet also auch der

Grenzwert w_a, welchem w zustrebt, wenn man sich von außen her der Randkurve C nähert. Aus (30)

$$\tfrac{1}{2}(w_i - w_a) = \pi \mu_s$$

und

$$w_i = 0\,, \quad w_a = 0$$

folgt

$$\mu_s = 0\,.$$

Dem Wert $\lambda = -1$ entspricht also keine von Null verschiedene Lösung μ_s der Gleichung (61), d. h. $\lambda = -1$ ist keine Nullstelle der Determinante $D(\lambda)$.

Der Wert $\lambda = 1$ (welcher uns im folgenden Paragraphen begegnen wird) ist eine Wurzel der Gleichung $D(\lambda) = 0$, und die homogene Integralgleichung (61) hat die Lösung $\mu_t = 1$; denn nach § 52 ist

$$\int\limits_C \frac{\cos(r\,,\, n_t)}{r}\, dt = \pi$$

oder

$$1 - \int\limits_C K(s\,,\, t)\, dt = 0\,.$$

Wir zeigen, daß $\mu_s =$ Konst. die allgemeinste Lösung der homogenen Integralgleichung (61) für $\lambda = 1$ darstellt.

Wir nehmen an, es sei $\mu = \mu_s$ eine Lösung der Gleichung (61) für $\lambda = 1$; mit dieser Funktion μ bilden wir das Integral

$$w = \int\limits_C \mu \frac{\cos(r\,,\, n)}{r}\, dt\,,$$

welches nach Formel (33) die Bedingung erfüllt:

$$\frac{w_a}{\pi} = -\mu_s + \int\limits_C K(s\,,\, t)\, \mu_t\, dt = 0\,.$$

Da längs der Kurve C $w_a = 0$ ist, so ist nach dem Schlußsatz von § 54 w außerhalb der Kurve C überall gleich Null; daher verschwindet die Ableitung von w nach der äußeren Normale von C. Dann ist nach dem auf S. 302 (§ 54) ausgesprochenen Satze auch die Ableitung $\dfrac{\partial w}{\partial n}$ nach der inneren Normale gleich Null; daraus folgt, daß w innerhalb der Kurve C einen konstanten Wert c annimmt, also $w_i = c$ ist. Aus (30)

$$\tfrac{1}{2}(w_i - w_a) = \pi\, \mu_s$$

und $w_a = 0$, $w_i = c$ folgt

$$\mu_s = \frac{c}{2\pi} = \text{Konst.},$$

w. z. b. w.*)

§ 56. Lösung der zweiten Randwertaufgabe.

Die Theorie der Integralgleichungen gestattet auch die Lösung der folgenden Randwertaufgabe.

Es sei längs der Randkurve C eine stetige Funktion $f(s)$ gegeben. Es wird eine Funktion v

---

*) Früher glaubte man die Lösbarkeit der ersten Randwertaufgabe durch die folgende (von Riemann als Dirichletsches Prinzip bezeichnete) Schlußweise begründen zu können: Unter allen Funktionen u, welche im Gebiet J nebst ihren partiellen Ableitungen stetig sind und auf der Randkurve C vorgeschriebene Werte annehmen, befindet sich eine Funktion $u = w$, welche das Integral

$$U = \iint\limits_J \left[\left(\frac{\partial u}{\partial x}\right)^2 + \left(\frac{\partial u}{\partial y}\right)^2\right] dx\, dy$$

zum Minimum macht; diese Funktion w genügt der Differentialgleichung $\Delta w = 0$. Weierstraß wies darauf hin, daß man zunächst nur das Vorhandensein einer unteren Grenze, aber nicht dasjenige eines Minimums des fraglichen Integrals behaupten könne. Nachdem so die Unhaltbarkeit der früheren Schlußweise dargetan war, wurden von C. Neumann, Schwarz, Poincaré u. a. strenge Beweise für die Lösbarkeit der Randwertaufgabe gegeben (vgl. Enzyklopädie II A, 7 b, wo sich Literaturangaben finden). Hilbert hat (1899) das Dirichletsche Prinzip wieder zu Ehren gebracht, indem er zeigte, daß die Existenz der Funktion, welche das Integral U zum Minimum macht, streng bewiesen werden kann.

Zur Einführung in die Methoden von C. Neumann, Schwarz und Poincaré kann Picards Traité d'Analyse benutzt werden (wo in Bd. II die Laplacesche Gleichung mit zwei, in Bd. I diejenige mit drei unabhängigen Veränderlichen behandelt ist). Ferner sei auf Korn, Lehrbuch der Potentialtheorie (Berlin 1899 u. 1901; fünf Abhandlungen zur Potentialtheorie, Berlin 1902 als Ergänzung) hingewiesen.

von x, y gesucht, welche nebst den partiellen Ableitungen erster und zweiter Ordnung innerhalb der Fläche J stetig ist und der partiellen Differentialgleichung $\Delta v = 0$ genügt, während die nach der inneren Normale von C genommene Ableitung $\frac{\partial v}{\partial n}$ längs der Randkurve C die gegebenen Werte $f(s)$ annimmt*).

In § 50 ist gezeigt worden, daß, wenn überhaupt eine Lösung dieser Randwertaufgabe vorhanden ist, daraus die allgemeinste Lösung entsteht, indem man eine additive Konstante hinzufügt.

Wir suchen die Funktion $\varkappa = \varkappa_s$ längs der Kurve C so zu bestimmen, daß das Integral (18)

$$v = \int_C \varkappa \log \frac{1}{r} \, ds ,$$

welches nach § 51 der Differentialgleichung $\Delta v = 0$ genügt, die Randbedingung

$$\frac{\partial v_i}{\partial n} = f(s) \tag{62}$$

erfüllt.

Nach (43) ist

$$\frac{\partial v_i}{\partial n} = -\pi \varkappa_s + \int_C \varkappa_t \frac{\cos(r, n_s)}{r} \, dt .$$

In § 55 war

$$\frac{\cos(r, n_t)}{r} = \pi K(s, t)$$

gesetzt; also ist

$$\frac{\cos(r, n_s)}{r} = \pi K(t, s)$$

*) D. h. $f(s)$ ist der Grenzwert, welchem $\frac{\partial v}{\partial n}$ zustrebt, wenn sich (x, y) von innen her dem Punkt s der Randkurve C nähert. In § 53 waren die Grenzwerte, welchen $\frac{\partial v}{\partial n}$ zustrebt, wenn man sich von innen oder von außen der Kurve C nähert, mit $\frac{\partial v_i}{\partial n}$ bzw. $\frac{\partial v_a}{\partial n}$ bezeichnet.

und

$$\int_C \varkappa_t \frac{\cos(r, n_s)}{r} dt = \pi \int_C \varkappa_t K(t, s) dt,$$

so daß die Randbedingung (62) die Form der Integralgleichung

$$\varkappa_s - \int_C \varkappa_t K(t, s) dt = -\frac{f(s)}{\pi} \tag{63}$$

annimmt.

Wir betrachten zunächst die Integralgleichung

$$\varkappa_s - \lambda \int_C \varkappa_t K(t, s) dt = -\frac{f(s)}{\pi} \tag{64}$$

mit dem Parameter λ *) und setzen nachträglich $\lambda = 1$.

Der Kern $K(t, s)$ hat dieselbe Determinante $D(\lambda)$ wie der Kern $K(s, t)$. Die beiden Integralgleichungen (61)

$$\mu_s - \lambda \int_C K(s, t) \mu_t dt = 0$$

und

$$\varkappa_s - \lambda \int_C \varkappa_t K(t, s) dt = 0 \tag{65}$$

sind für dieselben Werte von λ lösbar und haben dieselbe Anzahl linear unabhängiger Lösungen. In § 55 wurde gezeigt, daß die Gleichung (61) für $\lambda = 1$ die einzige Lösung $\mu_s = 1$ (oder = Konst.) besitzt. Demnach ist auch nur eine Lösung $\varkappa_s$ (von einem konstanten Faktor abgesehen) der Gleichung (65) für $\lambda = 1$ vorhanden.

Nach § 37 lautet die Bedingung dafür, daß die nicht homogene Integralgleichung (64) für $\lambda = 1$ lösbar ist:

$$\int_C f(s) ds = 0. \tag{66}$$

---

*) Die Gleichung (64) entspricht der Randbedingung

$$\frac{1}{2}\left(\frac{\partial v_i}{\partial n} - \frac{\partial v_a}{\partial n}\right) + \frac{\lambda}{2}\left(\frac{\partial v_i}{\partial n} + \frac{\partial v_a}{\partial n}\right) = f(s).$$

Dies ist nichts anderes als die Gleichung (7)

$$\int\limits_C \frac{\partial v}{\partial n} ds = 0 ,$$

welche von jeder Funktion v erfüllt werden muß, die in dem von der Kurve C begrenzten Gebiet nebst ihren partiellen Ableitungen erster und zweiter Ordnung stetig ist und der Differentialgleichung $\Delta v = 0$ genügt.

Nach § 37 erscheint eine Lösung der Integralgleichung (64) für $\lambda = 1$ in der Form:

$$-\pi \varkappa_s = f(s) + \int\limits_C \Gamma(t, s) f(t) dt ; \tag{67}$$

dabei ist

$$\Gamma(t, s) = \frac{D(1; t, t'; s, s')}{D(1; t', s')} , \tag{68}$$

wo die Konstanten s', t' so gewählt sind, daß $D(1; t', s')$ nicht verschwindet. Vermittels der durch (67) gelieferten Funktion $\varkappa_s$ erscheint die Lösung der zweiten Randwertaufgabe in der Form

$$v = \int\limits_C \varkappa_s \log \frac{1}{r} ds + \text{Konst.}, \tag{69}$$

vorausgesetzt, daß die vorgeschriebenen Randwerte $f(s)$ die Bedingung $\int\limits_C f(s) ds = 0$ erfüllen.

§ 57. Die Greensche Funktion des Differentialausdrucks Δu.

Ist (ξ, η) ein Punkt innerhalb des von der Kurve C begrenzten Gebietes J, so ist die Funktion

$$\log \frac{1}{r} ,$$

wo

$$r = \sqrt{(x - \xi)^2 + (y - \eta)^2}$$

die Entfernung der Punkte (x, y) und (ξ, η) darstellt, in allen Punkten (x, y) der Randkurve C stetig. Nach § 55 ist eine Funktion $g(x, y)$ vorhanden, welche nebst ihren partiellen Ableitungen erster und zweiter Ordnung im Ge-Gebiet J stetig ist, der partiellen Differentialgleichung $\Delta u = 0$ genügt und längs C dieselben Werte wie $\log\frac{1}{r}$ annimmt. Da die Funktion $\log\frac{1}{r}$ eine Lösung der Differentialgleichung $\Delta u = 0$ darstellt, welche nur im Punkte (ξ, η) unstetig ist, so ist

$$G(x, y; \xi, \eta) = g(x, y) - \log\frac{1}{r} \tag{70}$$

eine Funktion von x, y, welche nebst ihren partiellen Ableitungen erster und zweiter Ordnung im Gebiet J — abgesehen von der Stelle (ξ, η) — stetig ist, der partiellen Differentialgleichung $\Delta u = 0$ genügt, längs der Randkurve C verschwindet und für $x = \xi$, $y = \eta$ wie $\log r$ unendlich wird. Die Funktion $G(x, y; \xi, \eta)$, welche durch diese Eigenschaften eindeutig bestimmt ist, wird als Greensche Funktion des Differentialausdrucks Δu bezeichnet*).

Ist r_1 der kleinste und r_2 der größte Wert von r auf der Randkurve C, so ist $\log\frac{1}{r_2}$ der kleinste und $\log\frac{1}{r_1}$ der größte Wert der Funktion g nicht nur auf der Kurve C, sondern auch in der Fläche J, da ein Maximum oder Minimum von g nur auf der Kurve C liegen kann. Die Funktion $\log r$ nimmt in der Nähe des Punktes (ξ, η) negative Werte von sehr großem absoluten Betrage an; demnach ist die Funktion $G = g + \log r$ in der Nähe von (ξ, η) ebenfalls negativ, und da sie auf C verschwindet und im Innern des Gebietes, welches von der Kurve C und einem den Punkt (ξ, η) umgebenden kleinen Kreise begrenzt wird, kein Maximum oder Minimum haben kann, so ist sie innerhalb der Kurve C überall negativ.

---

*) Wir beschränken uns hier auf die zur ersten Randwertaufgabe gehörige Greensche Funktion, wie wir uns in § 59 und § 60 auf solche Lösungen der Differentialgleichung $\Delta u + \lambda u = 0$ bzw. $\Delta u + \lambda k u = 0$ beschränken, welche auf der Randkurve C verschwinden.

Ist G_0 irgendeine negative Konstante, so stellt die Gleichung $G = G_0$ eine innerhalb der Kurve C gelegene geschlossene Kurve dar. Ist $|G_0|$ sehr groß, so verläuft die Kurve $G = G_0$ in der Nähe des Punktes (ξ, η), den sie umschließt. Dagegen liegt die Kurve $G = G_0$ in der Nähe der Kurve C, wenn $|G_0|$ sehr klein ist. Zwei Kurven, welche verschiedenen Werten von G_0 entsprechen, können sich nicht schneiden. Demnach umgeben alle Kurven $G = G_0$ den Punkt (ξ, η), und die Kurve $G = G_0'$ schließt die Kurve $G = G_0''$ ein, wenn $0 \geqq G_0' > G_0''$ ist. Daher ist auf jeder Kurve $G = G_0$ die Ableitung der Greenschen Funktion G nach der inneren Normale negativ.

Wir verstehen unter (ξ_1, η_1) und (ξ_2, η_2) zwei Punkte im Innern der Fläche J und betrachten die beiden Greenschen Funktionen

$$(71) \qquad \begin{cases} G_1(x, y) = G(x, y; \xi_1, \eta_1), \\ G_2(x, y) = G(x, y; \xi_2, \eta_2) \end{cases}$$

mit den Unstetigkeitsstellen (ξ_1, η_1) bzw. (ξ_2, η_2). Wir beschreiben um den Punkt (ξ_1, η_1) einen kleinen Kreis Γ_1 vom Radius ϱ_1 und um den Punkt (ξ_2, η_2) einen kleinen Kreis Γ_2 vom Radius ϱ_2. Da wir nicht wissen, ob die normalen Ableitungen $\frac{\partial G_1}{\partial n}$ und $\frac{\partial G_2}{\partial n}$ auf der Randkurve C noch stetig sind, so führen wir die innerhalb C gelegene Kurve C' mit der Gleichung

$$G_1(x, y) = \varepsilon_1$$

ein, wo ε_1 eine negative Größe darstellt. Wenn sich ε_1 der Grenze Null nähert, nähert sich die Kurve C' der Kurve C, auf welcher $G_1 = 0$ ist. In dem Gebiete J' innerhalb der Kurve C' und außerhalb der beiden Kreise Γ_1 und Γ_2 sind die Funktionen G_1 und G_2 nebst ihren partiellen Ableitungen erster und zweiter Ordnung stetig, und es ist $\Delta G_1 = 0$, $\Delta G_2 = 0$; daher ist nach Formel (6)

$$\int \left(G_1 \frac{\partial G_2}{\partial n} - G_2 \frac{\partial G_1}{\partial n} \right) ds = 0,$$

wenn das Integral über die Begrenzung des Gebietes J' erstreckt wird, d. h. über die Kurve C' in positivem und über die beiden Kreise Γ_1 und Γ_2 in negativem Sinne, und wenn n die ins Innere von J' gerichtete Normale bedeutet, d. h. die innere Normale von C' und die äußere Normale von Γ_1 und Γ_2. Es ist also

$$
(72)\quad \left\{
\begin{aligned}
&\int\limits_{C'}\left(G_1\frac{\partial G_2}{\partial n}-G_2\frac{\partial G_1}{\partial n}\right)ds\\
&=-\int\limits_{\Gamma_1}\left(G_1\frac{\partial G_2}{\partial n}-G_2\frac{\partial G_1}{\partial n}\right)ds\\
&\quad-\int\limits_{\Gamma_2}\left(G_1\frac{\partial G_2}{\partial n}-G_2\frac{\partial G_1}{\partial n}\right)ds,
\end{aligned}
\right.
$$

wo sowohl über die Kurve C', als auch über die Kreise Γ_1, Γ_2 in positivem Sinne integriert wird und unter n die innere Normale der Kurve C' bzw. der Kreise Γ_1 und Γ_2 zu verstehen ist.

Die Anwendung der Formel (7) auf das Gebiet zwischen der Kurve C' und dem Kreise Γ_1 ergibt

$$\int\limits_{C'}\frac{\partial G_1}{\partial n}ds=\int\limits_{\Gamma_1}\frac{\partial G_1}{\partial n}ds.$$

Nun ist aber, wenn

$$r_1=+\sqrt{(x-\xi_1)^2+(y-\eta_1)^2}$$

gesetzt wird,

$$G_1=g_1+\log r_1,$$

wo g_1 im Kreise Γ_1 nebst den partiellen Ableitungen stetig ist und der Differentialgleichung $\Delta g_1=0$ genügt; daher ist

$$\int\limits_{\Gamma_1}\frac{\partial g_1}{\partial n}ds=0.$$

Ferner ist

$$\int\limits_{\Gamma_1}\frac{\partial \log r_1}{\partial n}ds=-\int\limits_{\Gamma}\frac{d\log r_1}{dr_1}ds=-\int\limits_0^{2\pi}\frac{1}{\varrho}\cdot\varrho\,d\vartheta=-2\pi.$$

Demnach hat man

$$\int\limits_{C'} \frac{\partial G_1}{\partial n}\, ds = \int\limits_{\Gamma_1} \frac{\partial G_1}{\partial n}\, ds = \int\limits_{\Gamma_1} \left(\frac{\partial g_1}{\partial n} + \frac{\partial \log r_1}{\partial n}\right) ds = -2\pi$$

und entsprechend

$$\int\limits_{C'} \frac{\partial G_2}{\partial n}\, ds = \int\limits_{\Gamma_2} \frac{\partial G_2}{\partial n}\, ds = -2\pi\,.$$

Da die Funktion G_1 auf der Kurve C' den konstanten Wert ε_1 annimmt, so ist

$$\int\limits_{C'} G_1 \frac{\partial G_2}{\partial n}\, ds = \varepsilon_1 \int\limits_{C'} \frac{\partial G_2}{\partial n}\, ds = -2\pi\varepsilon_1\,;$$

da $\frac{\partial G_1}{\partial n}$ auf C' stets negativ ist, so ist, wenn ε_2 den Maximalwert von $|G_2|$ auf der Kurve C' darstellt,

$$\left|\int\limits_{C'} G_2 \frac{\partial G_1}{\partial n}\, ds\right| \leqq \varepsilon_2 \left|\int\limits_{C'} \frac{\partial G_1}{\partial n}\, ds\right| = 2\pi\varepsilon_2\,.$$

Mit ε_1 nähert sich auch ε_2 der Grenze Null; denn auf der Kurve C, welcher sich die Kurve C' mit verschwindendem ε_1 nähert, ist auch G_2 gleich Null. Da die rechte Seite der Gleichung (72) von ε_1 nicht abhängig ist, so muß das Integral auf der linken Seite, welches, wie wir gesehen haben, mit ε_1 unendlich klein wird, genau gleich Null sein; es ist also

$$\int\limits_{C'} \left(G_1 \frac{\partial G_2}{\partial n} - G_2 \frac{\partial G_1}{\partial n}\right) ds = 0\,. \tag{73}$$

Ferner ist, wenn man auf dem Kreise Γ_1 (für $r_1 = \varrho_1$)

$$G_1 = g_1 + \log r_1\,, \qquad \frac{\partial G_1}{\partial n} = \frac{\partial g_1}{\partial n} - \frac{1}{r_1}$$

setzt,

$$\int\limits_{\Gamma_1} \left(G_1 \frac{\partial G_2}{\partial n} - G_2 \frac{\partial G_1}{\partial n}\right) ds$$

$$= \int\limits_{\Gamma_1} \left(g_1 \frac{\partial G_2}{\partial n} - G_2 \frac{\partial g_1}{\partial n}\right) ds + \log\varrho_1 \int\limits_{\Gamma_1} \frac{\partial G_2}{\partial n}\, ds + \frac{1}{\varrho_1} \int\limits_{\Gamma_1} G_2\, ds\,.$$

Da im Kreise Γ_1 die Funktionen g_1 und G_2 nebst ihren partiellen Ableitungen stetig sind und den Differentialgleichungen $\Delta g_1 = 0$, $\Delta G_2 = 0$ genügen, so ist

$$\int_{\Gamma_1} \left(g_1 \frac{\partial G_2}{\partial n} - G_2 \frac{\partial g_1}{\partial n} \right) ds = 0$$

und

$$\int_{\Gamma_1} \frac{\partial G_2}{\partial n} ds = 0 ;$$

also hat man

$$\int_{\Gamma_1} \left(G_1 \frac{\partial G_2}{\partial n} - G_2 \frac{\partial G_1}{\partial n} \right) ds = \frac{1}{\varrho_1} \int_{\Gamma_1} G_2 \, ds . \tag{74}$$

Entsprechend findet man

$$\int_{\Gamma_2} \left(G_1 \frac{\partial G_2}{\partial n} - G_2 \frac{\partial G_1}{\partial n} \right) ds = -\frac{1}{\varrho_2} \int_{\Gamma_2} G_1 \, ds . \tag{75}$$

Die rechte Seite der Gleichung (72), welche den Wert

$$-\frac{1}{\varrho_1} \int_{\Gamma_1} G_2 \, ds + \frac{1}{\varrho_2} \int_{\Gamma_2} G_1 \, ds$$

hat, weicht, wenn ϱ_1 und ϱ_2 sehr klein angenommen werden, von

$$-\frac{1}{\varrho_1} \int_0^{2\pi} G_2(\xi_1, \eta_1) \cdot \varrho_1 \, d\vartheta + \frac{1}{\varrho_2} \int_0^{2\pi} G_1(\xi_2, \eta_2) \cdot \varrho_2 \, d\vartheta$$

$$= -2\pi G_2(\xi_1, \eta_1) + 2\pi G_1(\xi_2, \eta_2)$$

nur wenig ab. Da die rechte Seite von (72) unabhängig von der Wahl der Radien ϱ_1 und ϱ_2 geich Null sein muß, so ist

$$-2\pi G_2(\xi_1, \eta_1) + 2\pi G_1(\xi_2, \eta_2) = 0$$

oder

$$G_2(\xi_1, \eta_1) = G_1(\xi_2, \eta_2)$$

oder ausführlicher geschrieben

$$G(\xi_1, \eta_1; \xi_2, \eta_2) = G(\xi_2, \eta_2; \xi_1, \eta_1) . \tag{75}$$

Wir haben also den Satz:

Die Greensche Funktion $G(x, y; \xi, \eta)$ bleibt ungeändert, wenn man die beiden innerhalb der Randkurve C gelegenen Punkte (x, y) und (ξ, η) vertauscht.

§ 58. Die Differentialgleichung $\Delta u + 2\pi\varphi(x, y) = 0$.

In der Differentialgleichung

$$\Delta u + 2\pi\varphi(x, y) = 0 \tag{76}$$

sei $\varphi(x, y)$ eine gegebene Funktion von x, y, welche im Gebiet J mit Einschluß der Begrenzung C endlich und stetig ist. Wir nehmen an, es sei eine Lösung $u(x, y)$ der Differentialgleichung (76) vorhanden, welche im Gebiet J nebst ihren partiellen Ableitungen erster und zweiter Ordnung stetig ist und auf der Randkurve C verschwindet.

Wir verstehen unter (ξ, η) einen Punkt im Innern des Gebietes J und bezeichnen mit $G(x, y; \xi, \eta)$ die oben definierte Greensche Funktion von Δu. Wir umgeben den Punkt (ξ, η) mit einem kleinen Kreis Γ vom Radius ϱ und bezeichnen mit J' denjenigen Teil des Gebietes J, welcher außerhalb des Kreises Γ liegt; die Begrenzung des Gebietes J' besteht aus der im positiven Sinne durchlaufenen Kurve C und der im negativen Sinne durchlaufenen Kreisperipherie Γ.

Die auf das Gebiet J' angewandte Greensche Formel (5) schreibt sich

$$\left\{\begin{aligned} &\iint\limits_{J'} (v\,\Delta u - u\,\Delta v)\,dx\,dy \\ &= \int\limits_C \left(u\frac{\partial v}{\partial n} - v\frac{\partial u}{\partial n}\right) ds - \int\limits_\Gamma \left(u\frac{\partial v}{\partial n} - v\frac{\partial u}{\partial n}\right) ds\,, \end{aligned}\right. \tag{77}$$

wo das letzte Integral über die Kreisperipherie Γ mit dem Bogenelement $ds = \varrho\,d\vartheta$ im positiven Sinne zu erstrecken ist, während n die ins Innere des Gebietes J' gerichtete Normale, also die äußere Normale des Kreises Γ darstellt. Nachträglich gehen wir, indem wir ϱ unendlich klein werden lassen, zum Gebiet J über. Wir setzen für u die oben als vorhanden vorausgesetzte Lösung der Differentialgleichung (76) und für v die Greensche Funktion

(78) $$G(x, y; \xi, \eta) = g + \log r .$$

Das erste Integral auf der rechten Seite der Gleichung (77) verschwindet, da u und G auf der Kurve C verschwinden; das zweite Integral nimmt, da für einen Punkt auf der Peripherie Γ $r = \varrho$ und

$$\frac{\partial \log r}{\partial n} = \frac{d \log r}{d r} = \frac{1}{r} = \frac{1}{\varrho}$$

ist, die Form an:

$$-\int\limits_{\Gamma}\left(u\frac{\partial G}{\partial n} - G\frac{\partial u}{\partial n}\right)ds$$

$$= -\int\limits_{\Gamma}\left(u\frac{\partial g}{\partial n} - g\frac{\partial u}{\partial n}\right)ds - \int\limits_{\Gamma}\left(\frac{u}{\varrho} - \log\varrho\frac{\partial u}{\partial n}\right)ds ;$$

wenn ϱ und damit der Integrationsweg Γ unendlich klein wird, verschwindet das erste Teilintegral, da die zu integrierende Funktion endlich ist; das zweite Teilintegral ist

$$-2\pi u(\xi, \eta) + \log\varrho\int\limits_{\Gamma}\frac{\partial u}{\partial n}ds = -2\pi u(\xi, \eta) ,$$

da

$$\int\limits_{\Gamma}\frac{\partial u}{\partial n}ds = 0$$

ist. Die rechte Seite der Gleichung (77) geht demnach für $\lim\varrho = 0$ in

$$-2\pi u(\xi, \eta)$$

über.

Die linke Seite von (77) schreibt sich wegen $v = G$, $\Delta v = 0$, $\Delta u = -2\pi\varphi$:

$$-2\pi\iint\limits_{J'}\varphi(x, y)\, G(x, y; \xi, \eta)\, dx\, dy ;$$

sie geht für $\lim\varrho = 0$ in

$$-2\pi\iint\limits_{J}\varphi(x, y)\, G(x, y; \xi, \eta)\, dx\, dy$$

über; denn das über die von dem Kreise Γ begrenzte Fläche j erstreckte Integral

$$\iint\limits_{j} \varphi(x, y)\, G(x, y; \xi, \eta)\, dx\, dy$$

$$= \iint\limits_{j} \varphi(x, y)\, g\, dx\, dy + \iint\limits_{j} \varphi(x, y) \log r\, dx\, dy$$

verschwindet mit verschwindendem ϱ. Wenn wir nämlich auf Grund der Formeln

$$x = \xi + r\cos\vartheta, \quad y = \eta + r\sin\vartheta$$

im Innern der Fläche j Polarkoordinaten r, ϑ einführen und das Flächenelement $dx\, dy$ durch das Flächenelement $r\, dr\, d\vartheta$ ersetzen, wird

$$\iint\limits_{j} \varphi(x, y) \log r\, dx\, dy$$

$$= \int\limits_{0}^{2\pi} d\vartheta \int\limits_{0}^{\varrho} \varphi(\xi + r\cos\vartheta, \eta + r\sin\vartheta)\, r \log r\, dr;$$

da

$$\lim_{r=0} r \log r = 0$$

ist, verschwindet das Integral mit verschwindendem ϱ; dasselbe gilt für

$$\iint\limits_{j} \varphi\, g\, dx\, dy,$$

da die Funktion φg in der Fläche j endlich bleibt.

Es ist demnach

$$u(\xi, \eta) = \iint\limits_{J} G(x, y; \xi, \eta)\, \varphi(x, y)\, dx\, dy \tag{79}$$

oder, da die Funktion G in bezug auf die Punkte x, y und ξ, η symmetrisch ist,

$$u(x, y) = \iint\limits_{J} G(x, y; \xi, \eta)\, \varphi(\xi, \eta)\, d\xi\, d\eta. \tag{80}$$

Wenn eine auf der Kurve C verschwindende und im Gebiete J nebst ihren partiellen Ableitungen erster und zweiter Ordnung stetige Lösung

$u(x, y)$ der Differentialgleichung (76) vorhanden ist, so wird sie durch die Formel (80) dargestellt.

Wir haben bereits gesehen, daß das Doppelintegral (80) einen Sinn hat. Da die Funktion $G(x, y; \xi, \eta)$ für die Punkte (x, y) der Randkurve C verschwindet, so gilt das gleiche für die durch die Formel (80) dargestellte Funktion $u(x, y)$. Wir zeigen jetzt, daß die Funktion (80) wirklich der Differentialgleichung (76)

$$\Delta u = -2\pi\varphi(x, y)$$

genügt, wenn die Funktion $\varphi(x, y)$ stetige partielle Ableitungen erster Ordnung $\frac{\partial\varphi}{\partial x}$ und $\frac{\partial\varphi}{\partial y}$ hat.

Da

$$G(x, y; \xi, \eta) = g(x, y; \xi, \eta) - \log\frac{1}{r}$$

ist, so setzen wir

$$(81)\quad \begin{cases} u = v - w, \\ v = \iint\limits_J g(x, y; \xi, \eta)\varphi(\xi, \eta)\, d\xi\, d\eta, \\ w = \iint\limits_J \varphi(\xi, \eta)\log\frac{1}{r}\, d\xi\, d\eta. \end{cases}$$

Da die Funktion g von x, y der Differentialgleichung $\Delta g = 0$ genügt, so ist auch $\Delta v = 0$. Es bleibt noch die Funktion w zu untersuchen, welche, wie beiläufig bemerkt sein möge, als logarithmisches Potential einer Belegung der Fläche J mit der Dichtigkeit $\varphi(\xi, \eta)$ betrachtet werden kann.

Es ist

$$\frac{\partial w}{\partial x} = \iint\limits_J \varphi(\xi, \eta)\frac{\partial\log\frac{1}{r}}{\partial x}\, d\xi\, d\eta,$$

falls dieses Integral einen Sinn hat. Führt man unter Anwendung der Formeln

$$\xi = x + r\cos\vartheta, \quad \eta = y + r\sin\vartheta$$

Polarkoordinaten r, ϑ ein und beachtet man, daß

$$\frac{\partial r}{\partial x} = \frac{x - \xi}{r},$$

$$\frac{\partial \log \frac{1}{r}}{\partial x} = -\frac{1}{r}\frac{\partial r}{\partial x} = \frac{\xi - x}{r^2}$$

ist, so erhält man für $\frac{\partial w}{\partial x}$ das Integral

$$\iint_J \varphi(x + r\cos\vartheta,\ y + r\sin\vartheta) \cdot \frac{r\cos\vartheta}{r^2} \cdot r\,dr\,d\vartheta$$

$$= \iint_J \varphi(x + r\cos\vartheta,\ y + r\sin\vartheta)\cos\vartheta\,dr\,d\vartheta,$$

welches offenbar einen Sinn hat. Wegen

$$\frac{\partial r}{\partial x} = -\frac{\partial r}{\partial \xi}$$

kann man auch schreiben:

$$(82) \qquad \frac{\partial w}{\partial x} = -\iint_J \varphi(\xi, \eta)\frac{\partial \log \frac{1}{r}}{\partial \xi}\,d\xi\,d\eta.$$

Um diesen Ausdruck umzuformen, benutzen wir die Formel

$$(83) \quad \iint_J U\frac{\partial V}{\partial \xi}\,d\xi\,d\eta = -\int_C UV\cos(n, x)\,ds - \iint_J V\frac{\partial U}{\partial \xi}\,d\xi\,d\eta;$$

hierbei sind U und V im Gebiet J stetige Funktionen von ξ, η mit stetigen partiellen Ableitungen erster Ordnung; ds ist ein Bogenelement der Randkurve C und (n, x) der Winkel, welchen die ins Innere der Fläche J gerichtete Normale von C mit der x-Achse einschließt. Zum Beweis setzen wir $P = UV$ in der in § 28 vorkommenden Formel

$$\iint_J \frac{\partial P}{\partial \xi}\,d\xi\,d\eta = \int_C P\,d\eta;$$

wir erhalten so

$$\iint\limits_J \left(U \frac{\partial V}{\partial \xi} + V \frac{\partial U}{\partial \xi}\right) d\xi\, d\eta = \int\limits_C P\, d\eta\,;$$

setzt man darin wie in § 50

$$d\eta = -ds \cos(n, x)\,,$$

so hat man die Formel (83).

Wenn man in (83)

$$U = \varphi(\xi, \eta)\,, \qquad V = \log\frac{1}{r}$$

setzt, erhält man folgende Umformung des Ausdrucks (82):

$$(84) \quad \begin{cases} \dfrac{\partial w}{\partial x} = \displaystyle\int\limits_C \varphi(\xi, \eta) \log\frac{1}{r} \cos(n, x)\, ds \\ \qquad + \displaystyle\iint\limits_J \frac{\partial \varphi(\xi, \eta)}{\partial \xi} \log\frac{1}{r}\, d\xi\, d\eta\,. \end{cases}$$

Hieraus ergibt sich, indem man partiell nach x differentiiert und die Gleichung

$$\frac{\partial \log\frac{1}{r}}{\partial x} = -\frac{\partial \log\frac{1}{r}}{\partial \xi}$$

beachtet:

$$(85) \quad \begin{cases} \dfrac{\partial^2 w}{\partial x^2} = -\displaystyle\int\limits_C \varphi \frac{\partial \log\frac{1}{r}}{\partial \xi} \cos(n, x)\, ds \\ \qquad - \displaystyle\iint\limits_J \frac{\partial \log\frac{1}{r}}{\partial \xi} \frac{\partial \varphi}{\partial \xi}\, d\xi\, d\eta\,. \end{cases}$$

Addiert man hierzu den entsprechenden Ausdruck für $\dfrac{\partial^2 w}{\partial y^2}$ und berücksichtigt man, daß

$$\frac{\partial \log\frac{1}{r}}{\partial n} = \frac{\partial \log\frac{1}{r}}{\partial \xi} \cos(n, x) + \frac{\partial \log\frac{1}{r}}{\partial \eta} \cos(n, y)$$

ist, so erhält man

$$(86)\quad \begin{cases} \Delta w = -\int\limits_C \varphi \dfrac{\partial \log \frac{1}{r}}{\partial n}\, ds \\ \qquad - \iint\limits_J \left(\dfrac{\partial \log \frac{1}{r}}{\partial \xi} \dfrac{\partial \varphi}{\partial \xi} + \dfrac{\partial \log \frac{1}{r}}{\partial \eta} \dfrac{\partial \varphi}{\partial \eta} \right) d\xi\, d\eta\,. \end{cases}$$

Zur Umformung des in (86) enthaltenen Doppelintegrals wenden wir die Formel (3) in § 50

$$\iint\limits_J \left(\frac{\partial U}{\partial \xi} \frac{\partial V}{\partial \xi} + \frac{\partial U}{\partial \eta} \frac{\partial V}{\partial \eta} \right) d\xi\, d\eta$$

$$= -\int\limits_C U \frac{\partial V}{\partial n}\, ds - \iint\limits_J U \Delta V\, d\xi\, d\eta\,,$$

indem wir

$$U = \varphi\,, \qquad V = \log \frac{1}{r}$$

setzen, auf das Gebiet J' an, welches übrigbleibt, wenn man aus dem Gebiet J einen kleinen Kreis mit dem Mittelpunkt (x, y) und dem Radius ϱ, dessen Peripherie Γ heißen möge, ausscheidet. Es ergibt sich so

$$(87)\quad \begin{cases} \iint\limits_{J'} \left(\dfrac{\partial \log \frac{1}{r}}{\partial \xi} \dfrac{\partial \varphi}{\partial \xi} + \dfrac{\partial \log \frac{1}{r}}{\partial \eta} \dfrac{\partial \varphi}{\partial \eta} \right) d\xi\, d\eta \\ \quad = -\int\limits_C \varphi \dfrac{\partial \log \frac{1}{r}}{\partial n}\, ds + \int\limits_\Gamma \varphi \dfrac{\partial \log \frac{1}{r}}{\partial n}\, ds \\ \qquad - \iint\limits_{J'} \varphi\, \Delta \log \frac{1}{r}\, d\xi\, d\eta\,; \end{cases}$$

im zweiten Integral der rechten Seite ist n die äußere Normale des Kreises Γ (d. h. die ins Innere von J' gerichtete Normale). Wegen

$$\Delta \log\frac{1}{r} = \left(\frac{\partial^2}{\partial\xi^2} + \frac{\partial^2}{\partial\eta^2}\right)\log\frac{1}{r} = 0$$

ist

$$\iint\limits_{J'} \varphi\, \Delta \log\frac{1}{r}\, d\xi\, d\eta = 0 .$$

Auf dem Kreis Γ ist

$$\frac{\partial \log\frac{1}{r}}{\partial n} = \frac{d \log\frac{1}{r}}{d r} = -\frac{1}{\varrho}$$

und

$$\xi = x + \varrho\cos\vartheta , \quad \eta = y + \varrho\sin\vartheta$$

sowie

$$ds = \varrho\, d\vartheta ;$$

also haben wir

$$\int\limits_{\Gamma} \varphi \frac{\partial \log\frac{1}{r}}{\partial n} ds = -\int\limits_0^{2\pi} \varphi(x + \varrho\cos\vartheta, y + \varrho\sin\vartheta)\, d\vartheta$$

und

$$\lim_{\varrho=0} \int\limits_{\Gamma} \varphi \frac{\partial \log\frac{1}{r}}{\partial n} ds = -2\pi\varphi(x, y) .$$

Für $\lim\varrho = 0$ erhält man aus (87)

$$(88) \quad \left\{ \begin{aligned} &\iint\limits_{J} \left(\frac{\partial \log\frac{1}{r}}{\partial\xi} \frac{\partial\varphi}{\partial\xi} + \frac{\partial \log\frac{1}{r}}{\partial\eta} \frac{\partial\varphi}{\partial\eta} \right) d\xi\, d\eta \\ &\quad = -\int\limits_{C} \varphi \frac{\partial \log\frac{1}{r}}{\partial n} ds - 2\pi\varphi(x, y) . \end{aligned} \right.$$

Durch Einsetzung dieses Wertes in (86) ergibt sich

$$(89) \qquad \Delta w = 2\pi\varphi(x, y).$$

Da $u = v - w$ und $\Delta v = 0$ ist, so haben wir (76)

$$\Delta u = -2\pi\varphi(x, y),$$

w. z. b. w.

§ 59. Eigenwerte und Eigenfunktionen der Differentialgleichung $\Delta u + \lambda u = 0$.

Wir betrachten zunächst die Differentialgleichung

$$(90) \qquad \Delta u + \lambda u = f(x, y),$$

wo $f(x, y)$ eine im Gebiet J stetige Funktion mit stetigen partiellen Ableitungen erster Ordnung darstellt. Wir suchen ein Integral u dieser Differentialgleichung, welches im Gebiet J nebst seinen partiellen Ableitungen erster und zweiter Ordnung stetig ist und auf der Randkurve C verschwindet.

Ist ein solches Integral u vorhanden, so wird es durch die Formel

$$(91) \qquad u = -\frac{1}{2\pi}\iint_J G(x, y; \xi, \eta)\left(-\lambda u(\xi, \eta) + f(\xi, \eta)\right) d\xi\, d\eta$$

dargestellt, welche aus (80) dadurch hervorgeht, daß man $-2\pi\varphi(x, y)$ durch $-\lambda u(x, y) + f(x, y)$ ersetzt. Setzt man

$$(92) \qquad K(x, y; \xi, \eta) = \frac{1}{2\pi} G(x, y; \xi, \eta)$$

und

$$(93) \qquad g(x, y) = -\frac{1}{2\pi}\iint_J G(x, y; \xi, \eta) f(\xi, \eta)\, d\xi\, d\eta,$$

so geht die Gleichung (91) in die zur Bestimmung von $u(x, y)$ dienende Fredholmsche Integralgleichung

$$(94) \qquad u(x, y) - \lambda\iint_J K(x, y; \xi, \eta)\, u(\xi, \eta)\, d\xi\, d\eta = g(x, y)$$

mit dem Kern (92) über.

Der Kern K ist für alle dem Gebiet J angehörigen, von (ξ, η) verschiedenen Punkte (x, y) stetig; er wird im Punkt (ξ, η) so unendlich, daß

$$K(x, y; \xi, \eta) - \frac{1}{2\pi}\log r$$

stetig ist. Da demnach die Ordnung des Unendlichwerdens kleiner als 1 ist, kann die im V. Abschnitt entwickelte Theorie mit der in § 38 angegebenen Abänderung angewandt werden. Wir bezeichnen den Punkt (x, y) mit s, den Punkt (ξ, η) mit t; wir definieren die Determinante $D(\lambda)$ des Kernes K durch die Formel (5), die Unterdeterminante

$$D(\lambda; s, t) = D(\lambda; x, y; \xi, \eta)$$

durch die Formel (6) *), die Reihenkoeffizienten A_n und $A_n(s, t)$ durch die Formeln (52) und (53), wo unter $r_1, \ldots, r_n$ die der Fläche J angehörigen Punkte $(\xi_1, \eta_1), \ldots, (\xi_n, \eta_n)$, unter $dr_1, \ldots, dr_n$ die Elemente $d\xi_1 d\eta_1, \ldots, d\xi_n d\eta_n$ der Fläche J zu verstehen sind, so daß A_n und $A_n(s, t)$ jetzt durch $2n$-fache Integrale dargestellt werden. Die lösende Funktion

$$\mathsf{K}(\lambda; s, t) = \mathsf{K}(\lambda; x, y; \xi, \eta)$$

wird durch die Formel (8) *) definiert. Ist $D(\lambda)$ von Null verschieden, so hat die Integralgleichung (94) die einzige Lösung

$$(95) \quad u(x, y) = g(x, y) + \lambda \iint\limits_J \mathsf{K}(\lambda; x, y; \xi, \eta)\, g(\xi, \eta)\, d\xi\, d\eta\,.$$

Wegen der Abgeschlossenheit des Kerns $K(x, y; \xi\ \eta)$, die sich wie in § 45 ergibt, besitzt $D(\lambda)$ unendlich viele Nullstellen λ_n, welche sämtlich reell sind; jedem Eigenwert λ_n entspricht eine Eigenfunktion $\psi_n(x, y)$ des Kerns, welche der Gleichung

$$(96) \qquad \psi_n(x, y) = \lambda_n \iint\limits_J K(x, y; \xi, \eta)\, \psi_n(\xi, \eta)\, d\xi\, d\eta$$

*) Abschnitt V.

genügt. Wir denken uns die Eigenfunktionen so normiert, daß

$$(97)\quad \begin{cases} \iint\limits_J (\psi_n(x, y))^2\, dx\, dy = 1\,, \\ \iint\limits_J \psi_n(x, y)\, \psi_{n'}(x, y)\, dx\, dy = 0 \qquad (n \gtrless n') \end{cases}$$

ist.

Setzt man die Funktion $f(x, y)$ gleich Null, so geht die Differentialgleichung (90) über in

$$(\mathrm{B})\qquad \Delta u + \lambda u = 0\,;$$

die Funktion $g(x, y)$ verschwindet ebenfalls, und an die Stelle von (94) tritt die Integralgleichung

$$(98)\quad u(x, y) - \lambda \iint\limits_J K(x, y; \xi, \eta)\, u(\xi, \eta)\, d\xi\, d\eta = 0\,,$$

welche, wenn für λ ein Eigenwert λ_n des Kernes K gesetzt wird, durch die zugehörige Eigenfunktion $u = \psi_n(x, y)$ befriedigt wird. Die Eigenwerte λ_n und die Eigenfunktionen $\psi_n(x, y)$ des Kerns K bezeichnen wir auch als Eigenwerte bzw. Eigenfunktionen der Differentialgleichung (B). Die Werte λ_n werden auch als ausgezeichnete Werte, die $\psi_n(x, y)$ als ausgezeichnete Lösungen oder Normalfunktionen bezeichnet.

Die Gleichung (8)

$$-\iint\limits_J u\, \Delta u\, dx\, dy = \iint\limits_J \left[\left(\frac{\partial u}{\partial x}\right)^2 + \left(\frac{\partial u}{\partial y}\right)^2\right] dx\, dy + \int\limits_C u \frac{\partial u}{\partial n}\, ds$$

geht, wenn man für u die auf der Randkurve C verschwindende, zum Eigenwert λ_n gehörige normierte Eigenfunktion $\psi_n(x, y)$ setzt, unter Berücksichtigung der Gleichungen

$$-\Delta \psi_n = \lambda_n \psi_n\,,$$
$$\iint\limits_J \psi_n^2\, dx\, dy = 1$$

über in

$$(99)\quad \lambda_n = \iint\limits_J \left[\left(\frac{\partial \psi_n}{\partial x}\right)^2 + \left(\frac{\partial \psi_n}{\partial y}\right)^2\right] dx\, dy\,;$$

d. h. alle Eigenwerte λ_n sind positiv.

Damit ist der Satz bewiesen:

Die Differentialgleichung

(B) $$\Delta u + \lambda u = 0$$

besitzt dann und nur dann, wenn für λ einer der unendlich vielen reellen positiven Eigenwerte λ_n gesetzt wird, eine Lösung $u = \psi_n(x, y)$, welche auf der Kurve C verschwindet und im Innern derselben nebst ihren partiellen Ableitungen erster und zweiter Ordnung stetig ist.

Wie in § 45 ergibt sich der weitere Satz:

Jede Funktion $f(x, y)$, welche im Gebiet J nebst ihren partiellen Ableitungen erster und zweiter Ordnung stetig ist und längs der Randkurve C verschwindet, läßt sich in eine absolut und gleichmäßig konvergente Reihe

(100) $$\begin{cases} f(x, y) = \sum_{n=1}^{\infty} c_n \psi_n(x, y), \\ c_n = \iint_J f(x, y) \psi_n(x, y) \, dx \, dy \end{cases}$$

entwickeln, welche nach den Eigenfunktionen $\psi_n(x, y)$ der Differentialgleichung (B) fortschreitet.

Wie in § 46 läßt sich die lösende Funktion $\mathsf{K}(\lambda; x, y; \xi, \eta)$ als Greensche Funktion des Differentialausdrucks $\Delta u + \lambda u$ auffassen.

§ 60. Die Differentialgleichung $\Delta u + \lambda k(x, y) u = 0$ $(k > 0)$.

Ähnlich wie die Gleichung (90) läßt sich die Differentialgleichung

(101) $$\Delta u + \lambda k(x, y) u = f(x, y)$$

behandeln, wo $k(x, y)$ eine im Gebiet J positive Funktion darstellt.

Ein längs C verschwindendes Integral u von (101) genügt der Gleichung

$$u = -\frac{1}{2\pi} \iint_J G(x, y; \xi, \eta) (-\lambda k(\xi, \eta) u(\xi, \eta) + f(\xi, \eta)) \, d\xi \, d\eta,$$

welche sich unter Benutzung der Bezeichnung (92) und (93) als Integralgleichung

$$u(x,y) - \lambda \iint_J K(x,y;\xi,\eta)\, k(\xi,\eta)\, u(\xi,\eta)\, d\xi\, d\eta = g(x,y) \tag{102}$$

mit dem unsymmetrischen Kern

$$K(x, y; \xi, \eta)\, k(\xi, \eta)$$

schreiben läßt. Setzt man

$$\begin{cases} \bar{u}(x, y) = u(x, y) \cdot \sqrt{k(x, y)}, \\ \bar{g}(x, y) = g(x, y) \cdot \sqrt{k(x, y)} \end{cases} \tag{103}$$

und

$$\begin{cases} \overline{\overline{K}}(x, y; \xi, \eta) = K(x, y; \xi, \eta) \sqrt{k(x, y)} \sqrt{k(\xi, \eta)} \\ \qquad = \dfrac{1}{2\pi} G(x, y; \xi, \eta) \sqrt{k(x, y)} \sqrt{k(\xi, \eta)}, \end{cases} \tag{104}$$

so geht die Gleichung (102) in die Integralgleichung

$$\bar{u}(x, y) - \lambda \iint_J \overline{\overline{K}}(x, y; \xi, \eta)\, \bar{u}(\xi, \eta)\, d\xi\, d\eta = \bar{g}(x, y) \tag{105}$$

mit dem symmetrischen Kern

$$\overline{\overline{K}}(x, y; \xi, \eta)$$

über. Die Eigenwerte dieses symmetrischen Kerns sind sämtlich reell; sie sind in unendlicher Anzahl vorhanden, da der Kern $\overline{\overline{K}}$ abgeschlossen ist. Wäre nämlich eine nicht identisch verschwindende Funktion $\bar{\varphi}(\xi, \eta)$ vorhanden, welche der Gleichung

$$\iint_J \overline{\overline{K}}(x, y; \xi, \eta)\, \bar{\varphi}(\xi, \eta)\, d\xi\, d\eta = 0$$

genügt, so wäre wegen (104)

$$\iint_J G(x, y; \xi, \eta) \sqrt{k(\xi, \eta)}\, \bar{\varphi}(\xi, \eta)\, d\xi\, d\eta = 0,$$

d. h. die Gleichung

$$\iint_J G(x, y; \xi, \eta)\, \varphi(\xi, \eta)\, d\xi\, d\eta = 0$$

würde durch die nicht identisch verschwindende Funktion

$$\varphi(\xi, \eta) = \overline{\varphi}(\xi, \eta) \sqrt{k(\xi, \eta)}$$

befriedigt, was wegen der Abgeschlossenheit des Kerns $G(x, y; \xi, \eta)$ nicht möglich ist.

Jedem der unendlich vielen reellen Eigenwerte λ_n entspricht eine Eigenfunktion $\overline{\psi}_n(x, y)$ des Kerns $\overline{K}$, welche der Gleichung

$$\overline{\psi}_n(x, y) = \lambda_n \iint_J \overline{K}(x, y; \xi, \eta) \overline{\psi}_n(\xi, \eta) \, d\xi \, d\eta \tag{106}$$

genügt; die Funktion

$$\psi_n(x, y) = \frac{\overline{\psi}_n(x, y)}{\sqrt{k(x, y)}} \tag{107}$$

genügt also der Gleichung

$$\psi_n(x, y) = \lambda_n \iint_J K(x, y; \xi, \eta) k(\xi, \eta) \psi_n(\xi, \eta) \, d\xi \, d\eta . \tag{108}$$

Die Differentialgleichung

$$\Delta u + \lambda k(x, y) u = 0 \tag{C}$$

wird für $\lambda = \lambda_n$ durch die längs der Randkurve C verschwindende Funktion $u = \psi_n(x, y)$ befriedigt. Die Relationen, welche von den Funktionen $\overline{\psi}_n(x, y)$ erfüllt werden, gehen über in

$$\tag{109} \left\{ \begin{aligned} &\iint_J (\psi_n(x, y))^2 k(x, y) \, dx \, dy = 1 , \\ &\iint_J \psi_n(x, y) \psi_{n'}(x, y) k(x, y) \, dx \, dy = 0 \qquad (n \neq n') . \end{aligned} \right.$$

Auch jetzt gilt die Formel (99), so daß sämtliche Eigenwerte λ_n positiv sind.

Die Differentialgleichung

$$\Delta u + \lambda k(x, y) u = 0 , \tag{C}$$

wo $k(x, y)$ in dem von der Kurve C begrenzten Gebiet J positiv ist, besitzt dann und nur dann, wenn λ einer der unendlich vielen Eigenwerte λ_n ist, die sämtlich reell und positiv sind, eine auf der Kurve C verschwindende, im Gebiet J nebst den partiellen Ableitungen erster und zweiter Ordnung stetige Lösung $u = \psi_n(x, y)$.

Ist die Funktion $f(x, y)$ nebst ihren partiellen Ableitungen erster und zweiter Ordnung in J stetig und auf C gleich Null, so läßt sie sich nach § 58 auf die Form

$$f(x, y) = \iint_J G(x, y; \xi, \eta)\varphi(\xi, \eta)\, d\xi\, d\eta$$

bringen, wo $\varphi(\xi, \eta)$ eine stetige Funktion ist. Nach (104) ist

$$\bar{f}(x, y) = f(x, y)\sqrt{k(x, y)}$$
$$= \iint_J \bar{K}(x, y; \xi, \eta)\frac{2\pi\varphi(\xi, \eta)}{\sqrt{k(\xi, \eta)}}\, d\xi\, d\eta .$$

Nach § 42 gilt also die Reihenentwicklung

$$(110)\qquad \begin{cases} \bar{f}(x, y) = \sum_{n=1}^{\infty} c_n \bar{\psi}_n(x, y), \\ c_n = \iint_J \bar{f}(x, y)\bar{\psi}_n(x, y)\, dy \end{cases}$$

oder

$$(111)\qquad \begin{cases} f(x, y) = \sum_{n=1}^{\infty} c_n \psi_n(x, y), \\ c_n = \iint_J f(x, y)\psi_n(x, y) k(x, y)\, dx\, dy \;^{*}). \end{cases}$$

---

*) Es sei verwiesen auf Pockels, Über die partielle Differentialgleichung $\Delta u + k^2 u = 0$ und deren Auftreten in der mathematischen Physik (Leipzig 1891), soweit es sich um ältere Untersuchungen handelt, sowie auf Enzyklopädie II A, 7 c, wo über die Untersuchungen von Schwarz, Picard und Poincaré über die Differentialgleichung $\Delta u + \lambda k u = 0$ berichtet wird.

Die Differentialgleichung $\Delta u + \lambda k(x, y) u = 0$, in welcher die Funktion $k(x, y)$ nicht beständig positiv ist, behandelt Sanielevici (Ann. de l'Éc. norm. 1909); vgl. auch Mason (Journ. de Mathém. 1904), Hilbert (Göttinger Nachr. 1906, S. 473 ff.).

Randwertaufgaben für allgemeinere elliptische Differentialgleichungen sind behandelt von Picard (vgl. Enzyklopädie II A, 7 c; Act. math., Bd. 25; Palermo Rendiconti, Bd. 22), Hilbert (Göttinger Nachr. 1904, S. 234 ff.).

VIII. Abschnitt.

Partielle Differentialgleichungen der Physik.*)

§ 61. Lineare Wärmeleitung; begrenzter Körper.

Die Differentialgleichung der Wärmeleitung lautet, wenn die Temperatur u außer von der Zeit t nur von einer Koordinate x abhängt,

$$\frac{\partial u}{\partial t} = a^2 \frac{\partial^2 u}{\partial x^2}, \tag{A}$$

wo a^2 eine Konstante darstellt**).

---

*) Zum eingehenderen Studium sei verwiesen auf das Werk: „Die partiellen Differentialgleichungen der mathematischen Physik. Nach Riemanns Vorlesungen in 4. Auflage neu bearbeitet von Heinrich Weber. 2 Bände. Braunschweig 1900/1." Hier begnügen wir uns mit der Lösung einiger physikalischer Differentialgleichungen, wobei wir die in den Abschnitten IV—VII dargestellten mathematischen Methoden benutzen und nach Bedarf ergänzen; in betreff der Herleitung der Differentialgleichungen verweisen wir auf das genannte Werk.

**) Es ist

$$a^2 = \frac{k}{c\varrho},$$

wo k die Wärmeleitfähigkeit, c die spezifische Wärme und ϱ die Dichtigkeit darstellt.

Vgl. Riemann-Weber, Band II, 2. Buch. — Poincaré, Théorie analytique de la propagation de la chaleur (Paris 1895). — Carslaw, Introduction to the theory of Fouriers series and integrals and the mathematical theory of the conduction of heat (London 1906).

Als Begründer der mathematischen Theorie der Wärmeleitung ist Fourier zu nennen (Théorie analytique de la chaleur, Paris 1822).

Es sei auch verwiesen auf Enzyklopädie der math. Wiss., Bd. V 1, 4 (Hobson).

Die in §§ 61—64 vorkommenden, der Theorie der Wärmeleitung angehörenden partiellen Differentialgleichungen sind von

Wir betrachten einen Körper, welcher von zwei zur x-Achse senkrechten Ebenen $x = 0$ und $x = l$ begrenzt wird, sich aber im übrigen ins Unendliche erstreckt. Zur Zeit t sei die Temperatur u als Funktion von x gegeben; die beiden Endflächen $x = 0$ und $x = l$ sollen beständig auf der Temperatur 0 erhalten werden.

Wir haben eine Funktion u von t und x zu bestimmen, welche der Differentialgleichung (A) genügt und außerdem die Bedingungen erfüllt:

(1) $$u = f(x) \quad \text{für} \quad t = 0,$$

(2) $$u = 0 \quad \text{für} \quad x = 0 \quad \text{und für} \quad x = l.$$

Der Ausdruck

(3) $$u = e^{-a^2 \lambda t} v$$

genügt der Gleichung (A), wenn v eine Funktion von x ist, welche die Differentialgleichung

(4) $$\frac{d^2 v}{dx^2} + \lambda v = 0$$

befriedigt. Damit der Ausdruck (3) die Bedingungen (2) erfüllt, muß v für $x = 0$ und für $x = l$ verschwinden (Beispiel in § 46). Die für $x = 0$ verschwindende Lösung

$$v = \sin(\sqrt{\lambda}\, x)$$

verschwindet für $x = l$ nur dann, wenn $\sin(\sqrt{\lambda}\, l) = 0$, also

(5) $$\lambda = \lambda_n = \frac{n^2 \pi^2}{l^2} \qquad (n = 1, 2, 3, \ldots)$$

---

parabolischem Typus. Die mathematische Theorie der parabolischen Differentialgleichungen ist (soweit es sich nicht um Fragen handelt, die unmittelbar durch physikalische Aufgaben veranlaßt sind) noch wenig entwickelt; wir begnügen uns, auf die folgenden neueren Arbeiten über die Differentialgleichungen

$$\frac{\partial^2 z}{\partial x^2} - \frac{\partial z}{\partial y} = 0 \quad \text{und} \quad \frac{\partial^2 z}{\partial x^2} - \frac{\partial z}{\partial y} = f(x, y)$$

hinzuweisen: Volterra, Leçons sur l'intégration des équations différentielles aux dérivées partielles professées à Stockholm (Upsala 1906), S. 62ff.; Holmgren (Arkiv f. Mat., Bd. 3); E. E. Levi (Acc. dei Lincei, Rendiconti 1907 II; Annali di Matematica, Serie 3, Bd. 14).

ist. Dem Eigenwert λ_n entspricht die Eigenfunktion

$$\varphi_n(x) = \sin\frac{n\pi x}{l}\,. \tag{6}$$

Die Reihe

$$\begin{cases} u = \sum_{n=1}^{\infty} c_n\, e^{-a^2\lambda_n t}\,\varphi_n(x) \\ \quad = \sum_{n=1}^{\infty} c_n\, e^{-\frac{n^2\pi^2 a^2}{l^2}t} \sin\frac{n\pi x}{l} \end{cases} \tag{7}$$

stellt (zunächst formal) eine Lösung der partiellen Differentialgleichung (A) dar, welche die Bedingungen (2) erfüllt; damit auch die Bedingung (1) (formal) erfüllt wird, muß

$$\begin{cases} f(x) = \sum_{n=1}^{\infty} c_n \sin\frac{n\pi x}{l}\,, \\ c_n = \frac{2}{l}\int_0^l f(x)\sin\frac{n\pi x}{l}\,dx \end{cases} \tag{8}$$

sein.

Wir setzen $f(x)$ als (stetige oder abteilungsweise stetige) Funktion von beschränkter Schwankung im Intervall $x = 0 \ldots l$ voraus. Dann ist die **Fourier**sche Reihe (8) für $0 \leqq x \leqq l$ konvergent und stellt die Funktion $f(x)$ dar (§ 49). Es ist

$$\left| c_n \sin\frac{n\pi x}{l} \right| < C\,,$$

wo C eine von n unabhängige positive Konstante darstellt. Ist t_0 eine beliebig kleine positive Größe, so ist für $t > t_0$

$$\left| c_n\, e^{-\frac{n^2\pi^2 a^2}{l^2}t} \sin\frac{n\pi x}{l} \right| < C\, e^{-\frac{n^2\pi^2 a^2}{l^2}t_0}\,;$$

wegen der Konvergenz der Reihe

$$\sum_{n=1}^{\infty} C\, e^{-\frac{n^2\pi^2 a^2}{l^2}t_0}$$

ist die Reihe (7) für $t > t_0$ und für $0 \leqq x \leqq l$ gleichmäßig konvergent.

Die durch gliedweise Differentiation der Reihe (7) erhaltenen Reihen

$$(9)\qquad \frac{\partial u}{\partial t} = -\frac{\pi^2 a^2}{l^2}\sum_{n=1}^{\infty} n^2 c_n e^{-\frac{n^2\pi^2 a^2 t}{l^2}} \sin\frac{n\pi x}{l},$$

$$(10)\qquad \frac{\partial^2 u}{\partial x^2} = -\frac{\pi^2}{l^2}\sum_{n=1}^{\infty} n^2 c_n e^{-\frac{n^2\pi^2 a^2 t}{l^2}} \sin\frac{n\pi x}{l}$$

stellen die Ableitungen der durch die Reihe (7) definierten Funktion u dar, da sie für $t > t_0 > 0$, $0 \leqq x \leqq l$ gleichmäßig konvergieren. Es ist nämlich für $t > t_0$

$$\left| n^2 c_n e^{-\frac{n^2\pi^2 a^2 t}{l^2}} \sin\frac{n\pi x}{l}\right| < n^2 C e^{-\frac{n^2\pi^2 a^2}{l^2} t_0},$$

und die Reihe

$$\sum_{n=1}^{\infty} n^2 C e^{-\frac{n^2\pi^2 a^2}{l^2} t_0}$$

ist konvergent, da der Grenzwert des Quotienten zweier aufeinanderfolgenden Glieder für $n = \infty$ verschwindet. Nunmehr ergibt die Vergleichung der beiden Ausdrücke (9) und (10), daß die Reihe (7) der partiellen Differentialgleichung (A) genügt.

Es ist noch zu zeigen, daß sich die Funktion (7) für $t = 0$ auf die gegebene Funktion $f(x)$ reduziert oder, genauer ausgedrückt, daß sich u dem Grenzwert 0 nähert, wenn sich t dem Wert 0 nähert. Wenn wir nachweisen, daß u eine für $t = 0$ stetige Funktion von t ist, so wissen wir, daß $\lim\limits_{t=0} u$ gleich dem Wert von u für $t = 0$, d. h. gleich $f(x)$ ist.

Wir benutzen den Satz: Die Zahlenreihe

$$u_1, u_2, \ldots$$

sei so beschaffen, daß der absolute Betrag von

$$s_n = u_1 + u_2 + \ldots + u_n$$

für alle n unter einer endlichen Größe bleibt. Ferner sei

$$\alpha_1, \alpha_2, \ldots$$

eine Reihe positiver, abnehmender und der Null sich nähernder Größen. Dann ist die Reihe

$$\alpha_1 u_1 + \alpha_2 u_2 + \ldots$$

konvergent. — Ist für jede positive ganze Zahl p

$$|s_{n+p} - s_n| < \varrho_n ,$$

so ist, wenn

$$S_n = \alpha_1 u_1 + \alpha_2 u_2 + \ldots + \alpha_n u_n$$

und

$$R_n = \lim_{n=\infty} S_n - S_n$$

gesetzt wird,

$$|R_n| < \varrho_n \alpha_{n+1} .$$

Um diesen Satz zu beweisen, schreiben wir

$$\begin{aligned} S_{n+p} - S_n &= \alpha_{n+1} u_{n+1} + \ldots + \alpha_{n+p} u_{n+p} \\ &= \alpha_{n+1}(s_{n+1} - s_n) + \ldots + \alpha_{n+p}(s_{n+p} - s_{n+p-1}) \\ &= \alpha_{n+1}(s_{n+1} - s_n) + \alpha_{n+2}[(s_{n+2} - s_n) - (s_{n+1} - s_n)] \\ &\quad + \ldots + \alpha_{n+p}[(s_{n+p} - s_n) - (s_{n+p-1} - s_n)] \\ &= (s_{n+1} - s_n)(\alpha_{n+1} - \alpha_{n+2}) + (s_{n+2} - s_n)(\alpha_{n+2} - \alpha_{n+3}) \\ &\quad + \ldots + (s_{n+p-1} - s_n)(\alpha_{n+p-1} - \alpha_{n+p}) + (s_{n+p} - s_n)\alpha_{n+p} . \end{aligned}$$

Die Differenzen $\alpha_{n+1} - \alpha_{n+2}$, $\alpha_{n+2} - \alpha_{n+3}$, ... sind positiv und die absoluten Beträge von $s_{n+1} - s_n$, $s_{n+2} - s_n$, ... kleiner als ϱ_n. Demnach ist

$$\begin{aligned} |S_{n+p} - S_n| &< \varrho_n[(\alpha_{n+1} - \alpha_{n+2}) + (\alpha_{n+2} - \alpha_{n+3}) + \ldots + \alpha_{n+p}] \\ &= \varrho_n \alpha_{n+1} . \end{aligned}$$

Da die Differenz $S_{n+p} - S_n$ mit unendlich wachsendem n der Grenze 0 zustrebt, ist die Reihe konvergent, w. z. b. w. —

Wir setzen

$$u_n = c_n \sin \frac{n \pi x}{l}$$

und

$$\alpha_n = e^{-\frac{n^2 \pi^2 a^2}{l^2} t} .$$

Wegen der Konvergenz der Reihe (8) nähert sich ϱ_n mit unendlich wachsendem n der Null. Der Rest R_n der Reihe $\alpha_1 u_1 + \alpha_2 u_2 + \ldots$, welche mit (7) übereinstimmt, erfüllt die Bedingung

$$|R_n| < \varrho_n e^{-\frac{(n+1)^2 \pi^2 a^2}{l^2} t}$$

oder, da $t \geqq 0$ ist,

$$|R_n| < \varrho_n .$$

Demnach ist die Reihe für (7) $t \geqq 0$ gleichmäßig konvergent, so daß sie eine stetige Funktion von t darstellt, w. z. b. w.

§ 62. Lineare Wärmeleitung; unbegrenzter Körper.

Wir betrachten jetzt einen Körper, der auch in der Richtung der x-Achse unendlich ausgedehnt ist, während die Temperatur wie bisher nur von x abhängt. Dann fallen die Bedingungen an den Grenzen weg, und wir haben eine Funktion u von t und x zu bestimmen, welche der Differentialgleichung (A) genügt und für $t=0$ in $f(x)$ übergeht.

Die Funktion

$$u = \frac{1}{\sqrt{t}} e^{-\frac{x^2}{4a^2t}} \qquad (t > 0)$$

stellt eine partikuläre Lösung der Differentialgleichung (A) dar; denn es ist

$$\frac{\partial u}{\partial t} = \frac{1}{\sqrt{t}}\left(\frac{x^2}{4\,a^2 t^2} - \frac{1}{2\,t}\right) e^{-\frac{x^2}{4a^2t}},$$

$$\frac{\partial^2 u}{\partial x^2} = \frac{1}{a^2\sqrt{t}}\left(\frac{x^2}{4\,a^2 t^2} - \frac{1}{2\,t}\right) e^{-\frac{x^2}{4a^2t}}.$$

Demnach wird die Differentialgleichung auch durch

$$\frac{1}{\sqrt{t}} e^{-\frac{(\alpha-x)^2}{4a^2t}},$$

wo α eine beliebige Konstante ist, und durch

$$U = \frac{1}{\sqrt{t}}\int_{-\infty}^{+\infty} \varphi(\alpha)\, e^{-\frac{(\alpha-x)^2}{4a^2t}}\, d\alpha ,$$

wo $\varphi(\alpha)$ eine stetige und endliche Funktion darstellt, befriedigt. Durch die Substitution

$$\alpha = x + 2\beta a\sqrt{t},$$

welche an Stelle von α die neue Veränderliche β einführt, geht der letzte Ausdruck über in den Ausdruck

$$2\,a\int_{-\infty}^{+\infty}\varphi(x+2\,\beta\,a\sqrt{t})\,e^{-\beta^2}\,d\beta\,.$$

U nimmt für $\lim t = 0$ den Wert

$$2\,a\,\varphi(x)\int_{-\infty}^{+\infty}e^{-\beta^2}\,d\beta = 2\,a\sqrt{\pi}\,\varphi(x)$$

an*). Setzt man

$$\varphi(x) = \frac{f(x)}{2\,a\sqrt{\pi}}\,,$$

---

*) Man setzt

$$U = \int_{-\infty}^{x-\varepsilon}\Phi\,da + \int_{x-\varepsilon}^{x+\varepsilon}\Phi\,d\alpha + \int_{x+\varepsilon}^{+\infty}\Phi\,d\alpha\,,$$

$$\Phi = \frac{1}{\sqrt{t}}\,\varphi(\alpha)\,e^{-\frac{(\alpha-x)^2}{4a^2t}} \qquad (t > 0)$$

und zeigt, daß das erste und das dritte Glied von U für $\lim t = 0$ verschwinden, während

$$\int_{x-\varepsilon}^{x+\varepsilon}\Phi\,d\alpha = \int_{-\frac{\varepsilon}{2a\sqrt{t}}}^{+\frac{\varepsilon}{2a\sqrt{t}}}\varphi(x+2\,\beta\,a\sqrt{t})\,e^{-\beta^2}\,d\beta$$

in die beiden Teile

$$\int_{-\frac{\varepsilon}{2a\sqrt{t}}}^{+\frac{\varepsilon}{2a\sqrt{t}}}[\varphi(x+2\,\beta\,a\sqrt{t}) - \varphi(x)]\,e^{-\beta^2}\,d\beta$$

und

$$\varphi(x)\int_{-\frac{\varepsilon}{2a\sqrt{t}}}^{+\frac{\varepsilon}{2a\sqrt{t}}}e^{-\beta^2}\,d\beta$$

zerlegt wird, von denen der erste durch Wahl von ε, der zweite durch Wahl von t beliebig klein wird.

so hat man die verlangte Lösung in der Form

$$u = \frac{1}{\sqrt{\pi}} \int_{-\infty}^{+\infty} f(x + 2\beta a \sqrt{t}) e^{-\beta^2} d\beta \tag{11}$$

oder in der Form

$$u = \frac{1}{2a\sqrt{\pi t}} \int_{-\infty}^{+\infty} f(\alpha) e^{-\frac{(\alpha - x)^2}{4a^2 t}} d\alpha \,. \tag{12}$$

Das in (11) und (12) enthaltene Integral hat sicher dann einen Sinn, wenn $f(x)$ stetig ist und auch für $x = \pm\infty$ endlich bleibt.

Zur Umformung des Ausdrucks (12) benutzen wir die Formel

$$\int_{-\infty}^{+\infty} e^{-\lambda^2 + i\lambda z} d\lambda = \sqrt{\pi}\, e^{-\frac{z^2}{4}}, \tag{13}$$

die wir zunächst beweisen.

Setzt man

$$J = \int_{-\infty}^{+\infty} e^{-\lambda^2 + i\lambda z} d\lambda \,,$$

so ist

$$\frac{dJ}{dz} = i \int_{-\infty}^{+\infty} e^{-\lambda^2 + i\lambda z} \lambda \, d\lambda \,.$$

Durch Differentiation nach λ erhält man

$$d e^{-\lambda^2 + i\lambda z} = -2 e^{-\lambda^2 + i\lambda z} \lambda \, d\lambda + i z e^{-\lambda^2 + i\lambda z} d\lambda$$

und hieraus, indem man nach λ zwischen den Grenzen $-\infty$ und $+\infty$ integriert,

$$\frac{dJ}{dz} + \tfrac{1}{2} z J = 0 \,.$$

Daraus folgt

$$J = C e^{-\frac{z^2}{4}};$$

setzt man $z = 0$, so hat man

$$C = \int_{-\infty}^{+\infty} e^{-\lambda^2} d\lambda = \sqrt{\pi};$$

demnach ist

$$J = \sqrt{\pi}\, e^{-\frac{z^2}{4}},$$

womit die Formel (13) bewiesen ist.

Setzt man

$$\lambda = a\mu\sqrt{t}, \qquad z = \frac{\alpha - x}{a\sqrt{t}},$$

so ergibt die Formel (13)

$$(14) \qquad e^{-\frac{(\alpha - x)^2}{4a^2 t}} = \frac{a\sqrt{t}}{\sqrt{\pi}} \int_{-\infty}^{+\infty} e^{-a^2\mu^2 t + i\mu(\alpha - x)} d\mu.$$

Der Ausdruck (12) geht unter Berücksichtigung von (14) über in

$$(15) \qquad u = \frac{1}{2\pi} \int_{-\infty}^{+\infty} f(\alpha)\, d\alpha \int_{-\infty}^{+\infty} e^{-a^2\mu^2 t + i\mu(\alpha - x)} d\mu.$$

Durch Umkehrung der Reihenfolge der Integrationen erhält man

$$(16) \qquad u = \frac{1}{2\pi} \int_{-\infty}^{+\infty} e^{-a^2\mu^2 t} d\mu \int_{-\infty}^{+\infty} f(\alpha)\, e^{i\mu(\alpha - x)} d\alpha,$$

wenn $f(x)$ als absolut integrierbar, d. h.

$$\int_{-\infty}^{+\infty} |f(\alpha)|\, d\alpha$$

als konvergent vorausgesetzt wird.

Zur Formel (16) gelangt man unmittelbar durch die folgende (nur formal durchgeführte) Überlegung.

Der Ausdruck

$$(17) \qquad u = e^{-a^2\mu^2 t} e^{i\mu x}$$

genügt der Differentialgleichung (A), wenn μ eine willkürliche Konstante ist, die wir reell annehmen. Der mit einer willkürlichen Funktion $\psi(\mu)$ von μ multiplizierte Ausdruck (17) stellt ebenfalls eine Lösung von (A) dar, und das gleiche gilt für

$$u = \int_{-\infty}^{+\infty} \psi(\mu)\, e^{-a^2 \mu^2 t}\, e^{i\mu x}\, d\mu\,. \tag{18}$$

Damit die Funktion (18) von t und x für $t = 0$ in die gegebene Funktion $f(x)$ übergeht, setzen wir

$$f(x) = \int_{-\infty}^{+\infty} \psi(\mu)\, e^{i\mu x}\, d\mu\,. \tag{19}$$

Aus dem Fourierschen Integralsatz folgt:

$$\psi(\mu) = \frac{1}{2\pi}\int_{-\infty}^{+\infty} f(\alpha)\, e^{-i\mu\alpha}\, d\alpha\,. \tag{20}$$

Durch Einsetzen von (20) in (18) erhält man

$$u = \frac{1}{2\pi}\int_{-\infty}^{+\infty} e^{-a^2\mu^2 t}\, d\mu \int_{-\infty}^{+\infty} f(\alpha)\, e^{i\mu(x-\alpha)}\, d\alpha\,,$$

d. i. die Formel (16).

§ 63. Wärmebewegung in einem nicht homogenen Stabe.

Für die Wärmebewegung in einem dünnen Stabe gilt die Differentialgleichung*)

$$k\frac{\partial u}{\partial t} = \frac{\partial\left(p\dfrac{\partial u}{\partial x}\right)}{\partial x} - qu\,; \tag{B}$$

dabei ist u die Temperatur, welche zur Zeit t in dem im Abstand x vom einen Stabende befindlichen Querschnitt vorhanden ist, während die Temperatur der Umgebung gleich Null gesetzt wird; p ist das Produkt aus der Querschnittsfläche und der inneren Leitfähigkeit des Stabes, q das Produkt aus dem Querschnittsumfang und der äu-

*) Vgl. die Ableitung der Differentialgleichung bei Riemann-Weber, Bd. II, S. 88—90.

ßeren Leitfähigkeit, k das Produkt aus der Querschnittsfläche, der Dichtigkeit und der spezifischen Wärme. Ist der Stab, wie wir jetzt annehmen, nicht homogen, so sind p, q, k Funktionen von x, die überall positiv sind und die wir auch von Null verschieden voraussetzen. Die Anfangstemperatur möge für alle Werte von x gegeben sein:

$$u = f(x) \quad \text{für} \quad t = 0\,. \tag{21}$$

Für die beiden Endfächen des Stabes, dessen Länge l heißen möge, gelten die Bedingungen:

$$\begin{cases} \dfrac{\partial u}{\partial x} - h u = 0 & \text{für} \quad x = 0\,, \\[2ex] \dfrac{\partial u}{\partial x} + H u = 0 & \quad ,, \qquad x = l\,; \end{cases} \tag{22}$$

h und H sind positive konstante Größen, nämlich die Werte des Quotienten aus der äußeren und inneren Leitfähigkeit an den Endflächen $x = 0$ und $x = l$.

Wir haben eine Funktion u von t und x zu bestimmen, welche der Differentialgleichung (B) genügt und die Bedingungen (21) und (22) erfüllt.

Der Ausdruck

$$u = e^{-\lambda t} v \tag{23}$$

genügt der Differentialgleichung (B) und den Randbedingungen (22), wenn v eine Funktion von x ist, welche der gewöhnlichen Differentialgleichung zweiter Ordnung

$$\frac{d\left(p\,\dfrac{dv}{dx}\right)}{dx} + (k\lambda - q)v = 0 \tag{24}$$

und den Randbedingungen

$$\begin{cases} \dfrac{dv}{dx} - h v = 0 & \text{für} \quad x = 0\,, \\[2ex] \dfrac{dv}{dx} + H v = 0 & \quad ,, \qquad x = l \end{cases} \tag{25}$$

genügt. (Beispiel II in § 48.) Es sind unendlich viele Eigenwerte λ_n vorhanden, die sämtlich reell, positiv und einfach sind; die zugehörigen normierten Eigenfunktionen seien $\psi_n(x)$. Ist $f(x)$ eine Funktion von beschränkter Schwankung, welche die Randbedingungen (25) nicht zu erfüllen braucht, so besteht die im Intervall $0 \leqq x \leqq l$ konvergente Reihenentwicklung (§ 48 und § 49)

$$(26) \qquad \left\{ \begin{aligned} f(x) &= \sum_{n=1}^{\infty} c_n \psi_n(x) , \\ c_n &= \int_0^l f(x)\, k(x)\, \psi_n(x)\, dx . \end{aligned} \right.$$

Die Lösung unserer Aufgabe wird dargestellt durch die Reihe

$$(27) \qquad u = \sum_{n=1}^{\infty} c_n e^{-\lambda_n t} \psi_n(x) .$$

Es ist zu zeigen, daß die Reihe (27), wenn t_0 eine beliebig kleine positive Größe darstellt, für $t > t_0$, $0 \leqq x \leqq l$ gleichmäßig konvergiert und daß dasselbe für die durch gliedweise Differentiation erhaltenen Reihen

$$\frac{\partial u}{\partial t} = -\sum_{n=1}^{\infty} \lambda_n c_n e^{-\lambda_n t} \psi_n(x) ,$$

$$\frac{\partial\left(p \frac{\partial u}{\partial x}\right)}{\partial x} = \sum_{n=1}^{\infty} c_n e^{-\lambda_n t} \frac{d\left(p \frac{d\psi_n}{dx}\right)}{dx}$$

$$= \sum_{n=1}^{\infty} c_n e^{-\lambda_n t} (q - k \lambda_n) \psi_n$$

gilt. Ist dieser Nachweis wie in § 61 geführt, so ergibt sich wie dort, daß die Reihe (27) der partiellen Differentialgleichung (B) genügt.

Es ist weiter zu zeigen, daß die Reihe (27) die Bedingung

$$\lim_{t=+0} u = f(x)$$

erfüllt, d. h. daß $\lim\limits_{t=+0} u$ mit dem Wert von u für $t = 0$ übereinstimmt. Dies ergibt sich, indem man wie in § 61 zeigt, daß die Reihe (27) für $t \geqq 0$ gleichmäßig konvergiert, also eine stetige Funktion von t darstellt.

§ 64. Abkühlung der Kugel.

Für die Wärmebewegung in einer Kugel gilt, wenn die Temperatur u außer von der Zeit t nur von der Entfernung r vom Kugelmittelpunkt abhängt, die Differentialgleichung *)

$$\frac{\partial u}{\partial t} = a^2 \left(\frac{\partial^2 u}{\partial r^2} + \frac{2}{r} \frac{\partial u}{\partial r} \right). \tag{28}$$

Die Anfangstemperatur sei an jeder Stelle der Kugel gegeben:

$$u = f(r) \quad \text{für} \quad t = 0. \tag{29}$$

An der Oberfläche der Kugel vom Radius 1 besteht die Relation

$$\frac{\partial u}{\partial r} + \frac{u}{l} = 0, \tag{30}$$

wo l der Quotient der inneren und äußeren Leitfähigkeit ist.

Wir setzen

$$U = r u. \tag{31}$$

Dann haben wir eine Funktion U von r und t zu bestimmen, welche der partiellen Differentialgleichung

$$\frac{\partial U}{\partial t} = a^2 \frac{\partial^2 U}{\partial r^2} \tag{C}$$

genügt, die Anfangsbedingung

$$U = r f(r) \quad \text{für} \quad t = 0 \tag{32}$$

und die Randbedingungen

$$\begin{cases} U = 0 \quad \text{für} \quad r = 0, \\ \dfrac{\partial U}{\partial r} + \left(\dfrac{1}{l} - 1 \right) U = 0 \quad \text{für} \quad r = 1 \end{cases} \tag{33}$$

erfüllt.

Der Ausdruck

$$U = e^{-a^2 \lambda t} v \tag{34}$$

---

*) Vgl. Riemann-Weber, Bd. II, S. 123—138. — Poincaré, Théorie analytique de la propagation de la chaleur (Paris 1895), Kap. X—XIII.

genügt der Differentialgleichung (C) und den Randbedingungen (33), wenn v eine Funktion von r ist, welche der Differentialgleichung

$$\frac{d^2 v}{d r^2} + \lambda v = 0 \tag{35}$$

und den Randbedingungen

$$\begin{cases} v = 0 & \text{für} \quad r = 0\,, \\ \dfrac{dv}{dr} = H v & \text{für} \quad r = 1 \end{cases} \tag{36}$$

genügt, wo

$$H = 1 - \frac{1}{l}$$

ist. (Beispiel auf S. 258.)

Die Differentialgleichung (35) hat unendlich viele reelle positive Eigenwerte λ_n, die Wurzeln der Gleichung

$$\cos\sqrt{\lambda} - H \frac{\sin\sqrt{\lambda}}{\sqrt{\lambda}} = 0\,, \tag{37}$$

welchen die Eigenfunktionen

$$\varphi_n(r) = \sin\left(\sqrt{\lambda_n}\, r\right)$$

entsprechen. Ist $f(r)$ eine Funktion von beschränkter Schwankung im Intervall $0 \leqq r \leqq 1$, so besteht die konvergente Entwicklung

$$\begin{cases} r f(r) = \sum\limits_{n=1}^{\infty} c_n \sin\left(\sqrt{\lambda_n}\, r\right)\,, \\ c_n = \dfrac{4\sqrt{\lambda_n} \int\limits_0^1 r f(r) \sin\left(\sqrt{\lambda_n}\, r\right) dr}{2\sqrt{\lambda_n} - \sin 2\sqrt{\lambda_n}}\,. \end{cases} \tag{38}$$

Die Reihe

$$U = \sum_{n=1}^{\infty} c_n e^{-a^2 \lambda_n t} \sin\left(\sqrt{\lambda_n}\, r\right) \tag{39}$$

stellt die den Bedingungen (32) und (33) genügende Lösung der Differentialgleichung (C) dar, was man wie in § 61 nachweist.

§ 65. Die Differentialgleichung der schwingenden Saite.

Für die Schwingungen einer gespannten Saite gilt die Differentialgleichung*)

$$\text{(D)} \qquad \frac{\partial^2 u}{\partial t^2} = a^2 \frac{\partial^2 u}{\partial z^2};$$

dabei ist u die transversale Verschiebung, welche der Punkt der Saite mit der Abszisse z zur Zeit t erfährt; ferner ist

$$a^2 = \frac{S}{\varrho},$$

wo S die Spannung und ϱ die Masse der Längeneinheit darstellt; wir setzen a^2 als konstant, die Saite als homogen voraus. Sind $z = 0$ und $z = l$ die Abszissen der festen Endpunkte und ist die Anfangslage und die Anfangsgeschwindigkeit eines jeden Punktes der Saite gegeben, so hat man eine Funktion u von t und z zu bestimmen, welche der Differentialgleichung (D) genügt und die folgenden Bedingungen erfüllt:

$$\text{(40)} \qquad u = 0 \quad \text{für} \quad z = 0 \quad \text{und für} \quad z = l,$$

$$\text{(41)} \qquad u = f(z), \quad \frac{\partial u}{\partial t} = F(z) \quad \text{für} \quad t = 0;$$

$f(z)$ und $F(z)$ sind im Intervall $0 \leqq z \leqq l$ gegebene Funktionen, welche für $z = 0$ und für $z = l$ verschwinden.

Die hyperbolische Differentialgleichung (D) hat nach § 28 die Charakteristiken

$$z + at = \text{Konst.}$$

und

$$z - at = \text{Konst.}$$

Führt man die neuen Veränderlichen

$$x = z - at, \quad y = z + at$$

---

*) Vgl. Riemann-Weber, Bd. II, S. 205 ff. — In bezug auf Schwingungsprobleme sei auch verwiesen auf Enzyklopädie der math. Wiss., besonders IV 2, 26 (Lamb).

ein, so ist

$$\frac{\partial u}{\partial z} = \frac{\partial u}{\partial x} + \frac{\partial u}{\partial y},$$

$$\frac{\partial u}{\partial t} = a\left(-\frac{\partial u}{\partial x} + \frac{\partial u}{\partial y}\right),$$

$$\frac{\partial^2 u}{\partial z^2} = \frac{\partial^2 u}{\partial x^2} + 2\frac{\partial^2 u}{\partial x\,\partial y} + \frac{\partial^2 u}{\partial y^2},$$

$$\frac{\partial^2 u}{\partial t^2} = a^2\left(\frac{\partial^2 u}{\partial x^2} - 2\frac{\partial^2 u}{\partial x\,\partial y} + \frac{\partial^2 u}{\partial y^2}\right),$$

und die Gleichung (D) geht über in

$$(42) \qquad \frac{\partial^2 u}{\partial x\,\partial y} = 0\,.$$

Für $t = 0$ ist $x = y = z$, so daß die Bedingungen (41) übergehen in

$$(43) \qquad u = f(x)\,, \qquad \frac{\partial u}{\partial y} - \frac{\partial u}{\partial x} = \frac{1}{a}F(x) \quad \text{für} \quad x = y\,.$$

Die Funktionen $f(x)$ und $F(x)$ sind nur im Intervall $x = 0 \ldots l$ definiert; um die Riemannsche Integrationsmethode anwenden zu können, definieren wir diese Funktionen für alle reellen Werte von x, indem wir festsetzen, daß sie ungerade periodische Funktionen von x mit der Periode $2l$ sind, so daß also

$$f(-x) = -f(x)\,, \qquad F(-x) = -F(x)\,,$$
$$f(x + 2l) = f(x)\,, \qquad F(x + 2l) = F(x)$$

ist.

Wir suchen also eine nebst ihren partiellen Ableitungen erster Ordnung stetige Lösung u der Differentialgleichung (D), welche die Bedingungen (43) erfüllt, wo nunmehr $f(x)$ und $F(x)$ die für alle reellen Werte von x definierten Funktionen sind. Diese Aufgabe ist in § 33 vermittels der Riemannschen Integrationsmethode gelöst*). Nach For-

*) Auf S. 183 und S. 185 ist der Punkt $x = \xi$, $y = \xi$ mit A_2, der Punkt $x = \eta$, $y = \eta$ mit A_1 zu bezeichnen; in den Formeln (44) und (49) ist das Zeichen — des zweiten Gliedes der rechten Seite in + zu verwandeln.

mel (44) des IV. Abschnitts ist, wenn man die dortige Funktion $F(x)$ durch $\frac{1}{a}F(x)$ ersetzt,

$$(44) \qquad u(x, y) = \frac{1}{2}(f(x) + f(y)) + \frac{1}{2a}\int_x^y F(x)\, dx\,.$$

Führt man wieder die ursprünglichen Veränderlichen z, t ein, so erhält man die die Bedingungen (41) erfüllende Lösung der Differentialgleichung (D):

$$(45) \qquad u = \frac{1}{2}(f(z - at) + f(z + at)) + \frac{1}{2a}\int_{z-at}^{z+at} F(x)\, dx\,.$$

Setzt man

$$-\frac{1}{a}\int^x F(x)\, dx = g(x)\,,$$

so ist $g(x)$ eine gerade Funktion, es ist also

$$g(-x) = g(x)\,,$$

und die Formel (45) schreibt sich:

$$(46) \quad u = \tfrac{1}{2}(f(z-at) + f(z+at)) + \tfrac{1}{2}(g(z - at) - g(z + at))\,.$$

Ist die Funktion $f(x)$ nebst ihren beiden ersten Ableitungen, die Funktion $F(x)$ nebst ihrer ersten Ableitung stetig, so genügt der Ausdruck (45) oder (46) der Differentialgleichung (D) und erfüllt die Bedingungen (41). Er erfüllt auch die Bedingung (40); denn für $z = 0$ ist

$$u = \tfrac{1}{2}(f(-at) + f(at)) + \tfrac{1}{2}(g(-at) - g(at)) = 0$$

und für $z = l$

$$u = \tfrac{1}{2}(f(l - at) + f(l + at)) + \tfrac{1}{2}(g(l - at) - g(l + at)) = 0\,,$$

da

$$f(l - at) = f(-l - at) = -f(l + at)\,,$$
$$g(l - at) = g(-l - at) = g(l + at)$$

ist.

Wir denken uns die Funktionen $f(x)$ und $F(x)$ in Fouriersche Reihen entwickelt:

$$(47)\qquad \begin{cases} f(x) = \sum_{n=1}^{\infty} A_n \sin\frac{n\pi x}{l}, \\ F(x) = \frac{\pi a}{l}\sum_{n=1}^{\infty} n\,B_n \sin\frac{n\pi x}{l}, \end{cases}$$

wo

$$(48)\qquad \begin{cases} A_n = \frac{2}{l}\int_0^l f(x)\sin\frac{n\pi x}{l}\,dx, \\ B_n = \frac{2}{n\pi a}\int_0^l F(x)\sin\frac{n\pi x}{l}\,dx \end{cases}$$

ist; dann ist bei geeigneter Wahl der Integrationskonstanten

$$g(x) = \sum_{n=1}^{\infty} B_n \cos\frac{n\pi x}{l}.$$

Aus (46) ergibt sich die für alle Werte von t und z konvergente Reihenentwicklung

$$u = \frac{1}{2}\sum_{n=1}^{\infty} A_n\left(\sin\frac{n\pi(z-at)}{l} + \sin\frac{n\pi(z+at)}{l}\right)$$
$$+\frac{1}{2}\sum_{n=1}^{\infty} B_n\left(\cos\frac{n\pi(z-at)}{l} - \cos\frac{n\pi(z+at)}{l}\right),$$

welche mit Benutzung trigonometrischer Formeln in

$$(49)\qquad u = \sum_{n=1}^{\infty}\left(A_n\cos\frac{n\pi a t}{l} + B_n\sin\frac{n\pi a t}{l}\right)\sin\frac{n\pi z}{l}$$

übergeht. Die Reihe (49) stellt, wenn man t positiv nimmt und z auf das Intervall $0\ldots l$ beschränkt, die Lösung der ursprünglichen Aufgabe dar.

Die Reihe (49) läßt sich auch auf folgendem Wege bilden.

Der Ausdruck

$$u = e^{\pm i a \sqrt{\lambda} t} v \tag{50}$$

genügt der Differentialgleichung (D) und erfüllt die Bedingungen (40), wenn v eine Funktion von z ist, welche der Differentialgleichung

$$\frac{d^2 v}{dz^2} + \lambda v = 0 \tag{51}$$

genügt und sowohl für $z = 0$ als auch für $z = l$ verschwindet. Die für $z = 0$ verschwindende Lösung

$$v = \sin(\sqrt{\lambda}\, z)$$

verschwindet nur dann für $z = l$, wenn

$$\lambda = \lambda_n = \frac{n^2 \pi^2}{l^2} \qquad (n = 1, 2, \ldots)$$

ist. Wir haben den Eigenwert λ_n und die zugehörige Eigenfunktion

$$\varphi_n = \sin \frac{n \pi z}{l}.$$

Die Reihe

$$u = \sum_{n=1}^{\infty} \left(A_n \cos(\sqrt{\lambda_n}\, a\, t) \sin(\sqrt{\lambda_n}\, z) + B_n \sin(\sqrt{\lambda_n}\, a\, t) \sin(\sqrt{\lambda_n}\, z)\right)$$

oder (49)

$$u = \sum_{n=1}^{\infty} \left(A_n \cos \frac{n \pi a t}{l} + B_n \sin \frac{n \pi a t}{l}\right) \sin \frac{n \pi z}{l}$$

genügt formell der Differentialgleichung (D) und erfüllt die Bedingung (40); damit sie auch die Bedingung (41) erfüllt, muß

$$f(x) = \sum_{n=1}^{\infty} A_n \sin \frac{n \pi x}{l},$$

$$F(x) = \frac{\pi a}{l} \sum_{n=1}^{\infty} n B_n \sin \frac{n \pi z}{l}$$

sein, woraus sich für A_n und B_n die Werte (48) ergeben. Daß die so gebildete Reihe (49) unter den angegebenen Voraussetzungen konvergiert und die Lösung der Aufgabe der Saitenschwingungen darstellt, haben wir schon gesehen.

§ 66. Die Telegraphengleichung.

Für die Transversalschwingungen einer homogenen Saite in einem widerstehenden Mittel gilt die Differentialgleichung

$$\text{(E)} \qquad \frac{\partial^2 U}{\partial t^2} + 2\gamma \frac{\partial U}{\partial t} = a^2 \frac{\partial^2 U}{\partial z^2},$$

wo U die Verschiebung des Punktes der Saite mit der Abszisse z zur Zeit t darstellt. Die Gleichung (E) gilt für die Fortpflanzung ebener Wellen in einem absorbierenden Medium sowie für die Fortpflanzung der Elektrizität in Drähten, weshalb sie auch als Telegraphengleichung bezeichnet wird*).

Es handelt sich um diejenige Lösung U der Differentialgleichung (E), welche die Bedingung erfüllt:

$$(52) \qquad U = f(z), \quad \frac{\partial U}{\partial t} = F(z) \quad \text{für} \quad t = 0.$$

Setzt man

$$(53) \qquad U = e^{-\gamma t} u,$$

so erhält man die Differentialgleichung

$$(54) \qquad \frac{\partial^2 u}{\partial t^2} - a^2 \frac{\partial^2 u}{\partial z^2} = \gamma^2 u,$$

welche durch Einführung der neuen unabhängigen Veränderlichen

$$x = z - a t, \quad y = z + a t$$

in

$$(55) \qquad \frac{\partial^2 u}{\partial x \, \partial y} + \frac{\gamma^2}{4 a^2} u = 0$$

übergeht.

Es soll

$$u = f(z), \quad \frac{\partial u}{\partial t} = F(z) + \gamma f(z) \quad \text{für} \quad t = 0$$

oder

$$(56) \quad u = f(x), \quad \frac{\partial u}{\partial y} - \frac{\partial u}{\partial x} = \frac{1}{a}\left(F(x) + \gamma f(x)\right) \quad \text{für} \quad y = x$$

sein.

---

*) Vgl. Riemann-Weber, Bd. II, S. 306 ff.

Die Lösung der Differentialgleichung (55), welche die Bedingung (56) erfüllt, wird durch die Formel (49) des IV. Abschnitts geliefert, wenn man darin

$$c = \frac{\gamma^2}{4\,a^2}$$

und $\frac{1}{a}(F(x) + \gamma f(x))$ an Stelle von $F(x)$ setzt; gleichzeitig ersetzen wir ξ, η durch x, y und x durch ξ. Dann ist

$$(57)\quad \begin{cases} u = \frac{1}{2}(f(x) + f(y)) \\ \quad + \frac{1}{2\,a}\int\limits_x^y \Phi(c(\xi - x)\,(\xi - y))\,(F(\xi) + \gamma f(\xi))\,d\xi \\ \quad + \frac{1}{2}\,c(y - x)\int\limits_x^y \Phi'(c(\xi - x)\,(\xi - y))\,f(\xi)\,d\xi \end{cases}$$

oder nach Einführung der ursprünglichen Veränderlichen z, t

$$(58)\quad \begin{cases} U = \frac{1}{2}\,e^{-\gamma t}[f(z - a\,t) + f(z + a\,t) \\ \quad + \frac{1}{a}\int\limits_{z-at}^{z+at} \Phi(c(z - a\,t - \xi)\,(z + a\,t - \xi))\,(F(\xi) + \gamma f(\xi))\,d\xi \\ \quad + 2\,c\,a\,t\int\limits_{z-at}^{z+at} \Phi'(c(z - a\,t - \xi)\,(z + a\,t - \xi))\,f(\xi)\,d\xi]\,. \end{cases}$$

Dabei ist

$$\Phi(z) = J_0(2\sqrt{z}) = \sum_{n=0}^{\infty}(-1)^n\frac{z^n}{(n!)^2}\,.$$

Handelt es sich um die Schwingungen einer begrenzten Saite, so setzt man wie in § 65 die im Intervall $z = 0 \ldots l$ definierten Funktionen $f(z)$ und $F(z)$ als ungerade periodische Funktionen mit der Periode $2\,l$ fort. Man zeigt, wie in § 65, daß der Ausdruck (58) sowohl für $z = 0$ als auch für $z = l$ verschwindet, wenn die Funktionen $f(z)$, $F(z)$ stetig sind und die Bedingungen

$$f(-z) = -f(z)\,, \qquad F(-z) = -F(z)\,,$$
$$f(z + 2\,l) = f(z)\,, \quad F(z + 2\,l) = F(z)$$

erfüllen.

Setzt man $\gamma = 0$, so wird auch $c = 0$ und demnach $\Phi(cz) = 1$, $\Phi'(cz) = 0$; die Differentialgleichung (E) geht in (D) und die Lösung (58) der Differentialgleichung (E) in die Lösung (45) der Differentialgleichung (D) über.

Zur Integration der Differentialgleichung (E) läßt sich auch die folgende Methode anwenden, wobei wir nur formal rechnen.

Der Ausdruck

$$U = e^{i\mu z} e^{i\lambda t} \tag{59}$$

genügt der Gleichung (E), wenn λ und μ durch die Gleichung

$$\lambda^2 - 2i\gamma\lambda - a^2\mu^2 = 0$$

verknüpft sind. Zu einem gegebenen Wert von μ gehören zwei Werte von λ:

$$\left.\begin{matrix}\lambda_1\\ \lambda_2\end{matrix}\right\} = i\gamma \pm \sqrt{a^2\mu^2 - \gamma^2}\,. \tag{60}$$

Sind $\varphi_1(\mu)$ und $\varphi_2(\mu)$ Funktionen der als reell angenommenen Größe μ, so stellt der Ausdruck

$$e^{i\mu z}(\varphi_1(\mu)\, e^{i\lambda_1 t} + \varphi_2(\mu)\, e^{i\lambda_2 t})$$

ebenfalls eine Lösung der Differentialgleichung (E) dar. Dasselbe gilt für das Integral

$$U = \int_{-\infty}^{+\infty} (\varphi_1(\mu)\, e^{i\lambda_1 t} + \varphi_2(\mu)\, e^{i\lambda_2 t})\, e^{i\mu z}\, d\mu\,. \tag{61}$$

Die Differentiation nach t ergibt

$$\frac{\partial U}{\partial t} = i\int_{-\infty}^{+\infty} (\lambda_1\, \varphi_1(\mu)\, e^{i\lambda_1 t} + \lambda_2\, \varphi_2(\mu)\, e^{i\lambda_2 t})\, e^{i\mu z}\, d\mu\,. \tag{62}$$

Damit für $t = 0$

$$U = f(z)\,, \quad \frac{\partial U}{\partial t} = F(z)$$

wird, muß

$$f(z) = \int_{-\infty}^{+\infty} (\varphi_1(\mu) + \varphi_2(\mu))\, e^{i\mu z}\, d\mu\,,$$

$$F(z) = i\int_{-\infty}^{+\infty} (\lambda_1\, \varphi_1(\mu) + \lambda_2\, \varphi_2(\mu))\, e^{i\mu z}\, d\mu$$

sein. Wir denken uns die gegebenen Funktionen $f(z)$ und $F(z)$ nach dem **Fourier**schen Integralsatz entwickelt:

$$(63)\quad \begin{cases} f(z) = \int\limits_{-\infty}^{+\infty} \vartheta(\mu)\, e^{i\mu z}\, d\mu\,, \\ F(z) = \int\limits_{-\infty}^{+\infty} \theta(\mu)\, e^{i\mu z}\, d\mu\,, \end{cases}$$

wo

$$(64)\quad \begin{cases} \vartheta(\mu) = \dfrac{1}{2\pi}\int\limits_{-\infty}^{+\infty} f(\alpha)\, e^{-i\mu\alpha}\, d\alpha\,, \\ \theta(\mu) = \dfrac{1}{2\pi}\int\limits_{-\infty}^{+\infty} F(\alpha)\, e^{-i\mu\alpha}\, d\alpha \end{cases}$$

ist. Es muß also

$$\varphi_1(\mu) + \varphi_2(\mu) = \vartheta(\mu)\,,$$
$$i\,(\lambda_1\,\varphi_1(\mu) + \lambda_2\,\varphi_2(\mu)) = \theta(\mu)$$

oder

$$(65)\quad \begin{cases} \varphi_1(\mu) = \dfrac{\lambda_2\,\vartheta(\mu) + i\,\theta(\mu)}{\lambda_2 - \lambda_1}\,, \\ \varphi_2(\mu) = \dfrac{\lambda_1\,\vartheta(\mu) + i\,\theta(\mu)}{\lambda_1 - \lambda_2} \end{cases}$$

sein, damit der Ausdruck (61) die den Bedingungen (52) genügende Lösung der Differentialgleichung (E) darstellt.

Die durch die Gleichungen (61), (64) und (65) dargestellte Lösung der Differentialgleichung (E) läßt sich aus der Lösung (58) herleiten; wir begnügen uns mit dem Hinweis auf **Riemann-Weber**, Bd. II, S. 328.

Nimmt man $\gamma = 0$ an, ersetzt man also die Differentialgleichung (E) durch die in § 65 behandelte Differentialgleichung (D), so ist

$$\lambda_1 = a\,\mu\,, \quad \lambda_2 = -a\,\mu\,.$$

Die Formeln (65) gehen über in

$$\varphi_1(\mu) = \frac{a\,\mu\,\vartheta(\mu) - i\,\theta(\mu)}{2\,a\,\mu},$$

$$\varphi_2(\mu) = \frac{a\,\mu\,\vartheta(\mu) + i\,\theta(\mu)}{2\,a\,\mu},$$

wo $\vartheta(\mu)$ und $\theta(\mu)$ durch die Formeln (64) definiert sind, und aus dem Ausdruck (61) geht die Lösung

$$(66) \qquad u = \int_{-\infty}^{+\infty} \left(\varphi_1(\mu)\,e^{i a \mu t} + \varphi_2(\mu)\,e^{-i a \mu t}\right) e^{i \mu z}\,d\mu$$

der Differentialgleichung (D) hervor, welche für alle reellen Werte von z die Bedingungen erfüllt:

$$u = f(z)\,, \qquad \frac{\partial u}{\partial t} = F(z) \quad \text{für} \quad t = 0\,.$$

Der Ausdruck (66) wird nach Einsetzung der Werte von $\varphi_1(\mu)$ und $\varphi_2(\mu)$:

$$(67) \quad \left\{ \begin{aligned} u &= \int_{-\infty}^{+\infty} \left[\frac{a\,\mu\,\vartheta(\mu) - i\,\theta(\mu)}{2\,a\,\mu}\, e^{i\mu(z+at)} \right. \\ &\qquad \left. + \frac{a\,\mu\,\vartheta(\mu) + i\,\theta(\mu)}{2\,a\,\mu}\, e^{i\mu(z-at)} \right] d\mu \\ &= \int_{-\infty}^{+\infty} \left[\vartheta(\mu) \cos\mu\,a\,t + \frac{\theta(\mu)}{a\,\mu} \sin\mu\,a\,t \right] e^{i\mu z}\,d\mu\,. \end{aligned} \right.$$

Wir zeigen, daß dieser Ausdruck mit dem Ausdruck (46) übereinstimmt.

Aus der Fourierschen Integraldarstellung (63) von $F(z)$ folgt

$$g(z) = -\frac{1}{a}\int_{z_0}^{z} F(z)\,dz = \frac{i}{a}\int_{-\infty}^{+\infty} \frac{\theta(\mu)}{\mu}\left(e^{i\mu z} - e^{i\mu z_0}\right) d\mu\,.$$

Setzt man in der Formel (46) für $g(z)$ diesen Ausdruck und für $f'(z)$ den Ausdruck in (63), so geht sie über in

$$u = \frac{1}{2}\int_{-\infty}^{+\infty} \vartheta(\mu)\,[e^{i\mu(z-at)} + e^{i\mu(z+at)}]\,d\mu$$

$$+ \frac{i}{2a}\int_{-\infty}^{+\infty} \frac{\theta(\mu)}{\mu}\,[e^{i\mu(z-at)} - e^{i\mu(z+at)}]\,d\mu\,.$$

Dies ist aber nichts anderes als die Formel (67).

§ 67. Die Differentialgleichung der schwingenden Membran.

Für die Schwingungen einer gleichmäßig gespannten Membran gilt die Differentialgleichung*)

$$\text{(F)} \qquad \frac{\partial^2 u}{\partial t^2} = a^2\left(\frac{\partial^2 u}{\partial x^2} + \frac{\partial^2 u}{\partial y^2}\right);$$

u ist die Verschiebung, welche der Punkt der Membran mit den rechtwinkligen Koordinaten x, y zur Zeit t normal zur xy-Ebene erfährt; die positive Größe a^2 wird als konstant vorausgesetzt. Längs des festgehaltenen Randes C der Membran muß stets $u = 0$ sein; weiter ist

$$\text{(68)} \qquad u = f(x, y)\,, \qquad \frac{\partial u}{\partial t} = F(x, y) \quad \text{für} \quad t = 0\,,$$

wo $f(x, y)$ und $F(x, y)$ in der von der Kurve C begrenzten Fläche J gegeben sind und längs des Randes C verschwinden**).

Der Ausdruck

$$u = e^{\pm ia\sqrt{\lambda}t}\,v$$

genügt der Differentialgleichung (F) und verschwindet längs der Randkurve C, wenn v eine Funktion von x, y ist, welche der Differentialgleichung

$$\text{(69)} \qquad \frac{\partial^2 v}{\partial x^2} + \frac{\partial^2 v}{\partial y^2} + \lambda v = 0$$

genügt und auf der Kurve C verschwindet.

---

*) Vgl. Riemann-Weber, Bd. II, S. 248ff.

**) Die Randkurve C soll hier dieselben Bedingungen erfüllen wie im VII. Abschnitt.

Die Gleichung (69) besitzt, wie in § 59 gezeigt wurde, dann und nur dann eine längs der Kurve C verschwindende, in der Fläche J nebst ihren partiellen Ableitungen stetige Lösung, wenn λ einer gewissen transzendenten Gleichung $D(\lambda) = 0$ genügt, welche unendlich viele Wurzeln λ_n hat, die sämtlich reell und positiv sind. Jedem der Eigenwerte λ_n (unter welchen sich auch gleiche befinden können) entspricht eine längs C verschwindende, der Gleichung (69) für $\lambda = \lambda_n$ genügende normierte Eigenfunktion $\psi_n(x, y)$ *).

Der Ausdruck

$$(70) \qquad u = \sum_{n=1}^{\infty} (A_n \cos\sqrt{\lambda_n}\, a t + B_n \sin\sqrt{\lambda_n}\, a t)\, \psi_n(x, y)$$

stellt eine Lösung der Differentialgleichung (F) dar, welche längs C verschwindet. Damit die Bedingungen (68) erfüllt sind, muß

$$(71) \qquad \begin{cases} f(x, y) = \sum_{n=1}^{\infty} A_n \psi_n(x, y), \\ F(x, y) = a \sum_{n=1}^{\infty} \sqrt{\lambda_n}\, B_n \psi_n(x, y) \end{cases}$$

sein. Nach § 59 gelten, wenn die Funktionen $f(x, y)$ und $F(x, y)$ längs C verschwinden und im Gebiet J nebst ihren partiellen Ableitungen erster und zweiter Ordnung stetig sind, die Reihenentwicklungen

$$(72) \qquad \begin{cases} f(x, y) = \sum_{n=1}^{\infty} \psi_n(x, y) \iint_J f(x, y)\, \psi_n(x, y)\, dx\, dy, \\ F(x, y) = \sum_{n=1}^{\infty} \psi_n(x, y) \iint_J F(x, y)\, \psi_n(x, y)\, dx\, dy; \end{cases}$$

*) Die Differentialgleichung (F), welche als partielle Differentialgleichung mit drei unabhängigen Veränderlichen aus dem Rahmen des vorliegenden Buches heraustritt, wird hier nur unvollständig (ohne Untersuchung der Reihenkonvergenz) und nur zu dem Zweck betrachtet, an einem Beispiel das Auftreten der in § 59 behandelten partiellen Differentialgleichung $\Delta v + \lambda v = 0$ in der mathematischen Physik zu zeigen.

es muß also, wie die Vergleichung der Formeln (71) und (72) ergibt,

$$(73)\qquad \begin{cases} A_n = \iint\limits_J f(x,y)\,\psi_n(x,y)\,dx\,dy\,, \\ B_n = \dfrac{1}{a\sqrt{\lambda_n}}\iint\limits_J F(x,y)\,\psi_n(x,y)\,dx\,dy \end{cases}$$

sein.

Für den Fall einer kreisförmigen Membran läßt sich die Integration der partiellen Differentialgleichung (F) auf die Integration gewöhnlicher Differentialgleichungen zurückführen.

Indem man vermittels der Gleichungen

$$x = r\cos\varphi\,,\quad y = r\sin\varphi$$

Polarkoordinaten r, φ einführt, geht die Gleichung (69) über in

$$(74)\qquad \frac{\partial^2 v}{\partial r^2} + \frac{1}{r}\frac{\partial v}{\partial r} + \frac{1}{r^2}\frac{\partial^2 v}{\partial \varphi^2} + \lambda v = 0\,;$$

wir suchen diejenigen Lösungen von (74) welche längs des kreisförmigen Randes $r = c$ verschwinden und in bezug auf φ die Periode 2π besitzen. Der Ausdruck

$$v = R\,e^{im\varphi}$$

erfüllt die angegebenen Bedingungen, wenn m eine ganze positive Zahl und R eine für $0 \leqq r \leqq c$ stetige Funktion von R ist, welche der Differentialgleichung

$$(75)\qquad r^2\frac{d^2 R}{dr^2} + r\frac{dR}{dr} + (\lambda r^2 - m^2)\,R = 0$$

genügt und für $r = c$ verschwindet.

Die Differentialgleichung (75), welche wir in der Form

$$(r\sqrt{\lambda})^2\,\frac{d^2 R}{d(r\sqrt{\lambda})^2} + (r\sqrt{\lambda})\,\frac{dR}{d(r\sqrt{\lambda})} + \left((r\sqrt{\lambda})^2 - m^2\right)R = 0$$

schreiben, hat die Lösung

$$\mathfrak{A}\,J_m(r\sqrt{\lambda}) + \mathfrak{B}\,Y_m(r\sqrt{\lambda})\,,$$

wo J_m die Besselsche Funktion erster Art, Y_m die Besselsche Funktion zweiter Art vom Index m darstellt. Da Y_m für den Nullwert des Arguments unendlich wird, so muß $\mathfrak{B} = 0$ angenommen werden. Da

$$R = J_m(r\sqrt{\lambda}) \tag{76}$$

für $r = c$ verschwinden soll, so haben wir die zur Bestimmung von λ dienende Gleichung

$$J_m(c\sqrt{\lambda}) = 0 \,. \tag{77}$$

Wenn wir die unendlich vielen positiven Wurzeln der Gleichung

$$J_m(\varrho) = 0$$

mit

$$\varrho_{mn} \qquad (n = 1, 2, 3, \ldots)$$

bezeichnen, hat die Gleichung (77) die Wurzeln

$$\lambda = \lambda_{mn} = \left(\frac{\varrho_{mn}}{c}\right)^2, \tag{78}$$

so daß

$$R = J_m\left(\frac{\varrho_{mn}}{c} r\right) \tag{79}$$

ist.

Dem Eigenwert λ_{mn} $(m = 1, 2, \ldots; n = 1, 2, \ldots)$ entsprechen die beiden Eigenfunktionen

$$\cos m\varphi \cdot J_m\left(\frac{\varrho_{mn}}{c} r\right); \quad \sin m\varphi \cdot J_m\left(\frac{\varrho_{mn}}{c} r\right), \tag{80}$$

während dem Eigenwert λ_{0n} $(n = 1, 2, \ldots)$ die Eigenfunktion

$$J_0\left(\frac{\varrho_{0n}}{c} r\right) \tag{81}$$

entspricht.

Sachregister.

Die Zahlen bedeuten die Seiten.

FSC
www.fsc.org
MIX
Papier | Fördert
gute Waldnutzung
FSC® C083411

Kolibri 360 GmbH
Ferdinand-Jühlke-Straße 7
99095 Erfurt, Deutschland
produktsicherheit@kolibri360.de